中国饮食文化史

The History of Chinese Dietetic Culture

The History of Chinese Dietetic Culture

Volume of Beijing-Tianjin Region

万建中　李明晨　著

京津地区卷

中国饮食文化史·

中国饮食文化史主编　赵荣光

「十二五」国家重点出版物出版规划项目

国家出版基金项目

中国轻工业出版社

图书在版编目（CIP）数据

中国饮食文化史. 京津地区卷 / 赵荣光主编；万建中，
李明晨著. —北京：中国轻工业出版社，2013.12
国家出版基金项目 "十二五"国家重点出版物出版
规划项目
ISBN 978-7-5019-9625-4

Ⅰ.①中… Ⅱ.①赵… ②万… ③李… Ⅲ.①饮食—文
化史—北京市 ② 饮食—文化史—天津市 Ⅳ.①TS971

中国版本图书馆 CIP 数据核字 (2013) 第318015号

策划编辑：马　静
责任编辑：马　静　方　程　　责任终审：郝嘉杰　　整体设计：伍毓泉
编　　辑：赵蓁苊　　　　版式制作：锋尚设计　　责任校对：李　靖
责任监印：胡　兵　张　可

出版发行：中国轻工业出版社（北京东长安街6号，邮编：100740）
印　　刷：北京顺诚彩色印刷有限公司
经　　销：各地新华书店
版　　次：2013年 12 月第 1 版第 1 次印刷
开　　本：787×1092　1/16　印张：24
字　　数：430千字　　　　插页：2
书　　号：ISBN 978-7-5019-9625-4　定价：88.00元
邮购电话：010-65241695　传真：65128352
发行电话：010-85119835　85119793　传真：85113293
网　　址：http://www.chlip.com.cn
Email：club@chlip.com.cn
如发现图书残缺请直接与我社邮购联系调换
050861K1X101ZBW

感谢

北京稻香村食品有限责任公司对本书出版的支持

饮其流者
怀其源

感谢
感谢
感谢

中国农业科学院农业信息研究所对本书出版的支持

浙江工商大学暨旅游学院对本书出版的支持

黑龙江大学历史文化旅游学院对本书出版的支持

落其实者思其树

2. 新石器时代晚期红陶深腹双耳罐，北京昌平雪山遗址出土（赵蓁茏摄影）

1. 新石器时代中期的石磨盘和磨棒，北京平谷上宅遗址出土（赵蓁茏摄影）※

3. 东周时期的朱绘陶鼎（赵蓁茏摄影）

4. 清乾隆画珐琅开光提梁壶

5. 清铜镀金松棚果罩

6. 北京故宫太和殿（肖正刚提供）

※ 编者注：书中图片来源除有标注者外，其余均由作者提供。对于作者从网站或其他出版物等途径获得的图片也做了标注。

1. 1880年前后的老北京商业区之店铺（肖正刚提供）

2. 北京小吃：焦圈与豆汁、烧饼、豆腐脑、爆肚（马静摄影）

3. 中华著名老字号——北京"全聚德"烤鸭店（肖正刚提供）

1. 战国时期的红陶瓮，天津静海出土（天津博物馆提供）

2. 商代晚期的天字铜簋，天津张家园遗址出土(天津博物馆提供)

3. 天津"起士林"旧址（天津档案馆提供）

4. 天津旧时街头食摊（天津博物馆提供）

5. 天津天后宫

1. 天津法租界的白河码头（天津博物馆提供）

2. 天津物华楼旁的南货食店（天津博物馆提供）

3. 天津"狗不理"包子总店

4. 天津"耳朵眼"炸糕

5. 天津"桂发祥"
   麻花彩塑

各分卷名录及作者：

◎ 中国饮食文化史·黄河中游地区卷

  姚伟钧　刘朴兵　著

◎ 中国饮食文化史·黄河下游地区卷

  姚伟钧　李汉昌　吴　昊　著

◎ 中国饮食文化史·长江中游地区卷

  谢定源　著

◎ 中国饮食文化史·长江下游地区卷

  季鸿崑　李维冰　马健鹰　著

◎ 中国饮食文化史·东南地区卷

  冼剑民　周智武　著

◎ 中国饮食文化史·西南地区卷

  方　铁　冯　敏　著

◎ 中国饮食文化史·东北地区卷

  主　编：吕丽辉

  副主编：王建中　姜艳芳

◎ 中国饮食文化史·西北地区卷

  徐日辉　著

◎ 中国饮食文化史·中北地区卷

  张景明　著

◎ 中国饮食文化史·京津地区卷

  万建中　李明晨　著

鸿篇巨制　　继往开来

——《中国饮食文化史》（十卷本）序

卢良恕

　　中国饮食文化是中国传统文化的重要组成部分，其内涵博大精深、历史源远流长，是中华民族灿烂文明史的生动写照。她以独特的生命力佑护着华夏民族的繁衍生息，并以强大的辐射力影响着周边国家乃至世界的饮食风尚，享有极高的世界声誉。

　　中国饮食文化是一种广视野、深层次、多角度、高品位的地域文化，她以农耕文化为基础，辅之以渔猎及畜牧文化，传承了中国五千年的饮食文明，为中华民族铸就了一部辉煌的文化史。

　　但长期以来，中国饮食文化的研究相对滞后，在国际的学术研究领域没有占领制高点。一是研究队伍不够强大，二是学术成果不够丰硕，尤其缺少全面而系统的大型原创专著，实乃学界的一大憾事。正是在这样困顿的情势下，国内学者励精图治、奋起直追，发愤用自己的笔撰写出一部中华民族的饮食文化史。中国轻工业出版社与撰写本书的专家学者携手二十余载，潜心劳作，殚精竭虑，终至完成了这一套数百万字的大型学术专著——《中国饮食文化史》（十卷本），是一件了不起的事情！

　　《中国饮食文化史》（十卷本）一书，时空跨度广远，全书自史前始，一直叙述至现当代，横跨时空百万年。全书着重叙述了原始农业和畜牧业出现至今的一万年左右华夏民族饮食文化的演变，充分展示了中国饮食文化是地域文化这一理论学说。

　　该书将中国饮食文化划分为黄河中游、黄河下游、长江中游、长江下游、东南、西南、东北、西北、中北、京津等十个子文化区域进行相对独立的研究。各区域单独成卷，每卷各章节又按断代划分，分代叙述，形成了纵横分明的脉络。

全书内容广泛，资料翔实。每个分卷涵盖的主要内容包括：地缘、生态、物产、气候、土地、水源；民族与人口；食政食法、食礼食俗、饮食结构及形成的原因；食物原料种类、分布、加工利用；烹饪技术、器具、文献典籍、文化艺术等。可以说每一卷都是一部区域饮食文化通史，彰显出中国饮食文化典型的区域特色。

中国饮食文化学是一门新兴的综合学科，它涉及历史学、民族学、民俗学、人类学、文化学、烹饪学、考古学、文献学、食品科技史、中国农业史、中国文化交流史、边疆史地、地理经济学、经济与商业史等学科。多学科的综合支撑及合理分布，使本书具有颇高的学术含量，也为学科理论建设提供了基础蓝本。

中国饮食文化的产生，源于中国厚重的农耕文化，兼及畜牧与渔猎文化。古语有云："民以食为天，食以农为本"，清晰地说明了中华饮食文化与中华农耕文化之间不可分割的紧密联系，并由此生发出一系列的人文思想，这些人文思想一以贯之地体现在人们的社会活动中。包括：

"五谷为养，五菜为助，五畜为益，五果为充"的饮食结构。这种良好饮食结构的提出，是自两千多年前的《黄帝内经》始，至今看来还是非常科学的。中国地域广袤，食物原料多样，江南地区的"饭稻羹鱼"、草原民族的"食肉饮酪"，从而形成中华民族丰富、健康的饮食结构。

"医食同源"的养生思想。中华民族自古以来并非代代丰衣足食，历代不乏灾荒饥馑，先民历经了"神农尝百草"以扩大食物来源的艰苦探索过程，千百年来总结出"医食同源"的宝贵思想。在西方现代医学进入中国大地之前的数千年，"医食同源"的养生思想一直护佑着炎黄子孙的健康繁衍生息。

"天人合一"的生态观。农耕文化以及渔猎、畜牧文化，都是人与自然间最和谐的文化，在广袤大地上繁衍生息的中华民族，笃信人与自然是合为一体的，人类的所衣所食，皆来自于大自然的馈赠，因此先民世世代代敬畏自然，爱护生态，尊重生命，重天时，守农时，创造了农家独有的二十四节气及节令食俗，"循天道行人事"。这种宝贵的生态观当引起当代人的反思。

"尚和"的人文情怀。农耕文明本质上是一种善的文明。主张和谐和睦、勤劳耕作、勤和为人，崇尚以和为贵、包容宽仁、质朴淳和的人际关系。中国饮食讲究的"五味调和"也正是这种"尚和"的人文情怀在烹饪技术层面的体现。纵观中国饮食文化的社会功能，更是对"尚和"精神的极致表达。

"尊老"的人伦传统。在传统的农耕文明中，老人是农耕经验的积累者，是向子孙后代传承农耕技术与经验的传递者，因此一直受到家庭和社会的尊重。中华民族尊老的传统是农耕文化的结晶，也是农耕文化得以久远传承的社会行为保障。

《中国饮食文化史》（十卷本）的研究方法科学、缜密。作者以大历史观、大文化观统领全局，较好地利用了历史文献资料、考古发掘研究成果、民俗民族资料，同时也有效地利用了人类学、文化学及模拟试验等多种有效的研究方法与手段。对区域文明肇始、族群结构、民族迁徙、人口繁衍、资源开发、生态制约与变异、水源利用、生态保护、食物原料贮存与食品保鲜防腐等一系列相关问题都予以了充分表述，并提出一系列独到的学术观点。

如该书提出中国在汉代就已掌握了面食的发酵技术，从而把这一科技界的定论向前推进了一千年（科技界传统说法是在宋代）；又如，对黄河流域土地承载力递减而导致社会政治文化中心逐流而下的分析；对草地民族因食料制约而频频南下的原因分析；对生态结构发生变化的深层原因讨论；对《齐民要术》《农政全书》《饮膳正要》《天工开物》等经典文献的识读解析；以及对筷子的出现及历史演变的论述等。该书还清晰而准确地叙述了既往研究者已经关注的许多方面的问题，比如农产品加工技术与食品形态问题、关于农作物及畜类的驯化与分布传播等问题，这些一向是农业史、交流史等学科比较关注而又疑难点较多的领域，该书对此亦有相当的关注与精到的论述。体现出整个作者群体较强的科研能力及科研水平，从而铸就了这部填补学术空白、出版空白的学术著作，可谓是近年来不可多得的精品力作。

本书是填补空白的原创之作，这也正是它的难度之所在。作者的写作并无前人成熟的资料可资借鉴，可以想见，作者须进行大量的文献爬梳整理、甄选淘漉，阅读量浩繁，其写作难度绝非一般。在拼凑摘抄、扒网拼盘已成为当今学界一大痼疾的今天，这部原创之作益发显得可贵。

一套优秀书籍的出版，最少不了的是出版社编辑们默默无闻但又艰辛异常的付出。中国轻工业出版社以文化坚守的高度责任心，苦苦坚守了二十年，为出版这套不能靠市场获得收益、然而又是填补空白的大型学术著作呕心沥血。进入编辑阶段以后，编辑部严苛细致，务求严谨，精心提炼学术观点，一遍遍打磨稿件。对稿件进行字斟句酌的精心加工，并启动了高规格的审稿程序，如，他们聘请国内顶级的古籍专家对书中所有的古籍以善本为据进行了逐字逐句的核对，并延请史学专家、民族宗教专家、民俗专家等进行多轮审稿，全面把关，还对全书内容做了20余项的专项检查，剪除掉书稿中的许多瑕疵。他们不因卷帙浩繁而存丝毫懈怠之念，日以继夜，忘我躬耕，使得全书体现出了高质量、高水准的精品风范。在当前浮躁的社会风气下，能坚守这种职业情操实属不易！

本书还在高端学术著作科普化方面做出了有益的尝试，如对书中的生僻字进行注音，对专有名词进行注释，对古籍文献进行串讲，对正文配发了许多图片等。凡此种种，旨在使学术著作更具通俗性、趣味性和可读性，使一些优秀的学术思想能以通俗化的形式得到展现，从而扩大阅读的人群，传播优秀文化，这种努力值得称道。

这套学术专著是一部具有划时代意义的鸿篇巨制，它的出版，填补了中国饮食文化无大型史著的空白，开启了中国饮食文化研究的新篇章，功在当代，惠及后人。它的出版，是中国学者做的一件与大国地位相称的大事，是中国对世界文明的一种国际担当，彰显了中国文化的软实力。它的出版，是中华民族五千年饮食文化与改革开放三十多年来最新科研成果的一次大梳理、大总结，是树得起、站得住的历史性文化工程，对传播、振兴民族文化，对中国饮食文化学者在国际学术领域重新建立领先地位，将起到重要的推动作用。

作为一名长期从事农业科技文化研究的工作者，对于这部大型学术专著的出版，我感到由衷的欣喜。愿《中国饮食文化史》（十卷本）能够继往开来，为中国饮食文化的发扬光大，为中国饮食文化学这一学科的崛起做出重大贡献。

二〇一三年七月

序言

一部填补空白的大书

——《中国饮食文化史》（十卷本）序

李学勤

中国轻工业出版社通过我在中国社会科学院历史研究所的老同事，送来即将出版的《中国饮食文化史》（十卷本）样稿，厚厚的一大叠。我仔细披阅之下，心中深深感到惊奇。因为在我的记忆范围里，已经有好多年没有见过系统论述中国饮食文化的学术著作了，况且是由全国众多专家学者合力完成的一部十卷本长达数百万字的大书。

正如不久前上映的著名电视片《舌尖上的中国》所体现的，中国的饮食文化是悠久而辉煌的中国传统文化的一个重要组成部分。中国的饮食文化非常发达，在世界上享有崇高的声誉，然而，或许是受长时期流行的一些偏见的影响，学术界对饮食文化的研究却十分稀少，值得提到的是国外出版的一些作品。记得20世纪70年代末，我在美国哈佛大学见到张光直先生，他给了我一本刚出版的《中国文化中的食品》（英文），是他主编的美国学者写的论文集。在日本，则有中山时子教授主编的《中国食文化事典》，其内的"文化篇"曾于1992年中译出版，题目就叫《中国饮食文化》。至于国内学者的专著，我记得的只有上海人民出版社《中国文化史丛书》里面有林乃燊教授的一本，题目也是《中国饮食文化》，也印行于1992年，其书可谓有筚路蓝缕之功，只是比较简略，许多问题未能展开。

由赵荣光教授主编、由中国轻工业出版社出版的这部十卷本《中国饮食文化史》规模宏大，内容充实，在许多方面都具有创新意义，从这一点来说，确实是前所未有的。讲到这部巨著的特色，我个人意见是不是可以举出下列几点：

首先，当然是像书中所标举的，是充分运用了区域研究的方法。我们中国从来是一个多民族、多地区的国家，五千年的文明历史是各地区、各民族共同缔造的。这种多元一体的文化观，自"改革开放"以来，已经在历史学、考古学等领域起了很大的促进作用。《中国饮食文化史》（十卷本）的编写，贯彻"饮食文化是区域文化"的观点，把全国划分为十个文化区域，即黄河中游、黄河下游、长江中游、长江下游、东南、西南、东北、西北、中北和京津，各立一卷。每一卷都可视为区域性的通史，各卷间又互相配合关联，形成立体结构，便于全面展示中国饮食文化的多彩面貌。

其次，是尽可能地发挥了多学科结合的优势。中国饮食文化的研究，本来与历史学、考古学及科技史、美术史、民族史、中外关系史等学科都有相当密切的联系。《中国饮食文化史》（十卷本）一书的编写，努力吸取诸多有关学科的资料和成果，这就扩大了研究的视野，提高了工作的质量。例如在参考文物考古的新发现这一方面，书中就表现得比较突出。

第三，是将各历史时期饮食文化的演变过程与当时社会总的发展联系起来去考察。大家知道，把研究对象放到整个历史的大背景中去分析估量，本来是历史研究的基本要求，对于饮食文化研究自然也不例外。

第四，也许是最值得注意的一点，就是这部书把饮食文化的探索提升到理论思想的高度。《中国饮食文化史》（十卷本）一开始就强调"全书贯穿一条鲜明的人文思想主线"，实际上至少包括了这样一系列观点，都是从远古到现代饮食文化的发展趋向中归结出来的：

一、五谷为主兼及其他的饮食结构；

二、"医食同源"的保健养生思想；

三、尚"和"的人文观念；

四、"天人合一"的生态观；

五、"尊老"的传统。

这样，这部《中国饮食文化史》（十卷本）便不同于技术层面的"中国饮食史"，而是富于思想内涵的"中国饮食文化史"了。

据了解，这部《中国饮食文化史》（十卷本）的出版，经历了不少坎坷曲折，前后过程竟长达二十余年。其间做了多次反复的修改。为了保证质量，中国轻工业出版社邀请过不少领域的专家阅看审查。现在这部大书即将印行，相信会得到有关学术界和社会读者的好评。我对所有参加此书工作的各位专家学者以及中国轻工业出版社同仁能够如此锲而不舍深表敬意，希望在饮食文化研究方面能再取得更新更大的成绩。

二〇一三年九月

于北京清华大学寓所

"饮食文化圈"理论认知中华饮食史的尝试

——中国饮食文化区域性特征

赵荣光

很长时间以来，本人一直希望海内同道联袂在食学文献梳理和"饮食文化区域史""饮食文化专题史"两大专项选题研究方面的协作，冀其为原始农业、畜牧业以来的中华民族食生产、食生活的文明做一初步的瞭窥勾测，从而为更理性、更深化的研究，为中华食学的坚实确立准备必要的基础。为此，本人做了一系列先期努力。1991年北京召开了"首届中国饮食文化国际学术研讨会"，自此，也开始了迄今为止历时二十年之久的该套丛书出版的艰苦历程。其间，本人备尝了时下中国学术坚持的艰难与苦涩，所幸的是，《中国饮食文化史》（十卷本）终于要出版了，作为主编此时真是悲喜莫名。

将人类的食生产、食生活活动置于特定的自然生态与历史文化系统中审视认知并予以概括表述，是30多年前本人投诸饮食史、饮食文化领域研习思考伊始所依循的基本方法。这让我逐渐明确了"饮食文化圈"的理论思维。中国学人对民众食事文化的关注渊源可谓久远。在漫长的民族饮食生活史上，这种关注长期依附于本草学、农学而存在，因而形成了中华饮食文化的传统特色与历史特征。初刊于1792年的《随园食单》可以视为这种依附传统文化转折的历史性标志。著者中国古代食圣袁枚"平生品味似评诗"，潜心戮力半世纪，以开创、标立食学深自期许，然限于历史时代局限，终未遂其所愿——抱定"皓首穷经""经国济世"之理念建立食学，使其成为传统士子麇集的学林。

食学是研究不同时期、各种文化背景下的人群食事事象、行为、性质及其规律的一门综合性学问。中国大陆食学研究热潮的兴起，文化运气系接海外学界之后，20世纪中叶以来，日、韩、美、欧以及港、台地区学者批量成果的发表，蔚成了中华食文化研究热之初潮。社会饮食文化的一个最易为人感知之处，就是都会餐饮业，而其衰旺与否的最终决定因素则是大众的消费能力与方式。正是餐饮业的持续繁荣和大众饮食生活水准的整体提高，给了中国大陆食学研究以不懈的助动力。在中国饮食文化热持续至今的30多年中，经历了"热学""显学"两个阶段，而今则处于"食学"渐趋成熟阶段。以国人为主体的诸多富有创见性的文著累积，是其渐趋成熟的重要标志。

人类文化是生态环境的产物，自然环境则是人类生存发展依凭的文化史剧的舞台。文化区域性是一个历史范畴，一种文化传统在一定地域内沉淀、累积和承续，便会出现不同的发展形态和高低不同的发展水平，因地而宜，异地不同。饮食文化的存在与发展，主要取决于自然生态环境与文化生态环境两大系统的因素。就物质层面说，如俗语所说："一方水土养一方人"，其结果自然是"一方水土一方人"，饮食与饮食文化对自然因素的依赖是不言而喻的。早在距今10000—6000年，中国便形成了以粟、菽、麦等"五谷"为主要食物原料的黄河流域饮食文化区、以稻为主要食物原料的长江流域饮食文化区、以肉酪为主要食物原料的中北草原地带的畜牧与狩猎饮食文化区这不同风格的三大饮食文化区域类型。其后公元前2世纪，司马迁曾按西汉帝国版图内的物产与人民生活习性作了地域性的表述。山西、山东、江南（彭城以东，与越、楚两部）、龙门碣石北、关中、巴蜀等地区因自然生态地理的差异而决定了时人公认的食生产、食生活、食文化的区位性差异，与史前形成的中国饮食文化的区位格局相较，已经有了很大的发展变化。而后再历20多个世纪至19世纪末，在今天的中国版图内，存在着东北、中北、京津、黄河下游、黄河中游、西北、长江下游、长江中游、西南、青藏高原、东南11个结构性子属饮食文化区。再以后至今的一个多世纪，尽管食文化基本区位格局依在，但区位饮食文化的诸多结构因素却处于大变化之中，变化的速度、广度和深度，都是既往历史上不可同日而语的。生产力的结构性变化和空前发展；食生产工具与方式的进步；信息传递与交通的便利；经济与商业的发展；人口大规模的持续性流动与城市化进程的快速发展；思想与观念的更新进化等，这一切都大大超越了食文化物质交换补益的层面，而具有更深刻、更重大的意义。

各饮食文化区位文化形态的发生、发展都是一个动态的历史过程，"不变中有变、变中有不变"是饮食文化演变规律的基本特征。而在封闭的自然经济状态下，"靠山吃山靠水吃水"的饮食文化存在方式，是明显"滞进"和具有"惰性"的。所谓"滞进"和"惰性"是指：在决定传统餐桌的一切要素几乎都是在年复一年简单重复的历史情态下，饮食文化的演进速度是十分缓慢的，人们的食生活是因循保守的，"周而复始"一词正是对这种形态的概括。人类的饮食生活对于生息地产原料并因之决定的加工、进食的地域环境有着很强的依赖性，我们称之为"自然生态与文化生态环境约定性"。生态环境一般呈现为相当长历史时间内的相对稳定性，食生产方式的改变，一般也要经过很长的历史时间才能完成。而在"鸡犬之声相闻，民至老死不相往来"的相当封闭隔绝的中世纪，各封闭区域内的人们是高度安适于既有的一切的。一般来说，一个民族或某一聚合人群的饮食文化，都有着较为稳固的空间属性或区位地域的植根性、依附性，因此各区位地域之间便存在着各自空间环境下和不同时间序列上的差异性与相对独立性。而从饮食生活的动态与饮食文化流动的属性观察，则可以说世界上绝大多数民族（或聚合人群）的饮食文化都是处于内部或外部多元、多渠道、多层面的、持续不断的传播、渗透、吸收、整合、流变之中。中华民族共同体今天的饮食文化形态，就是这样形成的。

随着各民族人口不停地移动或迁徙，一些民族在生存空间上的交叉存在、相互影响（这种状态和影响自古至今一般呈不断加速的趋势），饮食文化的一些早期民族特征逐渐地表现为区位地域的共同特征。迄今为止，由于自然生态和经济地理等诸多因素的决定作用，中国人主副食主要原料的分布，基本上还是在漫长历史过程中逐渐形成的基本格局。宋应星在谈到中国历史上的"北麦南稻"之说时还认为："四海之内，燕、秦、晋、豫、齐、鲁诸蒸民粒食，小麦居半，而黍、稷、稻、粱仅居半。西极川、云，东至闽、浙、吴楚腹焉……种小麦者二十分而一……种余麦者五十分而一，间阎作苦以充朝膳，而贵介不与焉。"这至少反映了宋明时期麦属作物分布的大势。直到今天，东北、华北、西北地区仍是小麦的主要产区，青藏高原是大麦（青稞）及小麦的产区，黑麦、燕麦、荞麦、莜麦等杂麦也主要分布于这些地区。这些地区除麦属作物之外，主食原料还有粟、秫、玉米、稷等"杂粮"。而长江流域及以南的平原、盆地和坝区广大地区，则自古至今都是以稻作物为主，其山区则主要种植玉米、粟、荞麦、红薯、小麦、大麦、旱稻等。应当看到，粮食作物今天的品种分布状态，本身就是不断演变的历史性结果，而这种演变无论表现出怎样的相对稳定性，它都不可能是最终格局，还将持续地演变下去。

历史上各民族间饮食文化的交流，除了零星渐进、潜移默化的和平方式之外，在灾变、动乱、战争等特殊情况下，出现短期内大批移民的方式也具有特别的意义。其间，由物种传播而引起的食生产格局与食生活方式的改变，尤具重要意义。物种传播有时并不依循近邻滋蔓的一般原则，伴随人们远距离跋涉的活动，这种传播往往以跨越地理间隔的童话般方式实现。原产美洲的许多物种集中在明代中叶联袂登陆中国就是典型的例证。玉米、红薯自明代中叶以后相继引入中国，因其高产且对土壤适应性强，于是长江以南广大山区，鲁、晋、豫、陕等大片久耕密植的贫瘠之地便很快迭相效应，迅速推广开来。山区的瘠地需要玉米、红薯这样的耐瘠抗旱作物，传统农业的平原地区因其地力贫乏和人口稠密，更需要这种耐瘠抗旱而又高产的作物，这就是各民族民众率相接受玉米、红薯的根本原因。这一"根本原因"甚至一直深深影响到20世纪80年代以前。中国大陆长期以来一直以提高粮食亩产、单产为压倒一切的农业生产政策，南方水稻、北方玉米，几乎成了各级政府限定的大田品种种植的基本模式。

严格说来，很少有哪些饮食文化区域是完全不受任何外来因素影响的纯粹本土的单质文化。也就是说，每一个饮食文化区域都是或多或少、或显或隐地包融有异质文化的历史存在。中华民族饮食文化圈内部，自古以来都是域内各子属文化区位之间互相通融补益的。而中华民族饮食文化圈的历史和当今形态，也是不断吸纳外域饮食文化更新进步的结果。1982年笔者在新疆历时半个多月的一次深度考察活动结束之后，曾有一首诗："海内神厨济如云，东西甘脆皆与闻。野驼浑烹标青史，肥羊串炙喜今人。乳酒清冽爽筋骨，奶茶浓郁尤益神。朴劳纳仁称异馔，金特克缺愧寡闻。胡饼西肺欣再睹，葡萄密瓜连筵陈。四千文明源泉水，云里白毛无销痕。晨钟传于二三瞽，青眼另看大宛人。"诗中所叙的是维吾尔、哈萨克、柯尔克孜、乌孜别克、塔吉克、塔塔尔等少数民族的部分风味食品，反映了西北地区多民族的独特饮食风情。中国有十个少数民族信仰伊斯兰教，他们主要或部分居住在西北地区。因此，伊斯兰食俗是西北地区最具代表性的饮食文化特征。而西北地区，众所周知，自汉代以来直至公元7世纪一直是佛教文化的世界。正是来自阿拉伯地区的影响，使佛教文化在这里几乎消失殆尽了。当然，西北地区还有汉、蒙古、锡伯、达斡尔、满、俄罗斯等民族成分。西北多民族共聚的事实，就是历史文化大融汇的结果，这一点，同样是西北地区饮食文化独特性的又一鲜明之处。作为通往中亚的必由之路，举世闻名的丝绸之路的几条路线都经过这里。东西交汇，丝绸之路饮食文化是该地区的又一独特之处。中华饮食文化通过丝绸之路吸纳域外文化因素，确切的文字记载始自汉代。张骞（？—前114年）于汉武帝建元三年（公元前138年）、元狩四年（公元前119年）的两次出使西域，使内地与今天的新疆及中亚的文化、经济交流进入到了一个全新的历史阶段。葡萄、苜蓿、胡麻、胡瓜、蚕豆、核桃、石榴、胡萝卜、葱、蒜等菜蔬瓜果随之来到了中国，同时进入的还有植瓜、种树、屠宰、截马等技术。其后，西汉军队为能在西域伊吾长久驻扎，便将中原的挖井技术，尤其是河西走廊等地的坎儿井技术引进了西域，促进了灌溉农业的发展。

至少自有确切的文字记载以来，中华版图内外的食事交流就一直没有间断过，并且呈与时俱进、逐渐频繁深入的趋势。汉代时就已经成为黄河流域中原地区的一些主食品种，例如馄饨、包子（笼上牢丸）、饺子（汤中牢丸）、面条（汤饼）、馒首（有馅与无馅）、饼等，到了唐代时已经成了地无南北东西之分，民族成分无分的、随处可见的、到处皆食的大众食品了。今天，在中国大陆的任何一个中等以上的城市，几乎都能见到以各地区风味或少数民族风情为特色的餐馆。而随着人们消费能力的提高和消费观念的改变，到异地旅行，感受包括食物与饮食风情在内的异地文化已逐渐成了一种新潮，这正是各地域间食文化交流的新时代特征。这其中，科技的力量和由科技决定的经济力量，比单纯的文化力量要大得多。事实上，科技往往是文化流变的支配因素。比如，以筷子为食具的箸文化，其起源已有不下六千年的历史，汉以后逐渐成为汉民族食文化的主要标志之一；明清时期已普及到绝大多数少数民族地区。而现代化的科技烹调手段则能以很快的速度为各族人民所接受。如电饭煲、微波炉、电烤箱、电冰箱、电热炊具或气体燃料新式炊具、排烟具等几乎在一切可能的地方都能见到。真空包装食品、方便食品等现代化食品、食料更是无所不至。

黑格尔说过一句至理名言："方法是决定一切的"。笔者以为，饮食文化区位性认识的具体方法尽管可能很多，尽管研究方法会因人而异，但方法论的原则却不能不有所规范和遵循。

首先，应当是历史事实的真实再现，即通过文献研究、田野与民俗考察、数学与统计学、模拟重复等方法，去尽可能摹绘出曾经存在过的饮食历史文化构件、结构、形态、运动。区位性研究，本身就是要在某一具体历史空间的平台上，重现其曾经存在过的构建，如同考古学在遗址上的工作一样，它是具体的，有限定的。这就要求我们对于资料的筛选必须把握客观、真实、典型的原则，绝不允许研究者的个人好恶影响原始资料的取舍剪裁，客观、公正是绝对的原则。

其次，是把饮食文化区位中的具体文化事象视为该文化系统中的有机构成来认识，而不是将其孤立于整体系统之外释读。割裂、孤立、片面和绝对地认识某一历史文化，只能远离事物的本来面目，结论也是不足取的。文化承载者是有思想的、有感情的活生生的社会群体，我们能够凭借的任何饮食文化遗存，都曾经是生存着的社会群体的食生产、食生活活动事象的反映，因此要把资料置于相关的结构关系中去解读，而非孤立地认断。在历史领域里，有时相近甚至相同的文字符号，却往往反映不同的文化意义，即不同时代、不同条件下的不同信息也可能由同一文字符号来表述；同样的道理，表面不同的文字符号也可能反映同一或相近的文化内涵。也就是说，我们在使用不同历史时期各类著述者留下来的文献时，不能只简单地停留在文字符号的表面，而应当准确透析识读，既要尽可能地多参考前人和他人的研究成果，还要考虑到流传文集记载的版本等因素。

再次，饮食文化的民族性问题。如果说饮食文化的区域性主要取决于区域的自然生态环境因素的话，那么民族性则多是由文化生态环境因素决定的。而文化生态环境中的最主要因素，应当是生产力。一定的生产力水平与科技程度，是文化生态环境时代特征中具有决定意义的因素。《诗经》时代黄河流域的渍菹，本来是出于保藏的目的，而后成为特别加工的风味食品。今日东北地区的酸菜、四川的泡菜，甚至朝鲜半岛的柯伊姆奇（泡菜）应当都是其余韵。今日西南许多少数民族的粑粑、饵块以及东北朝鲜族的打糕等蒸舂的稻谷粉食，是古时杵臼捣制餈饵的流风。蒙古族等草原文化带上的一些少数民族的手扒肉，无疑是草原放牧生产与生活条件下最简捷便易的方法，而今竟成草原情调的民族独特食品。同样，西南、华中、东南地区许多少数民族习尚的熏腊食品、酸酵食品等，也主要是由于贮存、保藏的需要而形成的风味食品。这也与东北地区人们冬天用雪埋、冰覆，或泼水挂腊（在肉等食料外泼水结成一层冰衣保护）的道理一样。以至北方冬天吃的冻豆腐，也竟成为一种风味独特的食料。因为历史上人们没有更好的保藏食品的方法。因此可以说，饮食文化的民族性，既是地域自然生态环境因素决定的，也是文化生态因素决定的，因此也是一定生产力水平所决定的。

又次，端正研究心态，在当前中华饮食文化中具有特别重要的意义。冷静公正、实事求是，是任何学科学术研究的绝对原则。学术与科学研究不同于男女谈恋爱和市场交易，它否定研究者个人好恶的感情倾向和局部利益原则，要热情更要冷静和理智；反对偏私，坚持公正；"实事求是"是唯一可行的方法论原则。

多年前北京钓鱼台国宾馆的一次全国性饮食文化会议上，笔者曾强调食学研究应当基于"十三亿人口，五千年文明"的"大众餐桌"基本理念与原则。我们将《中国饮食文化史》（十卷本）的付梓理解为"饮食文化圈"理论的认知与尝试，不是初步总结，也不是什么了不起的成就。

尽管饮食文化研究的"圈论"早已经为海内外食学界熟知并逐渐认同，十年前《中国国家地理杂志》以我提出的"舌尖上的秧歌"为封面标题出了"圈论"专号，次年CCTV-10频道同样以我建议的"味蕾的故乡"为题拍摄了十集区域饮食文化节目，不久前一位欧洲的博士学位论文还在引用和研究。这一切也还都是尝试。

《中国饮食文化史》（十卷本）工程迄今，出版过程历经周折，与事同道几易其人，作古者凡几，思之唏嘘。期间出于出版费用的考虑，作为主编决定撤下丛书核心卷的本人《中国饮食文化》一册，尽管这是当时本人所在的杭州商学院与旅游学院出资支持出版的前提。虽然，现在"杭州商学院"与"旅游学院"这两个名称都已经不复存在了，但《中国饮食文化史》（十卷本）毕竟得以付梓。是为记。

夏历癸巳年初春，公元二〇一三年三月

杭州西湖诚公斋书寓

目录

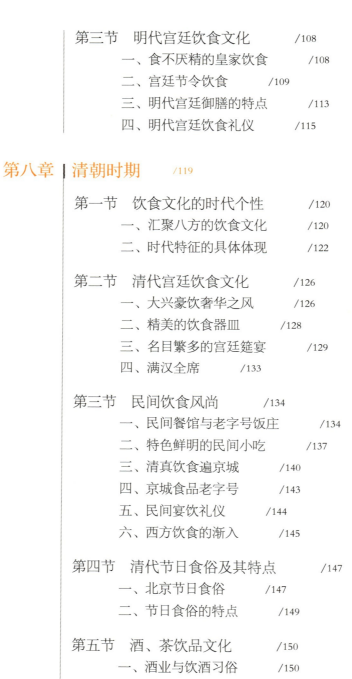

天津部分

第十一章 概　述 /195

第十四章｜元明清时期　　　/249

中国饮食文化史

京津地区卷

第一章 概 述

　　书写《中国饮食文化史·京津地区卷》的北京部分有相当大的难度，主要是记载饮食文化的资料相对匮乏。北京地区饮食文化形成的初期状况基本上没有文字载述，只能通过地下考古成果略知大概。明中叶以前，北京饮食文化委实难窥其详。这与北京地区在相当长的一段历史时期远离政治中心、地处边境有关。也由于文人墨客不屑于在这方面多费笔墨。诚如清人博明《西斋偶得》所云："**由今溯古，惟饮食、音乐二者越数百年则全不可知。《周礼》《齐民要术》、唐人食谱，全不知何味，《东京梦华录》所记汴城、杭城食料，大半不知其名。**"※ 辽金时期，北京逐渐成为全国的政治中心。到了元代，开始出现了记录北京地区饮食文化的专著，明清时渐多。如元代回族饮膳太医忽思慧的《饮膳正要》写于北京，记录了元朝统治者的饮食，是一部珍贵的蒙元宫廷饮食谱。明代，太监刘若愚于崇祯十一年（公元1638年）时将宫廷见闻写成一部《酌中志》，《酌中志》有一个章节叫《饮食好尚记略》，记载了明代宫廷一年四季12个月各节令的饮食和风俗活动。此外，沈榜的《宛署杂记》、孙国敉（mǐ）的《燕都游览志》、刘侗、于奕正、周损的《帝京景物略》等书中都有关于明代北京饮食的载录。清代，潘荣陛的《帝京岁时纪胜》、富察敦崇的《燕京岁时记》、孙春泽的《春明梦余录》等著述中，也都记录了一些当时京城饮食文化方面的内容。通过对这些历史文献和现代考古资料的整理分析，让我们一窥灿烂的北京地区饮食文化的发展历程。

　　北京地区的中心位于北纬39°56′、东经116°20′，它地处中国三大地理单元——东北大平原、华北大平原和蒙古高原的交接点上，"**东西贡道，来万国**

※ 编者注：为方便读者阅读，本书将连续占有三行及以上的引文改变了字体。对于在同一个自然段（或同一个内容小板块）里的引文，虽不足三行但断续密集引用的也改变了字体。

以朝宗"，成为沟通三大地理单元的中间站，也是几千年来中原农耕文明与欧亚草原文明碰撞、融合的最前沿。"北京地区的地貌包括山区、丘陵、平原、台地等多种类型。山区宜发展林业；平原宜发展农业；洼地可以发展水稻；高寒地区可以发展成熟期短的耐旱作物。这为北京地区农业发展的多样性创造了条件。"① "北京饮食文化处于北方饮食文化圈内，具有北方饮食文化的一般特点，比如主食以面食为主，米食为辅；副食中肉类所占比重较南方为重，尤以羊肉为主。"② 这是为适应北方的自然环境而形成的独特饮食结构。这一饮食结构奠定了北京饮食文化发展的基调和风格。

北京地区属北温带大陆性季风气候，一年四季分明，春秋季较短，夏冬季稍长；土地肥沃，物产丰富。优越的自然条件和地理环境为北京饮食文化的辉煌奠定了基础。

一、北京地区简史

考古发现，大约四五十万年以前，在今北京房山区周口店龙骨山上就生活着远古人类，我们称之为"北京人"。之后又在周口店龙骨山北京猿人洞穴上方的山顶洞内发现了距今约1.8万年的"山顶洞人"，他们的身体特征与现代人已没有明显区别。大约又过了一万年，随着畜牧业和农业的兴起，北京远古居民告别了祖居的山间崖洞，迁徙到平原上生活，出现了原始农业部落。此后又过了几千年，北京人终于从原始状态跨进了文明时代的门槛。

北京的建城历史，据史学界比较一致的意见是从周武王克商，分封燕、蓟为标志，始于公元前1045年，至今已有三千多年。《史记·燕召（shào）公世家》载："周武王之灭纣，封召公于北燕"，是为西周燕国之始。这也是关于今北京地区的最早文献记载。燕京初只是方国之都，后来成为州郡，属于地方性的行政中心。辽代北京成为陪都，称南京、燕京。金初仍为陪都，自海陵王贞元元年（公元1153年）迁都燕京，改名"中都"以后，北京始成为一国之首都。这是北京历史地位的重大转变，自此，它从地方的行政中心上升为一国的政治中心。元朝忽必烈在北京定都叫"大都"，洪武元年（公元1368年）改大都为"北平府"。元大都的修建，既为北京创造了城市生存和发展的基本条件，也为京师的形制和空间

---

① 于德源：《北京农业经济史》，京华出版社，1998年，第3页。
② 刘宁波：《历史上北京人的饮食文化》，《北京社会科学》，1999年第2期。

图1-1 西周早期青铜复尊，北京房山
琉璃河遗址出土（赵蓁茆摄影）

结构奠定了基础。

明代，"北平府"成为朝廷的封地，永乐元年（公元1403年），明成祖朱棣将其封地"北平府"改为"顺天府"，相对明代都城南京而称，这里时称北京。永乐十九年（公元1421年），明朝将都城从南京迁往北京，巩固了明朝的统治。"有天下者非都中原不能控制"[①]，这是根据历史经验得出的结论，说明了北京在促进中华统一多民族国家的建立和发展中不可动摇的地位。

清灭明后，建都于盛京（今沈阳）。顺治元年（公元1644年）清军入关后，顺治帝将首都从盛京迁至北京。

民国初年和新中国成立后，北京也都是国家的首都。

考古发现证明，北京地区是中原仰韶文化与北方红山文化的结合地带。有史以来，北京一直处于北方游牧文化和中原麦作乃至南方稻作文化的交汇点上，万里长城可以抵御游牧民族的入侵，却挡不住胡汉两种不同文化体系的融合。汉、契丹、女真、蒙古、满等多个民族都曾在这里生活。"北京地区从先秦时起既存在民族差异，又出现民族之间相互吸收、交融的现象。建立在不同物质生活和生产方式基础上的农耕文化与游牧文化已经在幽蓟州地区交汇，先秦时期已产生了混合状态的文化现象。"[②]使北京的历史文化清晰地打上"多民族共同创造"的印记。[③]

这一人口结构反映在饮食方面，同样纷杂多样。各方人士的口味不同，形成

① 台湾"中央研究院历史语言研究所"编：《明太祖实录》，中华书局，1962年，第168页。
② 李淑兰：《北京历史上的民族杂居与民族融合》，《中央民族大学学报》，1995年第3期。
③ 尹钧科：《认识古都北京历史文化特点必须把握住四个基本点》，《中国古都研究》（第十三辑）——中国古都学会第十三届年会论文集，1995年。

品种繁多的各类饮食，构成多元因素组合交融的北京饮食风味。北京以其开阔的胸襟接纳全国各地包括饮食在内的文化传统，使得北京饮食文化具有博大精深的文化气魄和魅力。

二、北京饮食风味的组成及文化特点

（一）北京饮食风味的组成

北京饮食有着悠久的历史，到了明清时期逐渐演化定型，成为由少数民族、山东、宫廷、官府、市井等多种风味组合而成的综合性菜系。其定型的时间并不久远，但在全国乃至世界各地均有广泛的影响，并享有盛誉。

1. 少数民族风味

北京菜的一个重要组成部分是源于少数民族。门头沟区东胡林人遗址、房山区镇江营遗址、上宅文化遗址出土的新石器时代早期文物，不但体现出中原文化特征，也体现出北方少数民族文化的影响。此后，北京一直是汉、匈奴、鲜卑、高车、契丹、女真、畏吾儿、回回等中华各族民众杂居相处的地方，使北京饮食文化具有鲜明的民族特色。至清代，满族成为最高统治者，满族的饮食文化曾占据了重要的位置。这诸多的民族风味成为北京风味的一个重要组成部分。

2. 山东风味

山东风味对北京菜影响极大。清代初叶，山东风味的菜馆在京都占据了主导地位。不仅大饭店，就连一般菜馆，甚至是街头的小饭铺，也是以山东人经营的鲁菜居多。有人说："有清二百数十年间，山东人在北京经营肉铺已成了根深蒂固之势。老北京脑子里似乎将'老山东儿'和肉铺融为一体，形成一个概念。"[①] 直到新中国成立初期，在北京，各大有名的"堂、楼、居、春"，从掌柜的到伙计，十之七八是山东人；厨房里的大师傅，更是一片胶东口音。这可以追溯到两三百年前，自清代初叶到中叶的一百多年间，朝廷高官中有许多山东人，著名的宰相刘罗锅祖孙三代就是其中代表。

3. 宫廷风味

宫廷风味是北京风味的重要组成部分，对民间饮食文化影响很大，体现了饮食文化的辐射性。

---

① 爱新觉罗·瀛生等：《京城旧俗》，北京燕山出版社，1998年，第116页。

元、明、清三代，北京作为全国政治、经济、文化的中心，历时600多年，充分吸收了国内外饮食文化的营养，同时为了满足历代统治阶级奢侈的饮食欲望，集中了全国烹饪技术的精华和全国最珍稀的原料，代表了那个历史时代烹饪技艺的最高水平。其时，"京师为首善之区，五方杂处，百货云集"①，菜源丰富。在这样的历史背景下，北京饮食文化高度发达，烹饪技艺源远流长。

历代帝王在饮食上十分讲究，也有条件追求美味和释放饮食方面的创造力、想象力。天南地北的山珍海味，水产如燕窝、鱼翅、鲍鱼、干贝、海参、蛤蜊；陆产如猴头、银耳、竹荪；飞禽有鹌鹑、斑鸠、雉鸡、野鸭；走兽有野猫、野兔，以及时鲜果品，源源不断上贡皇宫。各地身怀绝技的名厨云集北京，四方菜肴精品招之即来，形成了具有独特格局风味的宫廷菜。上层饮食文化的辉煌对北京整个饮食文化起到积极的带动作用，从而使北京饮食文化在诸多方面处于全国领先地位，体现了上层饮食文化强大的辐射性。

辛亥革命后，随着封建王朝的土崩瓦解，宫中的饮食风味也流向北京的饮食市场，宫廷风味特色大大提升了北京饮食文化的档次和品位，突显了北京饮食文化的精品意识，与相对平民化的饮食风味形成鲜明对照。

4. 官府菜

京城的官多，自然官府就多。官府人家极其讲究吃喝，一是家人享用，二是应酬送往迎来的同僚与上司。官府人家身居豪门买得起也做得起，各家都有用重金请来的家厨，个个身手不凡。官府宴席用料珍贵，南北齐备。所做菜品豪华气派、精致典雅，就餐环境华贵排场，餐具考究，更有不断研发创新的能力，官府间家厨竞相比试，久而形成独树一帜的官府菜。

清代京都最著名的官府菜以"谭家菜"为其代表，它出于清末官僚谭宗浚家，谭及家人一生酷爱美食，亦好交友酬酢，入京为官后将家乡的广东菜与北京菜和谐交融，精华荟萃。极其注重用料及火候，厨艺极致，炉火纯青，久而便蜚声京城，招来万人引颈。

新中国成立后，"谭家菜"被完整地保留下来，为后人留下一份清代官府菜的完整资料。

5. 市井的"京味儿"

京城的市井"京味儿"内涵丰厚，味道十足，是北京风味的根基所在。

---

① 祁寯藻：《祁寯藻集》，三晋出版社，2011年。

市井"京味儿"是什么?

市井"京味儿"是百姓家中应时当令的各季美食。

北京人十分注重时令,食谱四季分明,每个节令都有对应的美食:正月食春饼、元宵、青韭卤馅包子、油煎肉、三角儿等。二月食风帐(在菜畦旁边用苇子、高粱秆等编成的屏障,用来挡风,保护秧苗)下过冬的小菠菜,叫作"火焰赤根菜"。三月食龙须菜、香椿芽拌面筋、小葱炒面鱼儿、嫩柳叶拌豆腐等。四月食黄瓜、樱桃、桑葚、榆钱蒸糕等。五月食蒜苗、玉米、八达杏等。六月,北京夏季瓜果齐全,各式冷饮都上市,最引人瞩目的是信远斋的酸梅汤。七月,秋蟹正肥,北京入秋,正是"带霜烹紫蟹,煮酒烧红叶"的好时光。八月食月饼、南炉鸭、挂炉肉、韭菜烧卖等。九月食松子、榛子、韭菜花、黄米、红枣做煎糕等。十月天转凉,食羊肉汤、猪皮冻等下酒佳肴。十一月,北京农业已闲,只靠外地物产进京,当时称"贡物",只有京师才有此特权。十二月,腊月百物云集,筹备过年。

市井"京味儿"是大街小巷的各种小吃、糕点。

北京小吃最能体现"京味儿"的特点,不管是北京人还是外地人,一提及北

图1-2 北京小吃——焦圈和豆汁儿(马静摄影)

图1-3 北京小吃——艾窝窝(马静摄影)

图1-4 北京小吃——豌豆黄(马静摄影)

京风味，自然就会列举一连串北京小吃的名称：焦圈、豆汁儿、艾窝窝、油条、炸糕、豆腐脑、扒糕、薄脆、煎灌肠……还有各式糕点。明朝从南京迁都北京后，带来了南味糕点，称为"南果铺"。清朝定鼎北京，又带来了满族糕点。形成了南北两种不同的风格，俗称"南北两案"。"南案"一般是江浙风味，以稻香村、桂香村为代表，以蜜饯、果脯和自制糕点最为有名。"北案"糕点有两种风味：一种是满汉糕点，以正明斋糕点铺为代表；另一种是清真糕点，最有名的是祥聚公。

市井"京味儿"是海纳百川后的本土美味。

北京，地处天子脚下，她以博大的胸怀兼容并蓄、海纳百川，广纳各地风味，诸如同和居和萃华楼的鲁味儿、四川饭店的川味儿、厚德福的豫味儿、玉华台的淮阳味儿、东来顺的清真味儿、砂锅居的东北味儿等。但是这种"味儿"，已经是经过与北京地缘"嫁接"、业已本土化了的"味儿"。正如专家所描述的："南菜北上其风味也发生了变化，如淮扬、江浙重甜味、淡味，而北方重咸味、厚味。南方菜要想在北京立足，就得入乡随俗，对调味略加变化，创制出南北合璧的菜肴来。"①

市井"京味儿"是京城厨师的"口子"厨艺。

也有学者认为能够体现市井"京味儿"的还有"口子"厨艺。口子，是北京城里历史悠久的一个特殊行业。口子由厨师组成，师徒相传，专门承办民间婚丧之事，备办宴席招待宾客，所以又称"红白口儿"，又因一般主家办事都要搭大棚，故又称其为"跑大棚的"。

6. 北京风味的烹饪技法

北京菜的烹饪技艺擅长烤、爆、熘、烧，大致可以概括为二十个字：爆炒烧燎煮，炸熘烩烤涮，蒸扒熬煨焖，煎糟卤拌余。这二十个字是传统的、普遍的基本方法。在操作上，各个字均有其自己的微妙之处，且每一字都不是只代表一种操作烹调方式。即便是"爆"，就有油爆、盐爆、酱爆、汤爆、水爆、锅爆等。以猪肉为原料的菜肴，采用白煮、烧、燎的烹调方法更是独创一格。口味以脆、酥、香、鲜为特点，一般要求浓厚烂熟，这是带有传统性的。就风味而言，满菜多烧煮，汉菜多羹汤，两者结合，取长补短，水乳交融，形成京菜的极致。

（二）北京饮食文化的特点

饮食文化不是孤立存在的，必然受到一个地域政治和经济发展的影响。有学

① 王学泰：《中国饮食文化史》，广西师范大学出版社，2006年，第148页。

者总结出北京历史文化的四个特点：

一是北京一直是全国的政治中心。在辽、金、元、明、清五代的千余年间，是几十位封建皇帝生活起居和处理国家军政要务的地方，是这五个朝代的朝廷所在地。

二是北京为多民族聚居区。汉、契丹、女真、蒙古、满等多个民族是北京历史文化的创造者。由于历史和地理的原因，北京是汉民族和北方渔猎、游牧民族交往融合的中心地之一。

三是北京得到全国的经济和物质的供给。因为北京是中国封建社会后期的首都，所以北京与全国各地的关系是双向的。在中央集权制的封建社会里，"普天之下，莫非王土"，一套完整的严密的贡奉制度使京都得到最好的物资供应。

四是京杭大运河和漕运是北京的生命线，为北京历史文化发展创造了一个极为重要的条件。①

政治中心地位使得北京饮食文化能够具有兼容四面八方而融会贯通的发展优势；多民族聚居促使北京饮食文化呈现出多元的风味特色；中央集权为北京饮食文化的繁荣提供了得天独厚的条件，极大地丰富了北京饮食资源；北京饮食文化属于北方饮食文化圈，保持了北方饮食的基本特色，而运河则将南方的饮食文化源源不断输入北京，使得北京饮食文化兼具南北之风。北京作为首善之区，为其饮食文化的发展提供了其他都市无可比拟的优越性，在充分吸纳各种风味的基础上，北京饮食形成了自己风格独特、品位高端、气象万千的显著特色。

纵观北京饮食文化，可以感受到它具有鲜明的人文特征，有学者作了这样的概括："老北京人，由于过了几百年'皇城子民'的特殊日子，养成了有别于其他地方人士的特殊品性。在北京人身上，既可以感受到北方民族的粗犷，又能体会出宫廷文化的细腻，既蕴含了宅门儿里的闲散，又渗透着官府式的规矩。而这些，无不生动地体现在每天都离不开的'吃'上。"②北京饮食文化具有草原文化的粗犷豪放，宫廷文化的典雅华贵，官府文化的规矩细腻，市井文化的质朴大气等品质，直接影响到北京人的多重性格。

---

① 尹钧科：《认识古都北京历史文化特点必须把握住四个基本点》，《中国古都研究》（第十三辑）——中国古都学会第十三届年会论文集，1995年。

② 崔岱远：《京味儿》，三联书店，2009年，"序言"。

三、北京饮食文化的社会功能与语言魅力

1. 北京饮食文化的社会功能

北京饮食文化的魅力不仅在于食物本身，还表现为其具有无穷的文化和精神辐射力。利玛窦在他晚年写的《中国札记》一书中感叹道：他们的饮食礼仪那么多，实在浪费了他们的大部分时间。这种把吃推及到几乎所有的人际关系领域，饮食文化的功能被发挥到极致，正是一直以来为世人所感叹的中国文化的一大特质。

的确如此，大概还没有一个国家赋予饮食文化这么多的社会功能。作为礼仪之都的北京尤为著然。人们以食祭祖，以食敬天，以食孝老，以食庆婚，以食敬师，以食贺寿，以食为礼，以食会友，以食求和，以食致歉。特别是大年三十的年夜饭，更是为万家一统，必不可缺，以彰显亲情，祈盼吉祥和睦。

2. 饮食文化的语言魅力

北京饮食文化具有强大的辐射力和浸润性，在语言方面有很突出的表现。涉及方方面面。北京的寻常百姓也把"吃"运用到日常语言中，很多口头语中都有"吃"字。有句话说"渴不死东城，饿不死西城"，说的是北京打招呼的方式。东城人见面儿第一句话是"喝了么您呐？"（北京人有早上喝茶的习惯）；西城人则会说"吃了么您呐？"北京人充满语言的智慧，许多精彩的京腔妙语都与饮食有关，譬如：

管反感叫"腻喂"，低三下四叫"低喝矮喝"，口渴叫"叫水"，不消化叫"存食"，没希望了叫"死菜了"，错误地受到牵连叫"吃挂落儿"，多心叫"吃心"。管失业叫"饭碗子没了"。管受重用叫"吃得开"，管不能承受叫"吃不消"，管男人依傍有钱的女人叫"吃软饭"等等。"吃"的文化符号得到极为广泛的运用，成为最为盛行的话语形式。

北京人还喜欢取一些食品的谐音赋予吉祥意义。例如遇到岁时年节和婚嫁寿庆时，要送亲友些干鲜果品为礼品，谓之"喜果"。奉送"喜果"时要说些吉祥话，比如送柿子、柿饼就有好寓意，因"柿"与"事"谐音，即说是"事事如意"；送石榴，就说"多子多孙"；送百合寓意"百年和合"；送枣儿、栗子寓意"早立子"；桂圆寓意"圆圆满满"①。北京人对食物寓意的选择是以"情"为主导的，着重于人们的心理、情感和行为的和谐愉悦。因为人们有着共同的心理需求——通过饮食感受一种美好的心情。

---

① 刘宁波、常人春：《古都北京的民俗与旅游》，旅游教育出版社，1996年，第136页。

第二章　原始社会时期

人类饮食经历了采集时代的生食阶段，狩猎时代的熟食（烤食）阶段和农耕定居之后的煮食为主兼具烤食的熟食阶段。原始社会北京地区的饮食状况，可以从考古成果获其大概。"北京人""新洞人""山顶洞人"是北京地区迄今发现最为古老的"原住民"，也是史前中华人类发展进化的突出代表。他们的饮食遗迹为我们考察北京地区早期的饮食文化提供了极为宝贵的依据。

第一节　旧石器时代的北京饮食文化

一、"北京人"的饮食生活

1. 发现"北京人"

"北京人"遗址处于北京市房山区周口店镇龙骨山北部，是世界上材料最丰富、最系统、最有价值的旧石器时代早期的人类遗址，距今约50多万年，是迄今为止所发现的最早生活在北京地区的原始人类。自1921年以来，经过近几十年的发掘，共发现不同时期的古人类化石和文化遗物地点27处，发掘出土代表40多个个体的人类化石遗骸，十多万件石器，大量的用火遗迹以及上百种动物化石，这些材料为研究人类发展史和了解人类当时的饮食状况提供了珍贵而生动的实证。

"北京人"使用的石器包括砍斫（zhuó，砍、削）器、尖状器、刮削器等。砍斫器和刮削器可以用来制造狩猎的木棍，尖状器则可用来割剥兽皮和挖取野菜，还可作为将动物肉砍分成小块的工具。这些石器表明，北京人已拥有捕获动物的器械，已将动物作为主要的食物来源之一。另外，北京人生活的地区有山有水，龙骨山海拔只有110多米，山势比较低矮，适宜动物活动和围猎。北京猿人洞附近有多条河流，水流平缓，为北京人捕鱼提供了良好的环境和条件。北京人在这片土地上繁衍生息了几十万年，创造了辉煌的猿人饮食文化。

北京人遗址出土的动物化石包括猕猴、熊、鹿、鬣狗及啮齿类、食虫类、鸟类，说明当时北京人捕获的对象是一些相对比较温顺的动物。"鹿类是北京人的主要狩猎对象，猎斑鹿的季节是在夏末秋初，猎肿骨大角鹿是在秋末冬初，所获肿骨大角鹿总计不下5万头。猎获物中还有李氏野猪、德式水牛和三门马等，北京人的目标显然主要不是猛兽和巨兽，而是食草类和杂草类动物，优先猎取其中的老幼及病残者。遗址中还发现有淡水腹足类、陆生腹足类和两栖类化石，表明渔捞也是北京人较为经常的经济活动。"[1]除了猎杀一些比较弱小的动物外，北京人"还能依靠集体的力量猎获某些凶猛的动物，如剑齿虎、梅氏犀牛、豹子。"[2]在这些猎物中，鹿的数量是最多的，这反映了北京人饮食的一个特点。"也许是北京人独有的嗜好决定鹿类为主要狩猎目标，也许是当时附近生活的鹿类太多的缘故，也许是捕猎鹿类较为便利。"[3]吃肉对于人类体质的进化作用，恩格斯有过十分精辟的论述："从只吃植物转变到同时也吃肉，而这又是转变到人的重要的

图2-1 旧石器时代晚期石质砍砸器，北京房山周口店遗址出土（赵棻茏摄影）　　图2-2 旧石器时代晚期石片，北京房山周口店遗址出土（赵棻茏摄影）　　图2-3 旧石器时代晚期石质手斧，北京房山周口店遗址出土（赵棻茏摄影）

① 王仁湘主编：《中国史前饮食史》，青岛出版社，1997年，第50页。
② 王学泰：《中国饮食文化史》，广西师范大学出版社，2006年，第6页。
③ 王仁湘：《珍馐玉馔：古代饮食文化》，江苏古籍出版社，2002年，第5页。

一步。肉类食物几乎是现成地包含着为身体新陈代谢所必需的最重要的材料；它缩短了消化过程以及身体内其他植物性的即与植物生活相适应的过程的时间，因此赢得了更多的时间、更多的材料和更多的精力来过真正动物的生活。这种在形成中的人离植物界愈远，他超出于动物界也就愈高。正如既吃肉也吃植物的习惯，使野猫和野狗变成了人的奴仆一样，既吃植物也吃肉的习惯，大大地促进了正在形成中的人的体力和独立性。但是最重要的还是肉类食物对于脑髓的影响；脑髓因此得到了比过去多得多的为本身的营养和发展所必需的材料，因此它就能够一代一代更迅速更完善地发展起来。"①

由于植物容易腐烂，难以作为遗迹保存下来。但采集肯定是北京人主要的食物来源。相对于狩猎而言，植物提供了更为稳定的食源。山上的树果、根茎、嫩叶，河中的水草等都曾经是北京人的采集对象。在北京人之家周口店附近，有辽阔的平原和起伏的山岭，附近松柏参天，还有高大的桦树、栎树和朴树。如朴树生长着一种小球似的果实，吃起来有香味，大概是北京人喜食的一种美味。北京人考古遗存就有火烧过的朴树籽。北京人在果实累累的秋天，常常成群结队到山涧采集，到了冬季他们就用石器挖开冻土，寻觅植物的块根。

2. 北京人熟食的诞生

北京人学会了用火和熟食，开启了北京饮食文化的新篇章。

自1918年北京猿人被发现以来，考古工作仅注意于动物化石或人类化石的搜寻。直到1929年，裴文中等考古工作者经常能从猿人洞内挖出一些似乎被烧过和被炭化的兽骨化石时，发掘人员才想到，这会不会是北京猿人用火遗留下来的证据？但是当时由于学识和经验不足，不敢肯定。那时法国是旧石器考古学最先进的国家，于是把一部分黑色的骨片送到巴黎鉴定。化验的结果证实了这是人类用火活动的证据。北京猿人用火的观点，得到了中外学术界的广泛认同。如果说北京人之前的元谋人遗址、蓝田人遗址以及其他比北京人更早的遗址中发现的灰烬还不足以证明当时的人已会用火，或对当时的人是否会用火熟食还存在争议的话，那么火进入了北京人的生活之中则是毫无疑义的。"在北京人居住的山洞里发现了火烧过的灰烬、石块和兽骨。这些灰烬有时成层，有时成堆。灰烬里有一块块颜色不一的火烧兽骨和石块，一粒粒烧过的朴树籽及烧过的紫荆树木炭块。这些迹象，表明他们已经掌握和使用天然火了。"② 英国考古学家说："从1927年

---

① 恩格斯：《自然辩证法》，人民出版社，1971年，第154～156页。
② 郭沫若：《中国史稿》第一卷，人民出版社，1976年，第11页。

起，在中国北部北京附近周口店山洞所作的发现，……提供了北京猿人广泛使用火的无可争辩的证据"，"火的使用，标志着征服了一个极其强大的自然力"[1]。北京猿人洞穴遗址确凿地证明了北京猿人已经能控制和利用火了。用火取暖，烧熟食物，把火控制到一起，并能理想的管理火种，使火保持长久不熄。火的使用，催生了原始烹饪的产生，烹饪诞生的意义就是人类从此与动物划清界限走向文明。

北京猿人遗址中炭化的兽骨和朴树籽、板栗，说明当时的烹调方式可能是"燔（fán，烤）烤"和"膨爆"，前者的对象是动物，后者的对象是植物。"膨爆"就是把植物种子放在炭火上，爆出米花，食之更香更脆。"由于北京猿人掌握了保存火种的办法，所以他们燔烤'野味'的熟食习俗已进入一个较稳定的阶段。《礼记·礼运》：'以炮以燔'，炮亦写作炰（páo），意是将肉用泥巴包裹放入火中烧烤，熟后剥掉泥巴皮而吃；燔是直接放进火中烧烤至熟。鉴于北京猿人时期尚未出现陶容器，不可能有煮，包泥的炮可能还未发生，故熟肉方法主要是燔，从北京人开始至旧石器时代晚期，飞禽走兽，都是当时人狩猎和烤吃的'野味'。"[2]北京猿人时期既没有架肉烧烤的架子，也没有能耐火的叉子，只能把撕开的兽肉直接扔进火中，肉肯定会被烧焦和烤煳，难以下咽。经过实践摸索，"炮"的方法便出现了，并一直延续了下来，如熊掌去毛，则常用涂泥烧烤法；叫化鸡也是远古的"炮"法在后世的沿用。

二、"新洞人"和"山顶洞人"的饮食生活

1. 熟食的文化遗存

"新洞人"遗址在周口店龙骨山东南角。此洞于1967年发现，1973年正式发掘，是一处有价值的古人类遗址。在新洞人遗址中不仅发现了40余种哺乳类动物化石、较厚的灰烬层，以及被火烧过的石块、石器、骨头和一粒朴树籽，还发现了一颗为左上第一臼齿的人牙。牙为成年个体左上牙，因多熟食，该牙比北京猿人小，但比山顶洞人大，牙根也长。经科学测定，距今约10万年，介于北京猿人和山顶洞人之间，称"新洞人"。"新洞人"的食物来源仍以采集和狩猎为主。与北京猿人类似，猎物主要也是一些小动物，大型的和凶猛的动物较少。但从饮食

---

[1] 阿列克谢耶夫等：《世界原始社会史》，云南人民出版社，1987年，第77～78页。

[2] 郑若葵：《中国远古暨三代习俗史》，人民出版社，1994年，第97～98页。

遗存可知，"新洞人"肉食和熟食的比重要比北京猿人高，说明经过几十万年的进化，北京地区的原始人类更加善于熟食。

"山顶洞人"文化遗址是1930年发现的，1933年和1934年进行了发掘。生活在距今约1.8万年的北京人，他们的模样和现代人基本相同，他们的骨骼化石是在周口店龙骨山顶部的洞穴里发现的，因此考古学家把他们叫做"山顶洞人"。山顶洞人仍用打制石器，但已掌握磨光和钻孔技术。山顶洞人所处的自然环境和现在当地的情景相似，山上有茂密的森林，山下有广阔的草原。虎、洞熊、狼、似鬃猎豹、果子狸和牛、羊等生存于其间。山顶洞人以渔猎和采集为生，在遗址中发现了大量的野兔和数百个北京斑鹿的个体骨骼，应是他们狩猎的主要对象。在遗址里还发现鲩鱼、鲤科的大胸椎和尾椎化石，说明山顶洞人也捕捞水生动物。

山顶洞人的熟食应该更为普遍，因为他们能够钻木取火。在山顶洞遗址还发现了多种磨光器物，如磨光鹿角、磨光鹿下颚骨以及磨光而又钻孔的砾石、石珠和穿孔的牙齿等，这说明他们已经比较普遍地掌握和运用磨和钻的技术。[1]从中可以间接推断他们在不断摩擦和钻孔的基础上，也同时能够人工取火。而在山顶洞人遗址中发现的赤铁矿碎块和灰烬、炭块以及因燃烧而变黑的兽骨片，也从另一方面验证了山顶洞人可能已经发明了人工取火的方法。

至六七千年前，生活在今北京平谷区的北埝头人已有了专用于做饭的灶膛。"北埝头遗址在平谷县城西北7.5公里的北埝头村西台地上。这里的主要遗存是10座房址。它们布局较密集，属于半地穴式建筑，平面基本上呈椭圆形，长径一般4米以上，室内没有明显的门道痕迹。每座房址地面中部附近，都埋有一个或两个较大的深腹罐，其内存有灰烬和木炭等，应当是作为烧煮食物和保存火种的灶膛。"[2]这大概是中国饮食文化史上出现的最早的厨房，标志着烹饪已有了专门的空间。

2. 熟食标志着人类原始文化的产生

饮食首先是出于人类的天然本能。人类饮食生活的发展过程，大致经历了两个阶段，其一是自然饮食状态，其二是调制饮食状态。

所谓自然饮食状态，是指早期的人类和其他猿类一样去寻觅动物、植物等可食的东西，来满足自己与其他动物相似的饮食需要。我国古书记载，人类最原始的生活是"茹毛饮血""食肉寝皮"，这大概是渔猎时代的状况。那时烹调还不

---

① 刘宁波：《历史上北京人的饮食文化》，《北京社会科学》，1999年第2期。
② 齐心主编：《图说北京史》第二章第三节，北京燕山出版社，1999年。

存在。在这一阶段，人类饮食以生食为主。生食，往往对人的健康不利，使人胃肠受损，民多疾病。只有当人类进入了调制饮食状态的新阶段时，饮食文化才产生，而火的使用是饮食文化起源的关键。

所谓调制饮食状态的"调"主要是指"烹调"，烹在先，调在后。"烹"即熟食法，起始于火的利用。火的发现与运用，使人类进化发生了划时代的变化，从此结束了茹毛饮血的蒙昧时代，进入了人类文明的新时期。"北京人懂得用火并不是中国饮食史上独特的成就，但是火的使用让直立猿人可以熟食肉类食物，熟食的结果让直立人的牙齿和上下颚变小，脸型也跟着改变，相对的脑容量增加，人也变得比较聪明，所以可以说火的发明对于中国饮食史是一项重大突破。火的利用加速使直立人进化成现代人。"①

火化熟食，使人类扩大了食物来源，减少了疾病，有利于营养的吸取，从而增强了体质。所以恩格斯指出："火的使用，第一次使人支配了一种自然力，从而最终把人同动物分开。"②这就是"烹"的起源。"烹"是饮食文化的真正肇端，是人类进入原始文化阶段的主要标志。《吕氏春秋·本味》篇从另一方面将熟食的意义和作用表述得清清楚楚："夫三群之虫，水居者腥，肉玃者臊，草食者膻。臭恶犹美，皆有所以。凡味之本，水最为始。五味三材，九沸九变，火为之纪。时疾时徐，灭腥去臊除膻，必以其胜，无失其理。"其意思是说，在烹饪中，水和火的作用很大。锅内的多次变化主要是靠火来调节控制的，水的"九沸九变"是通过火候的大小来实现的。掌握火的规律，通过时而文火时而武火、区别情况调节火候的手段，贵在恰当；只有恰当，才能治除腥臊，清理其臭，即可以去除水居、食肉、食草三种动物肉中的腥臊膻味，使食物的味道佳美起来。火的有效使用，食物才能真正变成美味佳肴。这大概是古人最初萌发的烹饪美学思想。

尽管在150万年前元谋人遗址的地层里，炭屑分布的厚度约有三米，但在这些炭灰中并没有发现饮食遗存。而"北京人"遗址里却有炭化的朴树籽，经专家对沉积物进行孢子分析，当时还有核桃、榛子、松子等坚果存在。因此，可以说在中国饮食文化史上，北京猿人乃至后来的"新洞人"和"山顶洞人"用火熟食具有划时代的意义：中国饮食文化的真正开端始于北京猿人、"新洞人"和"山顶洞人"。

---

① 张光直：《中国饮食史上的几次突破》，《民俗研究》，2000年第2期，第72页。
② 《马克思恩格斯选集》第3卷，人民出版社，1972年，第153～154页。

三、"王府井人"的饮食生活

1996年12月，在王府井大街南口，发现了古人类文化遗址，被称为"王府井人"。为距今约2.5万—2.4万年旧石器时代晚期的人类遗存，是古人类生活、狩猎的地方，有丰富的用火遗迹、烧石、动物化石、木炭等。遗址表明当时北京山区的古人类已经逐渐走出山洞，进入平原生活。在北京王府井古人类文化遗址博物馆内，围绕遗址四周陈设了大量的展品和图片，包括石砧、石锤、骨铲、骨片等2000多件骨制品和石制品，以及原始牛、蒙古草兔、斑鹿、安氏鸵鸟等动物骨骼化石。东西两面墙上是大型壁画，真实再现了2.5万年前古人类狩猎、制作工具、烧烤食物的生活场景。

第二节　新石器时代的北京饮食文化

一、"东胡林人"的饮食生活

"东胡林人"遗址最早是1966年4月初在北京门头沟东胡林村发现的，处于山区河谷台地。经过对出土遗物的碳14测定，这片遗址的存在年代被确定在全新世，即距今一万年的新石器时代早期。[①]"东胡林人"离开山洞，移居到平原台地上生活，这在人类进化史上是一个重大的转折。在北京地区，人类的经济方式由完全以采集、狩猎为生转变为开始经营农业并饲养家畜，生活方式也开始发生重要变化。因为在东胡林遗址中发现了大量的植物种子，但是其中是否包含有谷物，仍存在争议。但已经能说明人类的饮食生活开始丰富起来。

在东胡林遗址中发掘出的文化遗存有分布密集的烧火遗迹（火塘）、墓葬、灰坑、石器加工地点等遗迹，也发现有数量较多的石器、陶器、骨器、蚌器及大量的兽骨与植物遗存。在出土尸骨的边上放有一套两件石器：一件石棒和一件石磨，是用来去掉谷皮的。在尸骨的周围，分布着四五个"火塘"的遗迹。圆形的"火塘"由大小石块砌成，直径不足1米，四周有明显的灰迹。"火塘"中发现了大量沉积物，其中包括烧焦的兽骨和木炭。还发现了一批陶器、骨器、蚌器等重要遗物。据初步研究，东胡林人使用的各种工具主要适用于狩猎及采集活动。至

---

① 北京大学考古文博学院、北京大学中国考古学研究中心、北京市文物研究所：《北京市门头沟区东胡林遗址》，《考古》，2006年第7期，第3～8页。

于石磨盘、石磨棒是否也用于加工种植的粟类等旱地农作物，东胡林人是否已经营了农业，尚需对浮选出的植物遗存作科学鉴定后才能得出正确结论。从发掘出土的大量兽骨看，东胡林人的狩猎对象主要是鹿科动物，也有食肉类动物及杂食动物。如在墓葬发掘中找到了猪的肩胛骨和牙齿，表明东胡林人当时的"食谱"也包括猪，至于它到底是野生的还是驯养的，还有待考证。

二、"上宅文化""雪山文化"的饮食遗迹

"上宅文化"是对北京平谷区的"上宅遗址"和北京大兴区的"北埝头遗址"的统称。它是北京地区迄今发现最早的原始农业萌芽状态的新石器时代文化，距今7000—6000年，主要分布于北京地区东部的洵河流域。上宅、北埝头出土的大量石器、陶器、房屋基址，说明在7000年前北京地区的先民已从事农业生产，过着定居生活。原始采集农业及栽培农业的出现，很大程度上改变了人类的饮食结构和饮食习惯。上宅文化由于绽露出鲜明的农业生产萌芽，就使得它在北京乃至中国饮食文化史上都具有划时代的意义。"农业也可视为一项重大的革命，中国境内产生农业以后才可以说有中国史。"①

"上宅文化"中属于生产工具类的器物绝大多数为石质，主要是打制、琢制、

图2-4　新石器时代早期石刮削器，北京怀柔转年遗址出土（赵蓁茏摄影）　　图2-5　新石器时代早期石核，北京怀柔转年遗址出土（赵蓁茏摄影）

---

① 张光直：《中国饮食史上的几次突破》，《民俗研究》，2000年第2期，第72页。

图2-6 新石器时代中期陶双耳壶，北 京房山镇江营遗址出土（赵蓁茏摄影）

图2-7 新石器时代晚期红陶深腹 双耳罐，北京昌平雪山遗址出土（赵蓁 茏摄影）

磨制、压削的大型石器和一些细石器，共2000余件。有石斧、石凿、石锛、盘状磨石、石磨盘、石磨棒以及单面起脊斧状器、砧石和石球。"这些石器用于加工各种需要碾磨和脱粒的植物果实或者块茎。同时，磨盘磨棒上的植物组合，也反映了7000年前北京平原上人类社会的经济方式以采集与农业并重。日常饮食包括了粟、黍、橡子以及一些块茎类和杂草类植物的种子和果实。"① 研究发现，磨盘磨棒上的淀粉主要来自橡子、谷子、糜子和一些豆类、块茎类。通过对当时人们日常饮食结构的分析，反映出当时北京平原上经济方式以采集和农业并重，并未形成真正的农业社会。从出土的石羊头、陶羊头可以获知，当时，羊不论作为北京先祖们饲养的家畜，还是作为他们狩猎的对象，都已经成为先民们经常食用的对象是毫无疑问的。出土文物中还有陶猪，同样，不论是家猪还是野猪，当时"上宅人"已把猪肉当做美味了。"各种动物雕塑、石质捕鱼工具及大量的砧石、炭化榛子、山核桃与果核、种子的发现，表明当时人们还有狩猎、捕鱼、家畜饲养和采集等辅助手段，这也构成当时北京人食物的一个重要部分。"② 这证明在6000年以前北京地区存在原始农业，而社会经济则是农业和渔猎的混合形态。

在北京地区新石器晚期遗址中，以昌平区雪山村一期和二期文化最为丰富。这里位于山前冲积平原古河道以西的山坡上，土地肥沃。雪山一期文化相当于中原地区的仰韶文化，距今约6000多年。雪山二期文化距今约4000多年，相当于中

---

① 杨晓燕等：《北京平谷上宅遗址磨盘磨棒功能分析：来自植物淀粉粒的证据》，《中国科学》第39卷（D辑：地球科学），2009年第9期，第1266页。

② 刘宁波：《历史上北京人的饮食文化》，《北京社会科学》，1999年第2期。

原地区的龙山文化，这一时期已进入原始社会末期。雪山人已掌握了制陶技术，一期和二期遗存出土了大量陶器，一期以红陶为主，二期以褐陶为主，也有黑陶、灰陶，种类有罐、鬲（lì）、甗（yǎn）、盆、碗、豆、鼎、杯、环等。较之上宅文化遗址，雪山文化层中陶器种类明显增加，这些器物的形态与组合关系，是与当时的食品构成、烹饪方式及饮食习俗密切相关的。特别是"甗"的出现，显示出原始农业的进一步发展。[①] 甗，是一种饪食器，上部用以盛放食物的部分称为甑（zèng），甑底有穿孔的箅，以利于蒸汽通过；下部是鬲，用以煮水，高足间可烧火加热。北京地区的原始人类是最早使用甗进行烹饪的人群之一。

三、陶器与煮法的出现

陶器直接来源于原始人类的饮食行为。在这漫长的烧烤食物过程中，有时烧焦了不好吃，聪明的祖先想出了用泥土和水揉成一定的形状，把食物放在上面搁到火上焙烤，经火烤烧后，这些泥土变得坚固不漏水，并且可以长久使用，这就是陶器的雏形。在长期的实践中，人们根据生活的需要，烧制成多种式样的器具，用于烹饪食物、保藏食品和饮食。由此，陶器也就产生了。[②]《易·系辞》曰："断木为杵，掘地为臼。杵臼之利，万民以济"，这里说的便是烧制陶器的原始原理。人们学会烧制陶器以后，运用陶土首先烧制出来的就是具有炊和食双重作用

图2-8　东周时期朱绘陶鼎（赵蓁茈摄影）

---

① 于德源：《北京农业经济史》，京华出版社，1998年，第32页。
② 朱乃诚：《中国陶器的起源》，《考古》，2004年第6期。

的陶罐，然后才逐步由陶罐分化演变出专门的炊具和各种食具。

烧、烤之后出现了煮法，烹饪法的进步同烹饪器具的发展关系非常密切。陶器时代的新烹饪法主要是烹煮和蒸制。由于当时对谷物粮食只能进行脱粒、碾碎等简单的加工，因此，食品加工不外乎蒸、煮两种方法，即将碾碎的粮糁放入鼎、鬲等炊具中和水而煮，或将粮糁揉成饭团面饼置入甑、甗中顺汽而蒸，因此，粥羹类软食与饼团状干食就构成了北京地区新石器时代的主要成品食物。其时煮法有二，一是把烧热的石块放到水里去煮，二是把肉、粟等食物放在陶器、石器等容器内，然后再用火烧这些容器，将食物煮熟。就在这种煮法兴起之后，人类第一次创制了饭菜混合食物，人们把粟类或研碎的粮食粉与肉类、菜类混煮，出现了新的饮食结构。这时，人类使用火创造了原始的烘干贮存方式，这是比自然饮食阶段的晾干、冷冻的贮存更为进步的方式。

陶鼎是一种煮食具，是在釜的基础上发展起来的，是釜灶合一的炊具。有三条或四条腿，以取代固定釜的灶口或支架。使用时，在腹下架柴。《周易·鼎》云："以木巽火，亨（古通烹）饪也。"把鼎足改造成中空的锥状的"款足"，增大了鼎的容量和受热的面积，这便是"鬲"。《通鉴前编·外纪》载："黄帝作甑，而民始饭。"陶甑体如罐，底部有孔，孔上垫竹箅，竹箅上放米，置甑于有水釜上蒸成饭。如前文所述，甑与鬲的组合便是甗，是蒸煮合用的新炊具。甑与甗的出现，标志着蒸汽加热烹饪的开始。从此，北京地区的人们就开始有了极富中国饮食特色的"蒸"法。其产生年代，不迟于公元前5000—前4000年。到目前为止，世界上还没有其他国家发现用甗、甑早于中国的。有了"鬲""甑"等锅类炊具，才有了用它去煮蒸食物的可能，使人类熟食的方法由此产生了新的变革，这是人类饮食史上又一划时代的进步。

从"北京人""新洞人""山顶洞人"到"东胡林人"，再到"上宅""北埝头人"，最后是"雪山人"，我们可以大致勾勒出北京地区原始社会时期人类由山区（山洞）向山前丘陵地带和山前台地迁移，并进一步向平原地带迁移的轨迹。与这一轨迹相对应的，就是人类逐渐脱离狩猎、采集的生活方式而向农业生产方式的转变。因为在人类最初懂得栽培之后，只有平原地区才能为人类提供更多的便于开垦的肥沃土地。在生产水平十分低下，生产工具十分简陋的情况下，不断寻找便于耕作的土地，才是促使古人类不自觉地由山区、半山区向平原地区迁徙的真正原因。[①]北京地区原始人类居住环境的变化，完全是基于饮食的需求。

① 于德源：《北京农业经济史》，京华出版社，1998年，第35页。

第三章　先秦时期

中国饮食文化史

京津地区卷

北京部分

在夏商和西周时期的北京地区，水资源极其丰沛，农业有所发展。除农业之外，当时的人们还进行畜牧业和狩猎，在传说中的夏代中期，商族的祖先王亥就率领族人在今天北京以南的易水河畔放牧并从事交易活动。《管子·轻重戊》称王亥"立皂牢，服牛马，以为民利"。公元前1046年周灭商后，分封诸侯。《史记·周本纪》也说武王伐纣之后，"封召公奭（shì）于燕"。史学界将燕、蓟受封之时，作为北京境内有文字记载建城的开始。

第一节　夏商西周饮食文化的地下发掘

一、饮食器具的种类

北京地区夏商和西周时期的考古发现，以属于夏家店下层文化的平谷刘家河村遗址①、张营遗址、房山塔照遗址和琉璃河遗址等为代表。夏家店下层文化上承新石器晚期文化，向下延伸到商周之际，有一千多年的发展过程。因最初发现于内蒙古自治区赤峰市夏家店遗址下层而得名，主要分布在燕山山地和辽西及内蒙古东南部地区，年代为公元前2000—前1500年。

1977年8月，在北京市平谷刘家河村村东一处池塘边，发现商代中晚期至商代晚期前段墓葬一座，出土金、铜、玉、陶四类器物共计40余件。②其中青铜礼

---

① 北京市文物研究所：《北京考古四十年》，燕山出版社，1990年，第311页。
② 北京市文物管理处：《北京市平谷县发现商代墓葬》，《文物》，1977年第11期。

图3-1　夏商时期的红陶蛇纹鬲，北京昌平张营遗址出土（赵蓁茏摄影）

图3-2　夏商时期的青铜鸟柱龟鱼纹盘，北京平谷刘家河遗址出土（赵蓁茏摄影）

器十余件，计云雷纹小方鼎2件，弦纹鼎、鬲、甗各1件，弦纹短流提梁三锥足1件，饕餮纹分裆三袋足1件，饕餮纹鼎2件，饕餮纹爵、卣（yǒu）、瓿各1件，三羊1件，鸟首鱼尾纹盘、鸟柱龟鱼纹盘各1件。"**从随葬陶物的数量和种类中——特别是作为蒸饭器的甗——可以看到原始农业经济已在当时社会经济生活中占有举足轻重的地位。**"①以羊和鸟、鱼等鼎中之食作为器皿纹饰，反映了当时人们的饮食观念和美食追求。

2004年，北京市文物研究所的工作人员在北京昌平南邵镇张营村张营遗址发现了北京迄今为止唯一的一座夏代墓葬，位于北拒马河西岸。第三层至六层为夏商时期文化层，厚1～2米。出土文物有陶器、石器和铜器。陶器多为夹砂褐陶，有鬲、甗、罐、盆等器物，器表一般施绳纹，以手制为主。石器主要为磨制的镰刀、铲、斧等生产工具。铜器主要是小件工具、兵器和装饰品，有凿、锥、渔叉、镞、喇叭形耳环等。鹿角制成的工具是这时期的一大特色，有镐、铲。

西周时期的燕国，都城遗址现已可确定，在今北京市房山区琉璃河镇董家林村。即周武王灭纣之后，"封召公于北燕"②的建都之所。这就是北京历史上最早的城，我们常说北京建城已有三千多年就是从这时算起的。该遗址是迄今西周

①　于德源：《北京农业经济史》，京华出版社，1998年，第41～42页。

②　司马迁：《史记》卷三四《燕召公世家》，中华书局，1982年。

图3-3　西周时期的堇鼎，北京房山琉璃河出土

图3-4　西周时期的伯矩鬲，北京房山琉璃河出土

考古中发现的唯一一处城址、宫殿区和诸侯墓地同时并存的遗址。其东南不远的黄土坡墓地，就是西周时期的贵族墓地。死者应是与侯的关系十分亲密的近臣或亲属，随葬品皆有鼎、鬲、簋、爵、觯、尊、卣、盘等成套礼器。其中出土了北京地区最大的一件青铜器——堇鼎，及礼器伯矩鬲。琉璃河1193号大墓还出土了克盉和克罍（léi）。"克"是人名，盉与罍都是青铜酒器。当时的经济生产，主要是农业和手工业。农业生产和商代相比，没有什么突出变化，手工业的发展却很显著，门类也很多，除青铜器外，还有陶器、石器、玉器、漆器。青铜器从用途来讲，可以分为食器与礼器两大类。礼器除用作明器外，还用在各种祭祀和礼仪活动之中，所以，我们从青铜器的用途讲，青铜文化在某种意义上就是饮食文化。如北京"**昌平县曾出土一件3000多年的青铜四羊尊酒器。作为畜牧业代表的羊与农业产品的酒能结合在一起，绝不是偶然的。可以说这是两种经济交流结合的产物，也说明远在3000年前，北京人的饮食即兼有中原与北方游牧民族的特点。**"①北京饮食文化最为显著的特点应该就是游牧和农耕两种不同经济生产方式的融合，这是一条北京饮食文化发展的主线，从3000多年前一直延续下来。

---

① 鲁克才主编：《中华民族饮食风俗大观》北京卷，世界知识出版社，1992年，第1页。

图3-5 西周时期的克罍，北京房山琉璃河遗址
1193号墓出土（赵蓁苊摄影）

图3-6 西周时期的克盉，北京房山琉璃河遗址
1193号墓出土（赵蓁苊摄影）

二、食具发生变化的原因

随着手工业生产的出现和发展，饮食器具在不断演进，其功用越来越明确。最初的陶罐既可用于煮饭，也可用来煮肉；以后出现的陶鼎、陶鬲、陶盆、陶钵之类，也同样是既可盛饭，也能盛肉。它们都是新石器时期沿袭下来的重要的烹饪器具。当时还没有主、副食之分，食具也并未出现明确的分工，食具本身的文化内涵也不丰富。但从商周时期的奴隶制时代开始，北京地区的食具即出现了新的变化。这主要是因为：

首先，随着农业生产的发展，粮食产量不断提高，逐渐成为人们的主要食物。肉类则因农业耕地扩大，牧场缩小而退居次要地位，变成了人们的副食。新兴的园艺栽培，又使蔬菜增添了副食品的种类。由于主、副食的划分，食具也为适合其需要而相应做成各种不同的型制，餐具出现了较细致的分工，例如，豆器原专指肉食用具，后来多用于祭祀时向神祇供荐食品；盛放整羊的是俎，饭食之具称为卢，进食之具为箸，舀汤浆之器为勺，后来又出现了匙；盛汤浆之具称为盂，有时也用于盛一般食物。饮器则有杯、盅等，较小的杯称为盏。诚可谓分工明确，各司其职。

其次，食器的材质发生了明显变化，金属食器得到运用，社会象征功能增加。随着手工业生产的发展，食具已不再限于用陶土烧制，而出现了大量用金属做成的食具。商周两代是中国铜制炊具的鼎盛时期，出现了"司母戊鼎"这样的大型铜器。铜鼎的出现，标志着中国油烹的开始。当时的鼎是贵族豪华的炊器并食器，以鼎烹制，亦以鼎供食。正如《孔子家语·致思》所云："累茵而坐，列鼎而食。"鼎也是重要的礼器，朝廷大典必用。后来成为立国重宝，国家权力的象征。再后，道家将鼎作为炼丹炉，后来再变成香炉，鼎的烹饪功能就全部消失了。

第三，商周时期，由于上层贵族对饮食器具的奢华追求，还出现了玉石、牙骨、漆木等各种材质做成的食具。相传商纣王曾以象牙做箸，他的臣下箕子很是担心，认为象牙作箸，必然要以犀角杯、玉杯来相配。果然，玉杯很快就出现了。玉器之外，漆器也日渐进入饮食领域。

第四，食物加工和烹饪的需要。夏商时期的烹饪方法还很少，到了周代，烹饪方法就已经很多了，主要有煮、蒸、烤、炙、炸、炒、炖、煨、烩、熬等，以及腊、醢、菹脯等腌制菜肴之法，烹饪方法的多样，催发了新器具的产生。尤其是西周之前，通过碾盘、碾棒、杵臼等工具只能对谷物进行粗加工，难以提供大量去壳净米来满足饭食需要，只有少数贵族才有权享受完全去壳的净谷物。到了周代，"硙"（wèi，即石磨）的出现，是谷物初加工方法的一次飞跃。

与谷物加工相比，周代的肉类加工更为考究，而且，作为对肉类初加工的选割，与后期烹制具有同样的重要性。贵族们主要用镬（huò）烹熟鱼肉，用铜鼎来盛放肉类和其他珍贵食品。如《周礼·天官·亨人》云："亨（烹）人掌共鼎镬以给水火之齐。"郑玄《注》："镬，所以煮肉及鱼腊之器。既熟，乃脀（zhēng，把牲体放入俎中）于鼎。"

第二节　春秋战国时期的饮食文化

一、蓟城的产生

周武王平殷，封召公于幽州故地，号燕。周灭商后建燕国管理殷商遗民及孤竹、箕等族，遂在燕山南北形成了以华夏燕族为主体的燕文化。战国时期，燕国强盛起来，争霸中原，号称七雄之一。但相对于其他方国，燕国相对较弱。正如司马迁《史记·燕召公世家》所说，是"燕外迫蛮貉，内措齐晋，崎岖强国之间，最为弱小，几灭者数矣！"大概就是这一原因，当时史籍关于燕国的史事记载甚少，《左传》记载的燕国史事已迟至春秋之后。《左传》之外，《国语》中就是没有燕语，《诗经》中也没有燕风，更遑论燕地的饮食文化了。

今天的北京仍为燕国都城所在地，称为蓟城。所谓"燕襄王以河为境，以蓟为国"①是也。此"河"，指黄河；"蓟"指蓟城；此"国"乃指燕之国都。燕都蓟城一跃而为"富冠海内"的名城。燕国东边有孤竹、东北有肃慎、北边有山戎。山戎墓葬中出土了大批的陶器、石器、骨器、蚌器、玉器、金器、青铜器。青铜器中有兵器、生活器皿、装饰品、车马具等，其中很多器物的器形带有明显的中原文化特色，说明当时的燕国是北方各民族集结与经济、文化交融的重要地区，而燕国都城蓟城则是当时各民族经济文化交流的枢纽。燕之优越的地理位置，为之提供了饮食物品的多样性和丰富性。

至战国中期，燕昭王于今河北省保定市易县修筑武阳城，辟建"下都"，燕的政治中心从此南移，遂称"下都"之北的蓟城为"上都"。自此以后，燕文化愈益加速了同中原文化融合的步伐，燕文化中原有的粗犷、野性和古朴的内在特质愈益减少或消退，诸多器类已难与中原器物相区别，共性渐多而个性渐少，这一特点，已是这一时期燕饮食文化发展的总趋势和总的规律特点。这一点，在北京地区仅有的几批为数不多的青铜器发现中也有所反映。从唐山贾各庄墓地出土资料来看，战国时期燕文化青铜礼器的完整组合，应为食器、酒器和水器俱全的组合形式，即应为：鼎、豆、簠、敦、壶、盘的成套组合。这些饮食器具表明，蓟城的饮食文化正逐步向中原靠拢。

二、铁制农具与农业生产的发展

1. 铁制农具的出现

从战国时代开始，中原地区就出现了大量用铁制造的农具，有镢、锄、铲、镰、犁铧，也有铁锤、铁斧、铁凿、铁刮刀等手工工具，标志着中国进入了铁器时代。从那时起，中国农业和手工业的生产效率得到大幅度提高。在北京顺义兰家营村即发掘出战国时期的铁器农具，在顺义英各庄战国时期的墓葬中出土了铁斧一把。据此可以证明战国时期的燕国也步入了铁器时代。

迄今为止，在燕国境内的今北京地区附近发现了两处著名的冶铁遗址，"一是河北省兴隆县，一是河北省易县东南的燕下都遗址。这两个地点出土的铁器，不仅反映了燕国铁器生产的水平，就是在全国范围讲，也是今天发现的战国时

---

① 韩非：《韩非子·有度篇》，中华书局，1986年。

期具有代表性的冶铁产品和遗址。"①1953年，在北京东北的河北省兴隆县发现战国时期冶铁范铸工厂，共出土了铁器48付87件，均使用白口铁铸造而成，是用来铸造其他器具的范模。其中包括锄、镰、斧、凿、车具等器的范模，范模有内范和外范靶子，可分双合范及单面范两种。这批铁范制造水平极高，至今在全世界还没发现有与此时代相同、或超越此技术的铁范。因此这批铁范被世界考古及其他学界称为"兴隆战国铁范"。燕下都老姆台遗址中出土的战国铁器比其他地方为多，主要有犁铧、镰、五齿耙等铁制农具，以及锛、斧、凿、锥、锤等铁制工具。

2. 农业生产的发展

北京及周边地区冶铁技术的先进，必然大大推动农业生产的发展。青铜器的发明对于农业生产的影响并不大，青铜器在绝大部分青铜时代主要不是用来作为农业生产的直接工具，而是作为食器和礼器。青铜器没得到比铁器更为广泛推广的原因，主要是因为资源稀少、价格昂贵，而铁器的优势正好弥补了这些不足。再就是铁器坚硬、韧性高、锋利，胜过石器和青铜器。低廉的价格，极利于推广和普及到农业生产上去。

先秦时期的人们已经对水与农业的关系有了深刻的认识。《管子·禁藏》就

图3-7　东周时期的青铜蟠螭纹罍，北京延庆军都山墓地出土（赵羡苃摄影）

图3-8　东周时期的朱绘陶簠，北京昌平松园村战国墓葬出土（赵羡苃摄影）

① 曹子西主编：《北京通史》第一卷，中华书局，1994年，第92页。

说："食之所生，水与土也。"《荀子·王制》更提出了通过水利工程趋利避害的主张，称："修堤梁、通沟浍（大沟），行水潦，安水藏，以时决塞，岁虽凶败水旱，使民有所耘艾"。燕地北京境内河流众多，如今之潮白河、永定河、拒马河等，为燕国兴修水利提供了优越的自然条件。另外，战国时期燕人挖掘水井比较普遍，在今北京陶然亭、清河、蔡公庄、宣武门、永定河河畔，发现了战国至西汉时的陶井多眼。陶井用多节陶圈套叠起来砌成，呈筒状，位于居住区的是饮水用井，位于田野的是灌溉用井。当时，北京农业发展到灌溉农业的历史阶段，农业剩余价值大幅度增加，饮食当中的主食和蔬菜品种也更为丰富。

燕昭王时，著名阴阳家邹衍曾在燕国北部山区教民种谷。《嘉庆重修一统志·顺天府》："黍谷山在密云县西南十五里。刘向《别录》：'燕有黍谷，地美而寒，不生五谷，邹子居之，吹律而温气生。'旧有邹衍祠在山上。"邹衍吹律而生五谷，向来被认为是无稽之谈，其实不然。"律"在古代不仅是一种乐器，而且是一种测气仪器。邹衍吹律测出地的温度和湿度，进而确定无霜期和播种期，指导人们进行农业生产。到战国时，在辨土、审时、深耕、除草、通风、培本、治虫、施肥等各个环节，特别是在人工灌溉保墒方面，都积累了丰富的经验。先民们极重农时，《吕氏春秋·审时》中说道："得时之禾，长秱长穗，大本而茎杀，疏穖而穗大，其粟圆而薄糠，其米多沃而食之强。""得时之黍，芒茎而徼下，穗芒以长，抟米而薄糠，舂之易而食之不噮而香。""得时之麦，秱长而茎黑，二七以为行。而服薄稿而赤色，称之重，食之致香以息，使人肌泽且有力。"还有对"得时之稻""得时之麻""得时之菽"的描述，已经细微到从性味上分辨粮食的色香味并注意到它的营养价值和养生效果了。

有了农业技术的支撑，加上土地肥沃，燕地粮食生产便有了好收成。《战国策·燕策》里有苏秦对燕文侯说的一段话："燕国北有枣栗之利，民虽不由田作，而枣栗之实足食于民矣，此所谓天府也。"[1]就是说，当时北京地区的老百姓是可以用枣和栗这两种果实为主要粮食的，并且十分富足。《史记·货殖列传》载："燕秦千树栗，……此其人皆与千户侯等。"

除枣栗果树外，桑蚕的种植和生产也是燕国农业的重要部分，《史记·货殖列传》说"燕、代田畜而事蚕"。所谓燕地"田畜而事蚕"，是将畜牧业的生产与桑蚕的种植生产并称，反映出桑蚕的种植生产非常普遍。《晏子春秋·内篇杂上》

---

① 刘向编：《战国策》卷二九《燕策》，上海古籍出版社，1985年。《史记》卷六九《苏秦传》作"车六百乘，粟支数年"，其余文字与《战国策》同。

云："丝蚕于燕，牧马于鲁。"蚕丝在燕地也颇出名。燕地还盛产蓟，为多年生草本植物。蓟有不同的品种，可以入药，传说食之能延年益寿，当时人称为"仙药""山精"。蓟之嫩茎叶可食用或作饲料。在北京饮食文化中，"蓟"大概是最早的医食同源的例证。"蓟城"一名的来源，可能与蓟草相关。以所食植物作为都城名称，足见饮食影响之深远。或许也正是"蓟"具有特殊的食用功效，才被用于指称行政区域。

燕地主要粮食作物是粟，苏秦说到其时的燕国："地方二千余里，带甲数十万，车七百乘，骑六千匹，粟支十年。"[1]表明当时北京地区粮食之充足。粟对土壤要求不高，非常适应燕地降雨量小、易干旱的生态环境。粟去壳后即为小米，营养价值很高。尤其重要的是，粟的坚实外壳具有很强的防潮防蛀性，因而易于贮藏。此外，还有一些人文因素的原因：其一，粟的产量比黍高。在北方诸谷中，以粟的亩产量为最高，比麦、黍几乎多一倍。其二，明代徐光启的《农政全书》中亦记，"五谷之中，惟粟耐陈，可历远年"。今考古发现，不少粟在几千年后依然子粒完整。在灾情频繁的北方，耐贮藏是人们选择的一个重要条件。其三，品种多，能适应多方面的需求。粟可分为稷（狭义，指"疏食"，即粗米）和粱两大类，分别适应社会上、下层主食的需要。由于自然选择和人文选择的合力，粟即稷成为当时燕地栽培最早、分布最广、出土最多的主食作物，被尊为"五谷之长"。后，"稷"与"社"一起组成国家的象征，古农官也以"稷"命名之，足见其地位的重要。

不过，燕国当时用于充饥的并不只是粟。据《周礼·职方氏》所记，幽州"其谷宜三种"，郑玄《注》"三种"是黍、稷、稻。幽州的中心是蓟城（今北京中部和北部，或蓟县）。唐贾公彦《疏》，幽州"西与冀州相接，冀州皆黍、稷，幽州则宜稻。"黍，即为黍子，脱皮即为黏黄米；稷，即为粟（谷子），脱皮为小米。黍、稷是中国古代北方的主要农作物，亦为北方居民主要的粮食品种。稻是喜水农作物，燕国有稻，种植于水利条件较好的地区。

春秋战国时期，北京饮食结构的基本格局已经确立，即以谷物为主，以肉类为辅。而在谷物中，又以粟最为重要。《汉书·食货志》曰："洪范八政，一曰食，二曰货。食谓农殖嘉谷可食之物。"一方面说明食之重要，另一方面指出了食之对象主要就是农产品。以谷物为主、以肉类为辅这一饮食结构的确立，正是在春秋战国时期。

---

① 刘向编：《战国策·燕策》，上海古籍出版社，1985年。

第四章 秦汉至隋唐时期

—

中国饮食文化史

—

北京部分卷　京津地区卷　北京

汉代人盛行厚葬，日常吃的食物及食器都要随葬。所谓"厚资多藏，器用如生人"[1]。北京地区亦多有汉代墓葬发现，出土的器物以陶器为主，有壶、扁壶、杯、盘、魁、盆、三足炉与釜等饮食明器，以及陶仓、陶臼、陶舂等稻米加工工具。可以看出，当时北京地区的农业发展状况和基本的饮食情况。

东汉末年，社会矛盾冲突剧烈。北京地区农业生产受到非常严重的破坏，土地荒芜，粮食匮乏，人多饥馑而亡。曹魏初年，统治者实施"镇之以静"的休民政策，幽州百姓得以休养生息。但，东北边境的鲜卑人对幽州数次寇边，镇北将军刘靖驻守蓟城（今北京），在蓟城外推行屯垦戍边、寓兵于农的政策，大兴农田水利、屯田种稻。

公元581年，隋文帝结束了南北朝的分裂局面，建立了隋政权。这一时期，北京地区的行政区划和名称更替频繁。隋代初年废燕郡存幽州，大业初年又改幽州为涿郡，治所在蓟城，所辖九县中的蓟、良乡、昌平、潞等县和怀戎县东部，均在今北京境内。[2]此外，安乐郡的燕乐、密云两县在今密云境内；渔阳郡无终县既兼有洵河、洳河二水，亦含有今北京平谷区部分区域。唐武德元年（公元618年）隋亡，李渊建立唐朝。唐代的幽州的区域范围或分或并，多有变化。据《旧唐书·地理志二》载：唐武德元年（公元618年）再改隋涿郡为幽州，只领蓟、良乡、涿、雍奴、次安、昌平六县。唐太宗贞观年间，扩大了幽州管辖范围，增加了范阳、渔阳、固安和归义四县，共十县。唐玄宗在天宝元年（公元742年）二月，诏"天下诸州改为郡"[3]，幽州改称范阳郡。唐肃宗乾元元年（公元758年）

① 桓宽：《盐铁论·散不足》，上海人民出版社，1974年。
② 参见魏徵：《隋书》卷三〇《地理志中》，中华书局，2002年。
③ 刘昫：《旧唐书》卷九《玄宗纪下》，中华书局，1975年。

范阳郡恢复幽州旧称。唐代，北京境内除置幽州外，还包括了檀州（治今北京密云）和妫（guī）州妫川县（今治北京延庆）。

第一节　秦汉时期的饮食文化

一、汉墓中的饮食文化

北京地区的汉代考古发现主要包括城址与墓葬两方面。城址中有汉代燕国或广阳国都城的蓟城遗址，还有曾经作为战国时代"燕中都"[①]、汉代良乡侯侯国首府的房山区"窦店古城"遗址，以及汉代的西乡县故城[②]、广阳县故城[③]等城址。汉代墓葬如大葆台西汉墓、顺义临河东汉墓等。近年来，不断有汉墓被发掘出来。如2004年在延庆县发掘出一座东汉砖室墓。值得注意的是，此次出土的陶器十分有特色，大多刻画有纹饰。方形的陶井、陶塑的猪、狗、鸡、鸭等造型逼真，为延庆地区历年来罕见。从这些考古发现，可窥见当时北京地区的饮食文化。

大葆台汉墓和老山汉墓是这一地区规模最大、规格最高的汉代王陵。两座汉墓出土文物千余件，有铜器、铁器、玉器、漆器、玛瑙器、金箔、陶器及丝织品等。其中，大葆台西汉墓提供了墓主刘建其人饮食的基本信息，发现有带壳的小米（粟），出土时仅剩空壳；以及栗子皮（果已无存），这种栗子为山毛榉科板栗属的板栗。由此可见，西汉时粟饭是北京地区的主食，即使贵族也不例外。西汉时，其他粮食种类还没有取代粟的地位。《汉书·食货志》中云："**粟者王者大用，政之本务。令民入粟受爵至五大夫以上。**"足见当时粟对于国政民生之重要。此外，还发现有猪、鸡、雉、兔、鸿雁、鲤鱼、猫、山羊、鸟，以及天鹅、白颈鸦、豹、牛等生禽鸟兽和枣、栗、黍等食品的遗存。据《周礼·天官·食医》，周朝的王公贵族讲究"**牛宜稌、羊宜黍、豕宜稷、犬宜梁、雁宜麦、鱼宜菰，凡君子之食恒放焉**"。这是周礼所认为最适宜的饭菜搭配法，也是君王和贵

[①] 燕中都之称，见于《太平寰宇记》卷六十九《幽州良乡县》下："在燕为中都，汉为良乡县，属涿郡。"

[②] 《汉书·地理志》载："西乡侯国，莽曰移风。"到了王莽新朝时期，即公元9年至公元23年，将"涿郡"改为"垣翰"，"西乡"改为"移风"。至东汉废西乡县，并入涿县。

[③] 《水经·圣水注》："圣水又东，广阳水注之，水出小广阳西山，东迳广阳县故城北。"中国古代以山之南、水之北称阳，以示其朝向阳光照射之意；以山之北、水之南称阴，以示背阳之意，"广阴"即广阳水之南岸。燕国广阳旧地在今北京市西南郊一带，广阴亦应距之不远。

族大夫用膳的共同准则。随着食物的丰富，汉代社会上层的饮食结构沿袭了《周礼》，粮肉搭配已相当合理，真正做到了"**五谷为养、五果为助、五畜为益、五菜为充。**"①

老山汉墓是北京市2000年的一项重大考古发掘，曾引起社会各界的广泛关注。其中有一批彩绘陶器，这批彩绘陶器，数量多，器类全，色彩鲜艳，是迄今北京地区出土的数量最多、保存状况最好的一批汉代彩绘陶器。老山汉墓的年代为西汉中晚期。说明当时进入了陶器、原始瓷器向瓷器的过渡时期。汉代早期的原始瓷，其质量较先秦有明显的提高。西汉晚期，鼎逐渐退出饮食领域，而成为一种权力和权势的象征物。东汉晚期，制瓷技术又有了提高，东汉时，北京人的饮食文化已步入了美器的时代。

在顺义大孙各庄镇田各庄村，也发现大型汉墓群，它们均为汉代砖室墓，内随葬有陶罐、壶、耳杯，以及楼、仓、灶、猪圈、厕所和猪、狗、马、鸡等陶制明器。专为随葬而做的明器，可分模型和偶像两大类。秦和汉初首先出现的是模型类的仓和灶。从西汉中期以降，迄于东汉后期，除仓、灶以外，井、磨盘、猪圈、楼阁、碓房、农田、陂塘等模型及猪、羊、狗、鸡、鸭等动物偶像相继出现，时代愈晚，种类和数量愈多。这些明器反映了当时北京地区农业经济和饮食生活状况。仓的出现，一方面说明当时粮食的充足，另一方面说明了粮食贮存和加工技术的提升。这些都为饮食文化的发展奠定了必要的基础。再以灶为例，明器的灶与现代农村的柴灶很相似，立体长方形，前有灶门后有烟囱，灶面有大灶眼一个，或者小灶眼1~2个。灶有挡火墙，前方后圆式，灶面富于装饰性。灶的完善，大大推动了烹调技艺的发展，也使火候的把握成为可能。

2003年，在蓟县东大井墓地出土了一件汉代陶质烧烤型火锅，它不仅具有火锅的功能，还可以用来烧烤，是一件实用性极强的家庭餐饮用具。其底部长33.5厘米，宽19.5厘米，深5厘米，整体为长方形四足槽形器，底部及四个倾斜壁均有圆形透气小孔。在长方形底部的一侧有一个圆形支架，其直径14.5厘米，上面置一陶钵，是一件集烤、涮为一身的单人炊具。《礼记·礼运》载：以烹以炙，正是对其形象而真实的记载。

二、汉代农牧业经济发展对饮食文化的影响

通过北京地区汉代考古发现的城址和墓葬两方面的考古资料证实，北京地区

---

① 不著撰人：《黄帝内经·素问》，上海书店，1985年。

是当时汉王朝东北部规模最大的政治中心、文化中心、经济中心。蓟城位于华北平原北端通向西北、朔北和东北地区的要冲，也处于居庸、古北、山海关三条通道关隘的交会点，秦驰道的修通与秦长城的修筑，加强了蓟城作为秦朝北郡重镇的地位。西汉建立时，将全国共分为54个郡，燕为侯国，辖4郡1国领县76个，位居诸国之首。《汉书·地理志》载：西汉末，平帝元始二年（公元2年）今北京地区在幽州牧统监之下的地域分属5个郡、国，即广阳国和涿郡、上谷、渔阳、右北平四郡。汉代的北京之重要，在《史记·货殖列传》中有载："夫燕……北邻乌桓、夫余，东绾秽貉，朝鲜、真番之利。"有"鱼盐枣粟之饶"等生动的描述。

《史记·燕召公世家》："索隐徐广云：'涿有督亢亭。'地理志属广阳。然督亢之田在燕东，甚良沃。"可见督亢是燕国重要农作区。渔阳在西汉置有盐铁官，两汉之际，渔阳太守彭宠利用盐铁贸易进而积兵反汉。幽州牧朱浮上疏云："今秋稼已熟，复为渔阳所掠。"诏书答称："今度此反虏，势无久全，其中必有内相斩者。今军资未充，故须后麦耳。"[1]秋稼与夏麦并举，秋稼，当是指稻或粟。北京地区历史上种水稻最准确的记载是在东汉初年，建武十五年（公元39年），张堪为渔阳太守，他在狐奴山（今北京市顺义牛栏山附近）下，"于狐奴开稻田八千余顷，劝民耕种，以致殷富"，开北京地区种水稻之先。张堪在渔阳视事八年（建武十五年至十二年，公元39—46年），粮食充足，人民富裕，边防充实，为吏民所信服，百姓作歌谣赞颂他，"桑无附枝，麦穗两岐，张君为政，乐不可支"[2]。由于狐奴地区泉水众多，气候适宜，因此这里的水稻稻香可口，名声大振，成为皇帝享用的"贡米"。顺义鲁各庄"文革"前曾有一座张堪庙，纪念的正是东汉初年的渔阳太守张堪，庙里壁画上描绘了水稻植播的全过程。东汉末年，刘虞为幽州牧，"务存宽政，劝督农植，开上谷胡市之利，通渔阳盐铁之饶，民悦年登，谷石三十"[3]。可见在东汉时期，这个地区农业已有相当程度的发展。

牧业在这里仍然是重要的产业，幽州的骑兵在东汉即以劲旅著称。《周官·职方氏》记幽州"畜宜四扰（马牛羊豕）"。所谓的"息众课农"也就是拓跋部落由游牧经济向农业经济转变的过程，燕地畜牧滋盛，物价低平，是本地最有名的马产地，遂使燕国拥有众多骑兵。《后汉书·吴汉传》记南阳宛人吴汉"亡命至渔阳，资用乏，以贩马自业，往来燕蓟间"，他对渔阳太守彭宠说："渔阳、上谷突骑，

① 范晔：《后汉书》卷一二《彭宠传》；又卷三三《朱浮传》，中华书局，1965年。
② 范晔：《后汉书》卷三一《张堪列传》，中华书局，1965年。
③ 范晔：《后汉书》卷七三《刘虞列传》，中华书局，1965年。

天下所闻也。"汉灵帝时蔡邕上疏称，"幽、冀旧壤，铠马所出"①。说明当时幽州确以产马驰名。而马肉也是人们盘中之佳肴。否则，荆轲便难以知晓马肝之味美。

从考古遗址和相关记载可以获知，秦汉期间北京的农业生产力比较发达，而先进的生产工具是其最为突出的表征。北京地区的冶铁技术一直处于全国领先地位，这为铁质农具的生产在技术上提供了可能性。铁制农具的广泛使用，使北京地区的荒地得到大量开发。海淀、延庆、平谷等地的西汉墓中出土了各种铁制农具。北京清河镇朱房村西汉古城遗址中发现了铁农具锄、铲、斧、耧犁、镬、耧足等，均为铸件。②当时用于农业耕作新发明的铁足耧车播种技术的推广，使得汉代幽州地区的农业得到了突飞猛进的发展，特别是上述考古发掘的诸城址及其周围宜于农业耕作的地区，粮食的大量生产成为一种可能，这就为当时人口的增长提供了足够的生存条件。这些考古发掘的农业技术信息和文献记载的情况与考古发现城址的地理分布特征是相符的。③

秦汉时期，北京地区农业生产的发展对饮食文化的走向起到了举足轻重的作用，为北京饮食文化特点的形成奠定了物质基础，即由原先以肉食为主导的特点转化为肉食与谷物并重的饮食格局。农业生产可以提供足够丰富的并且相对稳定的主食资源，而肉食渐渐退居至副食的地位。

在秦汉时期，北京饮食文化的区域特质已经大致突显，首先是灶的出现，衍生出中国饮食文化中一些最常见的烹饪方法。

其次是主、副食区分分明，稻、麦、粟、栗、黍、枣等成为饮食的主体部分，而牛羊等牲畜的肉制品仅是人们生活中的副食品，形成了以谷物为主，辅以蔬菜，加上肉品的饮食结构，奠定了农耕民族以素食为主导的饮食结构基础。

第三是北京地区与北方游牧民族相连，为农业和牧业共存的地域，饮食文化中掺入了游牧民族的风味，形成以羊为美味和"以烹以炙"的饮食习性。

第四是北京与周边地区贸易往来频繁。秦始皇统一天下后，分天下为三十六郡，其中原战国时期的燕国分为六郡，现在的北京地区分别划由渔阳、右北平、上谷、广阳四郡分管，蓟城属广阳郡，而且是其首府。北京处于经济发达地区的包围当中，这一位置优势为当时北京贸易繁荣提供了便利条件。

---

① 范晔：《后汉书》卷七四下《袁绍·刘表传赞》注引；又卷六○下《蔡邕传》注引，中华书局，1965年。
② 苏天均：《十年来北京所发现的重要古代墓葬和遗址》，《考古》，1959年第3期。
③ 马保春：《北京及附近地区考古所见战国秦汉古城遗址的历史地理考察》，北京市哲学社会科学"十一五"规划项目《燕国历史政治地理研究》的阶段成果。

第二节　魏晋南北朝时期的饮食文化

一、农业生产的恢复

东汉末年，连年战乱，社会矛盾激化，人们流离失所，导致农田的大量抛荒。汉灵帝之世，蔡邕上疏曰："伏见幽、冀旧壤，铠、马所出，比年兵饥，渐至空耗。"[1] 其时幽州北部连年遭受鲜卑人的侵扰，土地和财物被侵占。面对一派荒凉的景象，曹魏初期幽州地方官制订并实施了与民休息，"镇之以静"的治理政策，促进屯田户和自耕农人口的增加，为幽州农业生产的恢复创造了条件。

曹魏在大兴屯田和州郡农业的同时，还兴修水利，提高农业生产技术，精耕细作，单位面积产量迅速提高，北方的农业较快地恢复了。就水利建设言，曹魏时兴建修复了不少渠堰堤塘，以满足灌溉农田的需要。这些水利设施中，刘靖在蓟县附近修的戾陵堰、车厢渠，是北京最早的大型水利工程。戾陵堰工程从坝址的选择到渠线的布置，都相当合理。从引水口分流河水进车厢渠向东注入高梁河，每年可浇灌农田二千顷，史称"水溉灌蓟城南北"。《三国志》卷十五《魏书·刘馥传》附《刘靖传》中讲到："靖以为'经常之大法，莫善于守防，使民夷有别'，遂开拓边守，屯据险要。又修广庆陵渠大堨，水溉灌蓟南北；三更种稻，边民利之"。今北京石景山、丰台、海淀一带的水稻种植，大都是从这个时期开始的。农田有了充足的水源，旱田变为水田，粮食作物由旱地杂粮改为水稻，而且开始采用轮作制种稻。粮食产量大幅度提高，解决了军粮及民食的问题。《水经注·鲍邱水》载有刘靖碑文，碑文称颂戾陵堰灌溉工程："水流乘车箱（厢）渠，自蓟西北迳昌平，东尽渔阳潞县，凡所润含，四五百里，所灌田万有余顷。高下孔齐，原隰底平，疏之斯溉，决之斯散，导渠口以为涛门，洒氿池以为甘泽，施加于当时，敷被于后世。"这一工程延续到唐代还在使用。

西晋初期，西北和北方的匈奴、鲜卑、氐、羯、羌、乌桓等民族已大量进入黄河流域。建兴四年（公元316年），西晋灭亡。第二年，东晋建立。东晋期间，北方诸侯纷争，北京地区正值其冲要。经过政权的多次更迭，终归由鲜卑拓跋氏的北魏所统治。

北魏时幽州仍治蓟城，领燕郡、范阳和渔阳郡，共18县。北魏后期的农业技术，有了较大的进步。北魏统治者的汉化政策，是北魏经济文化发展的大前

---

[1] 范晔：《后汉书》卷六〇下《蔡邕传》，中华书局，1965年。

提。从北魏贾思勰所著的农学名著《齐民要术》中我们可以看到，北魏在继承传统农业技术的同时，又有许多创新。如根据土地的墒情（土壤湿度）进行耕作的技术，水选、溲种（拌种）等种子处理技术，种子保纯防杂技术，水稻催芽技术以及绿肥的使用、轮种和复种，果树栽培和嫁接等，反映出北魏的农业技术已达到较高的水平。北魏末年，分离为东、西两个政权——东魏和西魏。稍后，北齐取代东魏，西魏转化为北周。北齐至其被北周所灭之后，幽州一直统辖燕、范阳和渔阳三郡。北齐期间，"开督亢旧陵，设置屯田"，稻作生产得到延续，直到现在房山区长沟一带与相邻的涿县"稻地八村"仍是一片老稻区。据《齐民要术》载，当时的水稻已有旱稻、香稻、糯稻等品种。正是有了这种种的传统，才有了后来老北京的一首民谣"京西稻米香，炊味人知晌，平餐勿需菜，可口又清香"。在北方，稻作生产如此受到重视，这不仅是魏晋南北朝时期北京农业生产的一个特点，也应该是其饮食文化一个靓丽的特色。

二、多民族聚居区的形成

魏晋时期，幽蓟地区具有以下特点：

第一，当以中原政权为代表的中央政权力量强大时，幽蓟往往成为北方的经济、贸易中心和北方的军事重镇；

第二，当以中原政权为代表的中央政权力量衰弱时，幽蓟往往成为军事割据势力的中心之一；

第三，当中原政局混乱时，幽蓟又成为北方游牧民族南下中原的军事前哨基地。这一区位优势吸引了北方不同民族向这里汇集。

当时，北京地区呈多民族杂居的状态，北方乌桓、鲜卑、突厥等族纷纷迁入。西晋时，太行山区已遍布杂胡，"群胡数万，周匝四山"[1]；畜牧业的发展水平得到了一定的提高，幽州的马和筋角，驰名天下。不少文学作品都有对幽州筋角制成的弓弩称赞的章句，如魏人陈琳的《武库赋》、晋代江统的《弧矢铭》等。

为恢复生产，蓟城一带的乌桓、鲜卑人主动参加修复戾陵堰与车厢渠水利工程，"诸王侯不召而自至，襁负而事者益数千人"。东晋政权偏安南方，北方出现了由匈奴、鲜卑、羯、氐、羌等少数民族统治者建立的政权，史称"五胡十六国"。前燕主慕容儁建都龙城（今辽宁朝阳），他于后赵永宁元年（公元350年），

---

① 房玄龄：《晋书》卷六二《刘琨传》，中华书局，1974年。

率兵攻破蓟城。慕容儁于元玺元年（公元352年）即皇帝位，以蓟城为国都，以龙城为陪都，但慕容儁于光寿元年（公元357年）蓟迁都邺，蓟城作为前燕国都仅六年，是北京史上少数民族初次在北京建都。北魏初年**"西北诸郡，尽为戎居。内及京兆、魏郡、弘农往往有之"**[1]；北魏末期和东、西魏时，**"自葱岭以西，至于大秦，百国千城，莫不欢附，商胡贩客，日奔塞下，所谓尽天地之区已。乐中国土风，因而宅者，不可胜数"**[2]，北魏的中心洛阳甚至专设四夷馆以接待四方附化之人。由此可见，胡族向中原地区的迁移是持续不断的，分布的地区亦越来越广。魏晋南北朝时少数民族的内迁，表现在东北的契丹、库莫奚、北部的鲜卑等民族由辽东经辽西、幽蓟、中山至襄国、邺城等地，北京同样也是在胡人迁入的区域之内。这一地区成为汉族、突厥、契丹、奚、靺鞨、室韦、高丽、回纥、吐谷浑等各族人民生活和劳作的地方。

在少数民族不断进入北京地区的同时，中原居民也迁徙而来。西晋末年，石勒起兵，河北人口四散流移，或避居青、齐，或过江南徙，或往依并州刘琨，或流落辽西段氏和辽东慕容廆（wěi，古人名用字）。后来，流移并州的士众得不到刘琨的存抚，于是又流落幽州，归王浚，而王浚谋称尊号，不理民事。这部分流民又往辽西、辽东，投奔段氏和慕容氏。慕容廆以冀州流民数万家侨置冀阳郡。后赵建武五年（公元339年）九月，后赵将费安破晋石城，"遂掠汉东，拥七千余户迁于幽、冀"。前燕建熙五年（公元364年），燕将李洪"拔许昌、汝南、陈郡，徙万余户于幽、冀二州"。中原民众的进驻，更加强化了北京人口的多民族和多地域的特性。

三、魏晋饮食文化发展的特点

魏晋南北朝时期，尽管世道动乱，但从总体而言，北京的饮食文化随着全国的发展也有了长足发展，**"魏晋南北朝时期饮食文化取得了跨越式的发展，饮食学成为了一门学科被确定下来，这与当时的社会历史状况是分不开的，特别是与当时的人口流动是分不开的。"**[3]归纳起来，这一时期出现了如下一些影响深远的饮食文化事象。

首先是饮食方式发生了根本性的转变。先秦两汉，中国人席地而坐，分别据

---

① 司马光：《通鉴》卷八一《太康元年引郭钦上疏》，中华书局，1956年。
② 杨炫之：《洛阳伽（qié）蓝记》卷三《城南》，中华书局，2006年。
③ 王静：《魏晋南北朝的移民与饮食文化交流》，《南宁职业技术学院学报》，2008年第4期，第5页。

案进食。魏晋南北朝时期，少数民族的坐卧用具进入中原。胡床是一种坐具，类似今天的折叠椅。《晋书五行志上》："泰始（公元265年为西晋泰始元年）之后，中国相尚用胡床貊盘，及为羌煮貊炙，贵人富室，必畜其器，吉享嘉会，皆以为先"。说明胡床貊盘，已经进入高层人家而且成为时尚，这就极大地冲击了传统的跪坐饮食习惯。《梁书·侯景传》载："侯景常设胡床及筌蹄，著靴垂脚坐。"由于胡床必须两脚垂地，这就改变了以往的坐姿，大大增加了舒适程度，人们可以长时间饱享"羌煮貊炙"。随着胡床、椅子、高桌、凳等座具相继问世，合食制（围桌而食）流行开来。随着高桌大椅的使用，人们围坐一桌进餐也就顺理成章了。同时，这一时期也是中国古代的两餐制和分餐制，逐渐向现代的三餐制和合餐制过渡的一个重要时期。

其次，面食进入北京人的饮食生活。"最早有面食记载的是《齐民要术》这本书，记载着'饼''面条''面'的资料，《齐民要术》是南北朝晚期的著作，相当于公元300年，因此我相信面食是东汉时期以后由东亚经西域传入中国的。面食把米、麦的使用价值大大地提高了，因为中国古代主食的植物以黍、粟为主，因为有面食方式的输入，才开始先吃'烙饼'，也就是'胡饼'。"[1]除米外，北京人食麦较多。麦的一大吃法是用麦粉做饼，南北相同。有汤饼、煎饼、春饼、蒸饼、馄饨等品种。汤饼与今天的面片汤类似，"弱如春绵，白若秋绢"，煮开时"气勃郁以扬布，香分飞以远遍"。煎饼，北京人在人日（正月初七）作煎饼于庭中，名为"熏天"，以油煎或火烤而成。春饼，是魏晋人在立春日吃的。蒸饼，也作笼饼，用笼蒸炊而食，开始是不发酵的，发酵的蒸饼相当今天的馒头。

第三，"炒"法的出现。在魏晋南北朝相关文献中并没有烹饪方法"炒"的记载，但据一些古史专家考证，"炒"的确是魏晋南北朝饮食创新的一件大事。"和面食同一时期的饮食变化则是出现在烹饪方式中的炒。在中国古代没有炒菜，一直到南北朝时期的书才提到有'炒面'、'炒胡麻'，《齐民要术》则有提到'炒蛋'，先将蛋打破、加入葱白放盐搅匀后放入锅中用麻油炒，和今天的炒蛋的道理完全一样。"[2]

第四，饮食的游牧民族风味更加突显。北方多以牛羊肉为食。中国古代有"六畜"之说：马羊牛鸡犬豕。除马以外，余五畜加鱼，构成我国传统肉食的主要品种。北方游牧民族大量入居北京地区，推动了畜牧业的迅速发展。羊居六畜

---

[1] 张光直：《中国饮食史上的几次突破》，《民俗研究》，2000年第2期。

[2] 张光直：《中国饮食史上的几次突破》，《民俗研究》，2000年第2期。

之首，成为时人最主要的肉食品种。北魏时，西北少数民族拓跋氏入主幽州后，将胡食及西北地区的饮食风味特色传入内地，北京地区饮食出现了胡汉交融的特点。这个时期，少数民族的食物制作方法也不断影响中原饮食习惯。"羌煮貊炙"，就是最典型的吃法。"羌煮"就是西北诸羌的涮羊肉，"貊炙"则是东胡族的烤全羊。东汉刘熙《释名》卷四"释饮食"载："貊炙，全体炙之，各自以刀割，出于胡貊之为也"。肉类不易久贮，将之加工为干肉，即脯。西晋陆机《洛阳记》载，洛阳以北三十里有干脯山，即因"于上暴肉"而得名。

第五，外来人口尤其是中原人在北京地区定居，为北京饮食输入了大量的异地风味。较之前代，这一时期的饮食风味更为多样，品类更丰富。诸如下面具有北京特色风味的食品都来自兄弟民族和其他地区。"面筋"，据古代笔记中载，从小麦麸皮和面粉中提取面筋始于梁武帝。当初称"麸"，后来叫面筋，是寺院素食的"四大金刚"（豆腐、笋、蕈、麸）之一。北京烤鸭历史悠久，早在南北朝的《食珍录》中已记有"炙鸭"。据三国魏人张揖著的《广雅》记载，那时已有形如月牙称为"馄饨"的食品，和现在的饺子形状基本类似。到南北朝时，馄饨"形如偃月，天下通食"。据推测，那时的饺子煮熟以后不是捞出来单独吃，而是和汤一起盛在碗里混着吃，所以当时的人们把饺子叫"馄饨"。《齐民要术》中称之为"浑屯"，《字苑》作"馄饨"。馄饨至今最少也有1500年以上的历史了。根据《齐民要术》的记载，人们还会做出各种各样的菜羹和肉羹。同时，在调味品方面，有甜酱、酱油、醋等。

第六，当时的人们已经比较喜欢饮茶，最先记载于正史中的当属《三国志·吴志·韦曜传》，开始的时候茶被称作"荼"，郭璞在注释《齐民要术》论茶时称："今呼早采者为荼，晚取者为茗。"《日知录》称，"荼"字到了唐代才写作"茶"字。根据《广志》的记载，此时人们喝茶的方法是把茶叶碾碎，加上油膏，团成茶团，饮用的时候，把茶团捣碎，再加上葱姜之类煎熬而成茶。中国饮茶历史悠久，饮茶之所以成为这一时期饮食文化的一个亮点，不仅是饮茶风气大盛，更主要的是茶作为一种精神文化现象开始萌芽。茶不仅作为一种饮品而被人们接受，而且作为一种精神而得到传播。幽州作为中原地区北方的一个重镇，上层社会更注重享受品茶的情趣。

第七，饮食的贫富差异更加明显。由于战乱，下层民众忍饥挨饿。《晋书·皇甫谧传》记载，他的姑家表兄弟梁柳仕途升迁以后，有人劝说皇甫谧以酒肉送行，皇甫谧回答：过去柳为布衣的时候，梁柳来我家，我送迎不出门，招待也不过是盐菜。贫穷的人家不一定非要有酒肉才作为有礼……从皇甫谧的这段话里可以看出，贫民招待客人也不过是盐菜而已。相反，在这一非常时期，上层统治者奉行及时行乐的生活哲学，对美味的追求极为狂热。1965年，北京西郊八宝山以西一里处发现了西晋时期的蓟城长官"幽州刺史"王浚之妻华芳的墓葬。该墓虽被盗过，但仍出土了一批精美的随葬品，包括骨尺、料盘、漆盘、铜熏炉、银铃等，足见当年王浚生活之考究。《战国策》记载了这样一个故事：中山国①国君命庖夫做羊羹一菜召宴群臣，因其菜味香浓厚，早被众臣所垂涎。中山君手下的司马子期没有分到这道菜，愤怒至极，一气之下投奔了楚国，并劝说楚王征讨中山国。中山君被迫逃亡，他说"吾以一杯羊羹亡国"。由此可见，羊羹一菜在当时是难得的美味。《晋书·何曾传》中"然性奢豪，务在华侈。帷帐车服，穷极绮丽，厨膳滋味，过于王者。每燕见，不食太官所设，帝辄命取其食。蒸饼上不坼作十字不食。食日万钱，犹日无下箸处。""食日万钱"、"无下箸处"后成为两个成语，用来形容上层统治者对饮食的享受到了登峰造极的地步。

第八，魏晋期间，幽州区域的果品仍保留枣、栗、桃、李、杏、梨等种类，但在前代基础上品种有所增多、产地扩大、名品名声遐迩。北方地域枣树种植甚为普遍，晋代傅玄《枣赋》称："北阴塞门，南临三江，或布燕赵，或广河东"，其枣"离离朱实，脆若离雪，甘如含蜜。脆者宜新，当夏之珍。坚者宜干，荐羞天人……"成为百姓普遍嗜好的美果嘉啖。栗也是当时北京的重要果品，《史记·货殖列传》称"燕、秦千树栗"，其经营者之富有可比千户侯。至这一时期，栗子生产又有所发展，《齐民要术》卷四设有《种栗》专篇，《四时纂要》也多处讨论栗子的生产与加工。大体上说，魏晋时期北方的栗子仍以燕赵地区和关中一带出产最多，是两个最大的产区，所出栗子品质也最好。对燕赵地区的栗子，陆玑《毛诗草木鸟兽虫鱼疏》说："五方皆有栗，周秦吴扬特饶，……唯渔阳、范阳栗甜美长味。他方者恐悉不及。"；卢毓《冀州论》也称："中山好栗，地产不为无珍"。

第九，魏晋南北朝的北京是世族政治时期，和其他地方一样，名门豪族众多。"北魏时，幽州的世家大族主要有范阳（治今河北涿州市）卢氏、祖氏，上谷（治今河北怀来大古城）侯氏、寇氏，燕国（治今北京）刘氏，北平无终（治今天津蓟县）阳氏。"②其他还有北魏时久居蓟城的梁祚、深研经籍的蓟人平恒、密云丁零人鲜于灵馥、魏涿郡人卢毓、晋涿郡人卢钦等等。豪族"累世同居"，提供了厨房经验家族传承的条件，形成了北京最初的家族菜，并成为饮食文化传

---

① 春秋战国时期的中山国包括今河北石家庄地区，是嵌在燕赵之内的一个小国，经历了戎狄、鲜虞和中山三个发展阶段。

② 于德源：《北京农业经济史》，京华出版社，1998年，第112页。

统，这是日后北京烹饪发达的又一极为重要的原因。俗话所谓"三辈学穿，五辈学吃"说出了这一道理。例如今存最早的菜谱——虞宗的《食珍录》就是家族秘传的记录。据《南齐书·虞宗传》载，武帝尝求诸饮食方，宗秘不出，后来皇帝因醉酒而患病，他才献出"醒酒鲭鲊"一方。谢讽所著《食经》，记述南北朝、隋代北方贵族饮馔，载食品名目约50种。其中有脍、羹、饼、糕、卷、炙、面，包括以动物原料为主制成的菜肴，如"飞鸾脍""剔缕鸡""剪云研鱼羹"等。从有的菜名前冠以人名来看，如"北齐武成王生羊脍""越国公碎金饭""虞公断醒""永加王烙羊""成美公藏""含春侯新治月华饭"等，可知所记都是王侯贵族的饮馔。尽管《食经》所记饮馔并非仅限于北京，但也从一个侧面说明了北京贵族饮食文化的兴起。

第三节　隋唐时期的饮食文化

一、饮食文化发展相对滞后

总体而言，隋唐是中国饮食文化发展的繁荣时期，幽州饮食文化也处于平稳的过渡期间。相对于中原发达地区，幽州地区饮食文化相对滞后而又没有得到应有记录的原因是多方面的。

战争是造成燕饮食文化相对滞后的一个重要因素。隋唐五代时期，中原王朝许多重要的军事活动都与幽州直接相关。安史之乱祸始肇于幽州，战争持续了八年之久（公元755—763年），社会动荡；隋唐征伐高丽主要以幽州为后方供给和作为军队修整基地；幽州也在中原王朝抵御北方突厥、契丹等少数民族入侵中发挥了至关重要的作用。因此，在这一历史时期，发生在幽州地区的战争和军事活动极其频繁，影响深远。燕地处于华北中北部，是农耕方式与北方草原游牧方式的中间过渡地带。这里是两种生产方式碰撞最为激烈的前沿地区，而战争是碰撞的重要途径之一。

其中，安史之乱给唐王朝造成的深刻影响是多方面的。首先，"**给北方人民带来了空前的灾难。叛军所到之处'焚人室庐，掠人玉帛，壮者死刀锋，弱者填沟壑'，社会经济遭到空前破坏，蓟城同样也遭到一场浩劫。**"[①]处于战争中和

---

① 安作章主编：《中国运河文化史》上册，山东教育出版社，2001年，第448页。

前线的城市经济发展必然滞后，是不宜居住的地方，从而引起了北方人口的大规模南迁，安史之乱的八年期间，幽州人口（包括此前迁入的各少数民族）大量外流，而北方后起民族继续流入幽州，并在唐后期兴起一个次高潮。这场大规模的人口流动，对于幽州的人口构成、商业、风俗演变以及幽州与中央及其他地区的关系都产生了不同程度的影响，使幽州的饮食文化不能在稳定的环境中获得发展。若将视角再拉长一些，唐代幽州地区的人口流动与之前的世家大族的南迁、开元天宝年间东北民族的南下，以及唐末五代以后幽州当地人口的逐步南移，共同构成了一个相对完整的迁徙序列，促进了全国政治重心南移这一过程的实现。①

二、运河促进商业、农业的发展

隋朝大运河的开凿也是为了军事目的。为了一洗隋文帝东征高句丽兵败之耻，隋炀帝在开通济渠、邗沟之后，于大业四年（公元608年），又调发了军民百余万进一步开凿永济渠。引沁水入永济，南达于河，北通涿郡，全长两千余里，成为隋炀帝运粮、运兵及其他物资运输的大动脉。炀帝时曾三次用兵，都以涿郡为基地，集结兵马、军器、粮储，此时的蓟城成为军粮等物资的集结之地和进攻辽东的大本营，南方的军粮均由运河源源不断地运到涿郡。

唐贞观十八年（公元644年）唐太宗东征高丽，亦从南方粮食的丰产区调运大批军粮到蓟城港粮库。《资治通鉴》载："上（指唐太宗）将征高丽……敕将作大监（官名）阎立德等诣洪、饶、江三州，造船四百艘以载军粮。"唐代的粮食贩运已经打破了先前"千里不贩籴"的局面，粮食成为了普通的大宗转运商品，通过运河和海上源源北上，并形成了长途流通贩运的很大规模。②在上述商业背景下，唐代前期的幽州市场上即存在大量的外地米，杜甫著有《后出塞》《昔游》等诗，都说明江南的稻米、布帛，经过海上运输来到了北方幽、燕地区，是幽州地区重要的米源地。杜甫《后出塞五首》中曰："渔阳豪侠地，击鼓吹笙竽。云帆转辽海，粳稻来东吴。"《昔游》中曰："吴门转粟帛，泛海凌蓬莱"。在杜甫眼中，幽州市场上的粳稻尽是东吴所来，表明了幽州市场上的东吴米数量之大。③

---

① 宁欣、李凤先：《试析唐代以幽州为中心地区人口流动》，《河南师范大学学报》，2003年第3期。
② 刘玉峰：《唐代商品性农业的发展和农产品的商品化》，《思想战线》，2004年第2期。
③ 顾乃武：《唐代后期藩镇的经济行为对地方商业的影响——对幽州地区米行与纺织品行的个案考察》，《中国社会经济史研究》，2007年第4期，第8页。

米市的繁荣并没有直接带来饮食文化的发达，因为这些外来的粮食主要用于军事，但运河便利了南北货物的流通与交流是毋庸置疑的事实。

幽州作为唐代北方最为重要的商贸中心，主要和塞外进行贸易往来。商贸交易促生了各种商业行会和集市的建立。《房山云居寺石经题记汇编》收集的《大般若波罗密石经》题记载，"大唐幽州蓟县界蓟北坊檀州街西店……"。说明幽州城中檀州街一带已设有商铺，并一直延续到辽代仍称为檀州街。又载"幽州蓟县界市东门外两店"，这表明当时的商铺已扩至到幽州市门外。安史之乱前幽州城内有白米行、屠行、油行、五熟行、果子行、炭行、生铁行、磨行、丝帛行等，"行"是当时经营同类行业的组织，可见当时幽州商业和手工业之盛。[1] 这些行业经营着食品、金属用具、日用品、纺织品、燃料品的交易，几乎囊括居民生活的各个方面。此外，这里还设立了"胡市"，大批的"胡商"在这里与各族民众平等交易。南方大量的稻米、茶叶、布帛也通过运河、陆路、海运源源不断地运到幽州。

位于运河北段的永济渠引沁水入永济，增加了永济渠的水量，便利了交通运输，同时也有利于农田灌溉和土壤改造，极大地促进了沿河地区农业的发展。唐代河北地区有三个主要的水稻产区，即以邺县为中心的漳水流域（河北南部）、以定州为中心的河北中部，以及以幽、涿为中心的河北北部。[2] 唐朝时充分利用魏晋兴修的水利工程大量开垦土地，在卢沟河附近栽培水稻，扩大水田面积，并设常平仓储积粮食，用于荒年赈济和作种子。"唐代幽、妫、檀三州地区农作物种类，主要是粟、小麦、水稻、胡麻、豌豆、大麦、穬麦、荞麦等。"[3] 唐朝后期，妫州（今官厅水库北岸、延庆一带）及北边七镇（在今平谷、密云一带）成为主要产粮区。涿州（今涿州）盛产上好的贡品板栗。城内有果子行，专门出售干鲜果品。蓟城附近与密云一带还产土贡人参和麝香，这些都得益于运河营造了良好的农业生产环境。幽州作为当时北方的军事重镇、交通中心和商业都会，商业繁荣，称为"幽州市"。同时，也大大促进该地区饮食文化的发展。尤其是运河将饮食文化发达的江淮地区与幽州连接起来，两种不同风格的饮食文化从此有了交合的机遇和条件。

---

① 曾毅公：《北京石刻中所保存的重要史料》，《文物》，1959年第9期。

② 宁志新：《汉唐时期河北地区的水稻生产》，《中国经济史研究》，2002年第4期。

③ 曹子西主编：《北京通史》第二卷，中国书店，1994年，第256页。

三、民风的胡化

饮食的胡化首先在于汉族人群的"胡化"。唐初东突厥瓦解后，唐朝便把突厥降众安置在"东自幽州，西至灵州"①的朔方之地，幽州遂成为聚合各民族内迁的一个重要地方，幽州城成为民族杂居融合的城市。②突厥、奚、契丹、靺鞨、室韦、新罗等数个民族构成侨治蕃州，约占幽州汉蕃总数的三分之一，而加上活跃于此地的少数民族，远远超过这个比例。唐朝廷在安置内迁胡族时，虽允其聚居，但却不是举族而居，往往分割为若干个小聚落，与汉族交错杂居。唐陈鸿祖《东城老父传》说："今北胡与京师杂处，娶妻生子，长安中少年有胡心矣。"③有胡人子胤又从而萌发"胡心"，说明胡化程度已很深入。此一点，幽州之地较之人物荟萃的长安应不相上下。刘昫就在《旧唐书》中评价："彼幽州者，列九围之一，地方千里而遥，其民刚强，厥田沃壤。远则慕田光、荆卿之义，近则染禄山、思明之风。"而唐代高适也写下过"幽州多骑射，结发重横行"的诗句。当代著名学者陈寅恪称燕赵之地是"胡化深而汉化浅"。

这些游牧民族给幽州带来了大量的牲畜及先进的饲养技术，极大地促进了幽州牲畜品种的改良，提高了这一地区牛马羊等牲畜的生产水平，使得幽州人的餐桌上肉类比重大大增加。可以想见，当时燕地的饮食已经是相当胡化，其程度之深较之其他都市为甚。唐朝上流社会出现了一股胡化风潮，王公贵族争相穿胡服、学胡语、吃胡食，并以此为尚。上行下效，很快流行民间。开元年间，胡化风潮达到极点。故五代人刘昫所著《旧唐书》说："开元来，妇人例著线鞋，取轻妙便于事，侍儿乃著履。臧获贱伍者皆服襴衫。太常乐尚胡曲，贵人御馔，尽供胡食，士女皆竞衣胡服，故有范阳羯胡之乱，兆于好尚远矣。"胡食成为大家普遍接受的风味。

---

① 司马光：《资治通鉴》卷一九三，中华书局，1956年。
② 劳允兴、常润华：《唐贞观时期幽州城的发展》，《北京社会科学》，1986年创刊号，第115～116页。
③ 陈世熙编：《唐代丛书》卷一二《东城父老传》页十二，清乾隆年间刻本。

第五章 辽金时期

中国饮食文化史

京津地区卷

北京部分

辽时的北京称燕京，又称南京（今北京西南），是辽国的陪都。燕京的建立对辽国的生存与发展十分重要。如果说，辽南京揭开了北京首都地位的序幕的话，那么，金中都则是北京首都地位发展的真正开端。辽南京燕国当时还只是一个封国，不能称其为全国性政权，而辽的陪都有很多，北京只是其中的一个。只有到了金，北京才开始真正成为一个政治中心。尽管金中都仅存在了60余年，却成为北京建都史上的一个里程碑。正是辽金时代确立了燕京都城的地位，燕京的饮食文化才开始真正得到史学家们的关注和书写。当然，更主要的是，燕京饮食文化开始真正步入都市化发展阶段，可以和其他都市相提并论了。饮食习俗的变化与城市的繁荣密不可分，只有商品经济发展的果实——城市的壮大，才使享厨爨（cuàn）以摒毛血成为现实。

第一节　饮食生产状况

一、辽南京和金中都的建立

天佑四年（公元907年），唐王朝灭亡。同年，辽太祖耶律阿保机即位，成为契丹民族历史上的第一个皇帝，首府在临潢（今内蒙古巴林左旗）。随后，契丹吞并了以现今北京、大同为双中心的幽燕十六州后，设幽州为陪都，取名南京（因幽州地处辽所辖疆域的南部，故名），又称燕京。以檀、顺、涿、易等六州十一县为析津府，所辖行政区域为"总京五，府六，州、军、城百五十有六，县二百有九。"①并于公元947年改国号为辽。据《辽史·地理志四》载："南京析津府，本古冀州之地。高阳氏谓之幽陵，陶唐曰幽都，有虞析为幽州。商并幽于冀。周分并为幽。"其中又载："南京，又曰燕京。城方三十六里，崇三丈，衡广一丈五尺。敌楼、战橹具。八门：东曰安东、迎春，南曰开阳、丹凤，西曰显西、清晋，北曰通天、拱辰。大内在西南隅。皇城内有景宗、圣宗御容殿二，东曰宣和，南曰大内。内门曰宣教，改元和；外三门曰南端、左掖、右掖。左掖改万春，右掖改千秋。门有楼阁，球场在其南，东为永平馆。皇城西门曰显西，设而不开；北曰子北。西城巅有凉殿，东北隅有燕角楼。坊市、廨（xiè）舍，寺观。盖不胜书。"

《契丹国志》卷之二十二载："自晋割弃，建为南京，又为燕京析津府，户口三十万。大内壮丽，城北有市，陆海百货，聚于其中；僧居佛寺，冠于北方。锦绣组绮，精绝天下。膏腴蔬蓏（luǒ）、果实、稻粱之类，靡不毕出，而桑、柘、麻、麦、羊、豕、雉、兔，不问可知。水甘土厚，人多技艺。"由于辽南京人才荟萃，经济贸易水平远高于契丹本部，便使之成为辽在华北的政治中心。在北京的发展史上，辽代的南京是一个重要阶段。正是从这时开始，北京从一个北方军事重镇向政治、文化城市转变，并开始向全国政治中心过渡。"辽国以今北京为南京析津府，金国以之为燕京，说明当时的政治重心已从唐后期的河朔三镇、灵武、五代时的太原，重新转移至北京以及北京以北一带。"②南京是辽代人口最多的地区，计有24.7万户，人口约有100多万。南京城郊人口约30万。从其民族成分来看有汉、契丹、奚、渤海、室韦、女真等，但仍以汉族为主，契丹人次之。

公元1115年，生活在松花江流域的女真族首领完颜阿骨打统一各部建大金国，定都会宁（今黑龙江阿城）。贞元元年（公元1153年），海陵王完颜亮下诏将金朝国都自会宁府迁至燕京，初名"圣都"，不久改称"中都"。海陵王认为"燕乃列国之名，不当为京师号，遂改为中都。"③原辽朝"析津府"改名为"大兴府"。海陵王以一万四千人的仪仗队，浩浩荡荡地进入中都，俨然汉家天子，表明他进一步接受了汉文化。完颜亮迁都后，确立了五京名号，即中都大兴府（今北京）、东京辽阳府（今辽宁辽阳）、南京开封府（今河南开封）、西京大同府（今山西大同）、北京大定府（今内蒙古宁城西）。"中都"之名即取五京当中之

① 脱脱等：《辽史》卷三七《地理志》，中华书局，1974年。
② 张京华：《燕赵文化》，辽宁教育出版社，1995年，第75页。
③ 脱脱等：《金史》卷二四《地理志上》，中华书局，1975年，第572页。

意，即金王朝的政治中心。金世宗时，监察御史梁襄说："燕都地处雄要，北倚山险，南压区复……亡辽虽小，止以得燕故能控制南北，坐致宋币。燕盖京都之首选也。"[1] 这说明了金人对燕都形胜的认识。

海陵王迁都中都促进了中都人口的增加、经济的发展和民族的融合。就在金朝迁都不久，金代两朝首相张浩向海陵王提出了一个重要建议："请凡四方之民欲居中都者，给复十年，以实京师。"[2] 即采取优惠措施，鼓励全国各地人民迁入首都地区。结果使中都地区的人口迅速增加，几年之后"殆逾于百万"，成为一座人口超过百万的古代城市。从此之后，中都地区饮食文化得到比较迅速的发展。

二、重视农业生产的发展

辽金时期的北京地区经过历朝历代的农业和水利经营，土地肥沃，水源充沛，这一时期，农业生产有了长足的发展。

"幽燕之分，列郡有四，蓟门为上，地方千里……红稻青秔，实鱼盐之沃壤。"[3]《辽史·食货志》首节概述了契丹国的经济发展历史。翔实地记叙了契丹原始时期游牧经济的状态，"契丹旧俗，其富以马，其强以兵。……马逐水草，人仰潼酪，挽强射生，以给日用。糗粮刍荛，道在是矣。"辽域疆土，东至鸭绿江以东和邻国高丽接壤，东北越过黑龙江外兴安岭直到海上，北边包括了现在国境线迤北很大一部分疆土，西经山西北部至陕西，和当时的西夏相邻，南以白沟（今河北省拒马河南支，向东沿塘泺从沧州以北至海）界河、恒山分脊与北宋接壤。在所有辽境内，地处太行山东麓的南京道应该是最适宜农耕生产的区域之一。辽人称赞云："燕都之有五郡，民最饶者，涿郡首焉。"[4]

辽金各代统治者对农业都非常重视，并且身体力行、言传身教。契丹农业在阿保机建国前二百年左右，就已经成为统治者关心的大事，"始祖涅里（公元734年立阻午可汗）究心农工之事，太祖尤拳拳焉，畜牧畋渔固俗尚也。""自涅里教耕织，而后盐铁诸利日以滋殖。既得燕代。益富饶矣。"[5] "皇祖匀德实（阿

① 脱脱等：《金史·梁襄传》，中华书局，1975年。
② 脱脱等：《金史》卷八三《张浩传》，中华书局，1975年，第1863页。
③ 陈述：《全辽文》卷五《佑唐寺创建讲堂碑》，中华书局，1982年。
④ 陈述：《全辽文》卷八《涿州白带山云居寺东峰续镌成四大部经记》，中华书局，1982年。
⑤ 脱脱等：《辽史·百官志》，中华书局，1974年。

保机祖父）为大迭烈府夷离堇，喜稼穑，善畜牧，相地利以教民耕。""仲文述澜（阿保机叔父）为于越，饬国人树桑麻，习组织。"公元907年建国后，"太祖平诸弟之乱，弭兵轻赋，专意于农。尝以户口滋繁，纠（jiū）辖疏远，分北大浓兀为二部，程以树艺，诸部效之。"太宗时"诏有司劝农桑，教纺织，"以多处善地为农田，安置各部落以事农耕。并严戒征兵作战，有害农务。使辽境内农业生产蒸蒸日上，连年丰收。由于农业技术的发展，辽应历年间云州长出特大谷穗（嘉禾）。保宁七年一次即赐粟二十万斛（一斛为十斗）给后汉。燕云十六州的汉人地区是辽代农业的基地。辽代统治者多次下诏募民垦荒，开辟农田。统和十三年（公元995年），准许昌平、怀柔等县百姓开垦荒地。统和十五年（公元997年），募民耕种滦州荒地，免租赋十年。这个事实说明山区也已开始大批开辟山田。

金朝统治者也历来重视农业生产，早在太祖、太宗时期，每占领一地，都安排女真人屯田戍守。为了恢复因战事而荒废的农业生产，金世宗规定："凡桑枣，民户以多植为勤，少者必植其地十之三，猛安谋克户[1]少者必课种其地十之一，除枯补新，使之不缺。凡官地，猛安谋克及贫民请射者，宽乡一丁百亩，狭乡十亩，中男半之。请射荒地者，以最下第五等减半定租，八年始征之。作己业者以第七等减半为税，七年始征之。自首冒佃比邻地者，输官租三分之二。佃黄河退滩者，次年纳租。"[2]由于有了这些激励机制，金代的农业生产也得到发展。

金章宗时期，金朝的社会经济持续保持繁荣发展的势头，并达到极盛。金人记载："中都、河北、河东、山东久被抚宁，人稠地窄，寸土悉垦。"[3]这说明金中都地区人口稠密，耕地范围广、数量多的事实。此时的中都路到处呈现出繁荣景象，宝坻"稻粱黍稷，不可胜食。"[4]安州"土壤衍沃，则得禾麻牟（móu）麦，亩收数钟之利。"[5]

京郊现已出土的大量金代农具，种类很多，与现代所使用的相差无几，这表明那时农业生产分工已很细，生产力水平达到相当的高度。[6]

---

① 猛安谋克户：金制，以三百户为一谋克，十谋克一猛安。这是女真族的军事编制，类似满洲早期的八旗制。

② 脱脱等：《金史》卷四七《食货志》，中华书局，1975年。

③ 赵秉文：《闲闲老人滏水文集》卷一一《保大军节度使梁公墓铭》，商务印书馆，1936年。

④ 张金吾：《金文最》卷六九《创建宝坻县碑》，中华书局，1990年。

⑤ 张金吾：《金文最》卷二五《云锦亭记》，中华书局，1990年。

⑥ 北京市文物研究所编：《北京考古四十年》，燕山出版社，1990年，第157～159页。

三、农牧相兼的食物资源

辽南京和金中都的经济模式都是以农业为主，畜牧、渔猎为辅的混合经济。辽金时期，北方游牧民族所建政权，在北京地区的官养马匹与牧养的牛羊规模远超前代。

金代女真人以畜牧饲养为重要生计，所饲养的牲畜主要有马、牛、驴、驼、羊、猪、犬以及鸡、鹅等。

契丹人的畜牧业也很发达，牧畜有马、牛、羊、猪等。《辽史·营卫志》说："大漠之间，多寒多风，畜牧畋渔以食，皮毛以衣。转徙随时，车马为家"。辽代契丹仍是随水草放牧，即所谓"马逐水草，人仰湩（dòng）酪"[①]。宋苏颂有《契丹帐诗》："行营到处即为家，一卓穹庐数乘车。千里山川无土著，四时畋猎是生涯。"《唐书·契丹传》说：契丹"射猎，居处无常"。契丹建国后，仍旧长久保持狩猎生产。辽朝皇帝每年四时捺钵[②]时捕鹅、钓鱼、猎虎、射鹿等活动也反映了渔猎业仍是契丹诸部经济生活中不可缺少的部分，是畜牧业经济的必要补充。按照季节的不同，大体上是，春季捕鹅、鸭，打雁，四五月打麋鹿，八九月打虎豹。契丹这一习俗也传到南京山区。女真的渔猎方式与契丹极为相似，狩猎也是

图5-1　辽代酱釉猴纽盖鸡冠壶（赵蓁茏摄影）

---

① 脱脱等：《辽史》卷五九《食货志上》，中华书局，1974年。

② 捺钵：辽金时期皇家巡政的一种体制，帝王并不长期居住在固定的一处，而是春夏秋冬四时各有行在之所，谓之捺钵。

有季节性的，民间的渔猎按四时进行，正月钓鱼海上，于水底钓大鱼；二三月放海东青打雁；四五月打麋鹿；六七月不出猎；八九月打虎豹之类，直至岁终。金人皇家一年围猎的次数在迁都燕京前后进行过调整："全国酷喜田猎。昔都会宁，四时皆猎，迁都燕京后，以都城外皆民田，三时无地可猎，候冬月则出，一出必逾月。"[1] 肉类食用方法早年较简单，"或燔或烹，或生商以芥蒜汁清沃"[2]，后来学会了制作肉酱、肉汁、肉干等。

辽代南京和金中都的农牧两种生产方式并不是绝然分隔的，其中也有一个相互借鉴、吸收和转化的过程。契丹是一个畜牧业占主导地位的民族，但到辽圣宗、兴宗时期，辽代的农业生产已超越畜牧业，成为社会经济的主要基础。就五京来说，南京（今北京）和西京（今山西大同）南部原本就是农业比较发达的地区，上京（今内蒙古巴林左旗）、中京（今内蒙古宁城）、东京（今辽宁辽阳）地区的各民族有众多人从事农业生产，农业区不断向畜牧、狩猎地延伸。通过政府行为，让居民迁徙到发达的农业地区从事农耕。统和六年（公元988年），"又徙吉避寨居民三百户于檀（今北京密云）、顺（今北京顺义）、蓟（今天津市蓟县）三州，择沃壤，给牛、种谷"[3]统和十五年（公元997年）二月，"诏品部旷地令民耕种"[4]。品部属于西北路招讨司，在此进行耕种，扩大了辽代的农业开发地区，并取得很大的成效。生产方式的融合、转变，为多民族饮食文化的融合和转变奠定了坚实的基础，因为一定的生产方式是与特定的饮食习惯相适应的，并做到了农牧兼有的饮食资源的共享。

宋、辽、西夏、金，是中国继南北朝、五代之后的第三次民族大交融时期。北宋与契丹族的辽国、党项羌族的西夏，南宋与女真族的金国，都有饮食文化往来，共享着丰富的饮食资源。辽朝，从公元907年至1125年，活跃在黄河流域的广大地区。契丹族本是鲜卑族的一支，契丹人进入中原以后，宋辽之间往来频繁，在汉族先进的饮食文化影响下，契丹人的食品日益丰富和精美起来。汉族的岁时节令在契丹境内一如宋地，节令食品中的年糕、煎饼、粽子、花糕等也如宋式。

由于生产形态多样，辽金时期用于饮食烹调的产品物种比较齐全，主粮是黍、稻、菽、稗、麦、荞麦和穄等。果木以杏、桃、李、枣、梨、柿、海棠、樱

---

① 宇文懋（mào）昭：《大金国志》卷三六《田猎》，中华书局，1986年。

② 杨锡春：《满族的宫廷膳食》，《满族文学》，2007年第4期。

③ 脱脱等：《辽史》卷五九《食货志上》，中华书局，1974年。

④ 脱脱等：《辽史》卷三三《营卫志下》，中华书局，1974年。

桃、栗、榛、松等为主。畜牧业主要有马、牛、羊、鹿等。"辽朝在宴饮、款待宋使时，熊、鹅、雁、鹿、貂、兔、野鸡等腊肉和鲜肉，都是必不可少的美味佳肴。"[1]如另外还有瓜蓏、菜、花、禽、兽、水族等。"膏腴、蔬蓏、果实、稻粱之类，靡不毕出，而桑柘麻麦、羊豕雉兔，不问可知。"[2]农、畜业产品，可以满足辖区内需求，自给自足，在没有自然灾害的时候，甚至还有剩余产品外输。《辽史·食货志》说："辽之农谷至是为盛。"即便遇上自然灾害，辽统治者也可以底气十足地宣称："五稼不登，开帑藏而代民税螟蝗为灾，罢徭役以恤饥贫。"女真人延续了辽南京饮食多样性的特点，食用的粮食有粟、麦、黍、稷、稻、粱、菽、穈和荞麦等。家畜、家禽和猎物有猪、鸡、羊、犬、马、牛、驴、鹿、兔、狼、熊、獐、狐狸、麂、狍、鹅、鸭、雁、鱼、虾蟆等。蔬菜有葱、韭、蒜、长瓜、芹、笋、蔓菁、葵、回鹘豆和野生植物芍药花等。这一兼具农业和畜牧业，外加狩猎的生产方式，为烹饪风味的多样性提供了丰富的食物资源，饮食文化的发展具备了十分优越的条件。

四、捺钵制度中的皇室饮食

《诗经·小雅·北山》云："普天之下，莫非王土。率土之滨，莫非王臣。"在封建王朝统治的社会中，国家就是帝王的家天下。因此，帝王拥有最大的物质享受。他们可以在全国范围内役使天下名厨，集聚天下美味。作为统治集团，他们又常常受到等级制度和伦理观念的制约，有着一整套体现等级观念的饮食礼仪。宫廷饮食是特定环境下畸形膨胀的一种饮食生活，代表了当时最高的饮食文化水平，也引领着饮食文化的发展方向。

北京宫廷饮食起始于辽代。辽代宫廷饮食带有强烈的女真民族的色彩，饮食活动多在重大仪式场合展开。以正旦朝贺仪为例，据《辽史·礼志六》卷五十三记载：仪式进入宣宴程序后，便是一进酒，两廊从人拜，称"万岁"，各就坐。亲王进酒，如果太后手赐亲王酒，亲王要跪饮喝完。殿上三进酒，行饼、茶。教坊人员跪，并致语，请大臣大使、副使、廊下从人立，读口号诗毕，然后行茶，行肴膳。以后是大馔入，行粥碗，殿上七进酒乐曲终。使相、臣僚在座，揖廊下从人起，称"万岁"，从两门出。然后是揖臣僚、使副起，称"万岁"，下殿。最

---

[1] 李桂芝：《辽金简史》，福建人民出版社，1996年，第60页。
[2] 叶隆礼：《契丹国志》卷二十二《四京本末·南京》，上海古籍出版社，1985年。

后要舞蹈，五拜，出洞门，礼仪结束。尽管辽代宫廷饮食场面比较浩大，但由于契丹皇帝并不经常住在五京宫殿内，而是始终保持其游牧民族骑射、渔猎的习俗，过着四时捺钵的生活，这就大大影响了宫廷饮食的水平和质量。在捺钵地，契丹皇帝便居住在帐篷中，契丹皇帝四时捺钵的地点便是行宫之所在。捺钵分春、夏、秋、冬四时。入辽的宋使有时候便在捺钵行宫受到契丹皇帝的隆重接见。辽代的皇帝经常在春秋季节出外游猎，每到这个时候都会进住南京城，但只在大内作短暂停留。另外，辽南京作为陪都，仅为辽五京之一，不具有独尊的皇城地位。由于南京宫廷地位不是至高无上的，且帝王又不是常住，南京宫廷饮食体系自然还没有完全建立起来，所以宫廷饮食的特点并不突出。

金代帝王十分重视节令，据《大金集礼》卷三二所载，元旦、上元（元夕）、中和、立春、春分、上巳、寒食、清明、立夏、四月八日（佛诞日）、端午、三伏、立秋、七夕、中元、中秋、重阳、下元、立冬、冬至、除夕等，都是金朝官方承认的节日。"金朝是以女真人为统治民族，以汉人为多数的政治实体，在长期的共同生活中，女真人所接受的汉族节日文化越来越多。"[1]在皇宫里庆贺这些节日，宴饮是必不可少的。金中都皇宫在饮食方面非常排场，皇家设立了御膳房、御茶膳房、寿膳房、外膳房、内膳房、皇子饭房、侍卫饭房等机构，而这些机构中的工作人员已达千人左右。皇帝每顿饭要上几十个精细的菜，为了这一顿饭最少要有上百人在忙活。金代皇帝常在庆和殿设宴，皇太子允恭长女郕国公主下嫁乌古论谊时，"赐宴庆和殿"[2]；世宗第十四女下嫁纥石烈克宁之子诸神奴时，"宴百官于庆和殿"[3]。皇太孙完颜璟之子洪裕降生，世宗喜甚，"满三月，宴于庆和殿"[4]。由以上观之，庆和殿，又是金朝皇室喜庆之日宴饮之所。

然而，金中都的宫廷饮食文化依然存在局限性。一是捺钵制度的持续影响。金代的捺钵，其重要性虽不及辽代，但也是有金一代宫廷饮食方面一个不容忽视的问题，它表现了女真社会饮食方式和饮食追求的某些特质。金朝诸帝一年之中往往有半年以上的时间不住在都城里，金朝皇帝的春水秋山，动辄历时数月，在此期间，国家权力机构便随同皇帝转移到行宫。故每当皇帝出行时，自左右丞相以下的朝廷百官大都要扈从前往。这一带有游牧性质的宫廷饮食显然不能得到充分展示。二是金代女真人固有的饮食文化远远落后于宋代的水平，其饮食无论就

① 柯大课：《中国宋辽金夏习俗史》，人民出版社，1994年，第185页。
② 脱脱等：《金史》卷六九《太祖诸子传》，中华书局，1975年。
③ 脱脱等：《金史》卷八七《纥石烈克宁传》，中华书局，1975年。
④ 脱脱等：《金史》卷九三《章宗诸子传》，中华书局，1975年。

制作还是就享用来说，都谈不上精细和雅致。《大金国志》卷三十九把金人的饮食习俗描述得很糟糕：饮食甚鄙陋，以豆为浆，又嗜半生米饭，渍以生狗血及蒜之属，和而食之。嗜酒，好杀。金代饮酒之风非常盛行。史书记载，金景祖嗜酒好色，饮啖过人；金世祖曾经趁醉骑驴入室，金熙宗尝与近臣通宵达旦地饮酒，因酗酒还影响了朝政。豪饮大概是金中都宫廷饮食的最大特点。

第二节　多民族杂居的饮食文化

一、民族风味的多样化

历史上的幽州蓟城曾频繁为少数民族所占据，到了辽金时期，北京成为多民族聚居交融之地。辽代的汉人和契丹人多依照传统习惯在本民族内通婚，但为了拉近与汉人上层的距离，辽朝统治阶层也经常推动契汉间的联姻。会同三年（公元940年）十二月，太宗下诏："**契丹人授汉官者从汉仪，听与汉人婚姻。**"①在此前后契丹人和汉人上层之间的婚姻屡见不鲜。金朝建都北京以后，为了巩固统治，将大批女真猛安谋克户迁往中原及中都。金熙宗皇统初，创立屯田军制，"**凡女真、奚、契丹之人，皆自本部徙居中州，与百姓杂处……凡屯田之所，自燕之南，淮陇之北，俱有之，多至五六万人，皆筑垒于村落间**"。②在金朝，汉族妇女嫁女真人的有之，女真妇女嫁汉人的亦有之。不少生于中原的女真人，"**父虽虏种（女真人），母实华人（汉人）……非复昔日女真**"③。汉族与少数民族的血液在不断融合，使得燕京居民成为多民族结合的结晶。"北京人"的这一种性高度综合的状况，从根源上确定了北京饮食文化的兼容并蓄的民族属性。

趋同存异，是多民族杂居的饮食文化表征。从民族成分看，这个地区以汉族为主，但也有不少的少数民族，其中，主要是契丹人，此外还有奚人、渤海人、室韦人、女真人等。流动人口较多，其中，很大一部分是士兵。宋人路振在《乘轺录》中记载：南京"**渤海兵别为营，即辽东之卒也。屯幽州者数千人，并隶元帅府。**"④至于契丹军队则更多。"燕京境内的居民，大体上有三个阶层。属

---

① 脱脱等：《辽史·太宗纪》，中华书局，1974年。
② 宇文懋昭：《大金国志》卷三十六《屯田》，中华书局，1986年。
③ 黄淮、杨士奇：《历代名臣奏议》卷二三四蔡勘《论和战》，台湾商务印书馆，1986年。
④ 曹子西主编：《北京通史》第三卷，中华书局，1994年，第33页。

于最上层的是皇帝、贵族、豪门和各种大官僚；中间是一般的文人、武士和官吏；最下层是广大劳动人民。其中，汉人多以手工、经商、技艺为业；少数民族大多是士兵。"[1] 各民族居民分工不同，社会地位有所差异，按民族成分便构成了一个个相对稳定的职业群体，这些职业群体在饮食方面都承继了本民族的传统风味。

经过辽金两个朝代的民族融合，北京形成了独特的人口和社会结构，为这个地区的饮食文化带来了不同于中原都城的特殊性。女真族的传统食品进入到京城人的饮食结构当中，女真人偏爱的羊、鹿、兔、狼、麂、獐、狐狸、牛、驴、犬、马、鹅、雁、鱼、鸭、虾蟆等肉品，以及助食食品面酱，同样为京城汉族人所喜食。七朝重臣许有壬在《至正集》卷三二中云："京城食物之丰，北腊西酿，东腥西鲜，凡绝域异味，求无不获。"据《燕京风俗志载》："北京地方风味小吃豆汁，乃是与北宋同期的北方辽国的民间小吃，经数百年的发展演变而来。"还有北京地区的果脯也是由契丹民族的小吃发展而来的。《契丹国志》卷二十一《契丹贺宋朝生日礼物》有"蜜渍山果十束棵"，"蜜渍"即是用蜜"浸渍"，然后晒干制成果脯，是保存水果的好办法。京城食物之丰得益于这一多民族杂居、融合的人口格局，使得有辽金乃至后来的北京饮食文化呈现出与其他大都市迥然有别的地方和民族特色。

辽金之际，各民族的达官显贵云居燕京，他们对饮食的奢华需求，带动了饮食业的兴旺。中都城内的著名酒楼有崇义楼、县角楼、揽雾楼、遇仙楼、状元楼、长生楼、梳洗楼、应天楼、披云楼等。[2] 这些风味各异的酒楼满足了不同民族人群的口味。

二、民族饮食文化的坚守

在各民族饮食融合的过程中，保持本民族的饮食传统同样是一种显著的饮食文化现象。这表现为民族饮食追求上的文化自觉和自信。

汉族吸收了诸多北方兄弟民族的饮食习俗，而根本上还是延续了自身已有的饮食传统。在交通运输还不便利的情况下，食物主要是自产自销。当地物产有力地支撑着幽燕人的饮食秉性。尤其是那些适宜于本地气候和地理环境生长起来的

---

① 曹子西主编：《北京通史》第三卷，中华书局，1994年，第331页。
② 熊梦祥：《析津志辑佚·古迹》，北京古籍出版社，1983年。

农作物和土特果实，更是确立了辽京饮食品种独特的地域性，奠定了幽燕地区饮食文化的基调。

契丹人的饮食习惯和汉族不同，他们以肉类和乳制品为主，辅之以粮食、蔬菜、水果等，而辽南京的汉族人则保持着"吃草"民族的本性。辽南京的传统农产品比较丰富，宋使许亢宗出使金国，称赞该地所盛产的"膏腴蔬蓏、果实、稻粱之类，靡不毕出，而桑、柘、麻、麦、羊、豕、雉兔，不问可知"[①]。唐代，包括北京平谷在内的蓟州（治今天津蓟县）和包括北京房山南部在内的涿州（治今河北涿州市）属于粮食主产区。入辽之后，这种状况沿袭了下来。《全辽文》记载："幽燕之分，列郡有四，蓟门为上，地方千里……红稻青秔，实鱼盐之沃壤。""燕都之有五郡，民最饶者，涿郡首焉。"幽燕地区素有枣、栗之饶，此期尤甚。范成大《良乡》诗云："新寒冻指似排签，村酒虽酸未可嫌。紫烂山梨红皱枣，总输易栗十分甜。"[②]据乾隆年间的《日下旧闻考》记载："辽于南京（今北京）置栗园司，萧罕嘉努为右通造典南京栗园，是也。""苏秦谓燕民虽不耕作，而足于栗枣。唐时范阳以为土贡，今燕京市肆及秋，则以饧拌杂石子爆之。栗比南中差小，而味颇甘，以御栗名，正不以大为贵也。"辽南京设置有"南京栗园司，典南京栗园"，栗园需要专门的部门进行管理，可见当时北京板栗生产的规模已经很大了。金文学家赵秉文写诗描述道："渔阳上谷晚风寒，秋入霜林栗玉干。"[③]燕山的板栗、红枣，自辽代就已成为御用之品，以其个小、甘甜著名。这些地方物产源远流长，是幽燕地区饮食文化的典型代表，并没有因为朝代的更迭而消殒。

辽朝以国制治契丹，以汉制待汉人。契丹虽然是统治者，但并没有强迫其他民族改变原有的饮食习惯。辽代南京的汉民族仍以粮食和蔬菜为主，只是肉食比重较之中原地区更大些。反过来，契丹民族在吸收汉人饮食元素的同时，也一直保持着本民族的饮食特点。幽燕境内的多民族因为生产和生活方式的不同，各有自己独特的饮食习俗。辽京时期的少数民族仍过着牛马车帐的游牧生活，"契丹故俗，便于鞍马。随水草迁徙，则有毡车，任载有大车，妇人乘马，亦有小车，贵富者加之华饰"[④]。"虽然契丹人很早就注意发展农业，并以粮食充军食，中京和上京亦种植蔬菜，但对大多数契丹人来说，乳品和肉食仍是主要食品，即使

---

① 许亢宗：《宣和乙巳奉使行程录》。
② 范成大：《范石湖集》卷一二，上海古籍出版社，2006年。
③ 赵秉文：《闲闲老人滏水文集》卷七，商务印书馆，1936年。
④ 脱脱等：《辽史·仪卫志》，中华书局，1974年。

居住在汉族地区的契丹人也不例外。"①契丹人的食物以乳类和肉食为主，除家畜牛、羊外，野猪、狍、鹿、兔、鹅、雁、鱼等猎获物也是食物来源。肉类可煮成濡（rú）肉，也可制成腊肉。牛、羊乳和乳制品是他们的食物和饮料，即所谓"湩酪胡中百品珍"和"酪浆膻酒"。食肉的方法主要是炖食和烧烤两种。其吃法并不精细，粗犷而豪放，充满游牧之风。炖食，是把分解了的连骨肉块放入锅中炖熟。将宰杀的牲畜或猎获的野兽放血、剥皮，去掉内脏后，整个或砍成几大块，放入大铁锅内，加水烹煮。煮熟后，放大盘内，用刀切割成小薄片，再蘸以各种作料，如蒜泥、葱丝、韭末及酱、盐、醋等食用。烧烤，则是把肉块放在火炉的铁算或铁条上烘烤，到肉烘烤熟后，诱人的香味便在空气中弥漫开来，使人馋涎欲滴。契丹宰杀牲畜或猎获野味后，为了长期食用，将其腌制以后用烟火熏干制成腊肉，此为契丹著名的风味小吃，是送往迎来的必备佳品。契丹肉食还有濡肉、肉糜等，宋人路振奉使契丹，他在《乘轺录》中描述途经幽州受招待的情况时说：契丹官员曾用熊、羊、雉、兔做濡肉招待他，"以驸马都尉萧宁侑宴，文木器盛虏食，先荐骆麋，用杓而啖焉。熊肪羊豚雉兔之肉为濡肉，牛鹿雁鹜熊貉之肉为腊肉，割之令方正，杂置大盘中。二胡雏衣鲜洁衣，持帨巾，执刀匕，遍割诸肉，以啖汉使。"他们还有食生肉之俗，史载：在九月九重阳这一天，契丹皇帝打猎归来后，"於地高处卓帐，与番汉臣登高，饮菊花酒。出兔肝切生，以鹿舌酱拌食之北呼此节为'必里迟离'汉人译云'九月九日也'。"②这种大块吃肉且生吃豪饮的风味及方式仅在幽燕地区的契丹和原本为游牧民族的人群中流行，并没有真正进入辽南京汉族家庭的餐桌。

　　金中都的少数民族在大量吸收汉族饮食风味的同时，也保留了本民族的饮食习惯和食物样式。

　　茶食、肉盘子、心血脏羹等是富有女真特色的风味饮食，蒜、葱等也是女真人非常喜欢的调味食品。女真人较为贵重、精致的饮食品种有这样一些：

　　软脂，据说"如中国寒具"。

　　茶食，这是一种蜜糕，把松籽仁、胡桃仁渍蜂蜜，与糯粉揉在一起，做成各种形状，用油炸熟再涂上蜜。金大定二十五年进士赵秉文曾有一首《松糕》诗："肤裁三韩扇，液制中山醪。皮毛剥落尽，流传到松糕。髯龙脱赤鳞，三日浴波涛。玉兔持玉杵，捣此玄霜膏。文章百杂碎，肪泽滋煎熬。殷勤小方饼，裁以鞍

---

① 曹子西主编：《北京通史》第三卷，中华书局，1994年，第344页。
② 叶隆礼：《契丹国志》卷二七《岁时杂记》，上海古籍出版社，1985年。

畔刀。味甘剖萍实，色殷煎樱桃。……聊将酥蜜供，调戏引儿曹。多生根尘习，焉求胜珍庖。"①据诗中描述，大体与《松漠纪闻》所载蜜糕相似，也许说的是同一种糕点。栗子也可以做栗糕，元《居家必用事类全集》中记载了其制法："栗子不拘多少，阴干，去壳，捣为粉。三分之二加糯米粉拌匀，蜜水拌润，蒸熟食之。"

肉盘子，是女真人举行盛大宴会的名菜，以极肥猪肉切成大片，装成一小盘，插上青葱三数茎。

潜羊，是连皮做成的全羊，富贵人家用以招待贵客。

酒，以糜酿造，度数不高，但多饮亦醉。女真人饮酒不以菜肴为佐，或先食毕而后饮，或先饮毕而后食。饮时也不是人手一杯，而是用一个木杓或杯子循环传递，每传饮一巡谓之"一行"，宴客或二行，或五行、九行，以至"饮酒无算"，然后进食肉饭。此外，其饮料尚有茶、奶茶之类。②据洪皓《松漠纪闻》所记，供应宋使的食品有细酒、白面、细白米、羊肉、粉、醋、盐、油、面酱、果子钱等；行纳币礼有大软脂、小软脂、蜜糕等。而以芍药芽煮面更为新奇："采其芽为菜，以面煎之。凡待宾斋素则用，其味脆美，可以久留。"南宋官员、诗人朱弁也赋诗盛赞所食"松皮"之独特。《中州集》载，朱弁诗"伟哉十八公，兹道亦精进。舍身奉刀几，割体绝嗔恨。鳞皴老龙皮，鸣齿溢芳润，流膏为伏龟，千岁未须问。""食之不敢余，感激在方寸"。其诗序称"北人以松皮为菜，予初不知味，虞侍郎分饷一小把，因饭素，授厨人与园蔬杂进，珍美可喜，因作一诗。"

在上述5种女真人的民族风味中，大概只有除了"茶食"被燕京汉族人部分接纳之外，其余都仅是在女真人内部传承。饮食成为燕京各民族自我认同的文化标识，成为这一民族饮食文化的表征。相对以后各朝，辽金时代的燕京饮食文化的民族特性委实明显，各民族的差异性突出，表明各民族在努力坚守本民族的饮食习惯，同时也是由于燕京各民族的融合还处于初始阶段，还没有实现真正的融合。

① 赵秉文：《闲闲老人滏水文集》卷三，商务印书馆，1936年。
② 柯大课：《中国宋辽金夏习俗史》，人民出版社，1994年，第194～195页。

三、饮食文化的融合趋势

在保持各民族饮食特色的同时，饮食文化的融合则是必然的趋势。"金代女真人进入北京之初还保持着传统的以肉食为主的饮食习惯，但随着农业生产的发展，加上与燕京汉民日夕相处，不久即'忘旧风'，主食上与汉民无大区别，无非是粟、黍、稻、稗、麦、稷、菽、荞麦、糜等。面食常制成汤饼、馒头、烧饼、煎饼，米则做成饭或粥食用。"[1]不同民族风味的饮食文化相互补充，相互吸收，这种融合极大地促进了燕京饮食文化的发展。

"辽朝境内汉人、渤海人的饮食，除保留其本身固有的习惯外，也受到契丹习俗的某些影响。奚人的食物中，粮食的比例多于契丹。同时，汉人、渤海人的食品也传入了契丹。辽朝皇帝过端午节时就有渤海厨师制作的艾糕。"[2]契丹是一个十分善于吸收异族文化成果并加以创造的民族，"冻梨"即为其饮食文化中的代表。契丹种植果树本是辽时最先向汉人学习的，加以独特处理后，冻梨却成为既能长期保存，又别具风味的民族果品，至今在中国北方包括北京仍沿用不废。《辽史拾遗》亦记载："余奉使北辽，至松子岭，旧例互置酒三行，时方穷腊，坐上有上京压沙梨，冰冻不可食……取冷水浸良久，冰皆外结，已而敲去，梨以融释。"可见，辽代契丹人食冻梨已很普遍。吸收外来饮食文化之后，契丹的果品有桃、杏、李、葡萄等，常用蜜渍成"果脯"。《契丹国志》卷二十一《契丹贺宋朝生日礼物》载"蜜渍山果十束枨"，"蜜渍"即是用蜜"浸渍"，然后晒干制成果脯，是保存水果的好办法。

契丹的副食结构中，夏日有西瓜，冬天有风味果品"冻梨"，饮料有乳和酒等。许多食品都是饮食文化不断引入、交融的结晶。诸如西瓜本为西域的特产，五代时期由回鹘引进，在上京一带种植。宋使胡峤在《陷北记》中记载："遂入平川，多草木，始食西瓜，云契丹破回纥得此种，以牛粪覆棚而种，大如中国冬瓜而味甘"。女真人继承了契丹人的西瓜播种技术，据南宋使者洪皓在《松漠纪闻》中所述：西瓜形如扁蒲而圆，色及青翠，经岁则变黄，其瓤类甜瓜，味干脆，中有汁，尤冷。范成大《西瓜园》诗对西瓜出自燕地做了说明："碧蔓凌霜卧软沙，年来处处食西瓜。形模濩落淡如水，未可蒲萄苜蓿夸。"诗人在这首诗的题下注曰："（西瓜）本燕北种，今河南皆种之。"[3]另外，还有葡萄从西域

① 刘宁波：《历史上北京人的饮食文化》，《北京社会科学》，1999 年第2 期。
② 李桂芝：《辽金简史》，福建人民出版社，1996年，第118页。
③ 范成大：《范石湖集》卷一二，上海古籍出版社，2006年。

传入，石榴从中原地区输入。在契丹给宋代皇帝赠送的礼品中，还有"蜜晒山果""蜜渍山果"等果品加工品。[①]《契丹国志》卷三《太宗嗣圣皇帝》载，会同十年（公元947年）二月，"述律太后遣使，以其国中酒馔脯果赐帝，贺平晋国"。随着不断的交流及融入，京都的果品在不断丰富。

辽金时期，京都的节日饮食风俗大体相同，只是食品有所差异。金沿袭了辽的节日制度，据《金史·礼志》卷三十五载，"金因辽旧俗，以重五、中元、重九日行拜天之礼"。这些少数民族政权，同样以汉族节日为依据。据《大金集礼》卷三二所载，元旦、上元（元夕）、中和、立春、春分、上巳、寒食、清明、立夏、四月八日（佛诞日）、端午、三伏、立秋、七夕、中元、中秋、重阳、下元、立冬、冬至、除夕等，都是金朝官方承认的节日，且节日饮食与辽南京基本相同。

金定都北京后，金中都女真人的饮食发生了很大变化，先后与辽和南宋有过饮食文化往来。特别是女真进入燕京和汉族交错杂居以后，饮食生活的变化尤为明显。《金史·本纪第七》"世宗中"记，女真上京会宁，"燕（宴）饮音乐，皆习汉风，盖以备礼也，非朕心所好。"主动向汉民族饮食礼俗靠拢。金国使者到达南宋，宋廷在皇宫集英殿以富有民族风味的爆肉双下角子、白肉胡饼、太平䭔锣、髓饼、白胡饼和环饼等菜点款待金国使者。女真贵族一时崇尚汉食，为了满足宴饮之需，还召汉族厨师入中都的府上当厨。

转变后的女真人饮食习俗带有明显的汉族饮食的特质，甚至到了"自海陵迁都永安，女直人浸忘旧风"的地步。[②]他们吸收了汉民族先进的生产方式、高超的烹饪技术以及科学的思想观念，改变了女真早期食品制作"或燔或烹，或生脔"[③]的粗陋做法，使得他们的食品制作也逐渐精细起来。同时，汉人的调味品也在女真人的烹饪中得到广泛使用，大量制作腌制类果蔬及肉制品是女真人饮食中的一大特点。元代无名氏编撰的《居家必用事类全集》专辟"女直食品"一栏，记录了"厮刺葵菜冷羹""蒸羊眉突""塔不刺鸭子""野鸡撒孙""柿糕""高丽栗糕"等诸多女真菜品，虽谈不上洋洋大观，但它既有冷盘，又有热蒸、糕点，烹调技法样样俱全，展示了汉化后的女真人的饮食风采。

---

① 马利清、张景明：《试析辽代社会经济发展在文献、实物中的体现》，《内蒙古大学学报》人文社科版，2000年第2期。

② 脱脱等：《金史》卷七《世宗中》，中华书局，1975年。

③ 马扩：《茅斋自叙》，徐梦莘：《三朝北盟会编》，上海古籍出版社，1987年。

图5-2　辽代玛瑙盏托及盖各一对　（观复博物馆提供）

　　饮茶被视为汉化的儒雅嗜好，金熙宗自幼受汉文化熏陶，"分茶焚香"，"徒失女真之本态"。[①]通过与北宋榷场贸易及宋朝的"贡纳"，南方的茶叶传到了辽金幽州，饮茶之风在上层社会流行开来。由于上层风习的辐射力，金饮茶之风盛行，迅速在各阶层传播，"比岁上下竞啜，农民尤甚，市井茶肆相属"[②]。

　　女真人自古好酒，入主燕京之后，汉族高超的酿酒技术更加激发了他们的酒兴。燕京一带的酒享有盛名，人称"燕酒名高四海传"[③]。南宋人周辉出使金国，品饮了一种名为"金澜"的酒，他在《北辕录》中记载："**燕山酒固佳，是日所饷极为醇厚，名金澜（è），盖用金澜水以酿之也。**"著名诗人学者范成大撰写了《桂海虞衡志》，书中也曾记述关于金澜酒的重要信息："**使金至燕山，得其宫中酒号金蘭（当作澜）者乃大佳。燕有金澜山，汲其泉以酿。**"两位著名学者都见证了一个事实：当时在金国，在燕山地区有一座山叫金澜山，山上有泉叫金澜泉，用金澜泉水造的酒是当时中国最好的酒。虽说是用金国境内的金澜水酿成，但不能不说和汉民族输出的酒及酒匠有关，因为在金代相当长的一段历史上，只有过"多酿糜为酒"的记载。

　　独具特色的女真食品不仅为中华民族的饮食文化增添了新的内容，而且生动地反映了各民族饮食文化相互影响、相互融合、共存共荣的发展轨迹。

　　汉族在与契丹、女真等民族的杂居交往中，受少数民族饮食文化的影响，饮

① 徐梦莘：《三朝北盟会编》炎兴下帙卷六六《金虏节要》，上海古籍出版社，1987年。

② 脱脱等：《金史》卷四九《食货志四》，中华书局，1975年。

③ 王启：《王右辖许送名酒久而不到以诗戏之》，元好问编：《中州集》卷八，中华书局，1959年。

食习惯也在慢慢发生着变化，既改变了原来比较单一的主食粮谷的习惯，也开始了"食肉饮酪"。据《燕京风俗志》载："北京地方风味小吃豆汁，乃是与北宋同期的北方辽国的民间小吃，经数百年的发展演变而来。"由于民族交流日益加强，逐渐形成了你中有我、我中有你的燕京饮食文化。

辽金两朝政府所推行的风俗政策，使得汉族和少数民族的饮食习俗不断地融合，"首先是提倡和保持'国俗'，即契丹风俗。"[①]这就使一些汉族士族的生活方式向少数民族转化。一些少数民族的饮食深入到了一些士大夫的家庭之中，同时，汉族的一些传统饮食也为燕京少数民族所接受。

可以说，正是在辽代，少数民族的饮食文化被真正纳入北京饮食文化系统之中，成为北京饮食文化中的一个有机组成部分。北京饮食文化的辉煌正是建立在辽金饮食文化的基础上的，辽金饮食铸就了北京饮食文化的基本风格，两者之间一脉相承，从此，北京饮食文化形态也越来越呈现出多元化的趋势，展现出一种兼收八方、多元一体、气象万千的恢宏与博大，展示出大国国都饮食文化的无穷魅力。

---

① 宋德金、史金波：《中国风俗史·辽金西夏卷》，上海文艺出版社，2001年，"导言"第5页。

第六章 元朝时期

一

中国饮食文化史

一

北京津地区部分卷
京部京

至元元年（公元1264年）8月，忽必烈下诏改燕京（今北京）为中都，定为陪都。公元1267年迁都中都，至元九年（公元1272年），将中都改名为大都，蒙古文称为"汗八里"（Khanbaliq），意为"大汗之居处"。曾以鞑靼为通称的蒙古族，在整个13世纪，其军队的铁蹄踏遍了东起黄海西至多瑙河的广大地区，征服了许多国家，在中国灭金亡宋建立了元朝。

元朝是北京饮食文化飞速发展的时期，强大的蒙古王国将其游牧饮食文化带入大都，大大拓宽了北京饮食文化的延展空间，将北京饮食文化推向了一个新的时代高度。

第一节　元大都饮食的民族特色

一、多元形态的民族饮食

元是统一的多民族国家，在燕京聚居有汉、蒙、藏、女真、契丹、回回等民族。各民族的饮食习俗不一，呈现出丰富多彩的局面，这是元代大都饮食最有特色的一面。

经契丹、女真等民族入主燕京的历史积淀，燕京饮食文化已经具有浓厚的民族风味。蒙古族将燕京定为大都以后，这里饮食文化的民族特色更加鲜明而又斑斓。有元一代，燕京少数民族之众多，居民结构之复杂，是历代王朝所不能比拟的。除蒙古军队南下、大批蒙古人南迁给北京地区带来草原文化外，色目人的大量涌入也极大地影响了大都文化。色目人是元代对西域各族人的统称，也包括当时陆续来到中国的中亚人、西亚人和欧洲人。元代文化受伊斯兰教、基督教影响颇深，带有许多西方文化的色彩。元代，元大都居民的成分构成变化最大，既有漠北草原的大批蒙古族民众南下，又有西域地区的大批色目人东移，还有江南地区的大批"南人"北上，皆汇集到了大都地区。与前者不同的是，在辽金时期，北京地区只是少数民族割据政权的陪都和首都，而到了元代，这里开始变成全国的政治和文化中心。

在这个时期，北京地区的风俗有一个共同的特点，也就是少数民族的风俗影响极大，中原汉族民众往往贬称其为"胡俗"。[1] "胡食"也是"胡俗"的重要方面。每年秋天，皇帝从上都启程回大都的那一天，留驻大都的官员们要先后在建德门、丽正门聚会，"设大茶饭，谓之巡城会"，宋末元初的文人陈元靓曾在《事林广记》"仪礼类"的《大茶饭仪》中记录了这类官场大饭局的食品，留下了一份当时的食谱："**凡大筵席茶饭……若众官毕集，主人则前进把盏，凡数十回方可献食。初巡用粉羹，各位一大满碗，主人以两手高捧至面前，安在桌上，再又把盏；次巡或鱼羹，或鸡鹅羊等羹，随主人意，复如前仪；三巡或灌浆馒头，或烧麦，用酸羹……**"由此可以看出，餐桌上所摆放的尽是"胡食"。

较之契丹和女真等民族，执政的蒙古族其游牧经济的特点更为明显。他们吃的是牛羊肉、奶制品，喝的是马、牛、羊乳等，所以南宋使臣彭大雅在他的《黑鞑事略笺证》中写道，蒙古人"**其食肉而不粒。猎而得者，曰兔、曰鹿、曰野彘、曰黄鼠、曰顽羊、曰黄羊、曰野马、曰河源之鱼。牧而庖者以羊为常，牛次之，非大宴会不刑马，火燎者十九，鼎烹者十二三。**"[2] 元代各民族饮食习俗，同样都以熟食为主，但做法大不相同。蒙古牧民食物中，"火燎者十九，鼎烹者十二三"，富有特色的"胡食"与燕京汉族烹调食俗大相径庭。

由于该地区多民族杂居，各民族的口味、风格不同，多元化饮食的格局便成为必然。以主食而言，元大都地区以稻米为主食者也不少。宫廷中作为一般食品的有乞马粥、汤粥、粱米淡粥、河西米汤粥等。作为食疗的粥就更多了，宫廷内外都有，像猪肾粥、良姜粥、莲子粥、鸡头粥、桃仁粥、麻子粥、荜拨粥等。面食见于宫廷的有春盘面、皂羹面、山药面、挂面、经带面、羊皮面等。见于民间的面条主要有水滑面、托掌面、红丝面、翠缕面、山药面、勾面等。多样化的米和面食可以满足各民族的主食需求。

当时大都人普遍嗜食的"聚八仙"就是用不同民族的食材原料综合制成的，

---

① 李宝臣主编：《北京风俗史》，人民出版社，2008年，第276～277页。

② 王国维撰：《蒙古史料四种校注·黑鞑事略笺证》，清华学校研究院刊本，民国十五年（1926年），第6页。

是多元饮食文化汇集于一体的标志性菜品。元代佚名所著《居家必用事类全集》记述了"聚八仙"的制作方法："熟鸡为丝，衬肠焯过剪为线，如无熟羊肚针丝。熟虾肉熟羊肚胘细切，熟羊舌片切。生菜油盐揉糟，姜丝熟笋丝藕丝香菜芫荽蔌堞内。鲙醋浇。或芥辣或蒜酪皆可。"其中最复杂的是调料中还要套调料，"鲙醋浇"最为典型。鲙醋的原料："煨葱四茎、姜二两、榆仁酱半盏、椒末二钱、一处擂烂、入酸醋内加盐并糖。拌鲙用之。或减姜半两，加胡椒一钱。"其中鲙醋里的那款"榆仁酱"，是另有一套制作方法的。可以看到，"聚八仙"包含了不同民族的食物原料，既有游牧民族喜好的羊肚、羊舌，又有江南农耕民族常吃的竹笋莲藕，还有北方农耕民族常用的调料葱姜蒜椒等。多元形态的大都饮食在这款菜品中得到了集中展示，也是当时大都饮食文化多元化的突出显现。

二、蒙古族的羊肉食品

蒙古族人按照自己的嗜好，以沙漠和草原的特产为原料，制作着自己爱好的菜肴和饮料，他们的主要饮料是马乳，主要食物是羊肉。蒙古族作为游牧民族，他们吃肉喝奶没有主、副食之分。在汉民族的意识中，最能代表"胡食"饮食文化的莫过于羊肉食品。元代宫廷燕飨最为隆重的是"整羊宴"。"烤全羊"即是蒙古族肉食品之一。据《元史》记载，12世纪时蒙古人"掘地为坎以燎肉"。到了元代，蒙古人的肉食方法和饮膳都有了很大改进，《朴通事·柳蒸羊》对烤羊肉作了较详细的介绍："元代有柳蒸羊，于地作炉三尺，周围以火烧，令全通赤，用铁芭盛羊，上用柳枝盖覆土封，以熟为度。"这说明不但制作复杂讲究，而且用专门的烤炉。这种做法虽说叫"蒸"，但却不置水，实际上相当于今天的烘全羊。

再有就是"烤全羊"。烤全羊的做法，是把羊宰杀后整理清洗干净，将整只羊入炉微火熏烤，出炉入炉反复多次，烤熟后，将金黄熟透的整羊放在大漆盘里，围以彩绸，置一木架上，由二人抬着进入餐厅，向来宾献礼。然后再抬回灶间，厨师手脚利落地解成大块，端上宴席，蘸着椒盐食用。全羊席又称"全羊大筵"（蒙语为"布禾勒"）"元代宫廷御厨对羊肉的烹饪方法很多，其中最负盛名的是'全羊席'，这是元朝宫廷在喜庆宴会和招待尊贵客人时最丰富和最讲究的传统宴席，早已驰名中外。……全羊席是以羊头至羊尾取料制做的，因取料的不同而采用不同的烹调方法制作，故形味各异，色香有别，独具一格。"[1]

---

[1] 姚伟钧：《玉盘珍馐值万金——宫廷饮食》，华中理工大学出版社，1994年，第112页。

元代忽思慧在元朝政府管理饮食机构中担任饮膳太医，负责宫廷里的饮食调配工作。所著宫廷食谱《饮膳正要》共三卷，约三万一千二百余字。内容大略可分为如下三部分：一是养生避忌，妊娠、乳母食忌，饮酒避忌，四时所宜，五味偏走及食物利害、相反、中毒等食疗基础理论；二是聚珍异馔、诸般汤煎的宫廷饮食谱153种与药膳方61种，以及所谓神仙服饵方法24则；三为食物本草，计米谷、兽、鱼、果、菜、料物等共230余种。该书为了解元大都宫廷饮食提供了不可多得的材料。其卷一《聚珍异馔》，以羊肉为主料和辅料的就有70余种，约占总数的百分之八十。该书还提供了"食疗"方子61种，其中12种与羊肉有关。在《饮膳正要》中，以羊肉为主要原料的品名极多，有炙羊心、炙羊腰、攒羊头、熬羊胸子、带花羊头、羊蜜膏、羊头烩、羊骨粥、羊脊骨羹、白羊肾羹、羊肉羹、枸杞羊肾羹粥等。《饮膳正要》在所列元代宫廷94种奇珍异馔中，除鲤鱼汤、炒狼汤等约20种以外，其他皆用羊肉或羊五脏制成。

元代高丽编写的汉语教科书《朴通事》和《老乞大》[①]中记载了一些元代大都人的饮食生活，其中关于肉类的记载多为羊肉，如举办宴会需要购"二十只好肥羊，休买母的，都要羯的"。即便是送生日礼物，也要"到羊市里""买一个羊腔子"[②]。"羊腔子"指的是经过加工去掉头和内脏之后的羊身子。由于羊肉需求量大，大都有专门买卖羊肉的"羊市"。富家子弟起床后，"先吃些醒酒汤，或是些点心，然后打饼熬羊肉，或白煮着羊腰节胸子"[③]。羊肉成为筵席和日常生活中必不可少的佳肴。在有元一代的大都城，不论是宫廷还是民间，用羊肉制成肴馔的数量远远大于猪肉。这从一个侧面说明，输入燕京的一些蒙古族、回族饮食文化已完全被汉民族所接受，有的还占据了主导地位。较之契丹和女真，蒙古族在饮食文化向南输出方面更加主动和强势，这种强势的重要表征就是开放性和兼容性。

三、饮食风习的相互影响

蒙古族的这种饮食习惯进入燕京，必然使燕京原有饮食文化发生变化，即进

---

① 一般认为，"乞大"即契丹，"老乞大"即老契丹。

② 京城帝国大学法文部：《奎章阁丛书》第八《朴通事谚解》卷上，朝鲜印刷株式会社，1943年，第6页、第121页。

③ 京城帝国大学法文部：《奎章阁丛书》第九《老乞大谚解》卷上，朝鲜印刷株式会社，1944年，第224页。

一步在民族文化间碰撞的基础上相互影响和吸收。很有意思的一个饮食现象就是，有元一代的燕京，已很少有纯粹少数民族的食品或不受少数民族影响的汉族食品。民族间的相互渗透影响了当时饮食文化的方方面面。《饮膳正要》中所载录的食品，绝大多数都是多种民族风味的结合。譬如，鸡头粉馄饨的做法："羊肉（一脚子，卸成事件），草果（五个），回回豆子（半升，捣碎去皮）。右件同熬成汤，滤净。用羊肉切作馅，下陈皮一钱，去白生姜一钱，细切五味和匀。次用鸡头粉二斤，豆粉一斤，作枕头馄饨，汤内下香粳米一升、熟回回豆子二合、生姜汁二合、木瓜汁一合同炒，葱、盐匀调和。"这是一种汉族与其他民族食品原料混合而成的宫廷肴馔，因为其中使用了多种少数民族的原料。如"回回豆子"即胡豆，是当时"回回地面"种植的一种豆类。羊肉也是回回等民族人民喜爱的食品原料。①

又如"春盘面"是汉族传统食品与元代少数民族食品结合而成的一种面食。面食中的羊肉、羊肚肺是北方一些游牧民族的重要食品原料，而白面、鸡子、生姜、韭黄、蘑菇等则是内地汉族人民的主食、副食原料。并且"春盘"是古代汉族岁时节令食物，流行较广。每逢立春日，人们用生菜、水果或其他食品置于盘中为食或相赠。②

在来自西域或草原地区的"胡食"中，其主食常常是加羊肉和其他配菜做成。例如《饮膳正要》中提到一种被称为"搠罗脱因"的"畏兀儿茶饭"即是如此，其做法为将白面和好，按成铜钱的样子，再以羊肉、羊舌、山药、蘑菇、胡萝卜、糟姜等作料"用好酽肉汤同下炒，葱、醋调和"③。这相当于一种酸味的葱面片炒羊肉片。还有一种回回饭"秃秃麻食"，意为"手撇面"。据《朴通事》描述其做法"如水滑面；和圆小弹，剂冷水浸手掌，按作小薄饼儿，下锅蒸熟，以盘盛。用酥油炒片羊肉，加盐，炒至焦，以酸甜汤拌和，滋味所得。研蒜泥调酪，任便加减。使竹签食之"。这是一种糖醋口味的羊肉片炒面片。这些带有鲜明少数民族特色的食品已堂而皇之地落户在元大都，成为人们的日常饮食。

相对于其他少数民族入主中原的朝代，有元一代的少数民族显得更为强势。就经济方式而言，北方蒙古等游牧狩猎民族的习俗影响了内地汉族农业经济。这些影响主要表现在北方游牧狩猎文化与内地农业文化之间的差异以及对立上。早在蒙古人建国时期，有些蒙古贵族就想将中原良田变为牧场，遭到耶律楚材及蒙

① 那木吉拉：《中国元代习俗史》，人民出版社，1994年，第79页。
② 那木吉拉：《中国元代习俗史》，人民出版社，1994年，第77页。
③ 忽思慧：《饮膳正要》卷一《聚珍异馔》，人民卫生出版社，1986年，第33页。

古大汗的阻止。随着大量蒙古、色目人的移居，北方狩猎习俗也传至内地。从而内地不少地区出现了狩猎民以及大规模围猎活动。①游牧生产方式向燕京农耕地区的渗透，改变了燕京原有的饮食结构，从根本上促成了两种完全不同饮食风格的交合。这种交合不是简单的食品数量的增加，而是你中有我，我中有你。

四、元大都饮食的主要品种

"食"分主次，主食最能体现饮食文化的特征。

元代蒙古人的乳类食品，来源于他们所饲养的牛、马、羊、骆驼等家畜。在多民族长期共处的过程中，这些奶品就和汉族食品悄然地交融在一起，形成一种新形态的食品。如元大都居民主食之一的"烧饼"，就是汉族的面食与蒙古族的奶类结合的产物。元代的烧饼跟南北朝的烧饼虽然名称一样，但所指的食品不同了：南北朝时的烧饼相当于今天的馅饼；元代烧饼的重要特点就是加了奶和酥油，再经烤、烙而成。烤的方式有二，一是在炉里烤，二是在热灰里煨；烙的方式则是用一种圆形平底锅做熟。有元一代，芝麻烧饼不再叫胡饼，而改为叫"芝麻烧饼"，加黑芝麻的叫"黑芝麻烧饼"。元代太医忽思慧在《饮膳正要》中载录了两种烧饼，一曰"黑子儿烧饼"，一曰"牛奶子烧饼"。黑子儿烧饼的做法："白面（五斤），牛奶子（二升），酥油（一斤），黑子儿（一两，微炒）。右件用盐、碱少许同和面作烧饼。""牛奶子烧饼"的做法与上同，只是原料中无黑子儿，而以一两微炒茴香代之。《老乞大》一书记载了来元大都的经商者去客店吃烧饼，并随身携带的情节：店主问："客人吃些甚么茶饭？"商人回答："我四个人，炒着三十个钱的羊肉，将二十个钱的烧饼来。……这烧饼，一半儿冷，一半儿热。热的留下着，我吃；这冷的你拿去，炉里热着来。"②今日想来，这种加了奶和酥油的烧饼，也应该是很好吃的。

蒸饼，与烧饼一同从西域传至中国，亦称"炊饼"。《饮膳正要》中记述了蒸饼的做法："铌饼（经卷儿一同）：白面（十斤），小油（一斤），小椒（一两），炒去汗，茴香（一两炒）。右件隔宿用酵子盐碱温水一同和面。次日入面接肥，再和成面。每斤做二个入笼内蒸。"大都"诸蒸饼者，五更早起，以铜锣敲击，时而为之。""都中经纪生活匠人等，每至晌午，以蒸饼、烧饼、饨饼、软机子

---

① 那木吉拉：《中国元代习俗史》，人民出版社，1994年，第264页。
② 京城帝国大学法文部：《奎章阁丛书》第九《老乞大谚解》卷上，朝鲜印刷株式会社，1944年，第110页。

饼之类为点心"。① 由于蒸饼是一种比较通常的食品，元杂剧中也多次提及。诸如一个小偷在蒸作铺门前过，"拿了他一个蒸饼"② 。一对穷夫妻，想吃"水床上热热的蒸饼"③ 。当时蒸饼市在"大悲阁后"④ 。可见蒸饼在当时十分流行，从宫廷到大街小巷，无所不在。"街市蒸作钙糕。诸蒸饼者，五更早起，以铜锣敲击，时而为之。及有以黄米作枣糕者，多至二三升米作一团，徐而切破，秤斤两而卖之。若蒸造者，以长木竿用大木杈撑住，于当街悬挂，花馒头为子。小经纪者，以蒲盒就其家市之，上顶于头上，敲木鱼而货之。"⑤ 蒸饼的经营者们用市声来招揽生意，强化了大都民间饮食生活的情趣。

《饮膳正要》还提供了另一组主食：馒头。包括仓馒头、鹿奶肪馒头、茄子馒头、剪花馒头等。它们都是以蒙古族所嗜之羊肉为馅，以汉族的面为皮。这是蒙古族和汉族两种最主要主食融为一体的典范。"仓馒头"：切细羊肉、羊脂、葱、生姜、陈皮等原料与盐酱等调料拌和作馅；"鹿奶肪馒头"：以鹿奶肪、羊尾子为馅；"茄子馒头"：以羊肉、羊脂、羊尾子和嫩茄子为馅。上述三种馒头调馅法相同，皆亦白面作皮。"剪花馒头"馅料有羊肉、羊脂、羊尾子、葱、陈皮，制法也同于上述。但把馒头包好后，须用剪子把馒头剪雕成各种花样，并染以胭脂花，蒸熟食用。⑥

《饮膳正要》一书中还记载了天花包子、藤花包子等主食，其作馅原料与上述馒头无异。看来元时的馒头和包子的差别在于皮的厚薄和形状的不同。

还有一种包子叫"荷莲兜子"，与天花包子相似。其馅料异常丰富，可达二十种以上，其中多为少数民族特有的原料，作馅原料有羊肉、羊尾子、鸡头仁、松黄、八檐仁、蘑菇、杏泥、胡桃仁、必思答仁、胭脂、栀（zhī）子、小油、生姜、豆粉、山药、鸡子、羊肚肺、苦肠、葱、醋、芫荽叶等。制法与其他包子无异，只是用豆粉皮包之，先入小饭碗内蒸熟。熟后拿出，上浇松黄汁。"荷莲兜子"因其形状像莲瓣包子故名，具有十足的北方游牧民族食物的韵致。

米粥，一直为蒙古族人所喜食。元时蒙古人很少吃用大米做的干饭，但早餐顿顿有稀粥。游牧民族终日放牧在外，水的补充不尽方便，因此早上在家把水喝

① 熊梦祥：《析津志辑佚·风俗》，北京古籍出版社，1983年，第207页。
② 佚名：《崔府君断冤家债主》，臧懋循：《元曲选》，中华书局，1958年，第1130页。
③ 张国宾：《相国寺公孙合汗衫》，臧懋循：《元曲选》，中华书局，1958年，第130页。
④ 熊梦祥：《析津志辑佚·城池街市》，北京古籍出版社，1983年，第6页。
⑤ 熊梦祥：《析津志辑佚·风俗》，北京古籍出版社，1983年，第207页。
⑥ 忽思慧：《饮膳正要》卷一《聚珍异馔》，人民卫生出版社，1986年，第42～44页。

足至关重要，遂渐成习俗。此等饮食习惯随着蒙古统治者进入了元宫廷，并在大都民间流行。这从《饮膳正要》一书中可以得到印证。该书中很少见有干饭、闷饭等文字，而多记有稀粥。该书中有乞马粥、汤粥、粱米淡粥、河西米粥、生地黄粥、荜拨粥、良姜粥、鸡头粥、桃仁粥、萝卜粥、小麦粥、荆芥粥、麻子粥等近二十种。其中的乞马粥、河西米粥，系与当时回回等民族的饮食习俗有关；而汤粥、粱米淡粥则是当时汉族民间的粥类无疑，因其原料单一，做法简单。而羊骨粥等十几种粥品则是宫廷高级营养佳肴。其原料除有各种米之外，还有羊骨、猪肾、羊肾以及枸杞、山药、桃仁等天然补品。所以忽思慧把这些稀粥列于"食疗诸病"之属。[1]

至今还十分流行的一些小吃、名点也都起源于元代，最为有名的应是烧麦，又作"烧卖""稍梅""烧梅"等。有关烧麦最早的史料记载，是在14世纪高丽出版的汉语教科书《朴事通》上，指出元大都出售"素酸馅稍麦"。该书关于"稍麦"的注说是以麦面做成薄片包肉蒸熟，与汤食之，方言谓之稍麦。"麦"亦做"卖"。又云："皮薄肉实切碎肉，当顶撮细似线稍系，故曰稍麦。""以面作皮，以肉为馅，当顶做花蕊，方言谓之烧卖。"如果把这里"稍麦"的制法和今天的烧卖做一番比较，可知两者是同一样东西。只不过现在的烧卖多为素馅，而元代的以肉为馅，说明当时的烧麦同样是两种不同饮食文化融合的产物。

元大都时的菜蔬种类繁多，汇集南北，多民族的蔬菜融合于都城一地，呈现出一派姹紫嫣红之景。《析津志辑佚》中记载了"右家园种莳之蔬"的品种，主要菜蔬有："壮菜（即升麻。味最苦最香，甜为上）、蕨菜（甘则味愈佳）、解葱（如玉簪叶，味香。一如葱，食之解诸毒）、山韭（与园韭同）、山蘸（与家种同）、黄连芽（以水煮过）、木兰芽（汤渫回过）、芍药芽、青虹芽、灰条（紫白叶圆者）、紫团参（味如山药，即鸡儿花）、槐、柳、椿、梨芽、山药（石缝中生者尤佳）、沙参（浅上生）、皮挎脚（叶皱而味甜）、马齿苋（治痔）、黄雀花、摘蒜（野蒜，甚广）、榆古路钱、刺榆仁、七击菜、段木芽、赤子儿、重奴儿、芘科、豆芽、带三、络英、唐蓝英、山石榆、黄必苗（七月有）、养术苗、鸳雀儿（黄花，生英作角儿）、人杏（如杏，叶长而大）、山蔓青、春不老（即长十八也）、甘露（若地蚕也）、白皮（味如鼠耳草，香甘，作米食必用之，与粉相使）、苦马里（甜、苦二等，丰州虚内胜胜极多）、沙芥、地椒（朔北、上京、西京等处皆有之）、山葱、戏马菜、白菜等。"

---

[1] 那木吉拉：《中国元代习俗史》，人民出版社，1994年，第86～87页。

这些瓜果菜蔬按季节上市，而以阴历六月上市的品种为多，极大地满足了市民尝"鲜"的口味要求。"**六月进着蔬果。京都六月内，月日不等，进桃、李、瓜、莲，俱用红油漆木架。蔬菜、茄、匏瓠（páohù）、青瓜、西瓜、甜瓜、葡萄、核桃等，凡果菜新熟者，次第而进。**"[①]这些瓜果菜蔬都为大都境内种植，成为大都市民日常饮食的主要来源。

元代学者熊梦祥晚年隐居在北京门头沟的斋堂，曾详细记载了当时大都平民的饮食状况，"**都中经纪生活匠人等，每至晌午以蒸饼、烧饼、饨饼、软馋子饼之类为点心。早晚多便水饭。人家多用木匙，少使筋，仍以大乌盆木杓就地分坐而共食之。菜则生葱、韭蒜、酱、乾短之属。**"[②]说明大都民间饮食仍是粗茶淡饭，而且早晚两餐皆食粥。面食是元大都市民的日常食品，用面粉制作成各种饼类。蒸、烧、炖等各种烹饪方式都有。这些都为此后北京小吃的发展奠定了基础。

要了解大都饮食的全面状况，最典型的莫过于看祭祀期间的祭祀食品，这些食品代表了当时最高也是最丰富的饮食文化水平。以"太庙荐新"为例："**每月一荐新；以家国礼。喝盏乐，作粉羹馒头、割肉散饭，荐时菜、蔬韭、天鹅、鸳鹅。初献，勋旧大臣怯薛完真。亚献，集贤大学士或祭酒。终献，太常院使。并用法服，宫闱令启后神宠。大案上某：菱米、核桃肉、鸡头肉、榛子仁、栗仁；菜：笋、蔓青、芹殖、韭黄、芦菔；神厨御饭不等。见下月，酥酪、鲔鱼。牺牲局养喂牛马以供祭祀，苑中取鹿。又西山猎户供祭祀野兽，后位下，牲羊和易于市。藉田署，取米以供粢盛，（贵山、借山，）取水光禄寺。柱把酒、霍州蒲萄酒、马（奶）子。**"[③]祭品不仅有荤的，也有素的，既有珍禽，也有菜蔬，汉族与少数民族的应有尽有。最主要的是皇家设有"牺牲局""藉田署""光禄寺"等专门机构，使祭祀的供应制度化、常态化，稳步推进了饮食文化水平的提高。

第二节　宫廷饮食文化

一、宫廷饮食礼仪

较之前代，元代宫廷饮食文化得到飞速发展，宫廷饮食礼仪演进得更加完

---

① 熊梦祥：《析津志辑佚·风俗》，北京古籍出版社，1983年，第204页。
② 熊梦祥：《析津志辑佚·风俗》，北京古籍出版社，1983年，第207～208页。
③ 熊梦祥：《析津志辑佚·风俗》，北京古籍出版社，1983年，第213～214页。

备，一些礼仪制度也日益繁复，宴饮在宫廷中占有重要地位。元人王恽说："国朝大事，曰征伐、曰搜狩、曰宴飨，三者而已。"[1]元朝制度，"国有朝会、庆典，宗王、大臣来朝，岁时行幸，皆有燕飨之礼。亲疏定位，贵贱殊列。其礼乐之盛，恩泽之普，法令之严，有以见祖宗之意深远矣。"[2]"虽矢庙谟，定国论，亦在于樽俎屡饫之际。"[3]元朝政府目的是通过这种"赐赍燕飨"的方式达到"以睦宗戚；以亲大臣；以祼宾客"[4]的效果。因此，举凡新帝登基、册立皇后、储君，以及新岁正旦、皇帝寿诞、祭祀、春搜、秋弥、诸王朝会等活动，都要在宫殿里大摆筵席，招待宗室、贵戚、大臣、近侍人等。足见元代帝王对国宴之重视。在宴会上大家饮酒作乐，"边痛饮，边商讨国事"[5]。统治者"每日所造珍品御膳，必须精制进酒之时，必用沉香木、沙金、水晶等盏，斟酌适中，执事务合称职至于汤煎，琼玉、黄精、天门冬、苍术等膏，牛髓、枸杞等煎，诸珍异馔，咸得其宜。"穷奢极侈的享乐是促进元宫宴飨的根本动力。原本蒙古族具有珍惜食物的美德，因为在草原上，食物来之不易。"对于他们来说，浪费饮料、食物是一大罪孽。所以，在吸尽骨头中的骨髓之前，他们绝不会把骨头抛给狗啃"[6]。建立元

图6-1　元代磁州窑白地黑花刻划凤纹罐，北京房山出土（赵蓁茏摄影）

图6-2　元代景德镇窑青花龙纹碗，北京西城窖藏出土（赵蓁茏摄影）

① 王恽：《秋涧集》卷五七《吕嗣庆神道碑》，四部丛刊初编本，吉林出版社，2005年。
② 苏天爵辑：《国朝文类》卷四一《经世大典序录·燕飨》，四部丛刊初编本，北京图书馆出版社，2006年。
③ 王恽：《秋涧集》卷五七《大使吕公神道碑铭》，四部丛刊初编本，吉林出版社，2005年。
④ 苏天爵辑：《国朝文类》卷四一《经世大典·礼典总序》，四部丛刊初编本，北京图书馆出版社，2006年。
⑤ 志费尼著，何高济译：《世界征服者史》上册，内蒙古人民出版社，1980年，第217页。
⑥ 耿升译：《柏朗嘉宾蒙古行纪》第四章，中华书局，2002年。

大都之后，他们一概抛弃了节俭的传统，在饮食方面日益奢侈腐化。统治者也以宴飨作为政治活动的场合，通过宴飨手段巩固其统治。

元代蒙古皇室"奄有四海"，各民族之间文化交流得到了充分的发展，各地的"珍味奇品咸萃于内府"。各地贡品异常丰富。加之交通便利四通八达，遂使各地物产源源进入北京，为宫廷菜的形成提供了丰富的物质基础。

《元史》云："元之有国，肇兴朔漠，朝会燕飨之礼，多从本俗。""显然，元初宫廷乐舞以蒙古族音乐舞蹈为主体，沿袭着本民族的风俗及艺术传统。元代宴飨习俗，大体分为宫廷、贵族府邸、民间宴会三大类型。但无论哪一种宴会，形式都发展的更加完美，规格更加宏大，艺术上更具综合性和娱乐性。"①从这里我们可以看到，宫廷宴饮已经伴以音乐、舞蹈了。陶宗仪《辍耕录》记元代宫廷饮食说："天子凡宴飨，一人执酒觞，立于右阶，一人执拍板，立于左阶。执板者抑扬其声，赞曰：'翰脱'，执觞者如其声和之曰：'打弼'，则执板者节一板，从而王侯卿相合坐者坐，合立者立。于是，众乐皆作，然后进酒诣上前，上饮毕，授觞，众乐皆止，别奏曲以饮陪位之官，谓之'谒盖'。"皇宫中除了一天的正餐以外，饭前饭后还有点心，足见其富足与奢华。陶宗仪《辍耕录》中有"今以早饭前及饭后，午前午后，脯前小食为点心"的记述。

当时宫廷还有一种对赴宴者着装有要求的宴席，名叫"质孙宴"。质孙，又作只孙，是蒙古语"颜色"的音译，曾任元朝监察御史的周伯琦《诈马行》诗序："质孙，华言一色衣也"，质孙宴因与宴者要穿戴同样颜色的衣冠而得名，是元代宫廷举行的一种统一着装的宴会。元朝皇帝每年在大都，凡遇节日庆典和大喜事件都要大摆"质孙宴"。出席这种内廷大宴的人，都需穿着皇帝赐予的贵重服装。宴会上，从皇帝到卫士、乐工，与宴者的服装都是同样的颜色。精粗之制、上下之别虽不同，总谓之质孙云。②虞集《道园学古录》卷二三《句容郡王世迹碑》："国家侍内宴者，每宴必各有衣冠，其制如一，谓之只孙。"由此我们看到了这种国宴的奢华。

元代宫廷宴饮名目繁多，一些宴席散发出浓厚的脂粉气息。陶宗仪《元氏掖庭记》对此有载录："宫中饮宴不常，名色亦异，碧桃盛开，举杯相赏，名曰爱娇之宴。红梅初发，携尊对酌，名曰浇红之宴。海棠谓之暖妆，瑞香谓之拔寒，牡丹谓之惜香。至于落花之饮，名为恋春。催花之设，名为夺秀。其或缯楼幔

---

① 崔玲玲：《蒙古族古代宴飨习俗与宴歌发展轨迹》，《中国音乐学》，2002年第3期。
② 宋濂等：《元史》卷七八《舆服志》，中华书局，1976年，第1938页。

图6-3　元代景德镇窑青白釉饕餮纹双耳
三足炉，北京元大都遗址出土（赵蓁茏摄影）

阁，清暑回阳，佩兰采莲，则随其所事而名之也。"

关于元大都宫廷饮食记录最为翔实的莫过于意大利杰出的旅行家马可·波罗。德佑元年（公元1275年）他抵达元上都（开平），随后又抵达大都。马可的聪明一直非常讨忽必烈喜欢，忽必烈封他许多官，也派他到各地为元朝皇帝的使者。他根据在大都长达17年生活的所见所闻，对元代宫廷大朝宴作了生动的描述，让我们看到了一个西方人眼中的中国皇宫：

当大汗陛下举行大朝宴之时，朝见的人座次如下：一张御案放在一个高台上，大汗坐在北方，面向南；皇后坐在他的左边，右边则为皇子，皇孙和其他亲属座位较低，他们的头恰与皇帝的脚成一水平线；其他亲王和贵族的座位更低；妇女也适用同样的仪式，皇媳、皇孙媳和大汗的其他亲属都坐在左边，座位也同样逐渐降低；其次为贵族和武官夫人的座位。所有的人都按照自己的品级，坐在自己应该坐的指定地方。

殿中的座位布置得非常适宜，所以大汗在宝座上可以望见全殿的人。然而大家不要认为，凡朝见的人都有座位，其他绝大部分的官员，甚至贵族，都是坐在大殿中的地毯上进餐，大殿外还站着一大堆来自外国的使者，他们都带有许多稀世珍宝。

在大殿的中央，即大汗的御案之前，摆着一件宏大的器具。它的形状像一个方匣，每边各长三步，上面雕有各种动物的图案，极其精致，并且整个器具都是镀金的。匣子中间是空的，装着一个巨大的纯金容器，足可以装下许多加仑的液体。这个方匣的四边各摆着一个较小的容器，大约能盛五十二加仑半，其中一个容器盛着马乳，一个容器盛着骆驼乳，其余各个容器盛着其他各种饮料。这个匣子中还放着大汗的酒杯、酒瓶等物品。这些器具有些是由漂亮的镀金金属制成的，容积极大，如用来盛酒或其他汁液，每件容器都可供八人之用。

所有有座位的人，每两人的桌前放一瓶酒和一把金属制的勺子。勺子的形状好像一个带柄的杯子。喝酒时，人们把瓶中的酒倒入勺中，并将它举过头顶。妇女和男子一样，都要遵守这个仪式。大汗的金属器具如此之多，简直让人难以相信。

每当宴会之时，大汗还另外派些专职官员在殿中巡视，用来防止宴会时刚来的外客不懂朝仪而有失检点，同时他们还必须引导这些人入席。这些官员在大殿中往来不停地巡视，询问宾客是否还有未准备的东西，或是否还需要酒、乳、肉和其他物品。一旦宾客要求，立即命令侍者送上。

大殿的入口处，有两名魁梧高大的侍卫站在两边。他们手持大棒，主要是为了防止人们的脚踏到门槛上，因为来宾必须跨过门槛才算符合礼节。如果有人偶尔犯此过失，侍卫就可脱下他的衣服，让他拿钱来赎。如果此人不肯脱下衣服的话，侍卫便有权给他一顿棍棒。不过遇到有的宾客不知这个禁例，就必须派官员加以引导并提出警告。之所以订出这种措施是因为脚踏门槛被视为是一个不祥的预兆。当宾客离开大殿的时候，有些人因为吃醉了酒，而无意踏到了门槛，而此时禁令也就不那么严厉了。

在大汗身旁伺候和预备食品的侍者，都必须用美丽的面纱或绸巾将鼻子和嘴遮住。这主要是为了防止他们呼出的气息触及大汗的食物。当大汗饮酒时，侍者在奉上酒后，后退三步跪下，朝臣和所有在旁边的人都同样伏在地上，同时庞大的乐队的一切乐器都开始演奏，直到大汗喝完才停止。然后所有的人都从地上起来，恢复原来的姿态。只要大汗一饮酒，就有这样的礼仪。至于食品的丰富程度，更是可想而知的，也就用不着多说了。[①]

宴飨场面声势浩大，秩序井然，座次摆放的空间布局烘托出大汗的至高无上及威严的气势。尤其是大汗使用的金铸大酒匣，堪称宫廷中金饮器之最。

二、尽显游牧民族特色的宫廷饮食

元代宫廷饮食汇集八方贡品，但仍保持着游牧民族的饮食风味。

---

① 马可·波罗著，陈开俊等合译：《马可·波罗游记》，福建科技出版社，1981年，第98页。

蒙古族把乳食和肉食习惯地分别称为白食（查干伊德）和红食（乌兰伊德）。蒙古族东部地区的白食（即乳食制品）包括奶油、奶皮子、奶酪、奶干等诸多制品。红食（即肉食品）主要是牛、羊，猪、兔，其次是黄羊、麋鹿等，其中羊肉食谱繁多，烹调最为讲究。在当时帝王将相的心目中，通过狩猎而获得的珍禽野兽才是真正的美味佳肴，显示出蒙古族在饮食观念上独有的游牧气质和风格。蒙古族的"迤北八珍"（又名"北八珍"）就是元大都宫廷饮食珍品中的珍品。《本草纲目》对其中的驼乳麋，即驼峰有过记载："野驼，家驼生塞北、河西。其脂在两峰内。"驼峰是西北最珍贵的食物，唐代时，就曾用来制作官府和宫廷名菜。

醍醐，酥酪上凝聚的油作酪时，上一重凝者为酥，酥上如油者为醍醐。

鹿唇（即犴达犴唇），是名贵食品，指麋鹿唇，用以招待贵宾。麋鹿，俗称"四不象"，其唇肉香美，曾为蒙古汗赐给臣下的赏品。

麈，为麋的幼羔，麋是獐的别称。

獐，是蒙古草原的高级食品，其幼羔尤为鲜美，实为一珍。

天鹅炙，即烤天鹅。

紫玉浆，是紫羊的奶汁。天鹅炙和紫玉浆都是极难得的珍品，有大补之效。

驼蹄与熊掌齐名。

驼乳，不仅是高级补品，而且是良药。

八珍中，牛、羊、猪等一般家畜一概排除在珍品之外，所用皆为极其罕见的野生动物或这些动物的某些精华部位，并用特殊的方法精细烹制。中原亦有"八珍"，形成于周代，《礼记·内则》所列：淳熬（肉酱、油浇饭）、淳母（肉酱、油浇黄米饭）、炮豚（煨烤炸炖乳猪）、炮牂（zāng，即母羊。煨烤炸炖羔羊）、捣珍（烧牛、羊、鹿里脊）、渍（酒湛糟牛羊肉）、熬（烘制的肉脯）和肝膋（网油烤狗肝）八种食品（或者认为是八种烹调法）。以后各朝代都有不同风味的"八珍"出现。唯有元代宫廷的"八珍"尽显游牧民族的特色。

元代宫廷饮食有诸多发明创见。如"涮羊肉"这一吃法是否起源于元代并无实证，但对于以羊肉为主要肉食的元代宫廷而言，产生类似于涮羊肉吃法的可能性还是有的。下面的一则传说在民间流传甚广，它把元代的征战与游牧民族吃羊肉的饮食习俗组成一则缜密的故事：

相传元世祖忽必烈统帅大军南下远征，经过多次战斗人困马乏，饥肠辘辘。忽必烈猛地想起家乡的菜肴——清炖羊肉。于是吩咐部下杀羊烧火。正当伙夫宰羊割肉时，探马突然气喘吁吁地飞奔进帐禀告敌军大队人马追赶而来，离此仅有十里路。但饥饿难忍的忽必烈一心等着吃羊肉，他一面下令部队开拔，一面喊着："羊肉！羊肉！"厨师想，清炖羊肉当然是等不及了，可生羊肉又不能端上来让主帅吃，怎么办呢？这时只见主帅大步向火灶走来，厨师知道他性情暴躁，于是急中生智，飞快地切了十多片薄肉，放在沸水里搅拌了几下，待肉色一变，马上捞入碗中，撒上细盐、葱花和姜末，双手捧给刚来到灶旁的大帅。

据说这便是涮羊肉的缘起，此后经过不断研制、改良，终于成为一道美食。

但直到清光绪年间，涮羊肉才逐渐走向民间。

第三节　清真饮食文化

北京清真饮食的起源，是与伊斯兰教传入北京而同步的，已有上千年的历史。元代穆斯林主要来自花剌子模等中亚地区及波斯、阿拉伯地区。关于北京地区伊斯兰教传入的时间，学术界的说法有二：一是北宋至道年间或辽统和十四年即公元996年说，二是所谓的元初说。元代，大量西域穆斯林进入中国并定居，北京最著名的回民居住区牛街，就是在那时候形成的。牛街礼拜寺为元代伊斯兰教在大都活动的中心，也是北京目前规模最大、历史最久的清真寺。伊斯兰教教士称为"答失蛮"，享受与基督教士"也里可温"①同样的免税待遇。北京城的规划，就有西域回回人建筑师也黑迭尔丁的功劳。

据元监察御史王恽的记载，元代初期的中统四年（公元1263年），大都有穆斯林2953户②。这仅包括富商大贾、达官贵人和各种工匠，而不包括原金中都附近军户中的穆斯林，如将其计入其中，则数量更多。③元中统四年，北京穆斯林人口已达到15000人，约占大都人口的十分之一还多，穆斯林已成为元大都居民的重要组成部分。当时元大都"已有回回人约三千户，多为富商大贾、势要兼并之家"。④由于人口众多，伊斯兰饮食文化便得以在大都地区扎根和发展，使之成为元代北京饮食文化中的一朵异域奇葩，具有当时的时代特殊性。

回族在中国形成和发展的过程中，一直受阿拉伯、波斯等传统伊斯兰文化的强烈影响。譬如：回族对食物有很多禁忌，禁食猪肉，对于死因不明的动物、动物血液等也坚决禁食，从健康、卫生角度看，杜绝了许多疾病的发生。发达的阿

---

① 蒙古语，是元朝人对基督教徒和教士的通称。
② 王恽：《秋涧集》卷八八《为在都回回户不纳差税事状》，台湾商务印书馆，1986年。
③ 苏鲁格、宋长宏：《中国全史》第13卷《中国元代宗教史》，人民出版社，1994年，第86页。
④ 韩儒林：《元朝史》下册，人民出版社，1986年，第349页。

拉伯-波斯医学及一些科学的健康理念，也融入在回族清真饮食文化中，在清真食品中有很多产于西域的香药（既是调味品香料又是药材），造就了回族人的健康体魄，使注重养生成为中国清真饮食文化的一个显著特征。回族人的饮食习俗，许多是从阿拉伯地区沿袭而来的，例如，回族人喜欢吃甜食，即是继承了阿拉伯地区喜吃甜食的风俗。在阿拉伯地区小孩生下来时，用蜜汁或椰枣抹入婴儿的口中，然后才哺乳。而回族婴儿生下来时，也有用红糖开口之习俗。"甜"在波斯语中叫"哈鲁瓦"，而西北回族的甜食糕点统称为"哈鲁瓦"，有的地方叫"哈力瓦"。元代以来，形成西域人再次入附大都的高潮，素有"元朝回回遍天下"之说。当时人们把伊斯兰教直呼"回回教"，礼拜寺被称为"回回寺"，饮食称为"回回食品"。

　　虽然宗教信仰禁止穆斯林吃多种食物，但他们的食品种类并不因此而单调。穆斯林日常的饮食品种丰富，有面食、汤食及各种副食、饮品、果品。如面食有秃秃麻食、水答饼，各种饼和馒头，汤食有马思答吉汤、沙乞某儿汤、木瓜汤、鹿头汤、颇儿必汤，还有副食中的杂羹、荤素羹、鸡头粉等都极具民族特色。穆斯林的饮食给大都带来了西域的风味。有元一代，清真饮食已在社会、家庭中大量流行。元大都剧作家杨显之的《郑孔目风雪酷寒亭》中描述说，穆斯林人家"吃的是水答饼、秃秃麻食"。《析津志辑佚·风俗》中也记载着大都地区"经纪生活匠人等"的日常饮食，"菜则生葱、韭、蒜、酱、干盐之属"。大都附近的"荨麻林"聚居着大批的穆斯林工匠，因此，《析津志辑佚·风俗》中的整体描述也必然反映了当时穆斯林工匠的日常生活。[1] "水答饼"在元人中很流行。据《酷寒亭》第三折载，水答饼是元代回回人的食品。同剧同折《菩萨梁州》中有白曰："我张保在那里等出家火。那尧婆教那两个孩儿烧着火。那婆娘和了面，可做那水答饼，煎一个，吃一个。那两个孩儿在灶前烧着火。看着那婆娘吃，孩儿便道：'奶奶，肚里饥了。'那婆娘将一把刀子去盘子上一划，把一个水答饼划做两块，一个孩儿与了半个。那孩儿欢喜。接在手里，翻来翻去，掉在地下。"[2] 至于它的做法不很清楚，但据上述描写分析，与今煎饼相似。在元杂剧《豹子和尚自还俗》中，也有这样描述清真食品的唱词："小刘屠卖的肥羊肉，一贯钞一副整头蹄……马回回烧饼十分大，黄蛮子菜烂味精奇……"说明，元大都时期的北京，清真饮食已相当普遍。当时大都各种职业人口，午餐均以各种面点充饥，早

---

① 熊梦祥：《析津志辑佚·风俗》，北京古籍出版社，1983年，第207～208页。
② 臧懋循：《元曲选》第三册，上海古籍出版社，2008年，第1008页。

晚在家里喝粥。据《析津志》载：时人每至晌午以蒸饼、烧饼、软糁子饼之类为点心，早晚多便水饭。

随着大批臣民相继迁京，引入了中亚、西北、东北和中原地区的糕点制作技艺，丰富了北京糕点的品种。尤其是中亚突厥人和西亚波斯人的迁入，使北京的传统糕点品种又增加了清真点心的成分。

元代的清真饮食不仅在坊间形成了一定的规模，而且很多清真菜肴小吃还进入了宫廷。写过《饮膳正要》的忽思慧，本人是回族，又是当时的御医，那本《饮膳正要》里面写的大多是回回食谱，宫廷的和民间的都有，大概是最早的清真饮食小百科了。《饮膳正要》第一卷主要是菜肴和小吃部分，收录很多牛羊肉菜品，其中已考证出的清真食品近10种。"秃秃麻食"即是一款流传至今的著名古典清真名吃。原文载："**白面六斤（作秃秃麻食）羊肉（一脚子炒焦肉乞马）右件，用好肉汤下炒，葱调和匀，下蒜酪、香菜末。**"其制作方式及原料和我们今天所吃的麻食大致相同，只是其吃法相似于今天新疆的拌面。秃秃麻食又见元代的一些文艺作品。元杨显之《酷寒亭》第三折，白："**小人江西人氏。姓张名保。因为兵马攘乱，遭驱被掳，来到回回马合麻沙宣差卫里，往常时在侍长行为奴作婢。他家里吃的是大蒜、臭韭、水答饼、秃秃茶食。我那里吃的？我江南吃的，都是海鲜。**"说明北京回回人家的饮食与南方存在明显差异。"秃秃茶食"，即"秃秃麻食"。元无名氏杂剧《十探子打闹延安府》第二折，白："**〔回回官人云：〕兀那厨子，圣人言语，着俺这八府宰相在此饮酒，你安排的茶饭，都不好吃，……都是二菩萨、济哩必牙、吐吐麻食。**"[①]该戏文中罗列了不少回回食品名，"吐吐麻食"即"秃秃麻食"，是其中之一。由此可以得知，元大都时期的北京，清真饮食之普遍。

《饮膳正要》还有很多看馔，尽管未注明是回回食品，但从其工艺和用料看，和今天的一些清真食品有异曲同工之妙。例如"肉饼儿"，可以认为是今天羊肉饼的前身，特别是其中香料的使用，更是清真食品的显著特征。至今北京著名清真老号"月盛斋"的牛羊肉制品中仍放有砂仁、豆蔻等西域香料。文曰："**精羊肉（十斤，去脂膜、筋，捶为泥），哈昔泥（三钱），胡椒（二两），荜拨（一两），芫荽末（一两）。右件，用盐调和匀，捻饼，入小油炸。**"还有"杂羹"，和今天羊杂羔肉的作法基本一样。其实，今天所说的"杂羔"，就是古代"杂羹"的音变。"羹"字从羔，从美。古人的主要肉食是羊肉，所以用"羔""羹"

---

① 隋树森编：《元曲选外编》第三册，中华书局，1959年，第921页。

会意，表示肉的味道鲜美。还有"河西肺"也很驰名，做法是："羊肺（一个），韭（六斤、取汁），面（二斤、打糊），酥油（半斤）；胡椒（二两），生姜汁（二合）。右件，用盐调和匀，灌肺煮熟。用汁浇食之。"河西，在元代指宁夏、甘肃一带，当时为回回聚集的地区。"河西肺"便是当今西北回族人最常吃的"面肺子"。由此可见，河西肺是由西北的回回带到京城的。

这时候社会上流传着一本《居家必用事类全集》，类似于现在的生活百科大全。全书共十集，内容丰富。其中己集、庚集均为"饮食类"。特别值得重视的是，书中专门列有"回回食品"一章，收录了"**设克儿钛剌、卷煎饼、糕糜、酸汤、秃秃麻食（失）、八耳塔、哈尔尾、古剌赤、海螺厮、即你钛牙、哈里撒、河西肺**"等12个菜点品种。穆斯林的清真食品大大丰富了北京的饮食文化。

第四节　饮茶风俗

一、多品种的茶饮

北京人饮茶历史悠久。在辽代，饮茶已是当时人们日常饮食的一部分，因为茶有助于消化乳品和肉食，不饮茶则气滞，于是茶成为当时契丹人与中原王朝主要的贸易项目，称"茶马互市"。到金代，茶叶之珍贵甚至要高于酒。据《蒙古风俗鉴》记载："古代，蒙古地区的速敦茶和榛树茶是在每年七月采摘，以山梨树叶和榛树叶制造茶叶。"蒙古族先民在每年七月采集当地盛产的梨树叶、榛树叶制成饮片以代茶饮。元大都饮茶习俗是其饮食文化的重要组成部分。在元代出版的《农书》和《农桑撮要》中，都把茶树栽培和茶叶制造作为重要内容来介

图6-4　元代黄釉月映梅纹碗，北京怀柔出土（赵蓁茏摄影）

图6-5　元代景德镇窑青白釉多穆壶，北京
崇文斡脱赤墓出土（赵蓁茏摄影）

绍。这表明元代统治者对茶业的支持和倡导。

北京作为大都，各地名茶和不同种类的香茗都源源不断地汇集于此，有福建的北苑茶和武夷茶、浙江湖州的顾渚茶、江苏常州的阳羡茶、浙江绍兴的日铸茶、浙江庆元慈溪的范殿帅茶等。元大都人饮茶常加盐、姜、香药之类的作料，宫中"香茶"就是以龙脑等珍贵香料、药材和茶配制而成。民间有芍药茶、百花香茶等。其中"百花香茶"是将木樨、茉莉、菊花、素馨等花置于茶盒下窨成，这应该是清代以至当代北京人喜饮的"花茶"的最早起源。忽思慧在《饮膳正要》里记载了探春、次春、紫笋、雀舌等茶，均属北苑茶。

元代的饮茶，大略有以下四类：一是文人清饮：采茶后杀青、碾压，但不压做成饼，而是直接储存，饮用方式为点茶法，与宋代点饮法区别不大；第二种为撮泡法，采摘茶叶嫩芽，去青气后拿来煮饮，近似于茶叶原始形态的食用功能；第三种是调配茶或加料茶，在晒青毛茶中加入胡桃、松实、芝麻、杏、栗等干果一起食用。这种饮茶的方法十分接近现今在闽、粤、赣等客家地区流传的"擂茶"。第四种是腊茶，亦即宋代的贡茶——团茶。"腊茶"是腊面茶的简称，就是团饼茶。"腊茶"在元代"惟充贡茶，民间罕之"。所以说在元朝，至少在元朝中期以前，除贡茶仍采用紧压茶之外，中国大多数地区和大多数民族，一般只采制和饮用叶茶、末茶等散茶。元代中期的《王祯农书》记载了当时的茶叶有"茗茶""末茶"和"腊茶"三种："茶之用有三：曰茗茶、曰末茶、曰蜡茶，凡茗煎者择嫩芽，先以汤泡去熏气，以汤煎饮之。……然末子茶尤妙。先焙芽令燥，入磨细研碾，以供点试。凡点，汤多茶少则云脚散，汤少茶多则粥面聚。钞茶一钱七，先注汤调极匀，又添注入，回环击拂，视其色鲜白，著盏无水痕为度。其茶既甘而滑。……蜡茶……择上等嫩芽，细碾入罗，杂脑子诸香膏油，调剂如法。即作饼子制样任巧，候干，仍以香膏油涠饰之。其制有大小龙团带胯（kuà）之异。"这三种茶中，"蜡茶"最为名贵，多在朝廷饮用；"末茶"饮者较少；"茗茶"最为流行，因泡饮简单，北京的上层社会和民间都在广泛饮用。

建立元王朝的蒙古人马上得天下，所以多有人以为元人不知茶。其实，元代不仅因茶艺、茶道世俗化而走向民间，即便文人中也有茶的知音。元代政治家、文学家耶律楚材晚号"玉泉老人"，生长居住在北京，随元太祖西征时，在西域期间，向正在岭南的好友王君玉乞茶时作了《西域从王君玉乞茶因其韵七首》咏茶诗。其中一首曰："积年不啜建溪茶，心窍黄尘塞五车。碧玉瓯中思雪浪，黄金碾畔忆雷芽。"若几天没有喝到饼茶，他心里就像堵了一样。可见，在大都上层茶已经是不可缺少的饮品。

自元代开始，喝茶的习惯又发生了根本变化，用沸水冲泡散形条茶的方法逐渐被人们接受，这种喝茶方式简洁而便捷。因为没有了碾茶这道工序，直接冲泡也不需炙煮，自然就不需要那么多纷繁复杂的茶具。北京东、西、北环山，山泉众多，用山泉沸水泡茶乃为上品。元大都饮茶之风兴盛，与此不无关联。

元代忽思慧《饮膳正要》卷二列举了19种茶品的具体制作和饮用方法。其中，炒茶是"用铁锅烧赤，以马思哥油、牛奶子、茶芽同炒而成。"忽思慧说："马思哥油：取净牛奶子，不住手用阿赤（原注：系打油木器也）打，取浮凝者为马思哥油，今亦云酥油。""马思哥油"就是从牛奶中提炼的奶油，茶中放奶油显然是蒙古族的口味。

"兰膏茶"。这是一种末茶。"兰膏，玉磨末茶三匙头，面、酥油同搅成膏，沸汤点之。"

"酥签茶"。其制作方式是这样的："金字末茶两匙头，入酥油同搅，沸汤点之。"此茶宋时已有之。宋孟元老《东京梦华录》卷八中的"是月巷陌杂卖"条作"素签"，说明这是一种大街小巷都在叫卖的饮料。马致远杂剧《吕洞宾三醉岳阳楼》第二折里也提到了这种茶。《贺新郎》白：

"〔郭云：〕师父要吃个甚茶。

〔正末云：〕我吃个酥金。

〔郭云：〕好紧唇也。我说道师父吃个甚茶？他说道吃个酥金。头一盏吃了个木瓜，第二盏吃了个酥金。这师父从来一口大，一口小。"

从元代剧本中还可以看到，这种"酥金茶"，不仅小贩叫卖，一般茶馆也经营。① 无名氏杂剧《月明和尚度柳翠》第二折，白：

　　〔旦儿云：〕师父，长街市上不是说话去处，我和你茶房里说话去来。

　　〔正末云：〕你也道的是。兀的不是个茶房。茶博士，造个酥佥来。②

　　炒茶、兰膏和酥签三者虽有区别，但制作时都加入酥油和牛奶子，反映了游牧民族茶饮的风味特征。关于蒙古奶茶的起源，史学家陈高华在《元代饮茶习俗》一文中认为："13世纪下半期，在蒙古和藏族的文化交流中，受到藏族的影响，以酥油入茶。奶茶大概是从藏族酥油茶演变而来的。"③《饮膳正要》还记载了"西番茶"，"出本土，味苦涩，煎用酥油。"④《元史》卷九四《食货志》中作"西番大叶茶"，元时的西番，指的是今西藏和四川西部广大地区。

二、简约的饮茶风气

　　大都城市繁华，茶楼、茶馆一般多在游览胜地，如皇宫北面的（今什刹海、积水潭一带）沿岸地区，四时游人不绝，所以酒楼、茶肆格外兴隆。另外，在交通要道两旁，如大都西南角的顺承门内外，因系新旧两城的连接枢纽，又是从大都南下的陆路必经之地，所以酒楼、茶肆也特别集中。⑤如元代王祯《农书》所说："上而王公贵人之所尚，下而小夫贱隶之所不可阙，诚生民日用之所资，国家课利之一助也。"元大都城内茶楼遍布，经营人员和服务人员一律称为"茶博士"。

　　当时的饮茶方法有采用点茶法饮茶的，但更多是采用沸水直接冲泡散茶。用开水冲泡散茶的方法简便易行，对元大都简约的饮茶风气起到了强有力的推助作用。

　　茶叶好，更要水好。元大都宫廷特别讲究泡茶之水。大都之西山"玉泉水，甘美味胜诸泉"，乃宫廷所有泡茶用水之上乘。与玉泉水齐名的是井华水。这里有一段故事："元武宗皇帝幸柳林飞放，请皇太后同往观焉。由是道经邹店，因渴思茶，遂命普阑奚国公金界奴朵儿只煎造。公亲诣诸井选水，惟一井水味颇清甘，汲取煎茶以进。上称其茶味特异。内府常进之茶，味色两绝。乃命国公于井所建观音堂，盖亭井上，以栏翼之。刻石纪其事。自后御用之水日必取焉。所造

---

①　臧懋循：《元曲选》第二册，中华书局，1958年，第620页。

②　臧懋循：《元曲选》第四册，中华书局，1958年，第1342页。

③　陈高华：《元代饮茶习俗》，《历史研究》，1994年第1期。

④　忽思慧：《饮膳正要》卷二《诸般汤煎》，人民卫生出版社，1986年，第58页。

⑤　王岗：《北京通史》第五卷，中华书局，1994年，第44页。

汤茶，比诸水殊胜。邻左有井，皆不及也。"[1]元武宗时内府御用之水必取邹店井水，以今观之，其地井水水质佳良，很可能与某些微量元素的含量有关。

饮茶是元大都各民族、各阶层一种共同的嗜好，但总体而言，元大都饮茶之道趋向简约，这种简约与宋代宫廷奢靡繁琐饮茶之风形成强烈反差。饮茶有助于冷静和反思。当时北方民族虽嗜茶，但豪爽和不拘小节的性格使他们在接受汉人茶文化的同时，也对宋人繁琐的茶艺颇为排斥。因此，元大都的饮茶风俗与当时中原及南方一些繁华都市形成了鲜明对比。

在元代大都茶文化的发展中，涌动着两种思潮，一是茶艺简约化，二是精神与自然契合，以茶表现自己的苦节。文人雅士、隐士和"俗士"有精神上的共同追求，于低调的生活中寄情于天地百物。

第五节　饮酒风俗

一、宫廷豪饮之风

自元定都北京后，入京的蒙古人带来了草原民族的饮酒习惯，元人尚饮风习之炽烈，首推宫廷最盛。尤其是元世祖忽必烈及其贵族大臣最喜豪饮，每逢宫内大宴宾客，都会在宫殿里准备巨型贮酒容器，后来索性制成了可贮酒三十余石（60千克）的稀世珍宝"渎山大玉海"，安置在广寒殿里作为酒瓮。"渎山大玉海"又名"大玉瓮""酒海"，由一整块黑质白章的巨型玉石雕刻而成。高0.7米，口径1.35～1.82米，最大周长4.93米，重约3500千克，体略呈椭圆形，内空，可储酒30余石。马可波罗曾描述道："殿中有一器，制作甚富丽，形似方柜，宽广各三步，刻饰金色动物甚丽。柜中空，置精金大瓮一具，盛酒满，量足一桶。柜之四角置四小瓮，一盛马乳，一盛驼乳，其他则盛种种饮料。柜中也置大汗之一切饮盏。有金质者甚丽，名曰杓，容量甚大，满盛酒浆，足供八人或十人之饮。列席者每二人前置一杓，满盛酒浆，并置一盏，形如金杯而有柄。"[2]"渎山大玉海"制成于公元1265年，相传是元世祖忽必烈为犒赏三军而制，其制作意图无外乎为了反映元代国势的强盛。逢到宫内宴饮，众人便在大玉海边围坐一圈，拿海

---

[1] 忽思慧：《饮膳正要》卷二《诸般汤煎》，人民卫生出版社，1986年，第59～60页。

[2] 马可·波罗著，冯承钧译：《马可波罗行纪》，上海书店出版社，1999年版，第349页。

碗舀酒递相饮用，喝到酣畅淋漓之时，更是边舀边饮，盛况空前。

元朝历代皇帝均嗜豪饮，如太宗、定宗、世祖、成宗、武宗、仁宗、顺帝等人多嗜酒成癖；元开国皇帝忽必烈好饮，曾因过饮马奶子酒"得足疾"[1]，后屡次发作，遍请名医诊治，亦不复痊愈。元成宗铁穆耳登基之前也是位瘾君子，不管忽必烈怎样规劝和责备，依然故我。甚至用棍子打过他三次，并派侍卫监视，他仍然偷着喝。武宗海山"惟曲蘖是沉，姬嫔是好。"[2]继位的仁宗爱育黎拔力八达"饮酒常过度"[3]。元末帝顺帝早期"不嗜酒，善画，又善观天象。"倾心政治，颇有可能成为一代明君，但后来"终无卓越之志，自溺于倚纳，大喜乐事，耽嗜酒色，尽变前所为。"[4]"万羊肉如陵，万瓮酒如泽"[5]。元宫廷的宴飨、祭祀、庆典、赐酺、赏赉，用酒无算。元朝制度，"国有朝会、庆典，宗王、大臣来朝，岁时行幸，皆有燕飨之礼"[6]。元廷尤重祭祀，礼仪相当繁复，有大祀、中祀、小祀之分。"凡大祭祀，尤贵马湩。将有事，敕太仆寺挏马官奉尚饮者革囊盛送焉"[7]。"虽矢庙谟，定国论，亦在于樽俎餍饫之际"[8]。饮酒礼仪隆重繁缛，名目冗多；饮酒器皿也是精致贵重，独具匠心；更兼宫中名酒荟萃，活色生香，蔚为大观。如果说元大都饮茶之道趋向简约，那么，其时的饮酒之道便走向反面，借助于酒精的刺激，将暴饮推向时代的顶端。

元代宫廷中酒的消费量是相当惊人的，宪宗蒙哥汗即位时，"宴饮作乐整整举行了一星期。饮用库和厨房负责每天（供应）两千车酒和马湩，三百头牛马，以及三千只羊"[9]。泰定帝元年（公元1324年）八月，亦曾"市牝马万匹取湩酒"[10]，"饮到更深无厌时，并肩侍女与扶持。醉来不问腰肢小，照影灯前舞柘枝。"[11]有元一代，嗜酒成为影响朝政的重要因素，也是导致元朝灭亡的主要原因之一。

上行下效，大都民间也饮酒成风。酒成为大都市场上的重要商品。"京师列

[1] 宋濂等：《元史》卷一六八《许国祯传》，中华书局，1976年。
[2] 宋濂等：《元史》卷一三六《阿沙不花传》，中华书局，1976年。
[3] 宋濂等：《元史》卷一四三《马祖常传》，中华书局，1976年。
[4] 任崇岳：《庚申外史笺证》卷下，中州古籍出版社，1991年。
[5] 周伯琦：《大口》，陈衍辑：《元诗纪事》卷二〇，上海古籍出版社，1987年。
[6] 苏天爵辑：《国朝文类》卷四一《经世大典序录·燕飨》，四部丛刊初编本，北京图书馆出版社，2006年。
[7] 宋濂等：《元史》卷七四《祭祀志三》，中华书局，1976年。
[8] 王恽：《秋涧集》卷五七《大使吕公神道碑铭》，四部丛刊初编本，吉林出版社，2005年。
[9] 拉施特：《史集》第二卷《成吉思汗的儿子拖雷汗之子蒙哥合汗纪》，商务印书馆，1983年，第244页。
[10] 宋濂等：《元史》卷二九《泰定帝纪一》，中华书局，1976年。
[11] 张昱：《张光弼诗集》卷三《宫中词》，商务印书馆，1934年。

肆数百，日酿有多至三百石者，月已耗谷万石，百肆计之，不可胜算矣。"①为了满足市民饮酒需求，元大都酒肆、酒坊林立。熊梦祥描述当时酒坊的装饰状况："酒槽坊，门首多画四公子：春申君、孟尝君、平原君、信陵君。以红漆阑干护之，上仍盖巧细升斗，若宫室之状。两旁人壁，并画车马、驺从、伞仗俱全。又间画汉钟离、唐吕洞宾为门额。正门前起立金字牌，如山子样，三层，云黄公垆。夏月多载大块冰，入于大长石枧中，用此消冰之水酝酒，槽中水泥尺深。"②

元大都饮酒的社会群体亦十分庞大，宫廷贵族饮，文人士大夫饮，平民百姓饮，僧侣道士也饮。文人墨客本是社会的精英表率，却也饮酒作乐，花天酒地。刘辰翁的《花朝请人启》："亲朋落落，慨今雨之不来；节序匆匆，抚良辰而孤往。辄修小酌，敬屈大贤。因知治具之荒凉，所愿专车之焜耀。春光九十，又看二月之平分，人生几何，莫惜千金之一笑。引领以俟，原心是祈。"③发起者写下请柬，被约人再作出答复："燕语春光，半老东风之景；蚁浮腊味，特开北海之尊。纪乐事于花前，置陈人于席上。相从痛饮，单惭口腹之累人；不醉无归，幸勿形骸而索我。"④王恽《秋涧集》中有对此项活动较为详尽的描述，"用是约二三知友，燕集林氏花圃，所有事宜，略具真率。旧例各人备酒一壶，花一握，楮币若干，细柳圈一，春服以色衣为上。其余所需，尽约圃主供具。"活动内容亦十分丰富，饮酒赋诗，品茗赏乐，往往尽情而欢。"人生已如此，有酒且须醉。"元人及时行乐的生活完全浸泡在酒水里。"黄金酒海赢千石，龙杓梯声给大筵。殿上千官多取醉，君臣胥乐太平年。"⑤

二、酒的种类

元代的酒，比起前代来要丰富得多。就其使用的原料来划分，就有粮食酒、马奶酒、果料酒几大类。

"阿剌吉"是一种以谷类为主酿造出来的烧酒。清代檀萃的《滇海虞衡志》中说："盖烧酒名酒露，元初传入中国，中国人无处不饮乎烧酒。"章穆的《饮食辨》中说："烧酒又名火酒，《饮膳正要》曰'阿剌吉'，番语也。盖此酒本非古法，

---

① 姚燧：《牧庵集》卷十五，商务印书馆，1936年。

② 熊梦祥：《析津志辑佚·风俗》，北京古籍出版社，1983年，第202页。

③ 刘辰翁：《须溪集》卷七，台湾商务印书馆，1973年。

④ 刘辰翁：《须溪集》卷七《答赴启》，台湾商务印书馆，1973年。

⑤ 舒頔（dí）：《九日饮侄女家》，顾嗣立：《元诗选·二集》，中华书局，1987年。

图6-6　元代景德镇窑青花菊花牡丹纹托盏，
北京西城元代窖藏出土（赵蓁茏摄影）

元末暹罗及荷兰等处人始传其法于中土"。

元代忽思慧《饮膳正要》卷三"米谷品"中记述了这种酒："阿剌吉酒，味甘辣，大热，有大毒，主消冷坚积去寒气，用好酒蒸熬取露成阿剌吉。"阿剌吉，亦作阿里乞、哈剌吉、哈剌基。许有壬《咏酒露次解恕斋韵序》："世以水火鼎炼酒取露，气烈而清，秋空沆瀣不过也。虽败酒亦可为。其法出西域，由尚方达贵，今汗漫天下矣。译曰阿尔吉云。"阿剌吉酒的酿造方式是这样的："南番烧酒法（番名阿里乞）：右件不拘酸甜淡薄，一切口味不正之酒，装八分一甏，上斜放一空甏，二口相对。先于空甏边穴一窍，安以竹管作嘴，下再安一空甏，其口盛住上竹嘴子。向二甏口边，以白磁碗楪片，遮掩令密，或瓦片亦可，以纸筋捣石灰厚封四指。入新大缸内坐定，以纸灰实满，灰内埋烧熟硬木炭火二三斤许下于甏边，令甏内酒沸，其汗腾上空甏中，就空甏中竹管内却溜下所盛空甏内。其色甚白，与清水无异。酸者味辛，甜淡者味甘。可得三分之一好酒。此法腊煮等酒皆可烧。"①

马奶酒又称羊羔酒。至元九年（公元1271年）忽必烈建立元朝，自定都大都后，饮食起居一改草原遗风，但马奶酒却保存下来，成为卓有特色的元代饮品。意大利旅行家马可·波罗曾经在《马可·波罗游记》中描述了忽必烈在皇宫宴会上将马奶酒盛在珍贵的金碗里，犒赏有功之臣的情景。宋元著名诗人、宫廷琴师汪元量应邀参加了皇室的内宴，当时宴会上饮用的就是马奶酒。随后他写了一首《御宴蓬莱岛》诗云："晓入重闱对冕旒，内家开宴拥歌讴。驼峰屡割分金碗，马奶时倾泛玉瓯。"诗中描写了宫廷马奶酒宴的奢靡豪华。《饮膳正要》中云："羊

---

① 无名氏：《居家必用事类全集》已集《造曲法》，中国商业出版社，1986年。

羔酒，依法作酒，大补益人。"说明在元代，羊羔酒属于法酒，即由宫廷发布标准酿造的酒，是宫廷御酒。元杂剧常常出现羊羔酒，说明此酒深得时人喜爱。

陈以仁的《存孝打虎》第一折，有"渴饮羊羔酒，饥飡鹿脯乾"[①]句。

无名氏《诤范叔》第一折，《金盏儿》："俺只见瑞雪舞鹅毛，美酒泛羊羔。"[②]

刘唐卿的《降桑椹》第一折，有"尽今生乐陶陶，饮香醪，满捧羊羔"[③]句。

元代王举之小令《折桂令·羊羔酒》："杜康亡肘后遗方，自坠甘泉，紫府仙浆。味胜醍醐，酿欺琥珀，价重西凉。凝碎玉金杯泛香，点浮酥凤盏熔光。锦帐高张，党氏风流，低唱新腔。"[④]这支曲子将生活的情趣与羊羔酒联系在一起，羊羔酒成为文人诗化生活的必备媒介。

在酿制马奶酒时，视马的毛色以别奶之贵贱。黑色马制成的马奶酒最为珍贵，视作精品。蒙古语称"黑忽迷思"，译为汉语即是"玄玉浆"，"玄"即黑也。饮黑色马奶酒的筵席规格最高，在蒙古汗帐中身份、地位显赫的人才有资格享用。

葡萄酒可以说是果酒中最重要的一种。元代是我国古代葡萄酒创始和极盛时期。蒙古人饮用葡萄酒，初见于《元朝秘史》第一八一节。忽必烈率大军入主中原，建都北京，就向京城内外的酒家索取葡萄酒。据《元典章》所载："**大都酒使司于葡萄酒三十分取一，至元十年抽分酒户，白英十分取一。**"可以看出，元初北京酒户就已经大量生产葡萄酒了。因为当时在大都建立生产基地，且规模不断扩大，允许民间经营。《元史》载：中统二年（公元1261年）六月，"**敕平阳路安邑县，蒲萄酒自今毋贡。**""**至元二十八年（公元1291年）五月，宫城中建蒲萄酒室及女工室。**""**元贞二年（公元1296年）三月，罢太原、平阳路酿进蒲萄酒，其蒲萄园民恃为业者，皆还之。**"《饮膳正要》："**葡萄酒，益气，调中，耐饥强志。酒有数等，有西番者，有哈剌火者，有平阳太原者，其味都不及哈剌火者田地酒最佳。**"哈剌火者，即哈剌火州，即今新疆吐鲁番地区。此地自古盛产葡萄，味美甜香，是酿制葡萄酒的极好原料。所以山西等地产的葡萄酒皆不及哈剌火者葡萄酒。至此，葡萄酒就不仅是蒙古人喜爱的饮料，而是全国各地都普遍流行，并传至今天。

在元代，葡萄酒作为宫廷饮膳，被蒙古皇帝及贵族饮用，称为法酒。叶子奇《草木子》卷三下《杂制篇》"法酒"："每岁于冀宁等路造葡萄酒。"元朝统治者

---

① 隋树森编：《元曲选外编》第二册，中华书局，1980，第554页。

② 隋树森编：《元曲选外编》第三册，中华书局，1980，第1203页。

③ 隋树森编：《元曲选外编》第二册，中华书局，1980，第426页。

④ 隋树森编：《全元散曲》下，中华书局，1964年，第1320页。

常用葡萄酒宴请、赏赐王公大臣，还用于赏赐外国和外族使节。葡萄酒与马奶酒并列为宫廷的主要用酒。南宋小皇帝赵㬎一行到大都，忽必烈连续设宴款待，"第四排宴在广寒，葡萄酒酽色如丹。"[1] 元代的葡萄酒，还用于"祭祀""典礼"和"祝寿"。《元史》载：至元十三年（公元1261年）九月初一，"享于太庙，常馔外，益野豕、鹿、羊、蒲萄酒"。十五年十月，"享于太庙，常设牢醴外，益以羊、鹿、豕、蒲萄酒。""六日晨祼：祀日丑前五刻，太常卿、光禄卿、太庙令率其属设烛于神位，遂同三献官、司徒、大礼使等每室一人，分设御香、酒醴，以金玉爵罍，酌马湩、蒲萄尚酝酒奠于神案"。

《马可·波罗游记》"哥萨城"（今河北涿州）一节中记载："过了这座桥（指北京的卢沟桥），西行四十八公里，经过一个地方，那里遍地的葡萄园，肥沃富饶的土地，壮丽的建筑物鳞次栉比。"据《元典章》，元大都葡萄酒系官卖（系榷货），曾设"大都酒使司"，向大都酒户征收葡萄酒税。大都坊间的酿酒户，有起家巨万、酿葡萄酒多达百瓮者。可见当时葡萄酒酿造已达相当规模。由于葡萄种植业和葡萄酒酿造业的大发展，饮用葡萄酒不再是王公贵族的专利，平民百姓也饮用葡萄酒。这从一些平民百姓、山中隐士以及女诗人的葡萄酒诗中可以读到。《至正集》卷二一载许有壬《和明初蒲萄酒韵》诗云："汉家西域一朝开，万斛珠玑作酒材。真味不知辞曲蘖，历年无败冠尊罍。殊方尤物宜充赋，何处春江更泼醅。"《畏斋集》卷二载程端礼《代诸生寿王岜岩》诗云："千觥酒馨葡萄绿，万朵灯敷菡萏红。"萨都拉《伤思曲哀燕将军》诗云："宫锦袍，毡帐高，将军夜酌凉葡萄。葡萄力重醉不醒，美人犹在珊瑚枕。"元代诗人对葡萄酒的感悟颇深，于是能够把元人品味葡萄酒的生活画面生动地描绘出来。

果酒中除葡萄酒外，还有枣酒和椹子酒，"枣酒，京南真定为之，仍用些少曲蘖，烧作哈剌吉，微烟气甚甘，能饱人。椹子酒，微黑色。京南真定等处咸有之。大热有毒，饮之后能令人腹内饱满。若口、齿、唇、舌，久则皆黧。军中皆食之，以作糇粮，乾者可致远。"[2]

① 汪元量：《增订湖山类稿》卷二《湖州歌九十八首》，中华书局，1984年。
② 熊梦祥：《析津志辑佚·风俗》，北京古籍出版社，1983年，第239页。

第七章 明朝时期

中国饮食文化史

京津地区卷

北京部分

公元1368年，朱元璋在应天（今南京）称帝，国号大明，建立了明王朝。同年，徐达、常遇春等攻克大都，元大都改称北平府，燕京地区又重归汉族政权统治。洪武三年（公元1370年）四月，朱元璋封第四子朱棣为燕王。洪武十三年（公元1380年）三月，燕王朱棣就藩北平。洪武三十一年（公元1398年）朱元璋死，其孙朱允炆继位，是为建文帝。朱棣于建文元年（公元1399年）起兵北平，发动靖难之役，于建文四年（公元1402年）攻下南京，夺取帝位。成祖朱棣于永乐元年（公元1403年）正月升北平为北京，北京之名即由此始。二月，改北平府为顺天府。永乐四年（公元1406年），朱棣下诏迁都北京。永乐五年（公元1407年）开始营建北京宫殿、坛庙，于永乐十八年（公元1420年）完工，永乐十九年

图7-1　故宫太和殿（肖正刚提供）

（公元1421年）正月正式迁都北京，以北京为京师，南京为陪都。

明代是我国历史上社会相对稳定的一个统一王朝，农业经济发展迅速。作为京都更是水田棋布，一如江南。较之前代，其饮食文化经过较长时间的平稳发展，呈现更加繁荣的景象。明代北京饮食文化之所以发展迅猛，主要是有得天独厚的京都地位，八方辐辏，催发了商业的兴起。明代的北京皇族聚居、王府密布，官僚贵戚麇集于此，可称全国财货骈集之市。商业的发达首先使得饮食业所需的各种食物在北京得到广泛的交流，人们想吃各地的特产已经不再是难事。其次是北京的繁华，吸引了来自大江南北的商人，他们的口味各异，不同的需求刺激了饮食业的发展与繁荣。再有商业文化的发展使得北京人的思想观念也发生了很大的转变，商人经商取得成功占有了财富之后，有足够的财力追求极品饮食的享受。对饮食文化的追求成为北京人享受生活的一个重要方面。

第一节　明代饮食文化的特点

一、饮食呈奢华态势

同其他发达城市一样，明代北京饮食也明显呈现从简朴到奢华的发展态势。从明代饮食发展情况看，可以明代嘉靖朝为界，划分为前后两个发展阶段。嘉靖以前，明代社会各阶层成员的饮宴等日常生活消费标准，均遵循封建王朝礼制的严格定规，很少有违礼逾制的情况发生。[1]明初，朝廷为阻止官庶宴会游乐，不时发布禁令，使得官员颇有微词，并"怠于其职"。明代于慎行在他所著的《谷山笔麈》卷三"恩泽"一节中曾记曰："今日禁宴会，明日禁游乐，使阙廷之下，萧然愁苦，无雍容之象。而官之怠于其职，固自若也。"明王朝的开国皇帝朱元璋出身贫寒，对于历代君主纵欲祸国的教训极其重视，称帝以后，"宫室器用，一从朴素，饮食衣服，皆有常供，唯恐过奢，伤财害民"。[2]他经常告诫臣下记取张士诚因为"口甘天下至味，犹未厌足"而败亡的事例。明成祖朱棣也相当节俭，《明太宗宝训》中记录了他曾经怒斥宦官用米喂鸡说："朕日夜为忧，此辈坐享膏粱，不识生民艰难，而暴殄天物不恤，论其一日养牲之资，当饥民一家之

---

[1]　余继登：《典故纪闻》卷六，中华书局，2006年。
[2]　台湾"中央研究院历史语言研究所"编：《明太祖实录》卷一七四"洪武十八年（公元1385年）七月甲戌"，中华书局，1962年。

食，朕已禁戢之矣，尔等职之，自今敢有复尔，必罪不宥。"皇帝在饮食方面的廉洁态度以及祖上定制的戒律，对遏制朝廷官吏们的奢侈消费起了很大的作用。加上战争刚刚结束，饮食物资相对匮乏，也促成了明初饮食简朴、崇尚节约的风尚形成。

但是到了嘉靖、隆庆以后，随着社会价值观的变化、各式商品的渐趋丰富并具诱惑力，从而激活了社会久遭禁锢的消费和享受欲望，冲破了原来祖上定制的禁网，"敦厚俭朴"风尚向着它的反面"浮靡奢侈"转化；而且这股越礼违制的浪潮，来势汹涌，波及社会的各个阶层。①少数贵族的饮食越礼逾制，花样翻新，饮食风气正在发生根本性的转变。正如明代史料所言："近来婚丧、宴饮、服舍、器用，僭拟违礼，法制罔遵，上下无辨。"②这种状况，客观上促进了烹饪技艺的发展。据明黄一正《事物绀珠》载，明中叶后，御膳品种更加丰富，面食成为主食的重头戏，且肉食类与前代相比，出现了一些前所未有的食馔，而且烹饪方法也有很大突破。在烹饪技术上，明代与两宋相比也有了很大的进步，技艺更加丰富和规范，有烧、蒸、煮、煎、烤、卤、摊、炸、爆、炒、炙等，烹饪手法齐全。国宴上的菜肴更是无比豪华，海陆山珍无所不备。

到了明代后期，北京饮食在宫廷和贵族阶层的引导之下，极尽浮靡奢侈，大讲排场。当时北京的富家和一些行业头领也趁官员在朝天宫、隆福寺等处习仪，摆设盛撰，托一二知己邀士大夫赴宴，席间有教坊司的子弟歌唱俏酒。京师官员的游宴吃酒，竟得到了明孝宗的支持。考虑到官员同僚的宴会大多在夜间，骑马醉归，无处讨灯烛。于是明孝宗下令，各官饮酒回家，街上各个商家铺户都要用灯笼传送。明代田艺蘅《留青日札摘抄》卷二，记载京师有一蒋揽头，请八人赴宴，"每席盘中进鸡首八枚，凡用鸡六十只矣。"席间一御史喜食鸡首，蒋氏以目视仆，"少倾复进鸡首八盘，亦如其数，则凡一席之费，一百三十余鸡矣，况其他乎？"从弘治年间（公元1488—1505年）开始，由于朝政宽大，官员多事游宴，蔚成一时风气。

不仅食物越来越讲究，饮食器具也逐渐变得华贵起来。2005年7月中央文献研究室在铺设供暖管道时，发掘出大型瓷器坑。此次出土的大量瓷器残片，绝大部分是民窑产品，仅有个别出自官窑。这批瓷器除少量为明代之前的遗物外，其余绝大部分属于明代早期。窑口较杂，有景德镇窑、龙泉窑、钧窑、德化窑等，其中以景德镇烧造的最多。所出器型有各类碗、盘、杯、罐、壶等，基本

---

① 王熹：《中国明代习俗史》，人民出版社，1994年，第23～24页。
②《明神宗实录》卷五一"万历四年（公元1576年）六月辛卯条"。

图7-2　明代洪武年间青花缠枝菊纹碗（赵蓁茏摄影）　　　图7-3　明代隆庆年间青花鱼藻纹盘，北京朝
阳出土（赵蓁茏摄影）

涵盖了日用瓷、陈设瓷、建筑用瓷等范畴。釉色以青花釉、白釉为主，也有青白釉、龙泉釉、蓝釉、琉璃等，还有较为珍贵的红彩、红绿彩、青花红绿彩。纹饰图案种类题材丰富、典雅秀丽，写意传神，清新明快，极具艺术魅力。

明朝时由于北京菜品种繁多，形态各异，因此食器的形制也是千姿百态。可以说，在京都有什么样的肴馔，就有什么样的食器相配。例如平底盘多用来盛放爆炒类菜，汤盘多盛放熘汁类菜，椭圆盘专盛整鱼菜，深斗池专盛整只鸡鸭菜，莲花瓣海碗用来盛汤菜等等；如果用盛汤菜的盘装爆炒菜，便收不到美食与美器搭配和谐的效果。它标志着饮食文化的发展已达到相当高的水平。

二、饮食的多元与融合

明代北京饮食延续了以往朝代兼容并蓄，融会贯通的文化气质。自辽、金、元以来，少数民族都在北京建都，各少数民族云集北京，使得北京人的饮食生活中渗入了浓重的民族风味。明代北京的节令食品更是品种繁多，风格迥异：正月的冷片羊肉、乳饼、奶皮、乳窝卷、炙羊肉、羊双肠、浑酒；四月的白煮猪肉、包儿饭、冰水酪；十月的酥糕、牛乳、奶窝；十二月的烩羊头、清蒸牛乳白等，均是一些兄弟民族的风味菜肴加以汉法烹制而成的，体现了多元融合的饮食文化特点。

改朝换代的大明王朝，由汉民族统治，为了扩大北京城市的人口规模，明王朝有意识地吸引南方人入居北京，从而形成了南方饮食文化对北京的影响。明代的北京号称八方辐辏，各地各民族聚集于此，形成"寄之为寓，客之为籍"的居住形态。[1] 可见，除了寄寓之外，尚有"客籍"人口。北京的流寓之人相当之多，尤其是一些在京为官的子弟及其家属成员，或者家乡之人，大多依附京官在北京暂住。明人于慎行也说："**都城之中，京兆之民十得一二，营卫之兵十得四五，四方之民十得六七；就四方之中，会稽之民十得四五，非越民好游，其地无所容也。**"[2] 从这一记载可知，晚明北京城中的居住人口，"老北京"仅占十之一二，十分之六七是外地移民，或寄寓，或客籍。而在这些外地移民中，会稽之民又占了十分之四五，说明在明代江南人口大量北迁。有明一代，北京居民真正完成了民族交融、南北交汇。相应地，在饮食文化方面，也达到了民族之间、地域之间的高度融合。譬如，"**北京人以面食为主，菜肴加作料气味辛浓，南方人很不适应。南人北上后，带来一些南方的烹调技术，'水爆清蒸'的南菜在北京也很盛行。**"[3] 京师筵席，"**以苏州厨人包办者为尚**"；亲友馈赠，"**必开南酒为重**"。万历时，原产江南的"**蛙、蟹、鳗、虾、螺、蚌之属**"，已在北京"**潴水生育，以至蕃盛**"。向来崇尚简朴、俭约的北方食俗，逐渐向江南食不厌精、趋新、趋奢的风尚合流。[4]

明代北京人口的一个特点是消费人口极多，生产人口很少。北京人中既有伴随着中央政府的迁入而生活于此的皇室、贵戚、功臣、一般官僚等权贵政要，也有富商巨贾、主要依靠劳动贩运为生的小工商业者，还有军人、奴仆、工匠、雇工、宦官、宫女，以及以相面、看病、看风水、各种卖艺、卖身活动为生的医卜相巫艺伎，以及三姑六婆、乞丐光棍、游方僧道等各种闲杂人员。可以说，在明末的北京社会，构成了一个庞大的饮食消费群体。他们不同的口味需求大大促进北京饮食的异质性，遂使北京成为一个典型的"五方杂处，食俗不纯"的大都市。此时，来自各个地域的各大菜系都极欲在北京占得一席之地。当时，尤其是山东人纷纷到北京开餐馆，所以明代北京的餐馆中，鲁菜的势力较为雄厚，使山东风味在有明一代占领着北京餐饮市场。另外，在这些消费群体中，相当多的消费者文化层次都比较高，他们的饮食追求秉承了宫廷美食精细大气的境界，使北京饮食文化在原本所具有的游牧饮食风格的基础上，又多了一种儒雅的风味。豪

---

① 沈榜：《宛署杂记》卷一《日字·宣谕》，北京古籍出版社，1983年，第8页。
② 于慎行：《谷山笔麈》卷一二《形势》，中华书局，1997年，第129～130页。
③ 李淑兰：《京味文化史论》，首都师范大学出版社，2009年，第108页。
④ 周耀明：《汉族风俗史》第四卷，学林出版社，2004年，第73页。

爽、粗犷与绅士、典雅两种饮食形态在大明京都得到完美结合,这种结合,使得北京饮食拥有其他城市所不具备的多元性与包容性。

三、饮食资源的丰富性

有明一代也具备了饮食多元与包容的客观条件。首先是北京地区蔬菜种植业已比较发达,北京西郊和南郊土地肥沃的地区都成为著名的产菜区。蔬菜品种有丝瓜、黄瓜、姜、扁豆、韭菜、薹菜、芹菜、茄子、山药、菠菜、芥菜、白菜、土豆、芫荽、大蒜、葱、茴香、胡萝卜、水萝卜、银苗菜、羊肚菜等等。[①]为了能让达官贵人四季都能吃上时鲜蔬菜,温室技术已得到广泛运用,"元旦进椿芽、黄瓜、……一芽、一瓜几半千钱"。宛平、大兴两县负责为太庙提供"荐新"果蔬,每月的品种都不一样,价格也都有详细记录。如农历正月,宛平的一份供应单上写的是:"太庙每月荐新各品物,除大兴县分办一半外,正月分,共该银贰两贰钱。荠菜四斤,价一两二钱;生菜二斤,价五钱;韭菜二斤,价五钱。"[②]农历正月吃韭菜,果然是"荐新",自然是价格不菲。

其次是各地饮食特产和风味从四面八方运抵京城。据《明宫史》载:"十五日日上元,亦日元宵。内臣宫眷皆穿灯景补子蟒衣,灯市至十六日更盛。天下繁华,咸萃于此"。宫中的菜蔬有滇南的鸡㙡,五台山的天花羊肚菜,东海的石花海白菜、龙须、海带、鹿角、紫菜等海中植物;江南的蒿笋、糟笋等,辽东的松子,蓟北的黄花、金针,中都的山药、土豆,南都的薹菜,武当的鹰嘴笋、黄精、黑精,北山的核桃、枣、木兰菜、蔓菁、蕨菜等,以及其他各种菜蔬和干鲜果品、土特产等,应有尽有。

第三是当时许多海外的食物种类,尤其能增添饮食风味和改变饮食结构的食物,也源源不断地涌入京城,又为饮食的中外结合提供了便利。"譬如:辣椒原产南美热带,大约明末传入,很快被人接受,尤其在两湖四川云贵等地,种植广泛。土豆,又称马铃薯或洋山芋,明末清初传入福建。白薯,又称地瓜或山芋,万历年间自南洋吕宋传入。玉米,最早记载见于明正德《颍州志》,此前沿海应已有栽培。葵花子又称香瓜子,原产墨西哥、秘鲁,明万历年间自西方传教士传入。花生,又称落花生或长生果,宋元间来自海外,此系小花生。如今流

---

① 于德源:《北京农业经济史》,京华出版社,1998年,第232页。

② 沈榜:《宛署杂记》卷一二《契税》,北京古籍出版社,1983年。

行的大花生是明末清初才培育繁殖起来的。……明代还引进了番鸡、火鸡。"[1] 即使是这些"番物"远在外地，但朝廷的进贡制度会把这些"番物"源源不断地输入京城。

明朝，中国和亚洲各国之间，特别是与邻近的朝鲜、越南、日本、缅甸、柬埔寨、暹罗、印度以及南洋各国之间的饮食文化交流与政治接触比以前更加频繁了。明永乐三年（公元1405年）至宣德八年（公元1433年）之间，中国杰出的航海家郑和曾率领船队七次下西洋，前后经历了亚、非30多个国家，达27年之久。这是一件闻名中外的大事。这件事对于促进中外文化交流无疑大有裨益。明代，基督教进入中国，中国食品又一次引进了番食，如番瓜（南瓜）、番茄（西红柿）等。印度的笼蒸"婆罗门轻高面"、枣子和面做成的狮子形的"水密金毛面"等，也都在元明传入。

第二节　繁荣的民间饮食文化

一、兴旺的民间集市

饮食文化进入明代演进得非常成熟，这得益于当时的饮食环境已比较优越。明代的京城是商业大都市。明成祖迁都北京，天下财货聚于京师，与饮食有关的寻常之市，如猪市、羊市、牛市、马市、果木市各有定所，其按时开市者，则有灯市、庙市和内市等。[2]

明代初期，由于连年战乱，北京城人口骤减，当时"商贾未集，市廛尚疏"，城外交通困难，城内到处是大片的空地。为此，明成祖朱棣迁都北京后，为鼓励工商业的发展，明廷先后在全城重要地段的大明门、东安门、西安门、北安门这皇城四门外，内城钟鼓楼、东四牌楼、西四牌楼，以及朝阳门、安定门、西直门、阜成门、宣武门附近，兴修了几千间民房、店房，召民居住、召商居货，谓之"廊房"，以促进北京城的发展和工商业的繁荣。在固定的商业区和手工业区市场繁多，百物俱全，异常兴旺。凡是在商业繁华区，饮食的需求就特别旺盛。在商业街区，各种风味小吃总会得到集中展示。另外，一些专门经营食品的市

---

① 李宝臣主编：《北京风俗史》，人民出版社，2008年，第137页。

② 李宝臣主编：《北京风俗史》，人民出版社，2008年，第244页。

场，为明代饮食的发展提供了基本保障。诸如东大市商业街区专业市场就有菜市（今菜厂胡同）、干面市、白米市（今白米仓胡同）和酒市（今韶九胡同）等。"明代峰值时京城人口曾过百万，每年需大量粮食、牛、羊、猪肉和蔬菜。东大市以解决京城粮食供应为主，西大市主要供应猪、牛、羊等肉食品，即当时的'热货'。来自蒙古大草原的牛、羊从西北运进北京城后，集聚在西直门至阜成门外的廊房，就地屠宰后用骡马运进西大市。来自宛平、大兴两县的生猪，宰杀后同样用骡马大车送入西大市。"①

此时北京地区的庙会活动也日渐兴旺。据史料记载，庙会在辽金时期已有，在明清时代逐渐走向高潮。明代庙市最为发达，《春明梦余录·后市》说："宫阙之制，前朝后市……每月逢四则开市，听商贾易，谓之内市……每月逢三则土地庙市，谓之外市。然外市是士夫、庶民之所用。"明代北京庙会规模最大的要数城隍庙庙会。《帝京景物略》一书记载了当时北京的情况："城隍庙市，月朔望、廿五日，东弼教坊，西逮庙墀庑，列肆三里"。明代的《燕都游览志》亦云："庙市者，以市于城西之都城隍庙而名也，西至庙，东至刑部街，约三里许，大略与灯市同。每月以初一、十五、二十五开市，较多灯市一日耳。"②绵延三里尽管有些夸张，但也透视了当时商业街区的热闹景象。隆福寺市场和护国寺市场是当时两个最大的庙市。据《帝京景物略》载，灯市在东华门东，长二里，"起初八，至十三而盛，迄十七乃罢也。灯市者，朝逮夕，市；而夕逮朝，灯也。"每逢开市之日，热闹异常。而这个原为灯节而设的灯市后来逐渐变为在每月初五、初十、二十定期交易百货的集市，并建起供人交易的市楼，"楼而檐齐，衢（qú）而肩踵接也。市楼价高，岁则丰，民乐。楼一楹，日一夕，赁至数百缗者"。

明朝北京饮食文化的繁荣，与庙会的兴起直接关联。庙会期间，北京的本色小吃自不待言，艾窝窝、驴打滚、焦圈、灌肠、秃秃麻食、烧卖、肉丸子、疙瘩汤……样样齐全。就连外地小吃也来赶场，如四川小吃粉团、龙抄手……也都有。北京及周边地区的各种小吃汇聚在一起，促进了各地不同饮食风味的交流，也让市民和游客大饱口福。一年一度的庙会丰富了人们的消费方式，扩大了人们饮食消费的眼界，刺激了民众对各种美食享受的欲望，在一定程度上带动了北京饮食文化的发展。

① 王茹芹：《京商论》，中国经济出版社，2008年，第105页。
② 朱新一：《京师坊巷志稿》，北京古籍出版社，1982年，第135页。

二、饮食文献中的明代京城民间食品饮品

《居家必用事类全集》为元、明之际无名氏编撰的一部"日用大全"式的著作。全书以天干为序分为十集，内容分别有"训幼端蒙之法、孝亲敬长之仪、冠婚丧祭之礼、农圃占候之术、饮食肴馔之制、官箴吏学之条、摄生疗病之方，莫不具备。信乎居家必用者也。"原书目录为："甲集为学、乙集家礼、丙集仕宦、丁集宅舍、戊集农桑类、己集诸品茶、庚集饮食类、辛集吏学指南、壬集卫生、癸集谨身。"

其中饮食类的内容是该书的重要组成部分。这些内容不仅为明清饮食书籍大量征引，连中国最大的类书《永乐大典》也吸收了其中的内容。全书共收录了四百多种食物和饮料的制法，在烹饪史上颇有影响。在日本更被奉为"食经"之一。

该书的"庚集"为"饮食类"。"饮食类"中又分"蔬食""肉食"两部分。"肉食"中，又分"烧肉品""煮肉品""肉下酒""肉灌肠红丝品""肉下饭品""肉羹食品""回回食品""女直食品""温面食品""千面食品""素食""煎酥乳酪品""造诸粉品"等部分。几个部分加起来，共记有数百种菜点，内容相当丰富。饮料类别集中收在"己集"，类目为：诸品茶、诸品汤、渴水、熟水类、浆水类、酒曲类。

下面以《居家必用事类全集》为主要依据，看看有明一代京城民间主要的饮食品种及制作方式。

诸品茶，凡十种。这部分讲的是茶。文中首先引用北宋蔡襄《茶录》等历史资料，简略而全面地介绍制茶技术、煎茶方法。之后，着重记载了调配茶，即除了茶叶以外还同时使用了其他原料的茶，其中最为今人熟知的恐怕要数擂茶了。而其中的"百花香茶"使用了木樨、茉莉、橘花、素馨等花卉窨制，至今花茶仍在沿用此法。

诸品汤，凡三十种。如"凤髓汤""丁香汤""檀香汤""胡椒汤"等，是将单方或复方药材细研为末，经开水冲泡而成的各类饮料。其中相当一部分直接取自医书，有一定的药效。

渴水，"五味渴水""林檎渴水""御方渴水"等凡十四种。如"杨梅渴水"："杨梅不计多少采撷取自然汁，滤至十分净，入砂器内慢火熬浓，滴入水不散为度，若熬不到，则生白醭。贮以净器，用时每一斤梅汁入熟蜜三斤，脑麝少许，冷热任用。如无蜜，球糖四斤，入水熬过亦可。"[①]渴水原料以水果为主，间用药

---

① 佚名：《居家必用事类全集》己集，书目文献出版社，景印明刻本，1988年，第228页。

材，多煎熬成膏，饮用时兑水，一般冷暖皆宜，是很好喝的保健饮料。

熟水类，如"香花熟水""豆蔻熟水""紫苏熟水""沉香熟水"等。熟水多使用单方药材，开水浸泡后即可饮用。无论是原料还是加工方法都比较简单。

浆水类，凡五种。如"木瓜浆"："**木瓜一个，切下盖，去穰盛蜜，却了盖，用签签之于甑上蒸软。去蜜不用，及削去中，别入熟蜜半盏，入生姜汁同研如泥，以熟水三大碗拌匀滤滓盛瓶内。井底沉之。**"① 浆水是轻度发酵饮料，或使用曲，或使用谷物汤水，或直接使用谷物或水果。

酒曲类，造曲母法凡五种，酿酒品类凡十三种。这部分讲的是酒和曲的加工酿制方法，其中既有白酒，也有黄酒，甚至外国酒，而药酒占了相当大的比例。"柳泉居"与"三合居""侧露居"号称北京"三居"，酿造的京味黄酒很出名，均系"前店后厂"。明代民间酿酒有两种：一种是自酿自饮，多为"煮酒"。再就是自酿的节令酒，诸如菖蒲酒、桂花酒、菊花酒等。一种是坊间酒糟房所酿的各种名酒。以"烧刀"为大宗。"二锅头"是北京的传统白酒，即古称"烧刀"，因其性浓烈故名，系由本地"烧酒"发展而成，昌平区的二锅头历史即可追溯至600年前明朝初期的烧酒。通州的竹叶青、良乡的黄酒、玫瑰烧、茵陈烧、梨花白也颇负盛名。此外还有黄米酒、薏苡酒、玉兰酒、腊白酒、南和刁酒等。外地进京的主要有绍酒、汾酒以及国外洋酒等。

有明一代北京人的面食主要是馒头和饼，当时包子称作"馒头"。《居家必用事类全集》中，记有当时"平坐大馒头"的制作方法："**每十分，用白面二斤半。先以酵一盏许，于面内跑（疑是'刨'之误）一小窠，倾入酵汁，和就一块软面，干面覆之放温暖处。伺泛起，将四边干面加温汤和就，再覆之。又伺泛起，再添干面温水和，冬用热汤和就，不须多揉。再放片时，揉成剂则已。若揉，则不肥泛。其剂放软，擀作皮，包馅子。排在无风处，以袱盖。伺面醒来，然后入笼床上，蒸熟为度。**"

不管有馅无馅，馒头一直担负祭供之用。《居家必用事类全集》中，记有这样的多种馒头，并附用处："**平坐小馒头（生馅）、捻尖馒头（生馅）、卧馒头（生馅，春前供）、捺花馒头（熟馅）、寿带龟（熟馅，寿筵供）、龟莲馒头（熟馅，寿筵供）、春𪨰（jiǎn）（熟馅，春前供）、荷花馒头（熟馅，夏供）、葵花馒头（喜筵，夏供）、毯漏馒头（卧馒头口用脱子印）。**"

《居家必用事类全集》一书记述了有明一代的民间食品，勾勒出明代京都北

① 佚名：《居家必用事类全集》已集，书目文献出版社，景印明刻本，1988年，第230页。

京庶民的日常饮食景况，是一本研究明代饮食文化的重要参考著作。明代还有其他一些有关方面的著作。

明蒋一葵的《长安客话》就有关于明代饮食方面的记述。全书共八卷，他在卷一"皇都杂记·饼"中说："**水沦而食者皆为汤饼。今蝴蝶面、水滑面、托掌面、切面、挂面、馎饦、馄饨、合络、拨鱼、冷淘、温淘、秃秃麻食之类是也。水滑面、切面、挂面亦名索饼。**"古代面食总称曰饼，汤饼即今之面条。因在汤中煮熟，故称。包括切面、拉面、索面、挂面、汤面、水引面等。其别又名馎饦、索饼等。索饼，即细长的面条。

明谢肇淛著有《五杂俎》，全书共十六卷，说古道今，分类记事。分为地部、人部、物部、事部，饮食归在"物部"，其中谈到京城的饼："**今京师有酥饼、馅饼二种，皆称珍品，而内用者，加以玫瑰胡桃诸品，尤胜民间所市。又内中所制有琥珀糖，色如琥珀；有倭丝糖，其细如竹丝，而扭成团食之，有焦面气。然其法皆不传于外也。**"不论宫廷还是民间，都有食饼的习俗。只不过宫廷酥饼、馅饼用料讲究，制作精细，是市民所食不可比拟的。

三、餐饮老字号的涌现

北京饮食文化另一成熟的标志是餐饮老字号的出现。从记载看，早在明代，京城即已出现了一些以风味取胜的著名的饮食名店。清人阮葵生《茶馀客话》记载："**明末京城市肆著名者，如勾栏胡同何关门家布、前门桥陈内官家首饰、双塔寺李家冠帽、东江米巷党家鞋、大栅栏宋家靴、双塔寺赵家蕙苃酒、顺承门大街刘家冷淘面、本司院刘崔家香、帝王庙前刁家丸药，而董文敏亦书、刘必通硬尖笔。凡此皆名著一时，起家巨万。又抄手胡同华家柴门小巷专煮猪头肉，日鬻千金。内而宫禁，外而勋戚，由王公逮优隶，白昼彻夜，购买不息。……富比王侯皆此辈也。**"这些店铺一直延续下来的就成为老字号。在北京老字号餐厅里，形成了老北京自成一体的风味及富有京城特色的烹饪技艺。

北京许多老字号餐馆、食品店的发家都有一些美丽的传说，甚至和皇家有着密切的关系，被赋予浓厚的神秘色彩。《旧都文物略》中有云："**北平为旧都，谊华素骄，一饮一食莫不精细考究。市贾逢迎，不惜尽力研求，遂使旧京饮食得成经谱。故挟烹调技者，能甲于各地也。**"各老字号均有自己的秘技及拿手的招牌。

北京烤鸭历史悠久，早在南北朝就有"炙鸭"的记载。而地道的"北京烤鸭"，则始于明朝。15世纪初，明代迁都北京，烤鸭技术也带到北京。"焖炉烤鸭"是烤鸭子的正宗，其制作工艺独特，堪称北京烤鸭之"鼻祖"。最早的"便宜坊"烤鸭店创办于明朝永乐年间（公元1416年），距今已有近600年的历史，地处菜市口米市胡同，由姓王的南方人创办，其牌匾为兵部员外郎抗倭名将杨继盛所书。当时这里只是一个小作坊，并无字号。他们买来活鸡活鸭，宰杀洗净，做些服务性的初加工，也做焖炉烤鸭和童子鸡等食品，给其他饭馆、饭庄或有钱人家送去。由于他们把生鸡鸭收拾得干干净净，烤鸭、童子鸡做得香酥可口，售价还便宜，很受顾客欢迎。天长日久，这些饭庄、饭馆和有钱大户，就称该作坊为"便宜坊"。"便宜坊"是所有餐饮老字号中历史最长的一家，名声远扬，至今不衰。

"柳泉居"也是一家北京著名的老字号，为京城"八大居"之一，始建于明代隆庆年间，距今已有四百多年的历史，饮誉京城。柳泉居初建时，店址在护国寺西口路东，是北京有名的黄酒馆。当年北京的黄酒馆分为卖绍兴黄酒、北京黄酒、山东黄酒、山西黄酒四种，柳泉居卖的正是北京黄酒。据史料记载，当年这院内有一棵硕大的柳树，树下有一口泉眼井，井水清冽甘甜，店主正是用这泉水酿制黄酒，味道醇厚，酒香四溢，被食客们称为"玉泉佳酿"。柳泉居也做面食，他家的面和得软，馅滤得细腻，京城有口皆碑。

"六必居"酱菜已有四百八十年历史。据史料记载，"六必居"始建于明朝嘉靖九年（公元1530年）。最初，这里是一家酒店，为保证酒味醇香甘美，这家作坊曾制订了六条操作规则：黍稻必齐、曲蘖必实、湛之必洁、陶瓷必良、火候必得、水泉必香。六必居由此得名。六必居最出名的是它的酱菜，有多种传统产品，如酱萝卜、酱黄瓜、酱甘螺、酱包瓜、酱姜芽等。六必居的酱菜色泽鲜亮、酱味浓郁、脆嫩清香、咸甜适度。

老字号饭庄初兴的最大因素在于其制作精湛，口味独特。明朝定都北京以后，四面八方来京做官、经商和谋生的外籍人，把各自家乡的山东"鲁菜"、江浙"淮扬菜"和广东"粤菜"等带进京城，以各自的特色立足北京，形成了京城饭庄"外邦菜"繁盛的局面。多年之后，便成为了京城老字号。"北京老字号饭馆是积淀深厚文化底蕴的品牌。它的开创和发展，蕴含了几代老字号主人的艰辛和传奇，散发着浓郁历史气息。它不但是一块块沉甸甸的'金字招牌'，更是中华民族经济发展史的有效见证。"①

---

① 张江珊：《北京老字号饭馆话旧》，《北京档案》，2009年第8期。

第三节 明代宫廷饮食文化

一、食不厌精的皇家饮食

明代的宫廷饮食已不仅是为了饱享口福，而是成为一种食不厌精生活境界的追求。《明宫史》中记载了宫廷内的螃蟹宴："凡宫眷内臣吃蟹，活洗净，蒸熟，五六成群，攒坐共食，嬉嬉笑笑。自揭脐盖，细细用指甲挑剔，蘸醋蒜，以佐酒。或剔胸，骨八路完整，如蝴蝶式者，以示巧焉。"如此看来，明代后宫已把螃蟹吃到了极致。《天启宫词一百首》记述说："海棠花气静，此夜筵前紫蟹肥。玉笋苏汤轻盥罢，笑看蝴蝶满盘飞。"也正是这种对饮食境界的追求，皇宫中便出现了各种名目的筵席，不同的筵席由不同的菜系构成，尽显宫廷膳食之精致丰富。

清代学者阮葵生写有笔记散文《茶余客话》，书中录下了一份明深宫漏传到宫外的大内食单，做法十分精细，但菜名取得十分古怪，叫"一了百当"。其制作过程也很奇特："一了百当，明大内食单之一也。其法以牛、羊、猪肉各一斤剁烂；虾米半斤，捣成末；川椒、马芹、茴香、胡椒、杏仁、红豆各半两，俱为细末；生姜切细丝十两；面酱一斤半；腊糟一斤半；盐一斤；葱白一斤；芫荽细切二两，用好香油一斤炼熟，然后将上件肉料一齐下锅炒熟，候冷装入瓷器内封贮，随时取用，亦以调和汤汁为佳。"仅一款菜品的用料竟近达二十种，用料之多之广，令人咂舌。

皇帝的口味也同样讲究"适口者珍"。万历后期，谢肇淛《五杂俎》说："今大官进御饮食之属，皆无珍错殊味，不过鱼肉牲牢，以燔炙浓厚为胜耳。"说明御膳在烧烤技法方面较为注重、较为讲究。有关宫中膳食口味偏重烧烤这一点，明末刘若愚亦曾指出："凡宫眷、内臣所用，皆炙煿煎煤厚味"。其用来调味的"香油、甜酱、豆豉、酱油、醋，一应杂料，俱不惜重价自外置办入也。"

而且，明朝各代皇帝的饮食生活十分个性化，各帝亦各有其喜尝之物。以明末为例，据《酌中志》记，明熹宗最喜欢吃的是炙蛤蜊、炒鲜虾、田鸡腿及笋鸡笋脯，而将海参、鳆鱼、鲨鱼筋、肥鸡、猪蹄筋共烩成一道，他尤其爱吃。另外，熹宗还喜喝鲜莲子汤，喜吃鲜西瓜，微加盐焙。又据秦徵兰《天启宫词》云："滇南鸡枞菜，价每斤数金。圣性酷嗜之，尝撤以赐客。"据《万历野获编》记载，明穆宗隆庆皇帝喜欢吃果饼，没即皇帝位前，穆宗生活在藩邸，常派侍从到东长安街去买果饼，吃得很上瘾。做了皇帝以后，穆宗仍念念不忘这种果饼。至于崇祯的喜好，据王誉昌《崇祯宫词》云：崇祯帝"嗜燕窝羹，膳夫煮就羹汤，先呈所司尝，递尝五六人，参酌咸淡，方进御。"① 明朝的各代皇帝都有自己的饮食嗜好，明代又完全具备了满足他们不同饮食口味的条件。皇帝们的嗜好具有强大的感召力，使得宫廷饮食形成了不同的风味系列，使宫廷膳食更具多样性。

宫廷饮食数量之丰、之精还得益于大一统的进贡制度，能保证各地的美味食材源源不断运至皇宫。就水产而言，北京并不临海，海鲜需要从两百公里以外的沿海引入，视为宫中珍品。例如黄花鱼，每年三月初运抵北京，在崇文门设立专门通道，并有专人监管。一些海鲜尽管可以上市，但价格昂贵，只有贵族方能享用。但由于当时没有较好的保鲜技术，远路而来的海鲜不能保证质量。"与海滨所食者甚逊，且远致，味甚差。然当时分尝一脔，固以为异味也。"②

不仅食材是八方麇集于皇宫一处，各地名厨也被招至皇宫。明朝都城移到北京时，宫廷里的厨师大部分来自山东，因此山东风味便在宫中、民间普及开来。尤其是胶东菜进入宫廷，大大丰富了宫廷餐桌上的佳肴风味。宫廷的至高无上，可以极大限度地呈现饮食种类的丰富与精致。

二、宫廷节令饮食

太监刘若愚历经万历、泰昌、天启、崇祯四朝，在《明史》的《宦官列传》里有他的传记，他于崇祯十一年（公元1638年）55岁时将宫廷见闻写成一部《酌中志》，这部书在清初曾经流行，康熙皇帝读过此书。后又有明人吕毖从刘若愚所著《酌中志》的二十四卷中选出了其中的第十六卷到二十卷校勘重印，名曰《明宫史》。其中记载了明代宫廷一年四季12个月各节令的饮食和风俗活动。我们选摘了《明宫史》一书中的部分内容，从中可见一年十二个月，明代宫廷中依各个月份气候、时令的变化、有条不紊的生活节奏，看到皇家应时当令而又极其丰富的饮食风习。

正月初一日正旦节。自年前腊月廿四日祭灶之后，宫眷内臣③，即穿葫芦景

① 转引自邱仲麟：《〈宝日堂杂钞〉所载万历朝宫膳底帐考释》，《明代研究》（原《明代研究通讯》）第六期，台湾"中国明代研究学会"，2003年12月。
② 何刚德：《话梦集》，北京古籍出版社，1995年，第11页。
③ 宫眷内臣：宫眷，内宫侍奉皇帝的嫔妃才女之类。内臣，在宫内侍奉皇帝及其家族的官员，又称宦官、中官、内侍等。

补子及蟒衣①。各家皆蒸点心储肉，将为一二十日之费。腊月三十日，岁暮，即互相拜祝，名曰"辞旧岁"。大饮大嚼，鼓乐喧阗，为庆贺焉。门旁植桃符板、将军炭，贴门神。室内悬挂福神、鬼判、钟馗等，画床上悬挂金银八宝。正月初一日，五更起，焚香放纸炮……饮椒柏酒，吃水点心，即"扁食"也。或暗包银钱一二于内，得之者以卜一年之吉。是日亦互相拜祝，名曰"贺新年"也。所食之物，如曰"百事大吉盒儿"者，柿饼、荔枝、圆眼、栗子、熟枣共装盛之。又驴头肉，亦以小盒盛之，名曰"嚼鬼"，以俗称驴为鬼也。立春之前一日，顺天府于东直门外"迎春"凡勋戚内臣达官武士，赴春场跑马以较优劣，至次日立春之时，无贵贱皆嚼萝卜，曰"咬春"。互相请宴，吃春饼和菜……初七"人日"，吃春饼和菜。自初九日之后，即有灯市买灯，吃元宵。其制法用糯米细面，内用核桃仁、白糖为果馅，洒水滚成如核桃大，即江南所称汤圆者。十五日曰"上元"，亦曰"元宵"，内臣宫眷皆穿灯景补子蟒衣。灯市至十六更盛，天下繁华，咸萃于此。……斯时所尚珍味，则冬笋、银鱼、鸽蛋、麻辣活兔，塞外之黄鼠、半翅鹖（hé）鸡，江南之蜜柑、凤尾橘、漳州橘、橄榄、小金橘、风菱、脆藕，西山之苹果、软子石榴之属，冰下活虾之类，不可胜计。本地则烧鹅鸡鸭、猪肉、冷片羊尾、爆炒羊肚子、灌肠、大小套肠、带油腰子、羊双肠、猪肾肉、黄颡、官耳、脆圆子、烧笋鹅鸡、醸腌鹅鸡、炸鱼柳、卤煮鹌鹑、鸡醢汤、米烂汤、八宝攒汤、羊肉猪肉包、枣泥卷、糊油蒸饼、乳饼、奶皮。素蔬则滇南之鸡㙡，五台之天花羊肚菜，鸡腿、银盘等蘑菇。东海之石花海白菜、龙须，海带、鹿角、紫菜。江南之乌笋、糟笋、香蕈，辽东之松子，蓟北之黄花、金针，都中之土药、土豆，南都之蕈菜，武当之鹰嘴笋、黄精、黑精，北山之榛、栗、梨、枣，核桃、黄连茶栏芽、蕨菜、蔓菁，不可胜数也。茶则六安松萝、天池，绍兴岕茶，径山虎丘茶也。凡遇雪，则暖室赏梅，吃炙羊肉、羊肉包、浑酒、牛乳。十九日名燕酒，是日也……二十五日曰"填仓"，亦醉饱酒肉之期也。

二月，初二日，各宫门撤出所安彩妆。各家用黍面枣糕以油煎之，或曰面和稀摊为饼，名曰"薰虫"。月也分，菊花、牡丹凡花木之窖藏者，开隙放风。清明之前收藏貂鼠帽套领狐狸等皮衣，食河豚，饮芦芽汤以解其热。各家煮过夏之

---

① 补子及蟒衣：补子，旧时的官服，前胸及后背缀有用金线和彩丝绣成的"补子"，是品级的徽识。葫芦景补子，即前胸、后背绣上应时的吉祥葫芦的官服。蟒衣，也是古代官服，袍上绣蟒，亦称"蟒袍"。

酒。此时吃鲊①，名曰"桃花鲊"。

三月，初四日，宫眷内臣换穿罗衣。清明……凡各宫之沟渠，俱于此疏浚之。竹篾排棚大补天沟水管，俱于此时油捻②之，并铜缸亦刷换以新汲水也。……二十八日，东岳庙进香，吃烧笋鹅，吃凉糕、糯米面蒸熟加糖、碎芝麻，即糙巴也。吃雄鸭腰子，大者一对可值五六分，传云，食之补虚损也。

四月，初四日，宫眷内臣换穿纱衣。……初八日，进"不落夹"，用苇叶方包糯米，长可三四寸，阔一寸，味与粽同也。是月也，尝樱桃，以为此岁诸果新味之始。吃笋鸡，吃白煮猪肉，以为"冬不白煮，夏不爊③"也。又以各样诸肥肉、姜葱蒜剉如豆大，拌饭，以萵苣大叶裹食之，名曰"包儿饭"。造甜酱豆豉。……二十八日，药王庙进香，吃白酒、冰水酪，取新麦穗煮熟，剥去芒壳，磨成细条食之，名曰"稔转"，以尝此岁五谷新味之始也。

五月，初一日起至十三日，宫眷内臣穿五毒艾虎补子蟒衣。门两旁安菖蒲、艾盆。……初五日午时，饮朱砂、雄黄、菖蒲酒④，吃粽子，吃加蒜过水面。赏石榴花，佩戴艾叶，合诸药画治病符。圣驾幸西苑，斗龙舟，划船。……夏至伏日，戴草麻子叶。吃"长命菜"，即马齿苋也。

六月初六日，皇史宬古今通集库晒晾。初伏中伏末伏日亦吃过水面，嚼"银苗菜"，即藕之新嫩秧也。初伏日造曲，惟以白面用菉豆黄加料和成晒之。立秋之日，戴楸叶，吃莲蓬、藕，晒伏姜、赏茉莉花，先帝爱鲜莲子汤，又好用鲜西瓜子微加盐焙用之。

七月，初七日"七夕节"，宫眷穿鹊桥补子，宫中设七巧子兵仗局，伺候乞巧针。十五日"中元"，甜食房进供佛波罗蜜；西苑做法事，放河灯，京都寺院咸做盂兰盆，追荐道场，亦放河灯于临河去处也。是月也，吃鲥鱼为盛会赏桂花。斗促织。

八月，宫中赏秋海棠、玉簪花。自初一日起，即有卖月饼者。加以西瓜、藕，互相馈送。西苑躧（xǐ）藕⑤。至十五日，家家供月饼瓜果，候月上焚香后，即大肆饮啖，多竟夜始散席者。如有剩月饼，仍整收于乾燥风凉之处，至岁暮

---

① 鲊：古代一种用鱼加工成的熟食品。《齐民要术》载"作酢法"，大致为：取鲤鱼，去鳞，切成长二寸、广一寸、厚五分的鱼块，治净；炊粳米饭为糁，加上朱萸、橘皮、好酒，于盆中和合之。然后上蒸笼，一层鱼、一层糁，要铺八层，蒸至白浆出，味酸，便成。

② 油捻：用油涂抹封闭。

③ 爊：放在灰火里煨烤。

④ 菖蒲酒：是我国传统的时令饮料，从前代就一直流传了下来。而且历代帝王也将它列为御膳时令香醪。

⑤ 躧藕：躧，同"屣"，靸着鞋走。这里指靸着鞋在西苑池塘中采藕。

合家分用之，曰"团圆饼"①也。始造新酒，蟹始肥。凡宫眷内臣吃蟹，活洗净，蒸熟，五六成群，攒坐共食。食毕，饮苏叶汤，用苏叶等件洗手，为盛会也。凡内臣多好花木，于院宇之中，……有红白软子大石榴，是时各剪离枝。甘甜大玛瑙葡萄，亦于此月剪下。缸内着少许水，将葡萄枝悬封之，可留至正月尚鲜。

九月，御前进安菊花。自初一日起，吃花糕。宫眷内臣自初四日换穿罗重阳景菊花补子蟒衣。初九日"重阳节"，驾幸万岁山或兔儿山旋磨台登高，吃迎霜麻辣兔、饮菊花酒。是月也，糟瓜茄，糊房窗，制诸菜蔬，抖晒皮衣，制衣御寒。

十月，初一日颁历。初四日，宫眷内臣换穿纻丝。吃羊肉、炮炒羊肚、麻辣兔、虎眼等各样细糖。凡平时所摆玩石榴等花树俱连盆入窖。吃牛乳、乳饼、奶皮、奶窝、酥糕、鲍螺，直至春二月方止。

十一月，是月也，百官传戴暖耳。此月糟腌猪蹄尾、鹅肫掌。吃炙羊肉、羊肉包、扁食、馄饨，以为阳生之义。冬笋到，则不惜重价买之。每日清晨吃爆汤，吃生炒肉、浑以御寒。

十二月，初一日起，便家家买猪腌肉。吃灌肠、吃油渣卤煮猪头、烩羊头、爆炒羊肚、炸铁脚小雀加鸡子、清蒸牛乳白酒糟蚶、糟蟹、炸银鱼等、醋熘鲜鲫鱼鲤鱼。钦赏腊八杂果粥米。是月也，进暖洞薰开牡丹等花。初八日，吃腊八粥②。先期数日将红枣槌破泡汤，至初八早，加粳米、白米、核桃仁、菱米煮粥，供佛圣前、户牖、园树、井灶之上③，各分布之。举家皆吃，或亦互相馈送，夸精美也。廿四日祭灶，蒸点心办年，竞买时兴绸缎制新衣，以示侈美豪富。三十日，岁暮守岁。乾清宫丹墀内，自廿四日起，至次年正月十七日止，每旦昼间放炮，遇大风暂止半日、一日。……凡宫眷所饮食，皆本人所关赏赐置买，雇贫穷宫人，在内炊爨烹饪。其手段高者，每月工食可得数两，而零星赏赐不与焉。凡煮饭之米，必拣簸整洁，而香油、甜酱、豆豉、酱油、醋，一应杂料，俱不惜重价自外置办入也。凡宫眷内臣所用，皆炙煿煎炸厚味。遇有疾，服药多自己任意

① "团圆饼"：明代起有大量关于月饼的记载，这时的月饼已是圆形，而且只在中秋节吃，是明代民间盛行的中秋节祭月时的主要供品。《帝京景物略》曰："八月十五祭月，其祭果饼必圆。""家设月光位于月所出方，向月而拜，则焚月光纸，撤之供，散之家人必遍。月饼月果，戚属馈相报，饼有径二尺者。"月饼寓意团圆，也应该是明朝开始的。

② 腊八粥：又名七宝五味粥，是以桃仁、松子、栗子、柿子、红豆、糯米等做成。由于它原是佛教的施斋供品，又称佛粥。对此，明代史籍中记述甚多。如《帝京景物略》卷二载，明代北京民间，每逢此节时，民人每家均效仿庵寺，以豆果杂米为粥，供而朝食，曰腊八粥。

③ 明代，每逢灶神节时，民间要制作各种食品祭奠灶神，并进行有关的饮食活动。如《帝京景物略》卷二说，腊月二十四日灶神节，民间要以糖剂饼、黍糕、枣栗、胡桃、炒豆祭祀灶君，以糟草秣供灶君马。

糊塗调治，不肯忌口。总之宫春所重者，善烹调之内官，而各衙门内官，所最喜者又手段高之厨役也。

节日期间的饮食活动最为活跃，餐桌说尽是美味佳肴。这段时间也是宫廷厨师大显身手的时候，可以尽情展示自己的烹调技艺。刘若愚最后总结说："总之，宫眷所重者，善烹调之内官；而各衙门内臣所最喜者，又手段高之厨役也。"

从上述所描述的宫廷节日饮食中，我们看到了明代皇家的大富大贵，他们尽享着天下所有的美食——大江南北、天上地下、肉品素食、茶酒果蔬，无所不备。显示了皇家至高无上的权力。

而这所有的美食都是与一年中的节令对应搭配的，重农时、守节令，这是中国农耕饮食文化的独有风景，在宫廷饮食文化中达到了极致。其中，自始至终贯穿着"医食同源"这一中国传统的养生观念。在汉族人执政的明代，表现了对中华民族传统文化的恪守。

皇家与民间一样，同样在享用美食的同时赋予其美好的寓意，或祈盼健康长寿、或祈盼团圆和睦、吉祥如意，在皇家的祈盼中又多了一分万世一系、皇统流长的祈愿。

三、明代宫廷御膳的特点

明代宫廷御膳的特点之一是具有明显的等级，这从明代的宫廷食单中可见其端倪。

万历年间张鼎的《宝日堂杂钞》抄录了一份万历三十九年（公元1611年）正月的宫廷膳食用料，主要系罗列宫膳所用食品的分量及其花费银两的数字。此书并未付梓，但在北京图书馆有钞本，以此书为主要蓝本，我们可以大致复制当时宫廷的所饮所食。

其中有神宗的食单和神宗的母亲慈圣皇太后的食单，这两个食单中都有"奶子"（即牛奶）一款，神宗食单中的用量是"奶子廿斤"，皇太后的用量是"奶子六十斤"。值得注意的是，在诸王、公主的膳食中，均没有"奶子"，而只有"乳饼"一项。在明代的宫膳中，只有太后、皇帝、皇后、妃嫔等人能饮牛乳；至于儿女们则是吃乳饼了。这种安排，呈现了相当明显的等级性。如果我们再看皇室成员之外的其他人役的膳食，更可以发现这样的情况。总之，明代宫膳的用料，与当事人的身份是要相吻合的。

其二是，明朝的宫廷御酒房可以制作许多种酒，这也是明代御膳的一大特色。大内有御酒房，"专造竹叶青等各样酒"[1]。还有五味汤、真珠红、长春酒以及金茎露、太禧白、满殿香等。著名的"莲花白酒"就是明代万历年间的佳酿，已有四百多年历史，初期是由宫廷酿制的御酒，清代进一步发展，并有文字记载。当时太液池内荷花众多，"孝钦后每令小阉采其蕊，加药料，制成佳酿"。此酒"其味清醇，玉液琼浆，不能过也。"明中叶，有一种叫"廊下内酒"的宫廷酒流传在北京城内。在明宫御酒房的后墙附近，曾有"枣树森郁，其实甜脆异常，众长随各以曲做酒，货卖为生"，"都人所谓'廊下内酒'是也。"[2]

其三特点是御膳的北方化、平民化。明代定鼎南京，宫廷原尚南味。成祖迁都燕京，南宫御厨有北上者，但原料多用燕都当地之产品，故宫中钦食兼有南北两味。宫中饮食曾受蒙元之影响，蒙汉两宜，但以汉食为主体。明宫廷饮食与之前的元代及之后的清代均有所不同，元代和清代为少数民族入主，其御膳主要保持本民族特色，而明代宫廷饮食显然与游牧民族迥然有别，食料中带有大量的菜蔬。而这些菜蔬似乎也是平民可以食用到的。于是，明宫廷膳食便具有了一些家常菜的特点。

明代宫廷御膳中不仅副食带有平民的味道，主食也同样在向市民靠拢。万历年间《事物绀珠》中的"国朝御膳米面品略"条，记载了御膳中的米面食包括：捻尖馒头、八宝馒头、攒馅馒头、蒸卷、海清卷子、蝴蝶卷子；大蒸饼、椒盐饼、豆饼、澄沙饼、夹糖饼、芝麻烧饼、奶皮烧饼、薄脆饼、梅花烧饼、金花饼、宝妆饼、银锭饼、方胜饼、菊花饼、葵花饼、芙蓉花饼、古老钱饼、石榴花饼、金砖饼、灵芝饼、犀角饼、如意饼、荷花饼……等数十种，又有剪刀面（面片）、鸡蛋面、白切面等多种面食。这些主食品种大多在大街小巷都可以买到，所不同的是宫廷面食的制作肯定更为精细。

在宫廷御膳中，馒头、花卷、烧饼、饺子、面片、面条等面食占据了主食的地位，南方的米食在当中仅仅是作为陪衬。这种饮食结构客观地说明，宫廷御膳的主食已经完全北方化了。

其四是，节俭与奢华共存。清初宋起凤在《稗说》卷四中述及崇祯皇帝的膳食，崇祯皇帝用膳时，膳房按例会摆设一些粗菜，因此"民间时令小菜、小食亦毕集"。其中，小菜有苦菜根、苦菜叶、蒲公英、芦根、蒲苗、枣芽、苦瓜、斋芹、野薤等。小点心有用仓粟小米、稗子、高粱、艾汁、杂豆、干糗饵、榆钱做

---

[1] 刘若愚：《明宫史》木集"御酒房"，北京古籍出版社，1980年。

[2] 刘若愚：《明宫史》金集，北京古籍出版社，1980年。

的小点以及麦粥、菽粓（shēn）等。这些小菜、小点心，均依季节进呈，未曾中断。另据孙承泽的《典礼记》（借月山房汇抄本）记载，明代宫廷喜欢食品的"荐新"，其中素食、果蔬占有很大比重，这些"荐新品物"有：正月：韭菜、生菜、鸡子、鸭子；二月：芹菜、薹菜、蒌蒿、鹅；三月：茶、笋、鲤鱼；四月：樱桃、杏子、青梅、王瓜、雉鸡；五月：桃子、李子、来禽、茄子、大麦仁、小麦面、鸡；六月：莲蓬、甜瓜、西瓜、冬瓜；七月：枣子、葡萄、鲜菱、芡实、雪梨；八月：藕、芋苗、茭白、嫩姜、粳米、粟米、稷米、鳜鱼；九月：橙子、栗子、小红豆、砂糖、鲂鱼；十月：柑子、橘子、山药、兔、蜜；十一月：甘蔗、荞麦面、红豆、鹿、兔；十二月：菠菜、芥菜、鲫鱼、白鱼。

可以看到，在这些"荐新"品种中并没有山珍海错，更多的是一些果蔬和粗粮，明代御膳之所以有此定制，委实是明帝先祖为了让"子孙知外间辛苦"而设。据说太祖怕子孙不知民间疾苦，故在御膳中确定了品尝民间粗茶淡饭系祖宗定下的饮食规矩。这是在明代御膳中最具有制度性、且未更动的部分。但随着饮食奢侈之风在宫中蔓延，此规矩在后来可能流于形式，但明代御膳中宫廷与平民特色兼具，节俭与奢华同时共存的现象的确是相当特殊。

四、明代宫廷饮食礼仪

明代最为隆重的筵席是大宴，又名"大飨"，是古代宴礼最高的一级，汉代、唐代和宋代都曾经举行。明代的宴请有大宴、中宴、常宴、小宴四种形式，大宴礼仪在明代属嘉礼的一种，一般在国家有重大庆典或正旦、冬至等节日时举行，体现了以农耕文化为核心的饮食文化。大宴由礼部主办，光禄寺筹备。《明史》对宫廷大宴的礼仪程序有详细载录：

图7-4　明代永乐年间青花
折枝葡萄纹盘（赵蓁芄摄影）

"凡大飨，尚宝司设御座于奉天殿，锦衣卫设黄麾于殿外之东西，金吾等卫设护卫官二十四人于殿东西。教坊司设九奏乐歌于殿内，设大乐于殿外，立三舞杂队于殿下。光禄寺设酒亭于御座下西，膳亭于御座下东，珍羞醯醢亭于酒膳亭之东西。设御筵于御座东西，设皇太子座于御座东，西向，诸王以次南，东西相向。群臣四品以上位于殿内，五品以下位于东西庑，司壶、尚酒、尚食各供事。至期，仪礼司请升座。驾兴，大乐作。升座，乐止。鸣鞭，皇太子亲王上殿。文武官四品以上由东西门入，立殿中，五品以下立丹墀，赞拜如仪。光禄寺进御筵，大乐作。至御前，乐止。内官进花。光禄寺开爵注酒，诣御前，进第一爵。教坊司奏《炎精之曲》。乐作，内外官皆跪，教坊司跪奏进酒。饮毕，乐止。众官俯伏，兴，赞拜如仪。各就位坐，序班诣群臣散花。

进第二爵，奏《皇风之曲》。乐作，光禄寺酌酒御前，序班酌群臣酒。皇帝举酒，群臣亦举酒，乐止。进汤，鼓吹响节前导，至殿外，鼓吹止。殿上乐作，群臣起立，光禄寺官进汤，群臣复坐。序班供群臣汤。皇帝举箸，群臣亦举箸，赞馔成，乐止。武舞入，奏《平定天下之舞》。

第三爵，奏《眷皇明之曲》。乐作，进酒如初。乐止，奏《抚安四夷之舞》。

第四爵，奏《天道传之曲》，进酒、进汤如初，奏《车书会同之舞》。

第五爵，奏《振皇纲之曲》，进酒如初，奏《百戏承应舞》。

第六爵，奏《金陵之曲》，进酒、进汤如初，奏《八蛮献宝舞》。

第七爵，奏《长杨之曲》，进酒如初，奏《采莲队子舞》。

第八爵，奏《芳醴之曲》，进酒、进汤如初，奏《鱼跃于渊舞》。

第九爵，奏《驾六龙之曲》，进酒如初。光禄寺收御爵，序班收群臣盏。进汤，进大膳，大乐作，群臣起立，进讫复坐，序班供群臣饭食。讫，赞膳成，乐止。撤膳，奏《百花队舞》。

赞撤案，光禄寺撤御案，序班撤群臣案。赞宴成，群臣皆出席，北向立。赞拜如仪，群臣分东西立。仪礼司奏礼毕，驾兴，乐止，以次出。其中宴礼如前，但进七爵。常宴如中宴，但一拜三叩头，进酒或三或五而止。"

这种宫廷宴会，更多的意义在于通过这些礼制来体现皇室至高无上的权威，反映出皇恩浩荡、四海平定、诸夷臣服、歌舞升平的盛世景象；另外也传达出皇帝与百官同乐的一种象征意义。

明代帝后宫廷饮食及其筵宴有三个突出的特点：一是对与宴者有严格的等级规定与限制；二是筵宴的政治气氛浓郁，赐宴者与与宴者并不仅限于满足其生理饮食的需求，而是通过筵宴这种形式实现并达到各种政治目的；三是宫廷的筵宴严格遵守传统礼仪的规范，不厌其繁琐。这是古代礼制在筵宴中的具体体现。[1]

明宫廷大宴中的菜品，多取吉祥之意命名，如"三阳开泰""四海上寿""五岳朝天""百鸟朝凤""龙凤呈祥"等。整个筵席也有命名，多以皇家江山稳定、福寿并臻之意命名。如"江山万代席""福禄寿喜宴""万寿无疆宴"等。每逢年节、重大庆典，这些向皇帝祝颂之词是必不可少的。

明代宫廷设有掌管饮食的庞大机构，光禄寺，即是与礼部精膳司相关的机构，掌管祭享、筵宴、宫廷膳馐之事，负责祭拜及一切报捷盟会、重要仪式、接待使臣等有关宴会等事宜。光禄寺下设大官、珍羞、良酝、掌醢四个署。

大官署，掌管供祭品宫膳、节令筵席、番使宴犒等；

珍羞署，掌管供宫膳肴核之事；

良酝署，掌管供酒醴等事；

掌醢署，掌管供油、酱、盐等。

明代宫廷中还设"二十四衙门"为皇家事务办理机构。负责宫廷饮食的称"尚食局"。下设司膳、司酝（酱）、司药、司饎四司。

司膳，掌切、割、烹、煎之事。典膳、掌膳佐之。

司酝，掌宫廷酿酒、制酱、醋及各种调料、饮料。典酝、掌酝佐之。

司药，掌药方、药物检查、验方诸事，典药、掌药佐之。

司饎，掌宫中廪饩（xì）薪炭之事，典膳、掌膳佐之。

尚膳，监"尚食局"统领四司，掌宫廷御膳与宫内食用之物及监督光禄寺供奉宫内诸筵宴饮食、果、酒等供应。

明代宫廷宴饮，一方面是节日和其他仪式活动的需要，通过宴饮烘托节日和仪式的气氛，同时享受美食；另一方面则出于政治的考量，通过筵宴笼络人心，确立官员们的身份地位。"明代宫廷的筵宴与帝后的年节饮膳，既因宫中政治、经济条件无比优越，皇权的至高无上、皇家的富贵显赫，从而使得这些宫中筵宴华贵、典雅、庄重、等级森严，且礼仪繁缛；更因其政治色彩浓烈，故宫筵参加者们的政治'食欲'，远远大于其生理食欲的需求。"[2]

---

① 王熹：《中国明代习俗史》，人民出版社，1994年，第33～34页。
② 王熹：《中国明代习俗史》，人民出版社，1994年，第25页。

第八章 清朝时期

清朝是由中国满族建立的封建王朝，是中国历史上统一全国的大王朝之一。公元1616年，努尔哈赤征服建州女真各部后建立了后金政权。公元1636年改国号为清，公元1644年清兵入主中原，开始了清朝的统治。清朝前后延续了268年，直到1911的辛亥革命才告终结。

清朝开疆拓土，鼎盛时领土达1300多万平方公里。清朝的人口数也是历代封建王朝中最高的，清末时达到四亿以上。清初为缓和阶级矛盾，实行奖励垦荒、减免捐税的政策，内地和边疆的社会经济都有所发展。各民族间政治、经济、文化的交流更为频繁，关系更为融洽。清朝时期，美洲农作物玉米、番薯、马铃薯在中国得以推广，并成为北京城市居民的日常副食。

清朝作为中国历史上的最后一个封建王朝，也将封建社会的饮食文化推向了巅峰，烹饪规模不断扩大，烹调技艺水平不断提高，餐饮业更加繁荣，把中国古代饮食文化，尤其是宫廷饮食文化发展到了登峰造极、叹为观止的境界。

第一节　饮食文化的时代个性

一、汇聚八方的饮食文化

元、明、清三代，特别是清代，各地方风味特色有明显发展，清代徐珂《清稗类钞》"各省特色之肴馔"一节说："肴馔之有特色者，如京师、山东、四川、广东、福建、江宁、苏州、镇江、扬州、淮安。"在川、鲁、苏、粤四大菜系的基础上，又增加了闽菜、京菜、湘菜、徽菜，成为八大菜系。京菜就是在有清一代确立起来的，具体说是在满人进京之后开始形成的。北京菜是多元饮食文化的积淀与集萃，处处散发出诱人的芳香：烤肉、涮肉中飘溢出游牧民族的剽悍性格，清真烤鸭中的大葱甜酱浸透着率直真诚的齐鲁民风，八宝莲子粥中满含江南人的细腻情调，油炸馓子带着西域风情的余韵；爆羊肉的火爆，酱牛肉的醇厚，豆汁的独特韵味，豆腐脑的色味俱佳……可谓是琳琅满目，异彩纷呈。京菜融合了八方风味，因此烹调手法极其丰富，诸如烤涮爆炒、炸烙煎燂、扒熘烧燎、蒸煮氽烩、煨焖煸熬、塌焖腌熏、卤拌炝泡以及烘焙拔丝等，具有鲜明的文化特色。

北京作为清朝的全国政治中心，皇室贵族、官僚绅士、大户人家云集，可谓八方辐辏，五方杂处，来自全国各地、各族、各层各界的饮食文化源源不断地输送到了北京，在长期的文化碰撞、吸纳与交融中，形成如下文化特色。

首先，占统治地位的满族饮食风味涌入北京。清宫廷筵宴大多保留了满族传统。据清代富察敦崇《燕京岁时记》记载，每到年底仍例关外风俗行"狍鹿赏"："每至十二月，分赏王大臣等狍鹿。届时由内务府知照，自行领取。三品以下不预也。"皇帝向满、蒙、汉八旗军的有功之臣颁赐东北野味。届时，北京城内分设关东货场，专门出售东北的狍、鹿、熊掌、驼峰、鲟鳇鱼，使远离家乡故土的八旗士兵和眷属，身在异地也能够吃到家乡风味。正如《北京竹枝词》中所写到的一样："关东货始到京城，各路全开狍鹿棚。鹿尾鲤鱼风味别，发祥水土想陪京。"

其次，"会馆"汇集了八方风味。从全国各地客居北京的达官贵人也大有人在，为了满足他们在北京活动和聚集的需要，大量的会馆应运而生。清代刘体仁《异辞录》说："京师为各方人民聚集之所，派别既多，桑梓益视为重，于是设会馆以为公共之处。始而省会，继而府县，各处林立。"除了传统的年节，许多会馆还有每月初一大聚，十五小聚的惯例。以聚餐形式为多。聚餐是共进家乡风味，与会者轮流做东，由做东者的家厨或会馆中的乡厨掌勺。所以会馆聚餐桌上是纯正的家乡风味。[①] 会馆中的餐饮保持了各地的饮食风味，成为北京饮食汇聚八方的重要表征。

第三，四方达官贵人的云集，形成了高消费阶层，也必然推动饮食商业文化的发达，清杨静亭《道光都门纪略》亦载："京师最尚繁华，市尘铺户，妆饰富甲天下，如大栅栏、珠宝市、西河沿、琉璃厂之银楼缎号，以及茶叶铺、靴铺，皆雕梁画栋，金碧辉煌，令人目迷五色，至肉市酒楼饭馆，张灯列烛，猜拳行

---

① 尹庆民、方彪：《皇城下的市井与士文化》，光明日报出版社，2006年，第214页。

令，夜夜元宵，非他处所可及也。"由此可窥京都饮食商业盛况之一斑。商业尤其是饮食业的发达促进了食品的交换和流通，外地饮食风味源源不断进入北京，以满足四方达官贵人的口味需求。富有典型意义是饽饽铺。当时北京的一些饽饽铺门外的招幌大多是以汉、满、蒙等几种文字书写的。虽然早在明朝的时候，北迁的南方人就在京城开办有不少南果铺，但满汉饽饽铺始终固守着重视奶制品的饮食习俗。清代的饽饽糕点以此为正宗，以此为荣，与中原的、南方的糕点存在着明显的区别。在一座城市中，同样一种食品风味迥异，南北两派各行其道，这在其他城市是罕见的。

近代以后，西洋饮食文化也在北京传播发展。明末清初，真正开了"洋荤"的是贵族阶层，舶来品中"巴斯第里的葡萄红露酒、葡萄黄露酒、白葡萄酒、红葡萄酒和玫瑰露、蔷薇露"等西洋名酒及其特产，已然在宫廷、王府和权贵之家的饮宴上可以见到。这些不同地域、不同流派的饮食文化在北京经过长时间的发展演化，最终形成了别具特色的京味饮食文化。

二、时代特征的具体体现

清朝北京饮食文化是北京古代饮食文化的集大成者，它代表了整个封建社会时期的最高水平，在中国饮食文化体系中具有不可替代的崇高地位。

首先，民族饮食文化的融合得到最为充分的显现。有清一代，满族入关，主政中原，发生了第四次民族文化大交融。汉族佳肴美点满族化、回族化和满、蒙、回等兄弟民族食品的汉族化，是北京境内各民族饮食交流的一个特点。据《清朝野史大观》记载："满人嗜面，不常嗜米，种类繁多，有炸者、蒸者、炒者，制之以糖，或以椒盐，或做成龙形、蝴蝶形，以及花卉形。"这是对满族人爱吃面食的印证。满族人喜吃面食，面食中又喜欢吃黏食。这是因为黏食耐饿，又便于携带。至今黏食也是满族人喜欢吃的主食之一，如黏玉米、黏黍子、黏高粱等做成的各种饽饽。满族人也喜欢吃甜食，如芙蓉糕、绿豆糕、豌豆黄等各种点心。满族人入关以后，其饮食习俗对北京地区产生了重大影响，至今在许多方面还深刻地体现出来。[1]奶皮元宵、奶子粽、奶子月饼、奶皮花糕等是北京汉族食品满族化的生动体现。清宫廷里有内饽饽房、外饽饽房，其品种有萨其玛、芙蓉燋、绿豆燋、豆面卷子（俗叫"驴打滚儿"）、豌豆黄、苏叶饼、油炸燋等，其

---

① 张秀荣：《满族的饮食文化对北京地区的影响》，《北京历史文化研究》，2007年第1期。

面食的副食品有勒克（小炸食）、蜜饯等，北京直到今天还流行着"满点汉菜"之说。回回小吃豌豆黄，清真菜塔斯蜜（今写作"它似蜜"），壮族传统名食荷叶包饭等也发展成为清代北京城酒楼、饽饽铺和饮食店的名菜、名点广为流传。蒙古果子、蒙古肉饼、回疆烤包子等也都在京城流行。

其次，宫廷饮食文化是中国饮食文化最特殊的一部分，主要指皇帝、皇室与宫廷的各种饮膳活动。有清一代，宫廷饮食文化演进得更加完备，达到了不可超越的巅峰境界。统治集团欲壑难填的口味追求，以及社会相对安定和各地物产的富庶，为宫廷饮食的辉煌提供了根本性的条件。清代宫廷饮膳重要的文化特征和主要历史成就，就是它"富丽典雅而含蓄凝重，华贵尊荣而精细真实，程仪庄严而气势恢宏，外形美和内在美高度统一的风格"[①]。

第三，清代官府和贵族饮食支撑起了整个清代饮食文化的大厦。官府和贵族的家宴，引领了饮食文化的时代潮流，成为清代饮食文化的重要组成部分。官府菜与官府文化关系密切，其中承载了官宦家族及历史事件的记忆，记录着一个家族兴衰的发展过程。

中国的农耕文化造就了中国人重历史、重家庭和传统技艺（包括特殊的烹调、酿造等方面的技术）的传统，使这些"祖传"的烹饪手艺得以留传，并世代以自己的实践经验加以补充，精益求精。中国历史上突出的"累世同居"，则提供了厨房经验家族传承的条件，这是中国烹饪发达的又一极为重要的原因。俗话所谓"三辈学穿，五辈学吃"说出了这一道理。

官府菜是个比较独特的菜系。清代北京官府奢华排场，府中多讲求美食，其时，"家蓄美厨，竞比成风"，官府间的美食佳肴各有千秋，呈现鲜明的家族风格。康熙年间王士禛《居易录》曰："近京师筵席多尚异味，予酒次戏占绝句云：'滦鲫黄羊满玉盘，菜鸡紫蟹等闲看。不如随分闲茶饭，春韭秋菘未是难。'"官府饮食水平处于民间与宫廷之间，既没有宫廷饮食的恢宏与奢华，也远非寻常百姓家可以比拟。官府、大宅门内都雇有厨师，个个身手不凡。这些厨师来自四面八方，呈现了官员家乡鲜明的地域特色及独创个性。清朝北京诸多官员倾心于家乡饮食，并喜欢研究各地的美味及饮食风俗，他们还亲自把各地的风味菜品在官府精心汇集、融合，创制出不少佳肴名点。至今流传的潘鱼、宫保肉丁、李鸿章杂烩、组庵鱼翅、左公鸡、北京白肉等，都出自官府。官府菜大气而精细，具有较高的文化品位，可以说官府菜是融汇宫廷御膳与民间美食并加以创新的摇篮。

---

① 赵荣光：《满汉全席源流考述》，昆仑出版社，2003年，第359页。

官府菜门派众多，但最终得以发展并流传至今的却是谭家菜。旧京人士几乎无人不知谭家菜。老北京曾有"戏界无腔不学谭"即指京剧名家谭鑫培，"食界无口不夸谭"指谭家菜，将谭家菜和当时京剧界领袖、泰斗谭鑫培并称，其地位之高可以想见。翰林谭宗浚酷爱珍馐美味，亦好客酬友；常于家中炮龙蒸凤，沉迷膏粱，中国饮食文化史上唯一由翰林烹制的菜肴由此发祥。由于谭家菜的味道极为醇美和谭宗浚的翰林地位，使得京师官僚品谭家菜一时成为时尚，这种私家菜宴客的方式，亦可视为中国私家会馆的发端。谭家菜的精髓已经成了后人口耳相传的口诀："选料精、下料狠、火候足、口味正"。谭家菜最大的长处在于它把糖盐各半的南北口味完美中和，使谭家菜名扬京城。同时也完成了家庭传承式的烹饪技艺的接续。

第四，清朝民间市井饮食的发展已经定型，最能体现北京民间市井饮食风格的烹饪技艺和食品花样均已确立，特色名点得到北京人乃至外地人们的普遍认同。在北京清代饮食文化中，民间市井饮食占主体地位。北京名食既有出自宫廷的，也有来自民间市井的，它们最终都回归民间市井。这些市井饮食既包括各种各样饭馆、膳庄的精致大菜和名点，又包括街头巷尾小铺食摊的吃食，内容十分丰富。

老百姓平日主食以小麦和杂粮为主。殷实人家常吃炸酱面。"食杂粮者居十之七八……不但贫民食杂粮，即中等以上小康人家，亦无不食杂粮。杂粮以玉蜀黍为最多，俗名玉米。"[1]面食，花样极多。《清高宗实录》说："京师百万户，食麦者多。即市肆日售饼饵，亦取资麦面。"说明了面食在北京人饮食结构中的主食地位，大米是北京人的辅食。北京人日食三餐，以午、晚为主。早饭称早点，或去早点铺购买，或在家吃头天的剩饭。旧时大宅门里的早点多由指定的早点铺子送上门，品种也是市面上常见的烧饼、炸糕、粳米粥之类。名点有原为清宫小吃的千层糕（88层），随着清王朝建都北京而出现的萨其玛，还有"致美斋"的名点萝卜丝饼，谭家菜中的名点麻茸包，"正明斋"的糕点，"月盛斋"的酱牛肉，"天福号"的酱肘子，"六必居"和"天源酱园"的酱菜，"通三益"的秋梨膏，"信远斋"的酸梅汤等。[2]这些名家的名食，是北京市井饮食的重要组成部分，为北京人的饮食生活增添了光彩。

在曹禺先生的话剧《北京人》第二幕中，一位好吃、会吃，到最好的地方吃

---

① 李家瑞编：《北平风俗类征》"器用"，商务印书馆，影印本，1937年，第250、253页。
② 鲁克才主编：《中华民族饮食风俗大观》，世界知识出版社，1992年，第2页。

的北京人江泰有一段长长的台词："正阳楼的涮羊肉，便宜坊的焖炉鸭，同和居的烤馒头，东兴楼的乌鱼蛋，致美斋的烩鸭条。……灶温的烂肉面，穆柯寨的炒疙瘩，金家楼的汤爆肚，都一处的炸三角，……月盛斋的酱羊肉，六必居的酱菜，王致和的臭豆腐，信远斋的酸梅汤，二妙堂的合碗酪，恩德元的包子，沙锅居的白肉，杏花春的花雕"。这些北京城中的风味饮食，或正餐、或小吃、或酒水，均出于北京大大小小的各类饭庄店铺，是北京市井饮食的标志性品牌，是京城百姓藉以乡情的吃食。

第五，素食风味臻于完美。清代素菜较之以前有了更大的发展，出现了寺院素食、宫廷素食和民间素食的分野。寺院素食又称"释菜"，僧厨则称"香积厨"，取"香积佛及香饭"之义，一般烹调简单，品种不繁，且有就地取材的特点。寺院素菜中最著名者为"罗汉斋"，又名"罗汉菜"，是以金针、木耳、笋等十几样干鲜菜类为原料制成，菜品典自释迦牟尼的弟子十八罗汉之意。乾隆皇帝游江南时，到很多寺院去吃素菜，在常州天宁寺"进午膳。主僧以素肴进，食而甘之，乃笑语主僧曰：'胜鹿脯、熊掌万万矣。'"在民间传为佳话。这也说明，寺院庵观的僧尼们在烹调素菜方面确有独到之处。清朝皇帝在吃腻了山珍海味、鸡鸭鱼肉之余，也想吃吃素食。尤其是在斋戒日更需避荤。为此，清宫御膳房专设有素局，据史料载，仅光绪朝，御膳房素局就有御厨27人之多。民间的素菜馆也崭露头角。在清道光年间，北京民间就已出现素菜馆，为了满足各类人的口味需求，招徕生意，民间素菜馆的厨师们发明了"以素托荤"的烹调术，即以真素之原料，仿荤菜之做法，力求名同、形似、味似，因而民间素菜馆的素菜品种较宫廷与寺院素食更为丰富多彩。

图8-1　清末前门大街商业区
（山本赞七郎摄影，肖正刚提供）

第二节　清代宫廷饮食文化

一、大兴豪饮奢华之风

满族贵族建立起清王朝之后，他们在饮食方面便有了更高的追求，正如有的学者所指出的："到清代中期，宫廷饮食不仅满汉融合日久，而且南北风味渗透更深。特别是乾隆帝多次去曲阜、下江南，大兴豪饮奢华之风，品尝美味，眼界大开。除每日以南味食品为食外，还将江南名厨高手召进宫廷，为皇家饮食变换花样。……清代皇帝不仅要'食天下'花样翻新，还要占有烹饪技术才能满足他膨胀的胃口。所以，清代宫廷饮食形成了荟萃南北，融汇东西的特色。"[1]

清代宫廷饮食也是在民间饮食的基础上发展起来的。宫廷在充分吸纳民间饮食精华的同时，又将这些民间饮食推向奢华的档次。以应节食品为例，最初只是由民间食俗发展起来的节令食品，一旦被最高统治者看重并纳入宫廷节日食品，原料、做法和形式上便渐由质朴变得奢华。受其影响，民间便争相仿效、攀比。譬如"腊八粥"，原初所用原料不过是常食之物，凑足八样，和而煮之而已。自元以降，宫廷亦行煮腊八粥，元代、明代均有记载。清代宫廷更加重视腊八粥，光绪《顺天府志》中说："腊八粥，一名'八宝粥'。每岁腊月八日，雍和宫熬粥，定制，派大臣监视，盖供上膳焉。"当时宫廷腊八粥的原料有糯米、粳米、黄

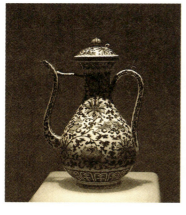

图8-2　清代嘉庆年间青花缠枝莲托　　图8-3　清代雍正年间青花折枝花卉四足汤盘
八吉祥纹执壶（赵蓁苽摄影）

---

[1] 苑洪琪：《中国的宫廷饮食》，台湾商务印书馆，1998年，第20页。

米、小米、赤白二豆、黄豆、芸豆、三仁（桃仁、榛仁、瓜子仁）、饴糖等，把以上原料混合加水而煮。并适时掺入栗子、莲子、桂圆、百合、蜜枣、青梅、芡实等果料，每年清宫煮粥耗费的银子竟达十二万四千余两。这种靡费，自然会波及民间。晚清以后，一般富裕人家竟相以腊八粥的原料名贵、多样为时尚。

清代宫廷设立了专门管理御膳的机构。"内务府"是清代管理宫禁事务的机构，清世祖入关后设置。内务府下设"御茶膳房"和"掌关防管理内管领事务处"，负责皇宫日常膳食。其机构设有内膳房、外膳房、肉房、干肉库，专门负责皇帝的饭菜、糕点和饮品。御膳房逐日将皇帝的早、晚饭开列清单，通称膳单，呈内务府大臣批准，然后按单烹饪。有总管太监三员、首领太监十名、太监一百名，"专司上用膳馐、各宫馔品、节令宴席，随侍坐更等事。"当时，紫禁城里有大大小小数不清的膳房。御膳房到底有多少人，从无准确统计，只知道"养心殿御膳房"一处就有数百人。清代宫廷档案中，有一份保存了近两亿字的膳事实录——《御茶膳房》档案。这是研究清代宫廷饮食生活以及清代社会文化等不可或缺的一个实录资料库。

皇帝吃的饭食叫"御膳"，吃饭称"传膳"或"进膳"。清代皇帝每日两次正餐，早膳在辰时（7—9点），晚膳在未时（1—3点），外加两次点心或酒膳。皇帝吃饭无固定地点，大多在寝宫或办事地点"传膳"。皇帝所食饭菜十分讲究，不仅要色、香、味俱全，还要荤素搭配，咸甜皆有，汤饭并用，营养丰富。以乾隆五十四年正月初二日早膳为例：卯正三刻（5—7点），"养心殿进早膳，用填漆花膳桌摆：燕窝挂炉鸭子挂炉肉野意热锅一品，燕窝口蘑锅烧鸡热锅一品，炒鸡炖冻豆腐热锅一品，肉丝水笋丝热锅一品，额思克森一品，清蒸鸭子烧狍肉攒盘一品，鹿尾羊乌义攒盘一品，竹节卷小馍首一品，匙子饽饽红糕一品，年年糕一品，珐琅葵花盒小菜一品，珐琅碟小菜四品，咸肉一碟，随送鸭子三鲜面进一品，鸡汤膳一品。额食七桌，饽饽十五品一桌，饽饽六品、奶子十二品、青海水兽碗菜三品共一桌，盘肉十盘一桌，羊肉五方三桌，猪肉一方、鹿肉一方共一桌。"[1] 这么多的饭菜，皇帝一个人是吃不完的，吃剩之后要用来赏赐妃嫔和大臣。

在《钦定宫中现行则例》《国朝宫室》中明确规定，依据妻妾身份、地位的不同，而享用宫廷饮食的不同等级标准：皇后、皇贵妃、贵妃、妃、嫔、贵人、常在、答应八个等级。皇帝、皇太后、皇后享受最高标准的饮食，每次进膳用

---

① 中国第一历史档案馆：《御茶膳房·膳》218号。

全份膳48品（包括菜肴、小菜、饽饽、粥、汤及干鲜果品）；每天用盘肉十六斤、汤肉十斤、猪肉十斤、羊两只、鸡五只、鸭三只、蔬菜十九斤、萝卜（各种）六十个、葱六斤、玉泉酒四两、青酱三斤、醋二斤以及米、面、香油、奶酒、酥油、蜂蜜、白糖、芝麻、核桃仁、黑枣等。皇后以下的皇贵妃、贵妃、妃、嫔等，按照等级相应递减。皇贵妃、贵妃食半份膳（是皇帝的二分之一）二十四品，妃以下食半半份膳（是皇帝的四分之一）十二品。即使是刚刚即位、年仅七岁的同治皇帝载淳的除夕晚膳，也是杯盘叠架，席面泱泱。大体说来清宫御膳以满洲烧烤和南菜中的鱼翅、燕窝、海参、鲍鱼等为主菜；以淮扬、江浙羹汤为佐菜；以满族传统糕点饽饽穿插其间，集京菜之大成。纵观皇室饮食，其数量之多，用料之珍之广，口味之丰，侍者之众，餐具之奢，已达登峰造极之境。

二、精美的饮食器皿

清代皇帝及其皇室成员在进行筵宴时，不仅精于美食，而且重视美器，通过精美的食品和精巧的食器，来体现政治上的至尊至荣地位，以及"举世无双"的显赫权势。宫中使用的食具，有金、银、玉、瓷、珐琅、翡翠，以及玛瑙制作的盘、碗、匙、箸等，都是民间所罕见的。瓷器多由江西景德镇的官窑每年按规定大量烧造。清代康熙、雍正、乾隆三朝瓷器餐具的发展臻于鼎盛，达到历史上的最高水平。清代受少数民族文化影响，借鉴少数民族生活用具和为适应外销需要，新创了笠式碗、橄榄瓶、铃铛杯等，以及西洋、日本等风格的器形。在彩瓷方面除青花和五彩瓷进一步改进外，受西方绘画的影响，康熙时期还创造了闻

图8-4　清代雍正年间粉彩茶梅纹盘（赵蓁茏摄影）

图8-5　清代康熙年间黄釉暗花提梁壶

名中外的粉彩、珐琅彩瓷器。在瓷器餐具上可谓是五彩缤纷。特别是在乾隆年间，官窑陶瓷餐具对功能和造型过于讲究技巧、写实，装饰上渲染出极度精致豪华感。

清宫御膳美食与美器的搭配高度契合，相得益彰。御膳的菜肴形态有整、丰、腴美者，亦有丁、丝、块、条、片、泥及异形者，菜的色泽有红、黄、棕、绿、白、黑等色，一经与恰如其分的餐具相配，则立显大小相间，高低错落，色彩缤纷，形质协调，组合得当，美食与美器融合为一体，构成一幅美轮美奂的艺术图案，其意境之美妙难以名状。

御膳房里，除瓷器外，金银器也很多。以道光时期为例，御膳房里有金银器三千多件，其中金器共重四千六百多两（约合140多公斤），银器重四万多两（约合1250多公斤）。皇帝日常进膳用各式盘碗；冬天增加热锅、暖碗。大宴时的御用宴，大都用玉盘碗。乾隆帝还为万寿宴特命制了铜胎镀金掐丝珐琅万寿无疆盘碗。此外，皇后、妃、嫔等还有位分盘碗，即皇后及皇太后用黄釉盘碗，贵妃、妃用黄地绿龙盘碗，嫔用蓝地黄龙盘碗，贵人用绿地紫龙盘碗，常在用五彩红龙盘碗。这些标明身份的餐具均在家宴时用，平时吃饭则用其他盘碗。

清代诗人袁枚在《随园食单·器具须知》中说："美食不如美器。"在某种意义上，美器比美食更引人注意。这正说明我国历来对饮食器具的重视。北京饮食器具集中展示了我国食具高超的工艺技艺，反映了我国人民伟大的创造力。

三、名目繁多的宫廷筵宴

清宫中除了日常膳食之外，还有名目繁多的各种筵宴。清代著名的宴会有定鼎宴、千叟宴、元日宴、冬至宴、大婚宴、凯旋宴、宗室宴、廷臣宴、恩荣宴、恭宴、大蒙古包宴等。炫耀、排场，是这些宴饮的共同特点，其中以喜庆宴最多。在这些筵宴中，元旦、冬至、万寿节（皇帝诞辰）这三大节朝贺宴最受重视，因为"元旦"为一岁之首，"冬至"为一阳之复，"万寿"为人君之始，因此三大节筵宴被称为"大宴"，礼仪最为隆重。

除了大宴以外，清宫还有数不清的各种名目的筵宴。如皇太后生日的圣寿宴，皇后生日的千秋宴，皇帝大婚时的纳彩宴、大征宴、合卺（jǐn，古代奉行婚礼时用作酒器的瓢，合卺即成婚）宴、团圆宴，皇子、皇孙婚礼及公主、郡主下嫁时的纳彩宴、合卺宴、谢恩宴，各种节会中的节日宴、宗亲宴和家宴，以及表尊老的千叟宴等。此外还有用于军事的命将出征宴、凯旋宴，用于外交的外蕃宴，皇帝驾临辟雍视学的临雍宴，招待文臣的经筵宴，用于文武会试褒奖考官的

图8-6　清代乾隆年间广彩人物花鸟盆

出闱宴，赏赐文进士的恩荣宴，赏赐武进士的会武宴，实录、会典等书开始编纂及告成日的筵宴。

王士祯的《池北偶谈》记载了康熙朝的两次赐宴："上（康熙皇帝）优礼儒臣，癸丑赐宴瀛台，翰林官皆与。戊午，（王）士慎同陈、叶二学士内直。时四、五月间，日颁赐樱桃、苹果及樱桃浆、乳酪茶、六安茶等物。其茶以黄罗绒封，上有六安州红印。四月二十二日赐天花（蘑），特颁御笔上谕云：'朕召卿等编纂，适五台山贡到天花，鲜馨罕有，可称佳味，特赐卿等，使知名山风土也。'"

康熙二十一年壬戌正月上元，"赐群臣宴于乾清宫，异数也。凡赐御酒者二，大学士、尚书、侍郎、学士、都御史，皆上手赐；通政使、大理卿以下则十人为一班，分左右列，命近侍赐酒，且谕：醉者令宫监扶掖。独光禄卿马世济以文毅公雄镇子，右通政陈汝器以赠兵侍前福建巡海道副使启道子，特召至御座侧赐酒，上之褒忠优厚如此。翌日，上首唱柏梁体《升平嘉宴诗》，群臣继和，汝器句云'励节褒忠感赐觞'，盖纪实云。"

这些筵宴，除内廷筵宴、宗室筵宴为内务府筹办外，外廷筵宴主要由光禄寺负责筹办，内务府协办。按《大清会典》载，光禄寺掌"燕（宴）劳荐飨之政令，辨其品式，稽其经费"。寺下所属机构主要有：大官署，负责掌祭品宫膳、节令筵席、蕃使宴犒；珍馐署，负责供备禽畜及鱼、面、茶等物；良酝署，负责酿酒及供备乳油、羊只及牛奶等；掌醢署，负责供备盐、酱、花椒、榛栗、香油等调料。因重视筵宴，清宫特派满族大臣一员总理寺事。①

千叟宴，亦名千秋宴，为康熙五十二年创典，邀请对象是全国范围内65岁以

---

① 李路阳：《中国清代习俗史》，人民出版社，1994年，第86～87页。

上的老人，名单由皇帝"钦定"。千叟宴是清朝宫廷的大宴之一，始于康熙，盛于乾隆期间，是清宫中的范围最广大，与宴者最多的浩大御宴，所谓"恩隆礼洽，为万古未有之举"。康熙五十二年在阳春园第一次进行千人年夜宴，玄烨帝席赋《千叟宴》诗一首，固得宴名。有清一代，共举办过四次，第一次是康熙五十二年（公元1713年）康熙帝六十寿辰在畅春园举行，第二次是康熙六十一年（公元1722年）在乾清宫举行。两次大宴参加人数均在一千名以上，都是六十五岁以上的老人。乾隆时期宫中又举行过两次千叟宴，一次在乾隆五十年（公元1785年），有三千名六十岁以上的老翁与宴，地点在乾清宫。另一次是乾隆六十一年，即嘉庆元年（公元1796年），乾隆帝为庆贺"归政大典"告成，在宁寿宫的皇极殿设宴，与宴者包括年逾花甲的大臣、官吏、军士、民人、匠役等五千余人，筵开八百余桌；并赏赐老人如意、寿杖、文绮、银牌等物。

元日宴，也称元旦宴、元会宴。清代例行宴会之一。礼部主办，光禄寺供置，精膳司布置。《清史稿·礼志七》："元日宴，崇德初定制，设宴崇政殿。王、贝勒、贝子、公等各进筵食牲酒，外藩王、贝勒亦如之。顺治十年，令亲王、世子、郡王暨外藩王、贝勒各进牲酒，不足，光禄寺益之，御筵则尚膳监供备。康熙十三年罢，越数岁复故。二十三年，改燔炙为肴羹，去银器，王以下进肴筵席有差。"雍正四年（公元1726年），对元日宴的仪式、陈设、席次、宴会所奏音乐及舞蹈均做了规定。

满族大宴，清朝入关前的一种宴会。规模较大，多以招待一般身份的外部族头人，如朝鲜使臣、明朝的降官降将、公主与额附回阙省亲等。此宴带有喜庆性质，通常由皇帝亲自出席。一般设几桌到几十桌。多以牛羊肉为主，兽肉次

图8-7　清代铜胎画珐琅花卉执壶

之。通常烹煮的肉食，块大、质嫩，用解食刀割食。大宴也设酒，但只是一种礼仪。

乡饮酒礼，于每年正月十五与十月初一各举行一次，由各府、州、县正印官主持，在儒学明伦堂举行。参加乡饮酒礼的嘉宾统称乡饮宾，乡饮宾分为乡饮大宾、乡饮僎宾、乡饮介宾、乡饮众宾，诸宾皆本籍致仕官员或年高德劭、望重乡里者充之，乡饮宾之人选由当地学官考察，并出具"宾约"，报知县（或知州、知府）复核。复核通过后还要逐级上报，由藩台转呈巡抚，由抚院咨送吏部，由吏部呈皇帝批准。被皇帝批准为"乡饮宾"的人，朝廷都要赏给顶戴品级，地方政府还要赠送匾额以示祝贺。[1]由学校教官充当司正，行礼致辞说："**敦崇礼教，举行乡饮，非为饮食，凡我长幼，各相劝勉。为臣尽忠，为子尽孝，长幼有序，兄友弟恭，内睦宗族，外和乡党，毋或废坠，以忝所生。**"照搬了明代"读律令"后的训诫致辞。这些话倒是将乡饮酒礼的作用讲得清清楚楚。[2]它是朝廷与民间沟通的一种形式。

清代称皇帝诞辰为"万寿节"。献完寿礼后，皇帝要宴请群臣。皇家的金龙大宴是格外丰盛的，并具有浓郁的满族特色。"寿宴"共有热菜二十品，冷菜二十品，汤菜四品，小菜四品，鲜果四品，瓜果、蜜饯果二十八品，点心、糕、饼等面食二十九品，共计一百零九品。菜肴以鸡、鸭、鹅、猪、鹿、羊、野鸡、野猪为主，辅以木耳、燕窝、香蕈、蘑菇等。待皇帝入座后，宴会才开始，分别上热菜、汤菜。进膳后，献奶茶。毕，撤宴桌。接着摆酒膳。寿宴长达四个小时，午时摆设，未时举行，申时结束。万寿节宴席上珍馐佳肴十分丰盛，为四等满席规制，筵宴礼仪十分隆重。

宫廷御膳是由国家膳食机构或以国家名义进行的饮食生活，既体现了帝王饮食的富丽典雅而含蓄凝重，华贵尊荣而精细奢华，程仪庄严而气势恢弘，又注入了强烈的政治意蕴。

纵观清廷筵宴种种，我们看到了"民以食为天"的极致体现。

在中国这个古老的农耕国度里，并非世代风调雨顺、丰衣足食。回溯历代，灾荒饥馑累世不绝，因此，吃饭是这个农耕大国的第一要义，因此，人们把吃饭看得很重，这就是世代相传的"民以食为天"。正因为如此，人们才把"饮食"的社会功能发挥到极致，用饮食表达一切美好的愿望，天子、庶民无不如此，在

① 赵尔巽等：《清史稿》志六十四《礼八》嘉礼二，中华书局，1998年。
② 赵尔巽等：《清史稿》志六十四《礼八》顺治元年所定乡饮酒礼制，中华书局，1998年。

财力富足的康乾盛世，更是淋漓尽致地得以体现，如以宴庆功、以宴贺寿、以宴和番、以宴示亲、以宴庆时令等。就皇家筵宴而言，更有祈愿定国安邦皇统流长的思想。这其中，贯穿着一条中华民族以农耕文化为基础上的传统文化思想脉络，如尚和、重安邦、敬天、重农时、尊老、重亲情、求富足等，形成中国饮食文化独有的现象。

四、满汉全席

"满汉全席"是一个历久不衰的热门话题。进入民国时期以后，"满汉全席"的制作也出现了不同地区特色的作法。满汉全席的出现，反映出清代满族与汉族饮食文化融合的历史过程以及必然趋势，同时也反映出上层社会物欲丧德的奢侈。

在满汉全席问题的研究上，学界人士见仁见智，著述不少。其中，赵荣光先生的研究成果最为翔实深入，自成一家，为该领域的研究提供了许多宝贵的一手史料，传播出许多学界先声。这些成果集中体现在他的《满汉全席源流考述》（下简称《考述》）中。

《考述》廓清了从"满席""汉席"→"满汉席"→"满汉全席"，这个不断渐进的过程。

自康熙至嘉庆初年，还是"满席""汉席"分列式对应存在的阶段。至道光中叶，已见有合二为一的"满汉席"。至光绪中叶之前，始见"满汉全席"之称。至光绪中叶时，已在京师、上海等大城市流行。满、汉两种不同的文化在二百多年的时间里，从初始对立存在的状态，到互相渗透、结合，最后到交融合一，是民族文化融合的一个历史过程。

《考述》在论述满汉全席与清宫御膳的关系时，认为满汉全席不能等同于清宫御膳，但又有承袭的关系，文章以可信的一手史料论述了满汉全席与清宫御膳中的"添安宴"的渊源，反映了"宫廷饮食文化"对"官场饮食文化"的影响。

《考述》认为，满汉全席后期的畸形繁荣及迅速扩张，是清末政治腐败、经济凋敝的产物，它彻底冲破了"官场"之禁，变成了以市肆、酒楼经营为主的存在方式，并向极端奢侈的方向发展。这种从"官场"到"市场"的转化，可以看作是一种"文化下移"和"文化扩散"，并于民国时期出现了各大商埠因地而异的"满汉全席"。至此，满汉全席完全商业化了。

《考述》的可贵之处还在于，它以令人信服的一手史料，澄清了学界的一些谬误，例如把满汉全席称之为"清王朝最高级的国宴"；"满汉全席要吃两天四顿"甚至"七七四十九天"；《扬州画舫录》是'满汉全席'的最早记录"；"满汉全席的菜品共有134道"等。

该研究成果使满汉全席的研究迈上了一个新的台阶。

第三节　民间饮食风尚

一、民间餐馆与老字号饭庄

有清一代北京民间饮食品种繁多，特点突出，它是上千年民族饮食文化融合的产物，在中国饮食文化系统中具有独特魅力和无可替代的地位，其中民间餐馆与老字号饭庄是饮食文化的风向标。

在北京人的传统说法中只有饭铺、菜馆、饭庄和酒楼，"餐馆"一词则来自于现代。北京最早的菜馆或炒菜馆兴起于明代，到清代中叶得到了空前的发展。

清代前期，市面上的酒楼饭庄大多以承办民间宴会酒席为主，但到了清代后期，自光绪五年（公元1889年）以后，官府之间的请客宴会也进入了酒楼饭庄。[①]清代的北京饭馆多种多样，有大有小，有南有北，有中有西。中餐馆大约分五种：一是切面铺、包子铺、饺子铺、馄饨铺等，单卖面食。二是二荤铺子，夏仁虎的《旧京琐记》云："二荤馆者，率为平民果腹之地。其食品不离豚鸡，无烹鲜者。其中佼佼者为煤市街之百景楼，价廉而物美，但客座嘈杂耳。"只卖猪肉、羊肉炒菜，主食卖馒头、花卷、烙饼、抻面。所谓"二荤"，是店家备有各种烹饪作料，此为"一荤"；客人自带鱼肉交灶上加工又为"一荤"，其名曰"炒来菜儿"。有的二荤铺就是个小酒馆，店内桌椅很少，盛酒的大酒缸上放个盖子就当待客的桌子。三是规模较小的馆子但有特色菜肴者，店名往往称某某轩、某某春，如"三义轩""四海春"等。四是中等馆子，也叫饭庄，有许多雅座，可以摆十桌八桌宴席，一般叫某某楼、某某春、某某居等。五是大饭庄，专门做红白喜事、寿辰、接官等各种大型宴会的生意。常有几个大院子，有大罩棚，有戏台可以唱堂会戏。酒席一摆就是几十桌、上百桌。名字一律叫某某堂，如"福

---

① 徐珂：《清稗类钞》，中华书局，1986年。

寿堂""同兴堂"等。①不论是大餐馆，还是小食店，往往都有手工制作和烹饪的独门技艺，能够向市场提供独一无二的美味品牌。

当时京城流行吃涮羊肉锅子，徐凌霄的《旧都百话》云："羊肉锅子，为岁寒时最普通之美味，须与羊肉馆食之。此等吃法，乃北方游牧遗风加以研究进化，而成为特别风味。"咸丰四年（公元1854年），北京前门外"正阳楼"开业，是汉民馆出售涮羊肉的首创者。切出的肉片片薄如纸，无一不完整，驰名于京城。清代杨静亭在《都门杂咏》中，曾写过"致美斋"的馄饨、"福兴居"的鸡面、"小有余芳"的蟹肉烧卖，称赞说："包得馄饨味胜常，……咽后方知滋味长。"鸡面是"面白如银细若丝，煮来鸡汁味偏滋"；描写烧卖是"玉盘擎出堆如雪，皮薄还应蟹透红。"把这几种美食写得令人垂涎。《燕都小食品杂咏》中说："糟粕居然可作粥，老浆风味论稀稠。无分男女齐来坐，适口酸咸各一瓯。"并说："得味在酸咸之外，食者自知，可谓精妙绝伦。"这段描述的显然是"京城一绝"的豆汁。

清道光年间，北京民间即出现素菜馆。清朝光绪初年，北京前门大街曾有"素真馆"，之后，西四又有"香积园"，西单有"道德林""功德林""菜根香""全素斋"等。素菜的原料一般包括五谷杂粮、豆类、蔬菜、菌类、藻类、水果、干果、坚果等。还有些在宫里做素菜的御厨流落到民间之后，便在素餐馆当厨或自己开素餐馆，大大提升了民间素食馆的水平和档次。

有清一代，涌现出一批为人称道的老字号饭庄和饭馆。饭庄的字号都叫"××堂。"饭馆的规模较饭庄小，字号不称堂，而称楼、居、馆、斋等。老字号饭庄兴起的最大因素即在其制作精湛，口味独特。汤用彬《旧都文物略》中有云："北平……一饮一食莫不精细考究。市贾逢迎，不惜尽力研求，遂使旧京饮食得成经谱。故挟烹调技者，能甲于各地也。"各老字号均有自己的秘技，其拿手的招牌菜，味道多适口不凡。正如《清稗类钞》"京师宴会之肴馔"所言："饭庄者，大酒楼之别称也，以福隆堂、聚宝堂为最著，每席之费，为白金六两至八两。若夫小酌，则视客所嗜，各点一肴，如福兴居、义胜居、广和居之葱烧海参、风鱼、肘子、吴鱼片、蒸山药泥，致美斋之红烧鱼头、萝卜丝饼、水饺，便宜坊之烧鸭，某回教馆之羊肉，皆适口之品也。"老字号的驰名菜有东来顺的涮羊肉、厚德福的熊掌、正阳楼的烩三样与清炖羊肉、便宜坊的烧鸭；老字号的驰名面点有玉壶春的炸春卷、都一处的烧卖、致美斋的萝卜丝饼等，均各具特色。

---

① 鲁克才主编：《中华民族饮食风俗大观》，世界知识出版社，1992年，第2页。

再如关于老字号，坊间多有一些优美的传说。东兴楼等家发行的流通席票的菜品，亦价廉物美，老北京人莫不知之。①

"都一处"烧卖馆坐落在繁华的前门大街，始建于乾隆三年（公元1738年），距今已有250年的历史，是北京有名的百年老店之一。传说北京"都一处"烧卖是在山西"梢梅"的基础上发展演变而来的。清朝乾隆年间，一个姓王的山西人，在北京前门外开设了一间小吃铺，专门经营猪肉大葱梢梅。由于本小利微，王老板只好比人家早开门、晚打烊，起早贪黑，含辛茹苦，到头来还是赚头不多。一天夜里，乾隆皇帝微服出游，走了一段时间后感到有点饿，便想吃点什么。但当时夜深人静，许多店铺都关门了。当走到王老板这里时，却见小吃铺红灯高挂还未打烊，乾隆就踱进去叫了些梢梅吃起来，感觉到这家铺子门面虽小，但风味倒很独到，乾隆皇帝虽然吃遍天下，但这种风味还是第一次品尝，不由得十分满意，就向老板询问铺号，王老板回答尚无雅号，乾隆回宫后，就御笔亲书了"都一处"三个字，意思是全京都就这儿一处，并责令手下制成虎头牌匾送去。经过乾隆帝的这番张扬，"都一处"的名声顿时响了起来，京城里的达官贵人，文臣武将，以及普通百姓无不慕名而来，争相品尝。

"砂锅居"始建于清乾隆六年（公元1741）年，原址在西单缸瓦市义达里清代定王府更房临街之处。清朝旧俗，皇室王府每年的祭神、祭祖典礼，总要以白煮全猪作为祭品，祭罢则上下同吃"祭余"。于是，吃白煮肉，便由祭祀而成为满族的一种食俗。据柴萼《梵天庐丛录》记载："清代新年朝贺，每赐廷臣吃肉。其肉不杂他味，煮极烂，切为大脔，臣下拜受，礼至重也。乃满洲皆此俗。"王公贵族们每次祭祀后所余"供品"，就赏给看街的更夫们吃。后来，更夫们与御膳房出来的厨师合作，开店经营起砂锅煮白肉，因店里使用一口直径约1.3米的砂锅煮肉，人们习惯称为"砂锅居"，由此成了北京一家名字号。开业初期，只是少数官员前来品尝，后来人们不断慕名而来，每天一头猪，不到中午就卖完了，店家在卖完后便摘掉幌子以示停业，所以当时北京有这样的歇后语，"砂锅居的幌子——过午不候"。

北京饮食老字号林林总总，成为食客们争相追捧的对象，久而久之，便成为北京具有标志性的饮食符号，并得到高度概括性的表述。有"八大楼"②、"八大

① 张江珊：《北京老字号饭馆话旧》，《北京档案》，2009年第8期。
② "八大楼"：均为饭庄。一说为东兴楼、安福楼、鸿兴楼、泰丰楼、萃华楼、致美楼、鸿庆楼、新丰楼；一说为东兴楼、鸿兴楼、安福楼、会元楼、万德楼、富源楼、庆云楼、悦宾楼。

春"①、"八大居"②、"北京三居"③、"四大兴"④、"南宛北季"⑤、"通州三宝"⑥、"六大饭店"⑦之说。北京老字号餐馆不仅仅是一个个的庄馆，它见证着历史的变迁，蕴含着传统文化的无形资产。人们说："看不到北京老字号就等于没有看到老北京的文化！"老字号以其深厚的文化底蕴彰显着无可取代的独特魅力。

二、特色鲜明的民间小吃

北京小吃是北京饮食文化的重要组成部分，是极具光彩的一个分支。

北京小吃历来以品种繁多、应时当令，用料广泛、制作精细著称；北京四季分明的气候及物产，为北京小吃提供了丰富的原料（如做切糕的密云小枣、杏仁、各种杂粮等）；北京有得天独厚的都城条件，民间与宫廷的饮食文化得以密切交流；北京作为一国之都，五方杂处，其小吃融合了食肉饮酪的草原民族、五谷为养的中原地区、饭稻羹鱼的南方地区的多种饮食特色，是多元文化的精粹集成；作为天子脚下的臣民，他们有着一种十分开放的人文心态，他们豁达、大气、精明而又不失厚道，不仅手艺精到，他们还创造了独具京城风韵特色的叫卖文化，创造了灵活方便的售卖方式；形成了京城独有的商业文化精神。为众多文

图8-8　北京小吃——爆肚（马静摄影）

---

① "八大春"：均为饭庄。指庆林春、上林春、淮阳春、大陆春、新陆春、鹿鸣春、春园、同春园。

② "八大居"：均为饭庄。指同和居、砂锅居、泰丰居、万福居、福兴居、阳春居、东兴居、广和居。

③ "北京三居"：均为饭庄。指柳泉居、三和居、仙露居。

④ "四大兴"：均为饭庄。指福兴楼、万兴楼、同兴楼、东兴楼。

⑤ "南宛北季"：均为烤肉店。指宣内大街的烤肉宛、什刹海前街的烤肉季。

⑥ "通州三宝"：指大顺斋的糖火烧、万通酱园的酱豆腐、小楼饭馆的烧鲇鱼。

⑦ "六大饭店"：指北京饭店、六国饭店、德国饭店、东方饭店、中央饭店、长安饭店。

人咏之颂之。

清代北京小吃的种类很多，大约有二三百种，包括佐餐下酒小菜，如白水羊头、爆肚、白魁烧羊头、芥末墩等；宴席上所用面点，如小窝头、肉末烧饼、羊眼儿包子、五福寿桃、麻蓉包等；以及作零食或早点、夜宵的多种小食品，如艾窝窝、驴打滚等。一些老字号也有各自专营的特色小吃品种，如仿膳饭庄的小窝窝头、肉末烧饼、豌豆黄、芸豆卷，丰泽园饭庄的银丝卷，东来顺饭庄的奶油炸糕，合义斋饭馆的大灌肠，同和居的烤馒头，北京饭庄的麻蓉包，大顺斋糕点店的糖火烧等。

《清稗类钞》中简介了一些小吃的原料、做法以及方便的购买方式："京都点心之著名者，以面裹榆荚，蒸之为糕，和糖而食之。以豌豆研泥，间以枣肉，曰豌豆黄。以黄米粉合小豆、枣肉蒸而切之，曰切糕。以糯米饭夹芝麻糖为凉糕，丸而馅之为窝。窝，即古之不落夹是也。""赊早点：买物而缓偿其值曰赊。赊早点，京师贫家往往有之。卖者辄晨至付物，而以粉笔记银数于其家之墙，以备遗忘，他日可向索也。丁修甫有诗咏之云：'环样油条盘样饼，日送清晨不嫌冷。无钱偿尔聊暂赊，粉画墙阴自记省。国家洋债千万多，九十九年期限拖。华洋文押字签订，饥不择食无如何，四分默诵烧饼歌。'"

清·雪印轩主《燕京小食品杂咏》中有诗在吟咏京城"羊头马"家的羊头肉："十月燕京冷朔风，羊头上市味无穷，盐花撒得如雪飞，薄薄切成如纸同。"用片刀片肉和操作的技艺何其高超。羊头马始于清道光年间，迄今已有160多年的历史。

史仲文、胡晓林的《中国清代习俗史》一书对清季民间小吃有详述，兹摘录如下：

图8-9　北京小吃——白水羊头肉（马静摄影）

杏仁茶。清朝诗人纪晓岚曾做诗称赞京都杏仁茶的好味道。杏仁茶是用甜杏仁加桂花、大米面、糖做成糊状，然后再放入开水锅里煮熟而制成的一种风味小吃，清香爽口，通常烧饼铺有售，也有挑担串街叫卖的，吆喝："杏仁儿——茶哟！"有买者，则盛碗、加糖。

奶酪。又称醍醐、乳酪，魏晋就已有记载，它是北方少数民族的食品，并未广泛为汉族接受。至清代，它不仅成为皇亲贵族的主要冷饮食品，而且流入市场为京人所接受，成为京都又一风味小吃。北京最有名的奶酪店开业于清末，位于现在的东安市场，名叫丰盛公。奶酪是用牛奶加白糖煮开、晾凉、过滤、加江米酒、文火加热、发酵、置碗中半凝固等多道程序制成，有饥者甘食，渴者甘饮，内以养寿，外以养神的神奇功效。

小窝头。小窝头是用细玉米面、黄豆面、白糖、桂花加温水和面、捏制、蒸熟而成，一般一斤面可捏100个小窝头。

艾窝窝。它是用煮烂的江米放凉后，包上豆沙或芝麻馅，团成圆球，再粘上一层熟大米面制成，通常是现包现卖，多在春季销售。清人有诗："白黏江米入蒸锅，什锦馅儿粉面搓。浑似汤圆不待煮，清真唤做艾窝窝。"

肉末烧饼。传说慈禧太后有一次做梦吃烧饼，偏巧第二天清晨的早点有肉末烧饼，慈禧太后特别高兴，认为这是给她圆了梦，便重赏了厨师。由此，肉末烧饼身价倍增，并传到民间，成了北京又一风味小吃。烧饼圆形、空心，饼底周围有一道突起的边，好似马蹄一般，正面沾有芝麻，内夹精心炒制的猪肉末。

萨其玛。原为满族的一种食品，《燕京岁时记》中记载："萨其马乃满州饽饽，以冰糖、奶油和白面为之，形如糯米，用不灰大烘炉烤熟，遂成方块，甜蜜可食。"这种小吃于清代流行于京城，深受人们欢迎。其工艺做法也越来越精细。

炒肝。最早是将猪的肝、肠、心、肺用熬、炒的方法制成。到清同治年间，炒肝的原料除去了心、肺，专用猪肝和肥肠。它的制作方法是将洗净的猪肠切成四分长的小段，把猪肝切成菱形片，将肠、肝放入猪骨头汤中旺火煮，酱油调色，加大料、黄酱、味精、蒜泥、姜末调味，用淀粉勾芡烩制而成。清道光年间，在京都前门外鲜鱼口有专售炒肝的会仙居和天兴居，生意甚是兴隆。

北京饽饽。饽饽即为糕点，是北京人对它的俗称。它用面粉、糖、油等原料精制而成，品种甚多，有细馅饽饽、硬面饽饽、寿意饽饽、片儿饽饽，以及大八件、小八件、自来红、自来白等。它原为清宫的祭礼供品，后传入民间。清末，北京城出现了饽饽铺，专卖各种糕点。当年糕点业总称糖饼行。清道光二十八年（公元1848年）所立《马神庙糖饼行行规碑》中规定，满洲饽饽是"国家供享、神祈、祭祀、宗庙及内廷殿试、外藩筵宴，又如佛前供素，乃旗民僧道所必用。

喜筵桌张，凡冠婚丧祭而不可无，其用亦大矣。"凡是逢年过节、婚丧嫁娶、祭祖敬神、亲友往来以及妇女生育、老人祝寿，都离不开饽饽铺。

北京小吃包括汉民小吃、回民小吃及宫廷小吃，在诸多的小吃中，是以清真小吃为主体的。清王朝统治时期，回族同胞社会地位相对低下，从事饮食业者，多无固定店铺。一口锅、一袋面，只能制作和经营一些零食之类的食品，弄些油盐作料做点小吃糊口。"两把刀、八根绳"成为他们的职业形象。"两把刀"指卖牛羊肉和卖切糕的，因为牛羊肉和切糕要用刀切开来卖，故称"两把刀"。"八根绳"是对挑担行商小贩的泛称。一根扁担，两个筐，前后各以四根绳系起来，俗称"八根绳"。他们挑着笋筐，游走大街小巷吆喝叫卖。为了招揽更多的生意，他们珍爱自家的这份手艺，注重自身的名分，小吃越做越精美，许多品种独树一帜，逐渐形成品名在前姓氏在后的小吃名称，如羊头马、馅饼周、焦圈王、豆腐脑儿白等，从而构成了京腔京味的北京小吃文化。

三、清真饮食遍京城

中国清真饮食是指中国穆斯林食用的、符合伊斯兰教法律例的食物统称。清真饮食主要分清真菜和小吃两部分，清真菜经过元、明、清至近代约数百年间的发展，成为中国菜中的重要分支。清真饮食文化也是北京民间饮食文化的重要组成部分。13世纪前期，蒙古灭金，入主中原，建都北京（大都）以后，回回作为色目人的一支，在京为官者和经商者甚多，回回人在元朝的政治地位仅次于蒙古人，清真餐饮也在京城随之兴起。清代以来，北京穆斯林人口分布广泛，真正体现了"回回遍京城"的实际状况。

"清真"一词，最早见于南朝宋刘义庆《世说新语》："有清真寡欲，万物不能移也。"原指人的纯净朴实，无尘无染，后来专指人的道德境界。明洪武元年（公元1368年）明太祖朱元璋为金陵礼拜寺题《百字赞》中有"教名清真"一语，此后就专指伊斯兰教。"清净无染，独一无尊，清则净，真则不杂，净而不杂"，就是"清真"。反映在财帛和食物上，穆斯林主张取财于正道，不图不义之财，遵守伊斯兰教对食物的来源、性质、卫生等方面的严格规定。[1]

清真饮食文化具有广泛的吸纳性，例如，清真菜在烹调技法上，就借鉴了粤菜中的卤、爆、烤，川菜中的炝、拌，鲁菜中的煨、炖、烧，淮扬菜中的熘、

---

[1] 马兴仁：《中国清真饮食文化浅谈》，《青海民族研究》社会科学版，1991年第4期。

扒、京菜中的涮、酱等烹调技法。在原料种类上除牛羊肉以外，又不断拓展鸡、鸭、鱼、虾等菜品品种，使清真菜品不断创新，并形成了清真老字号品牌。相传，清道光二十八年（公元1848年），京东通州的穆斯林季德彩，在什刹海边的"荷花市场"摆摊卖烤羊肉，打出了"烤肉季"的字号，经过多年积蓄后，季家买下了一座小楼，正式开办了"烤肉季"饭馆，日后蜚声京城。在北京，像"烤肉季"这样著名的清真老字号还有很多。

京城清真老字号代表者当首推"鸿宾楼"。鸿宾楼饭庄创建于清咸丰三年（公元1853年），至今已有160余年的历史。1955年由天津迁至北京，弥补了当时北京清真餐饮在档次和菜品结构上的不足，成为京城高档次清真餐饮的重要代表。鸿宾楼饭庄的菜肴有数百种之多，其代表作有"砂锅鱼翅""芫爆散丹""砂锅羊头""白蹦鱼丁""两吃大虾""红烧蹄筋""红烧牛尾""玉米全烩"等。"末代皇叔"溥杰品尝过鸿宾楼的美味后曾即席赋诗赞叹："*天安西畔鸿宾楼，每辙停骖快引瓯。牛尾羊筋清真馔，海异山珍不世馐。既食名庖挥妙碗，更瞻故业焕新猷。肆筵设席鲜虚夕，四座重泽醉五洲。*"这里名流荟萃，诗文相贺，见证了一代名楼的辉煌。

"壹条龙"饭庄创业于清乾隆五十年（公元1785年），也是京城经营清真菜肴的著名饭庄。饭庄原名"南恒顺羊肉馆"。相传光绪二十三年（公元1897年）春末的一天，南恒顺来了两位顾客，一位约20多岁像主人，另一位40多岁像仆人，吃完涮肉没钱付账。韩掌柜看这两个人不像诓吃的人，便笑着说："没关系，您二位请便吧！什么时候方便给带来就行了。"第二天一个宫里的小太监把钱送来，大家才知道，昨天那个年轻人就是光绪皇帝。韩掌柜立即将昨天皇帝坐过的凳子、用过的火锅，当作"宝物"供奉起来。用黄绸子包好，不许别人再用。于是"壹条龙"（过去把皇帝称作龙）在南恒顺吃饭的事很快在北京传开，人们便将南恒顺称为"壹条龙"。1921年店铺正式挂出了"壹条龙羊肉馆"的牌匾，这块牌匾与当年光绪皇帝曾经用过的铜锅现今仍在店内珍存。

据文献资料记载，乾隆四十年（公元1775年）在北京创建的"月盛斋"，是老字号回回酱肉店，到嘉庆年间，名声大振。它的特殊之处在于在酱羊肉中加有丁香、砂仁等亦香料亦药材的重要调味品，在保持原有美味之外，还增添了药物的健身效果，再加上选肉精细，调料适宜，火候得法，故而极受欢迎，成为京城声誉很高的清真食品特产，代代相传。其中香药入肴是清真饮食文化的一个重要特点，是中国与阿拉伯-波斯饮食文化交流的重要成果。

清真菜肴以牛羊肉为主，羊肉菜居多。穆斯林在清真饮食上避凶抵恶，尚好吉祥。羊象征温顺、吉祥、善良、美好，一直是清真烹饪的上等动物性原料。许

图8-10　北京小吃——炮煳（马静摄影）

慎在《说文解字》中释"美"曰："美，甘也。从羊从大，羊在六畜，主给膳也。美与善同义。臣铉等曰：羊大则美。"羊之大者肥美，是伊斯兰教选择食物原料经验的一个结晶，也是他们对"美味"认识的出发点。

在清代宫廷御膳中出现了清真全羊席，被称为穆斯林的"圣席"。

清真菜的原料相对来说比汉族的要少，但穆斯林们把这些原料运用到了极致，即使是一个小小的部位也能做出种种花样，全羊席便是如此。乾隆年间的诗人袁枚在《随园食单》中写道："全羊法有七十二种，可吃者不过十八九种而已。此乃屠龙之技，家厨难学。一盘一碗，虽全是羊肉，而味各不同才好。"全羊席是用整个羊的各个不同部位，或烤或涮，或煮或炸，烹制出各种不同口味、不同品名的菜肴。也就是说，从头至脚，每一处都能做出一个菜。例如仅羊耳朵，就可分上、中、下三段，三处可做出三样不同的菜肴：羊耳尖可做"迎风扇"，羊耳中段可做"双凤翠"，羊耳根可做"龙门角"，等等，品种五花八门，名称各异，然而所有菜名都不露一个"羊"字，而以生动、形象的别名代之，堪称一绝。

清宫清真饮食的辉煌，与乾隆的爱宠香妃（即容妃）有关。容妃是来自新疆的维吾尔族人，信奉伊斯兰教。她在宫中被允许穿著本民族的服装，为尊重她的民族习惯，宫内专为她设有回回厨师，为她做清真饭菜，容妃多次把回回厨师的拿手名菜呈献给皇帝品尝。香妃最爱吃的家乡饭有"谷伦"（抓饭）、"滴非雅则"（洋葱炒的菜）等。据清宫御膳谱载："乾隆四十四年八月十五日，勤政殿进早膳，用折叠膳桌摆油香一品（赏容妃）。"油香是穆斯林传统食品，香妃喜欢吃，于是油香就出现在宫廷御点中。

四、京城食品老字号

与老字号饭庄并驾齐驱的是京城食品老字号，这些店铺经营年代久远，制作技艺精湛，所制食品誉满京城。

"王致和"臭豆腐。王致和是安徽仙源县举人，清康熙八年（公元1669年）赴京会试，落第后滞留京城，为谋生计，就在前门外延寿寺街开了个豆腐坊，做起了豆腐生意，一边维持生计，一边刻苦攻读，以备下科。相传有一次，他做出的豆腐没卖完，时值盛夏，怕坏，便切成四方小块，配上盐、花椒等作料，放在一口小缸里腌上。由此他也就歇伏停磨，一心攻读，渐渐把此事忘了。乃至秋凉重操旧业，蓦地想起那一小缸豆腐，忙打开一看，臭味扑鼻，豆腐已成青色，弃之可惜，遂大胆尝之，顿觉别具风味，便送与邻里品尝，无不称奇。以后王致和屡试不中，遂尽心经营起臭豆腐来。清末传入宫廷御膳房，成为慈禧太后的一道日常小菜，慈禧太后赐名"青方"，身价倍增。"王致和"也成为京城著名品牌。

"天福号"酱肘子。"天福号"是京城百年老店，享有盛誉。北京酱肘子已经有近260年的历史。乾隆三年（公元1738年），一个叫刘德山的山东人同他的儿子在西单牌楼开设了一家熟肉铺，这就是"天福号"。为了创出声誉，自开张始，便精心烹调各种熟肉。肉要熟烂，必须在前一天晚上就入汤锅里烧，父子俩只得轮流看守汤锅。相传有一天夜里儿子看锅，由于太劳累就睡着了。一觉醒来，他看到锅里的肉已经塌烂，汤也只剩下一点稠汁。起出锅后，肉软烂如泥，只好将其放凉以后摆在盘子里卖。恰巧这天的顾客中，有个刑部官员的家人买回去后，给刑部大人吃了，无论皮肉都熟烂香嫩鲜美无比，他感到非常满意。第二天，他又命家人特地到天福号来买这种酱肘子。刘家父子见有人喜欢这样的肘子，就改变煮法，专烧这种新产品，因而名声大振，并逐渐成为北京名品。

"信远斋"酸梅汤。《清稗类钞》记载："酸梅汤，夏日所饮，京津有之，以冰为原料，层梅干于中。其味酸，京师卖酸梅汤者，辄手二铜盏，颠倒簸弄之声，镲镲然，谓之敲冰盏，行道之人辄止而饮之。"酸梅汤发源于北京，清以前就有用乌梅煮汤的传统，后经清宫御膳房改进，成为清宫异宝，并流传到民间，最早的店铺是前门外的九龙斋和西单邱家的酸梅汤，后名声最大的是琉璃厂信远斋。[1]《燕都小食品杂咏》有咏酸梅汤的诗一首："梅汤冰镇味酸甜，凉沁心脾六月寒。挥汗炙天难得比，一文铜盏热中宽。"

---

[1] 李路阳、畏冬：《中国清代习俗史》，人民出版社，1974年，第69～70页。

五、民间宴饮礼仪

由于受清王朝统治者礼制的制约影响，清人的社会生活中，呈现出明显的等级观念，同时在民间饮食习俗中也得到鲜明的体现。在一些正式场合，民间百姓宴饮同样需要遵守一系列礼仪规程。并贯穿于宴饮的各个环节。

民间宴席礼仪一是讲究座次，尊者为上。徐珂《清稗类钞·宴会之筵席》中谈到明清之交的宴会礼仪最为翔实："若有多席，则以在左之席为首席，以次递推。以一席之坐次言之，即在左之最高一位为首座，相对者为二座，首座之下为三座，二座之下为四座。或两座相向陈设，则左席之东向者，一二位为首座二座。右席之西向者，一一位为首座二座。主人例必坐于其下而向西。"今风俗以南向正中者为首座，其余就不太讲究了。如首座未经事先确定，则常常因互相谦让而耗费很多时间。

除了排座次外，"尊人立莫坐"也是当时京城百姓普遍遵守的餐桌礼仪，即首席的尊者没有入座前，其他人是不能入座的；还有"尊人共席饮，不问莫多言"的规矩，筵席上，长辈不问话，晚辈就不能多言。

二是圆桌的出现。大约在清代康熙至乾隆年间，圆桌开始在家筵上出现。这种新型桌子比起长方桌和八仙桌来，更富合家团圆之意，故备受家庭的欢迎。曹雪芹在《红楼梦》第七十五回中写贾母在凸碧山庄开设中秋赏月家筵时，就特意叫人用圆桌来摆酒："上面居中贾母坐下，左边贾赦、贾珍、贾琏、贾蓉，右边贾政、宝玉、贾环、贾兰……迎春、探春、惜春"。一张圆桌十二个人，这种长幼男女围坐饮酒的家筵形式，在前代文献中是见不到的。直到今天，人们在举行家筵时，还是很喜欢用圆桌的。"尚和"的思想古来有之，这种团团围坐的聚餐形式，正契合了人们"尚合"的心理。

三是敬酒之礼。敬酒之礼是所有筵宴上最为常见的礼仪，一般是入座后，主人敬酒，客人起立承之，也有客人回敬之礼。《清稗类钞》有详述："宴会所设之筵席，自妓院外，无论在公署，在家，在酒楼，在园亭，主人必肃客于门。主客互以长揖为礼。既就坐，先以茶点及水旱烟敬客，俟筵席陈设，主人乃肃客一一入席。席之陈设也，式不一。""将入席，主人必敬酒，或自斟，或由役人代斟自奉以敬客，导之入座。是时必呼客之称谓而冠以姓字，如某某先生、某翁之类，是曰定席，又曰按席，亦曰按座。亦有主人于客坐定后，始向客一一斟酒者。惟无论如何，主人敬酒，客必起立承之。"又，主人敬酒于客曰酬，客人回敬曰酢，这是古已有之的礼数。《淮南子·主术训》曰："觞酌俎豆，酬酢之礼，所以效善也。"如此往返三次，曰酒过三巡。今宴会风俗，仍以先敬酒于客为敬，且口称："先干为敬"。今日大宴则往往是主人站立举杯敬酒，客集体起身，共同干杯。

有清一代，中国人日常吃饭并不提倡顿顿喝酒，但是，宴会上酒是万万不可少的。落座后，主人要先向客人祝酒，口称"先干为敬"，主客共饮；无论主客，添酒都要添满。

四是摆放菜肴也有一套礼仪规则。一般带骨的菜放在餐桌的左边，纯肉菜放在餐桌的右边；饭食靠左手放，羹汤、酒、饮料靠右手放；烧烤的肉类放得远些，醋、酱、葱、蒜等调料放在近处。上菜先冷后热，热菜应从主宾对面席位的左侧上；上单份菜或配菜席点和小吃先宾后主；上全鸡、全鸭、全鱼等整形菜，不能把头尾朝向正主位。

清代家宴礼仪尽管经历了一个漫长的历史演化过程，但一如既往地继承了儒家的传统思想：长幼有序、尊卑有别，以及古来有之的"尚和"思想，重亲情，重团聚，尊老人，重礼节，契合了中国传统的家族观念，客观上起到了维护家庭稳定、促进家庭和睦的作用。例如敬酒斟酒、晚辈替长辈盛饭、饮酒前浇祭奠酒等。又如"毋咤食""毋刺齿"等礼仪，即使于今天也是如此。

六、西方饮食的渐入

在中国饮食发展史上，19世纪中叶至20世纪30年代，可被称作"西洋"饮食文明的传入期。鸦片战争后，列强瓜分中国，中国沦为半殖民地，帝国主义势力所及的大城市和通商口岸出现了西餐菜肴和点心，并且有了一定的规模。到了晚清，不仅市场上有西餐馆，甚至西太后举行国宴招待外国使臣有时也用西餐。"土司""沙司""色拉"之类的异国烹饪术语也进入中国。中国近代史的七八十年间，包括被称为"西餐"在内的西洋饮食文明，以前所未有的规模渗入中国固有的饮食文化之中。同时也出现了相应的著作，《造洋饭书》就是在清宣统年间出版的，较详细地记载了西餐的烹饪技法。

明末清初，真正开了"洋荤"的是贵族阶层，舶来品中"巴斯第里的葡萄红露酒、葡萄黄露酒、白葡萄酒、红葡萄酒和玫瑰露、蔷薇露"等西洋名酒及其特产，在当时宫廷、王府和权贵之家的饮宴上就可以见到。清代名著《红楼梦》第六十四回中有贾宝玉饮西洋红葡萄酒的情节，书中道："芳官拿了一个五寸来高的小玻璃瓶来，迎亮照着，里面有半瓶胭脂般的汁子，还当是宝玉吃的西洋葡萄酒呢。"

随着资本主义商业领域的不断开辟以及宗教的传播，西式餐饮习俗越来越多地被带到中国东南沿海一带。清朝政府较为频繁的对外交流活动让更多的中国政府官员开始了解和食用西餐。但西餐正式作为西式餐饮的名称而被世人使用，则是在清末，如《清稗类钞》一书中写道："国人食西式之饭，曰西餐。"这个界定沿用至今。

据记载，天启二年（公元1622年）来华的德国传教士汤若望曾用"蜜面"和以"鸡卵"制作的"西洋饼"来招待中国官员，食者皆"诧为殊味"。他是第一个用西餐在北京招待中国官员的西方人。老北京人把西餐称为"番菜"，把西餐厅称为"番菜馆"。北京最早的番菜馆开设在西直门外万牲园，也就是现在北京动物园里面的"畅观楼"，开业于光绪年间。早期的番菜馆以"醉琼林""裕珍园"最为著名。番菜中称俄式红菜汤为"罗宋汤"，因在清代初年，称俄罗斯为"罗刹"，"罗宋"是"罗刹"的音转，后来"罗宋汤"在北京家庭的饭桌上颇为普及。这些舶来品在当时既未摆脱"舶来"的特点，也未对中国饮食界产生广泛的影响。

鸦片战争以后，情况发生了根本性变化，北京饮食文化对西洋饮食从被动地接受转为主动地纳入。北京开设的西餐馆越来越多。光绪二十六年（公元1900年），两个法国人创建了北京饭店，专营西餐。1903年又创建了"得其利面包房"，专制英、法、俄、美式面包。其他还有西班牙人创办的"三星饭店"，德国人开设的"宝昌饭店"，希腊人开设的"正昌饭店"等。这些西洋（还有日本料理）菜肴、糕点、罐头及饮料，最初是为供应在华的外国人，后来北京人也逐渐由适应而嗜食。啤酒、汽水发展成为两大食品制造业，销路也由上海扩展到其他地区。1915年北京创办了一家叫"双合盛"的啤酒厂，这是中国自己创办的第一家啤酒厂，是现在北京啤酒厂的前身。

吃西餐讲究礼仪，这些在《清稗类钞》中多有介绍。"国人食西式之饭，曰西餐，一曰大餐，一曰番菜，一曰大菜。席具刀、叉、瓢三事，不设箸。光绪朝，都会商埠已有之。至宣统时，尤为盛行。席之陈设，男女主人必坐于席之两端，客坐两旁，以最近女主人之右手者为最上，最近女主人左手者次之，最近男主人右手者又次之，最近男主人左手者又次之，其在两旁之中间者则更次之。若仅有一主人，则最近主人之右手者为首座，最近主人之左手者为二座，自右而出，为三座、五座、七座、九座，自左而出，为四座、六座、八座、十座，其与主人相对居中者为末座。既入席，先进汤。及进酒，主人执杯起立，（西俗先致颂词，而后主客碰杯起饮，我国颇少。）客亦起执杯，相让而饮。于是继进肴，三肴、四肴、五肴、六肴均可，终之以点心或米饭，点心与饭抑或同用。饮食之时，左手按盆，右手取匙。用刀者，须以右手切之，以左手执叉，叉而食之。事毕，匙仰向于盆之右面，刀在右向内放，叉在右，俯向盆右。欲加牛油或糖酱于面包，可以刀取之。一品毕，以瓢或刀或叉置于盘，役人即知其此品食毕，可进他品，即取已用之瓢刀叉而易以洁者。食时，勿使食具相触作响，勿咀嚼有声，勿剔牙。"西餐的引入对北京饮食文化产生了深远的影响。近代咖喱粉、番茄酱、汽水、啤酒、冰激凌、饼干等在北京流传开来，极大地丰富了北京饮食品种。西餐的一些烹饪技法也为传统中餐所用，丰富了中餐的口味和品种。中国传统宴席原本不是冷菜先上桌，但从近代开始，北京中式宴席变为由冷盘开场、配合酒饮的局面。传统饮食以味为重心，但在西餐的影响之下，对色和形也高度重视。尤其重要的是，北京饮食文化中的营养观念、卫生观念得到极大强化，也开创了尊重妇女、女士优先的一代新风。改变了男女不同席的旧有做法。

第四节　清代节日食俗及其特点

一、北京节日食俗

筵席是中国传统节日中不可缺少的内容，除夕、春节、元宵要吃"团圆"饭，端午节吃粽子，中秋节吃月饼，冬至节吃汤圆等。节日饮食以过大年最为丰盛，美味品种也更为多样，从古至今不断丰富创新，并赋予饮食以诸多的社会功能。人们用吃来纪念先人，用吃来感谢神灵，用吃来调和人际关系，用吃来敦睦亲友、邻里，并且进而推行教化。并形成以年节为中心的一系列食俗。

中国节日饮食习俗到了清代完全定型，而北京节日饮食是当时中国的一个缩影。北京作为清代首都，在中国节日饮食发展过程中具有重要地位，一些节日饮食的规范和名称都是在北京确立的。并形成祭灶、吃饺子、吃年糕、互馈食品等核心食俗，赋予其美好的寓意，并注重营造节日气氛。

祭灶。从腊月二十三祭灶神起，北京人便开始"过年"了。清代潘荣陛在《帝京岁时纪胜·十二月·祀灶》载："二十三日更尽时家家祀灶，院内立杆，悬挂天灯。祭品则羹汤灶饭、糖瓜糖饼，饲神马以香糟、炒豆、水盂。男子罗拜，说以遏恶扬善之词。"民谣中说："二十三，糖瓜粘"。二十三是指农历十二月二十三日，这一天也称作"小年"。灶糖是一种麦芽糖，黏性很大，把它抽为长条型的糖棍称为"关东糖"，拉制成扁圆型就叫作"糖瓜"。冬天把它放在屋外，因为天气严寒，糖瓜凝固得坚实而里边又有些微小的气泡，吃起来脆甜香酥，别有风味。

图8-11 北京小吃——切糕
（马静摄影）

　　吃饺子。饺子是我国北方最通常的应节食品，其名称就是在清代固定下来的。民间春节吃饺子的习俗在明清时已相当盛行。饺子一般要在年三十晚上12点以前包好，全家守岁，等候新年的到来。包好的饺子待到半夜子时吃，这时正是农历正月初一的伊始，吃饺子取"更岁交子"之意，"子"为"子时"，交与"饺"谐音，有"喜庆团圆"和"吉祥如意"的意思。北京人还常爱说："三十晚上吃饺子——没有外人"。可见这一天是全家的至亲在一起的，不管身居多远，这一天都要赶回来吃团圆饺子。这种对节令的高度重视，正是中国农耕文化的核心精神所在。

　　吃年糕。北京人过年流行吃年糕。年糕品种多，有枣年糕、豆年糕、年糕坨等。精细的年糕有白果、什锦、水晶、如意等，烹制方法多为蒸，也有用油炸蘸白糖吃的，均有香甜黏糯的特点。北京的年糕一般为清真回民小吃店供应，除年节大量供应外，平时亦有供应，但数量和品种都比春节时少。

　　和民间一样，清宫过年也吃年糕。同时年糕也是祭祀的供品。民间年糕的主要原料是大黄米或小黄米面和芸豆。满族名字叫"飞石黑阿峰"。清代沈兆有诗一首："糕名飞石黑阿峰，味腻如脂色若琮。香洁定知神受馂，珍同金菊与芙蓉。"自注说："满洲跳神祭品有飞石黑阿峰者，黏谷米糕也。色黄如玉，味腻如脂，掺假油粉，蘸以蜂蜜颇香渚，跳毕，以此偏馈邻里亲族。又金菊、芙蓉，皆糕名。"因其黏，故又称"黏糕"；"黏""年"谐音，又称"年糕"。除夕、元旦，清宫皇帝晚膳均吃年糕。据清宫《膳食档》记载：乾隆四十二年（公元1777年）除夕，弘历晚膳有"年年糕一品"；乾隆四十九年（公元1786年）元旦，弘历晚膳"用三阳开泰珐琅碗盛红糕一品、年年糕一品"。皇帝吃年糕同样寄情于节日，祈求新年更加美好。

来亲访友，互送食品。北京人过年要互相走动，送些礼品，主要以互送食品为主，其中蜜饯杂拌儿最有地方特色，杂拌儿，是几种食品杂凑在一起，加以拌和而成的。清代的杂拌儿种类颇多，最普遍的是将花生、栗子、榛子、焦枣与糖藕片、金糕条、冬瓜条等搀和在一起而成的，叫"干杂拌儿"；还有更讲究的干杂拌儿是用榛仁儿、花生仁儿、糖藕片、糖姜片、桃脯、杏脯、冬瓜条、青梅等拌和而成的。更高级的则称为"蜜饯杂拌儿"，是以桃、杏、梨脯及青梅、蜜饯海棠、金丝蜜枣等拌和而成的，色泽五光十色，口味酸甜兼具。这些干杂拌儿后来演变为京城特产果脯。

除夕时节达到顶峰。清初北京除夕更是异常热闹，节日气氛格外浓烈。"除夕之次，夜子初交，门外宝炬争辉，玉珂竞响。肩舆簇簇，车马辚辚。百官趋朝，贺元旦也。闻爆竹声如击浪轰雷，遍乎朝野，彻夜无停。更间有下庙之博浪鼓声，卖瓜子解闷声，卖江米白酒击冰盏声，卖桂花头油摇唤娇娘声，卖合菜细粉声，与爆竹之声相为上下，良可听也。士民之家，新衣冠，肃佩带，祀神祀祖；焚楮帛毕，昧爽阖家团拜，献椒盘，斟柏酒，饫蒸糕，呷粉羹。出门迎喜，参药庙，谒影堂，具柬贺节。路遇亲友，则降舆长揖，而祝之曰新禧纳福。至于酬酢之具，则镂花绘果为茶，十锦火锅供馔。汤点则鹅油方脯，猪肉馒首，江米糕，黄黍饦；酒肴则腌鸡腊肉，糟鹜风鱼，野鸡爪，鹿兔脯；果晶则松榛莲庆，桃杏瓜仁，栗枣枝圆，楂糕耿饼，青枝葡萄，白子岗榴，秋波梨，苹婆果、狮柑风橘，橙片杨梅。杂以海错山珍，家肴市点。纵非亲厚，亦必奉节酒三杯。若至戚忘情，何妨烂醉！俗说谓新正拜节。走千家不如坐一家。而车马喧阗，追欢竟日，可谓极一时之胜也矣。"[1]清代北京除夕场面之宏大，气氛之热烈，在此一览无余。

二、节日食俗的特点

中国民间，家家户户千方百计将美味佳肴留至年节大家共享，若平常一家独享，则无任何民俗气氛可言。因此，旧时穷苦人家，即便借债、赊账，也要在年节里一饱口福。年节饮食与平日饮食的区别就在于，年节食品是在同一时间内为大家所同享的。正如平日里月饼柜台少有人问津，而中秋一到便门庭若市。这就是人们民俗节日意义达到的一种共识。可以说，群众性的同食，是年节饮食的一

---

① 潘荣陛：《帝京岁时纪胜》"正月"，北京古籍出版社，1981年，第7页。

个显著标志。各大节日莫不如此。

第二个特点是这种年节的食俗在不断地变迁。中国自夏代起，都城便不断变迁。在都城的变迁中，年节食俗也随着都城的挪移而流动。一些年节食品的制作工艺及花样有了变新，同时，其原有寓意亦为新的含义所代替；一些年节食品则被淘汰，或转而成为具有地方食俗特点的食品而丧失了全民性应节食品的地位。例如元宵和月饼，其形制均源于古人对天体物象的模拟，为原始先民天体崇拜的遗存，但随着历史的发展，便逐渐被赋予团圆的新意。清代，北京则有"冬至馄饨夏至面"的谚语。京谚中说的虽是馄饨，而实际上北京人吃的却是饺子，名同而物异，这又有别于五百年前的临安了。

第三个特点是节日食品由简朴逐渐转向精美。任何一个年节食俗产生的初期，其主要食品都是按照一定的式样，用日常食用的大米及面粉制成的。随着时代发展，人们不可能每年重复食用那些与常食并无多少区别的食物，因此应节食品在原料、制作工艺及味道等方面都应远远胜过平常食品，由此催发了节日食品不断由简朴向精美转化。比如立春设春盘的习俗据说始于晋代。那时的春盘，只是放些萝卜、芹菜一类的菜蔬，内容比较单调。到了隋唐，由于人们特别重视节气食俗，食用春盘之风盛行，但"盘"中原料仍较为素淡。唐代人们在立春日作春饼，并以春蒿、黄韭、蓼芽包之。此时"春盘"已演化为"春饼"。随着时间的推移，春盘、春饼、春卷名称的相继更新，其制作也愈来愈精美了。《武林旧事》说，南宋朝廷后苑中制作的春盘，"每盘值万钱"。清代时，春饼用白面为外皮，圆薄平匀，内包菜丝，卷成圆筒形，以油炸成黄脆，食之。有甜、咸等不同馅心。显然，清代春饼与今日的春卷完全相同了。清代潘荣陛《帝京岁时纪胜·正月·春盘》："新春日献辛盘。虽士庶之家，亦必割鸡豚，炊面饼，而杂以生菜、青韭菜、羊角葱，冲和合菜皮，兼生食水红萝卜，名曰咬春。"这些应春食品花样众多，精美细致，大大增强了节日的喜庆气氛，也更富有民俗意味。和最初出现的"春盘"相较，已是不可同日而语。粽子、腊八粥也是如此。

第五节　酒、茶饮品文化

一、酒业与饮酒习俗

满族人从其先世女真人起就是一个喜爱并且擅长饮酒的民族，凡宴会、待客必置酒，并有饮酒时不食、饮后再用饭菜的习惯。入关后，清宫饮酒之风更盛。

宫中设酒醋房负责御酒的储备与供应。清代京师酒类品种之多、风格之异，是中国历代无法比拟的。

"北京的酿酒业也很发达，向有'酒品之多，京师为最'的称誉。除通州的竹叶青、良乡黄酒、玫瑰烧、茵陈烧、梨花白之外，还有外地进京的绍酒、汾酒等。"[1]清代皇族传统名酒，原名"香白酒"与莲花白酒、菊花白酒，俗称"京师三白酒"而闻名于世。溥杰曾为菊花白酒赋诗："香媲莲花白，澄邻竹叶青。菊英夸寿世，药佐庆延龄。醇肇新风味，方传旧禁廷。长征携作伴，跃进莫须停。"溥杰为莲花白酒题诗为："酿美醇凝露，香幽远益精，秘方传禁苑，寿世归闻名。"经他一赞，"三白"身价陡增。除此之外，尚有桂花陈酒、菖蒲酒等。

据徐珂《清稗类钞·饮食类》和梁章钜《归田琐记》记述，"玉泉酒"是乾隆以后历代皇帝最爱饮用的酒种，也是宫中的主要用酒。玉泉酒因是用北京玉泉山附近的玉泉水酿造而得名。玉泉酒问世以后，成了历代皇帝的常用酒。据清宫档案记载，帝后饮酒数量因其习惯不同而多寡不一。乾隆帝每日晚膳饮玉泉酒1两；嘉庆帝有时多至13~14两；慈禧太后每日内膳所用玉泉酒竟达1斤4两。遇有宴会，所用玉泉酒更需数百斤之多。此外，玉泉酒还用于赏赐、祭祀与和配药酒。宫中御膳房做菜也常用玉泉酒作调料。每年正月祭谷坛、二月祭社稷坛、夏至日祭方泽坛、冬至日祭圜丘坛，岁暮祭太庙，玉泉酒都是作为福酒供祭。因此，其每年用量相当惊人。

京城不仅酿酒业兴盛，酒的经营也非常繁荣。为了满足顾客不同的需求，不同品类的酒分别有相应的酒店经营。据清末民初人震钧《天咫偶闻》四卷《北城》和徐珂《清稗类钞·京师之酒铺》记载，当时北京有三种酒店，"一种为南酒店。所售者女贞、花雕、绍兴、竹叶青之属，肴品则火腿、糟鱼、蟹、松花蛋、蜜糕之属。一种为京酒店。则山东人所设，所售则雪酒、冬酒、涞酒、木瓜、干榨之属……其佐酒者，则煮咸栗肉、干落花生、核桃、榛仁、蜜枣、山楂、鸭蛋、酥鱼、兔脯之属，夏则鲜莲、藕、榛、菱、杏仁、核桃，佐以水。谓之水碗。别有一种药酒店，则为烧酒以花蒸成，其名极繁，如玫瑰露、茵陈露、苹果露、山楂露、葡萄露、五加皮、莲花白之属，凡有花果所酿者，皆可名露……"前门外聚宝号就是一家南酒店，销售绍兴酒；"京酒店"如西四北大街"柳泉居"，好酒众多；而本地最小的酒馆，俗称"大酒缸"，虽供堂饮，但是不设正式座头，也不备足够的下酒菜。酒客如欲小酌，可以利用店里埋在地下的大

① 魏开肇、赵蕙蓉：《北京通史》第八卷，中华书局，1994年，第434页。

酒缸盖当桌子用，搬个机凳坐下来小饮。久之，大酒缸就成了合法酒座。"药酒店"出售的药酒种类极多，其中很多药酒具有"保元固本，益寿延龄"的功效，为当时的文人士子所钟爱。在京城的酒店中，药酒店已经占三分之一，时人曾做《燕京杂咏》赞颂："长连遥接短连墙，紫禁沧州列两厢。催取四时花酿酒，七层吹过竹风香。"

除了酒店以外，在乡村和道路旁遍布着更多的酒铺。酒铺的幌子是挂一个红葫芦，上插红布小三角旗，"这多指城外关厢、四乡八镇、农村小酒馆和临大道酒摊。城内的批发酒店不挂。"①

因为京城酒的销量巨大，当时开辟了运输的专用通道。酒车走崇文门，崇文门又名哈德门。城外是酒道，当年的美酒佳酿有的是从河北涿州等地运来，进北京自然要走南路。运酒的车先进外城的左安门，再到崇文门上税。清朝京城卖酒的招牌上写"南路烧酒"，意思是说，上过税了，酒不是走私的。清末的杨柳青年画中，有一幅叫做《秋江晚渡》。画面上画着酒幌，上面写着"南路"等字样，反映的就是酒业的经营状况。

二、茗品与饮茶习俗

清朝历代皇帝喜好茶饮，清廷饮茶颇为盛行。清初，清宫按旗俗以饮奶茶为主，后期逐渐改为以清饮为主，调饮（饮奶茶）与清饮并用。

清代宫廷对泡茶用水十分讲究，以水的轻、重为标准，列出天下泉水的品第者为乾隆皇帝。据陆以湉《冷庐杂记》记载，乾隆皇帝一生多次东巡、南巡，塞外江南无所不至。每次出巡，都带有一个特制的银质小方斗。一到某地，就命侍从取当地的泉水来，然后再以精确度很高的秤称一下1方斗水的重量，结果品出北京西郊玉泉山的水质最轻。乾隆皇帝因而封玉泉山的泉水为"天下第一泉"。

从此，玉泉水成为清代宫廷的专用水，徐珂在《清稗类钞》"京师饮水"中曰："京师井水多苦，茗具三日不拭则满积水碱。然井亦有佳者，安定门外较多，而以在极西北者为最，其地名上龙。若姚家井及东长安门内井，与东厂胡同西口外井，皆不苦而甜。凡有井之所，谓之水屋子，每日以车载之送人家，曰送甜水，以为所饮。若大内饮料，则专取之玉泉山也。"

---

① 金继德、潘治武：《老北京店铺的幌子和招牌》，北京市政协文史资料委员会编《北京文史资料》第54辑，北京出版社，1996年。

图8-12 1880年前后老北京街
头的茶叶铺（肖正刚提供）

当时北京的水分甜水、苦水和二性子水三种，以安定门一带井水最好，而茶叶店则多集中在南城，故北京有"南城茶叶北城水"的说法。清代北京人最爱喝的是茉莉香茶，简称"花茶"。最名贵的是以茉莉花窨焙过的蒙山云雾、蒙山仙品。其他品种还有桑顶茶、苦丁茶、玫瑰花茶、桑芽茶、野蔷薇茶等。北京虽不产茶，但窨制茶叶的手艺却很突出，窨制的茉莉花茶闻名全国。

清代贡茶中，洞庭碧螺春茶、西湖龙井、君山毛尖、普洱茶等由皇帝亲自选定。清代阮福著《普洱茶记》云："普洱茶名重天下，味最酽。京师尤重云"，"于二月间采蕊极细而谓之毛尖以作贡。贡后方许民间贩茶"。

清代是北京古代休闲文化发展的鼎盛时期，茶馆集中而且品级俱全。北京是茶肆最多的城市，只是北京不称茶肆，而称"茶馆"。当时北京卖茶水分为几种：一是茶摊，既为之摊，当然是本小力薄穷人们做的买卖，顾客大抵是行途中为求解渴的下层人士；之后才是茶馆或茶楼，但也上下分等。最一般的是设于"偏僻地方以及各城门脸上的小茶馆，俗称野茶馆"①，且常具有季节性；然后是有固定铺面的"大茶馆"和"清茶馆"。食奉禄不做事的八旗子弟整天泡在茶馆里面。据记载，北京以"辇毂之下"最具繁华，九门八条大街，店铺商肆鳞次栉比，"尤以茶社居多数，所占地势亦宽"（逆旅过客：《都市丛谈·素茶馆》）成"茶寮酒

---

① 邓云乡：《增补燕京乡土记》，中华书局，1998年，第514页。

社斗鲜明"（蒋偿：《燕台杂咏》）之势。北京茶馆的分布明显有倾向于市场区的特点。茶馆林立的香厂在清末发展成为一处新兴的休闲型市场娱乐区。

清季北京茶馆中享有盛誉、堪称一流的有：大栅栏马思远茶馆，前门外的天全轩、裕顺轩、高明远、东鸿泰，前门里交民巷的东海升，崇文门外的永顺轩，崇文门内的长义轩、五合轩、广泰轩、广汇轩、天宝轩，东安门大街的汇丰轩，北新桥的天寿轩，安定门里的广和轩，地安门外的天汇轩，宣武门外的三义轩，宣武门内的龙海轩、海丰轩、兴隆轩，阜成门内的天福轩、天德轩，西直门内的新泰轩等等。这些茶馆的建筑"类皆宏伟壮丽"，据晚清人记载："每见城里头的大茶馆儿，动辄都用好几百间房。"[1]通常外堂多用宽敞大院儿，用以接待负贩肩挑之人。这就是所谓的"大茶馆"。这些茶馆不仅厅堂华丽，陈设讲究，且备有饭点、糖果之类。规模较大的茶馆还建有戏台，下午和晚上有京剧、评书、大鼓等曲艺演出。许多演员最初都是从茶馆里唱出名气来的。清朝末年，北京的"书茶馆"达60多家。

京城的茶叶经营按种类划分，各有侧重。清代徐珂《清稗类钞》"茶肆品茶"条云：茶肆所售之茶，有红茶、绿茶二大别。红者曰乌龙，曰寿眉，曰红梅。绿者曰雨前，曰明前，曰本山。有盛以壶者，有盛以碗者。有坐而饮者，有卧而啜者。怀献侯尝曰："吾人劳心劳力，终日勤苦，偶于暇日一至茶肆，与二三知己瀹茗深谈，固无不可。乃竟有日夕流连，乐而忘返，不以废时失业为可惜者，诚可慨也！"茶馆的幌子是在房檐下悬挂四块小牌（宽约4寸，上下高1尺2寸），下系一块红布条（清真馆系蓝布条），夏季门外如搭苇席凉棚，则将挂钩吊在前方的棚杆上，另设若干长铁挂钩，以备老茶客悬挂鸟笼。其每一块木牌写两种名茶（正反面），如毛尖、雨前、大方、香片、龙井、雀舌、碧螺、普洱等字样。[2]

---

[1] 待馀生·逆旅过客著，张荣起校注：《燕市积弊》卷三"茶馆儿"，北京古籍出版社，1995年。

[2] 金继德、潘治武：《老北京店铺的幌子和招牌》，北京市政协文史资料委员会编《北京文史资料》第54辑，北京出版社，1996年。

第九章 中华民国时期

中国饮食文化史

京津地区卷

北京部分

民国是一个动荡的年代。"民国十七年国都南迁，平市日渐凋敝。更以'九·一八'后，外患日逼，人心不安，市况益趋不振。尤以八埠营业，冷落异常。较民国初年，诚有不胜今昔之感。"①这种时代环境，必然对饮食文化产生重大冲击。然而，历史是复杂的、发展着的，战争并非历史与现实的全部。辛亥革命以来，随着中国闭关自守的大门被打开，北京作为一个有着深厚饮食文化底蕴的大都市，饮食领域也受到西方饮食观念和方式的强烈冲击。北京饮食文化史上的古代与现代之划分，是以这一时期为标志的。此后，饮食风俗的现代气息才逐渐增浓，并不断得到强化。民国时期饮食风俗的现代化，主要表现为大量国外饮食时尚的直接植入，如此，出现了民族性习俗与国际化时尚并存的局面，二者的逐步融合恰恰是民国饮食风俗现代化的进程。同时，雅俗共赏是这一时期北京饮食文化的一大特征。

第一节　民国饮食文化的总体态势

一、崇尚西方饮食

引发北京近代饮食大规模变迁的原因，乃是整个中国近代社会的巨变及其社会转型。处于清王朝统治下的近代中国遭遇了代表近代工业文明的西方列强的坚

---

① 马芷庠著，张恨水审定：《老北京旅行指南》（原名《北平旅行指南》），北京燕山出版社，1997年，第12页。

船利炮的强烈挑战，以公元1842年鸦片战争失败签订城下之盟，国门被打开为标志，即开始由传统社会向近代社会、由农业社会向工业社会、由封建社会向资本社会的变迁或"转型"。从而也引发了北京近代饮食民俗的变迁。[1]

民国之后，西式舞会、晚会、婚礼、教会节日等成为当时的一种时尚，也直接带旺了西餐业。在王府井大街南口外，建成了"六国饭店"，达官贵人、洋行买办等纷纷到六国饭店去跳舞、吃西餐。当时称西餐为"吃大餐"。在北京饮食习俗中，西餐中的一些做法也被吸收到一些餐馆的各种菜系之中，尤其是在大众层面上，西餐也逐渐迎合了老北京人的传统口味，有时名曰西餐，其实在口味上已与地道西餐相距甚远。亦中亦西、亦土亦洋，成为近代北京饮食习俗中的新景观。在民国的土地上，中餐西餐泾渭分明，各行其道，反倒使民国北京的餐饮文化得到前所未有的发展。

到了20世纪30年代，北京的番菜馆逐渐多起来。按照马芷庠著的《老北京旅行指南》记载："西餐馆依然如故，而福生食堂，菜汤均简洁，颇合卫生要素。凡各饭馆均向食客代征百分之五筵席捐。咖啡馆生涯颇不寂寞，例如东安市场国强、二妙堂、西单有光堂，西式糕点均佳。"福生食堂为回民所开，位于东单路北，当时老北京较著名的西餐馆还有东安市场的森隆、东安门大街的华宫食堂、陕西巷的鑫华、船板胡同的韩记肠子铺、位于原金朗大酒店位置上的法国面包房、王府井八面槽的华利经济食堂、前门内司法部街的"华美"以及西单商场的半亩园西餐馆等。东安市场内的"吉士林"；东四牌楼北路西的"森春阳"；西单牌楼长安大戏院右邻的大地餐厅；南河沿南口路西的欧美同学会西餐厅等。

北京人的传统主食主要是面粉制品，偶尔也吃些米饭。欧风东渐后，面包上市了，热狗、三明治出现了，于是在传统主食之外，又有了一种西洋式的主食，它对某些人群的吸引力，已经远远超过了他们对传统主食的认同。就这样，传统主食一统天下的局面开始被打破了。

当时西化速度比较快、西化程度比较深的首推衣、食、住、行等生活习俗。这是因为一种文化对异质文化的吸收，往往开启于那些可直观的表面的生活习尚层次。在饮食方面，上层社会饮食豪奢，除传统的山珍海味、满汉全席外，请吃西餐大菜已成为买办、商人与洋人、客商交往应酬的手段。在以"洋"为时尚中，具有西方风味的食品渐受中国人的欢迎，如啤酒、香槟酒、奶茶、汽水、冰棒、冰淇淋、面包、西点、蛋糕等皆被北京人接受。西菜、西式糖、烟、酒都大

---

[1] 焦润明：《中国近代民俗变迁及其赋予社会转型的符号意义》，《江苏社会科学》，2001年第5期。

量进入民国市场，并为很多人所嗜食。在当时还比较守旧俗的北京，"旧式饽饽铺，京钱四吊（合南钱四百文）一口蒲包，今则稻香村谷香村饼干，非洋三四角不能得一洋铁桶矣；昔日抽烟用木杆白铜锅，抽关东大叶，今则换用纸烟，且非三炮台、政府牌不御矣；昔日喝酒，公推柳泉居之黄酒，今则非三星白兰地啤酒不用矣。"① 说明西式饮食已引起了北京饮食习俗的较大变化，丰富了北京人的日常生活。

除了西菜外，民国时舶来的饮食中还有一种东洋菜。经营这种菜的菜馆，绝大部分由日本人开设，在口味上完全有别于中菜和西菜。在这种菜的主要品种中有一种叫寿喜烧的菜品，即用肉类和各种蔬菜豆腐放置火锅内，随煮随吃，颇相类于中国的暖锅；另一种菜叫作刺身（即生鱼片），即将一种不腥的鱼就着酱料姜丝生吃。这种菜的影响，从总体上说没有西菜来得大。

其实，就中国人的嗜好来说，西餐、东洋菜并不比中餐好吃。崇尚西餐只是因为它代表了一种新鲜、时髦的风尚，也是一种身价的显示。

事实上，饮食风俗的"全盘西化"是不可能的，也不能全面取代北京的饮食传统，因为传统的饮食结构来自多年的文化积淀，绝非速成。这一点，胡适先生有比较清醒的认识："数量上的严格'全盘西化'是不容易成立的。文化只是人民生活的方式，处处都不能不受人民的经济状况和历史习惯的限制。这就是我从前说起的文化惰性。你尽管相信'西菜较合卫生'，但事实上绝不能期望人人都吃西菜，都改用刀叉。况且西洋文化确有不少的历史因袭的成分，我们不但理智上不愿采取，事实上也绝不会全盘采取"② 。民国北京饮食民俗"洋化"的倾向始终是局部的，而且多滞留于北京城市中心。不过，这确是民国北京饮食风俗显著的特征之一。

二、城乡饮食文化发展不平衡

有清一代，北京城市饮食消费弥漫着一股浓烈的奢靡之风。民国期间，这一风气在资本主义商品经济的刺激下愈演愈烈。

《首都乡土研究·风尚》载，北京"国变后，茶社酒馆林立，娱乐场所的增加，都是风俗奢靡的表现"。在奢靡饮食风气的刺激下，民国北京城的茶楼和酒

---

① 胡朴安：《中华全国风俗志》下篇卷1 "京兆"，上海书店影印版，1986年，第3页。
② 转引自蔡尚思：《中国现代思想史资料简编》第1卷，浙江人民出版社，1982年，第166页。

馆像雨后春笋般纷纷开业。在明清餐饮老字号得到进一步发展的同时，又涌现出一批新的餐饮名店。

在日常餐饮消费中，也有大肆铺张的"八大碗"之说。"八大碗"曾是贵官商贾和皇宫里的美味佳肴，在京城盛行一时，京城各商号对老客人也常以八大碗相待，甚至军政要员、富商豪绅，也要求品尝八大碗。[①]可见这"八大碗"非同寻常一般。通常筵席桌上还有"四干""四冷""四热""八碟""八碗"等。后来，饭馆的菜品逐渐升级，演变成"四冷"或"六冷"，八道热菜、十道热菜、十二道热菜。北京人为了面子，为了显示京城人的派头和阔气，便追求菜品的数量及规格，挥霍消费风气蔓延。

正当北京城内饮食趋于大餐奢靡消费的同时，北京郊区，尤其是一些山区的饮食仍保持着农耕饮食的风味，丝毫没有大都市的饮食排场。**"玉米为大宗，谷、麦、高粱、菽次之；蔬菜以葱、韭、菠、白菜、萝卜、芥菜为普通，豆腐、鸡蛋次之，肉类又次之；稻米运自南省，间亦购食。冬春昼短，多两餐，麦秋间有四餐，余三餐。"**[②]就四季而言，时有顺口溜**"春天落个鲜饱，夏天落个水饱，秋天落个实饱，冬天落个年饱。"**可见，能够吃饱是当时北京农村饮食的一个最高标准，与城里的饮食水平有着天壤之别。

"二月二龙抬头"，北京郊区有吃春饼的习俗。春季，春菜长出来了，农民餐桌上便有了一些新鲜的青菜，可做成菜饽饽和大馅菜团子，农民称之为尝青或尝鲜。有的农户还挖刚长出来的野菜，用于补充粮食之不足。夏季是农忙季节，主妇要为下田干活的男人多做些干粮和耐饿的主食，如小米过水饭，或过水凉面等，再备些绿豆汤，宜天热时解暑用。秋季是农作物成熟的季节，要吃烙饼摊鸡蛋或一些荤食，以便下地秋收。这也是一年中吃得最饱的季节，常言道："家里没有场里有，场里没有地里有，地里没有山上有，不管哪里总是有"。无论如何都能够达到"秋饱"。进入冬季，除了大白菜，就是咸菜和干菜。一日三餐改为一日两餐。大家盼望过年，可以图个"年饱"。乡间这种温饱不足的状况与北京城里的奢靡之风形成了极为强烈的反差。

进入到民国，北京饮食文化的发展明显处于一个革故鼎新的转折过渡期。而"革故鼎新"本身就蕴含了不平衡的因素，城乡饮食差异明显，呈现出中西混杂，新旧并陈的格局。

---

① 范德海、侯培铎、王云：《说说老北京的"八大碗"》，《中国食品》，2007年第12期。
② 《顺义县志》，民国二十二年（公元1933年），铅印本。转引自丁世良、赵放主编：《中国地方志民俗资料汇编》华北卷，书目文献出版社，1989年，第23页。

第二节　民国餐饮业及都市庙会

一、庙会

　　庙会又称庙市，开庙日期根据各庙特点或所供奉的神灵的祭祀日期来确定。民国以来，庙会照例是定期举行的。至于香火则因国历与旧历交替，使人们对于宗教祭日之记忆渐趋模糊，宗教信仰亦日益淡化。一些庙会逐渐演变为有固定会期的商业性集市。

　　民国期间，北京的庙宇中均设定期市集，交易百物。市场大抵在庙宇中隙地上，而延展于庙旁隙地与庙外附近的商业市街，构成庙会的中心。庙会上的买卖，大多是卖主租赁庙中的房屋、地段，固定设摊进行的。每届会期，货主总是到惯常的地方摆上摊位，做起生意。他们各自的摊位都比较恒定，甚至几十年不更换处所。在会期以旬为时间单位循环的地方，摊主往往在一个庙的会期结束后，再去赶另一个庙会。据记载："旧京庙宇栉比，设市者居其半数"，"每至市期，商贾云集"。"月开数市者，所售多系日用之品"，"年开一市者，所售多系要货"，"游人每以购归为乐"。同时还"多有香会，如秧歌、少林……"[1]。

　　据1930年的调查统计，北京城区有庙会20处，郊区16处。当时有"八大庙会"之说，即白塔寺、护国寺、隆福寺、雍和宫、东岳庙、白云观、蟠桃宫、厂甸。也有"五大庙会"的说法，即土地庙、花市、白塔寺、护国寺、隆福寺。五大庙会中比较大而热闹的，当数东城的隆福寺和西城的护国寺，即人们常说的"东庙""西庙"。[2]

　　民国时期的北京城几乎天天有庙会。根据调查统计，20世纪30年代，隆福寺的集市商摊有近千家，护国寺和白塔寺的集市商摊也多达700余家，每年集市天数分别为72～150天。人们在庙上烧香、购物、娱乐，游走之间必然又饿又累。看到各种好吃的，不免产生食欲。所以庙会上那种吃食摊子自然也就座无虚席了。

　　庙会上的饮食经营一般都是浮摊，有的支个布棚亮出字号，里面摆了条案、长凳，小吃摆放案上，或边做边卖。这些摊点星罗棋布，成了可供观赏的庙会一景。民国北京庙会上的饮食现象融制作、买卖和品尝为一体，是北京民间饮食文化全面而又生动的展示。以豆汁摊点为例，案上铺着雪白的桌布，挂着蓝

---

① 李家瑞编：《北平风俗类征》，商务印书馆影印本，1937年，第39页。
② 北京市政协文史资料委员会选编：《北京文史资料精华·风俗趣闻》，北京出版社，2000年，第288页。

图9-1 北京小吃——驴打滚（马静摄影）

布围子，上面扎有用白布剪成的图案，标出"×记豆汁"字样。经营者通常为一二人，摊主不停地向游人喊道："请吧您哪！热烧饼、热果子，里边有座儿您哪！"而兜售豆面糕又名"驴打滚儿"的则一般没有摊点。在庙会上经营此业的多系回民，只用一辆手推车，车上的铜活擦得锃光瓦亮，引人注目，以招徕生意。边走边吆唤道："豆面糕来，要糖钱！""滚糖的驴打滚啦！"即便不是为了饱享口福的香客，也会驻足围观，被这富有浓浓乡土气息的情景所吸引。当时，北京的厂甸庙会一直颇为繁盛。厂甸和火神庙在和平门外琉璃厂中间路北，"从1918年开始，每年农历正月初一至十五日，以厂甸及附近的海王村公园（现中国书店所在地）为中心，举办大型庙会。庙会期间，琉璃厂东西街口、南北新华街街口及吕祖阁、大小沙土园等处的摊贩连成一片。海王村公园水法地前的广场开辟为茶社，由几家茶社联营，游人可以在这里品茗休息。茶社四周，设有北京风味小吃，有年糕、豆腐脑、元宵、炸糕、小豆粥、豆汁、灌肠、面茶、蜂糕、艾窝窝、冰糖葫芦等，生意兴隆。"[①]。民国时期，小吃经营网点比较分散，而庙会则将北京城里和周边地区的小吃汇集在一起"集体亮相"，人们在逛庙会的同时，可以品尝到各种风味的小吃。饱享口福是人们热衷于逛庙会的目的之一。

二、叫卖的市声艺术

吆喝叫卖，属于用声音指称所卖货物的民俗形态，称"货声"或"市声"。民国时期的行商小贩，在走村串户贩卖货物时，仍继承旧时的传统，利用响器声

---

① 北京市政协文史资料委员会选编：《北京文史资料精华·风俗趣闻》，北京出版社，2000年，第295页。

和吆喝声招徕顾客。

民国时期北京城里的货声颇具特色，小贩的吆喝一般都有简单的曲调，顾客即使听不清他所吆喝的内容，但根据其约定俗成的曲调就能辨别卖的是什么货物，小贩的响器也大都按行业的不同而各具特色，方便顾客辨别。卖小吃的小贩吆喝花样颇多，常见的有卖樱桃的："小红的樱桃，快尝鲜！"卖白薯的喊："栗子味蒸白薯咧！""老豆腐，开锅！""炸丸子，开锅！"，"热的哟……大油炸鬼，芝麻酱来……烧饼""炸面筋……肉""哎嗨，小枣儿混糖的豌豆黄嘞！"如此等等。冰糖葫芦上市之时，大街上、巷弄里、庙会中，人们时时会听到熟悉的吆喝："葫芦……冰糖的！""冰糖多哎……葫芦来嗷……"声声抑扬顿挫，清脆响亮。《燕京岁时记》载："冰糖壶卢，乃用竹签贯以葡萄、山药豆、海棠果、山里红等物，蘸以冰糖，甜脆而凉。"还有些小贩，在长期的吆喝叫卖中，其吆喝声已形成一些固定的腔调，且多具有北方高腔的音乐性旋律，如卖蔬菜的，其吆喝声不但旋律高亢、声腔清扬，而且还可以一声吆喝一大串，一口气报出十几种蔬菜的菜名："青韭呀芹菜扁豆葱，嫩泠泠地黄瓜来一根吧！……"；卖生豆汁的小贩，手推车上有两个大木桶，沿街吆喝："甜酸豆汁！"按勺论价，那勺有用槟榔木的，也有用瓢的；又如夏天卖冰激凌的："冰儿激的凌来呀，雪花那个落儿，又甜又凉呀……"等等。宣武区乐善里胡同，空气中时常飘荡着洪亮的吆喝："辣——菜"，所售的是泡在发酵白汤里的芥菜片；卖臭豆腐的低声吆喝，像背书一样："臭豆腐、酱豆腐，王致和的臭豆腐。"坛子上贴着印有"王致和"三个字的红纸标签；卖老豆腐的以作料吸引人，有芝麻酱、辣椒油、韭菜花、卤虾酱、大蒜汁。卖薄荷凉糖的最洋气，头戴有檐高帽，身穿白色制服，好像马戏团的吹鼓手。吹完洋号，吆喝一声："薄荷凉糖，香蕉糖！"还有卖甑儿糕的也极具特色。当时北京有一歇后语为"甑儿糕——一屉顶一屉"，其含义是：一个挨一个，相继而来。卖甑儿糕者所挑之担子，一头为蒸锅，置于木盆中，两旁有木架。一头为盛放原料之小木箱，箱下为水桶。所用果料为青丝、红丝、瓜子仁、葡萄干、芝麻等细碎配料与白糖、红糖。其吆喝声为"甑儿糕……吧"。

北京一带小贩常用响器招徕顾客，常见的有卖油的敲梆子；吹糖人的敲一面大锣；卖糖的敲一面小锣；推车卖酱油醋的多以敲梆为号；铜锅铜碗的，以家什担子上悬挂的铜盆铜碗摇晃击撞的声音为货声；卖乌梅汤的，则以手持"冰盏儿"令其撞击出声；乡间货郎则手摇"拨浪鼓"敲击出声等等。其他的代声器具还有：卖五香豆腐干的以敲锅沿为号，卖糖豆花的以敲瓷碗为号，卖冰棒的以敲冰棒箱为号，等等，各种声音此起彼伏，演奏出中国城镇胡同里巷特有的交响曲。

民国时期北京各地城镇流行不辍的货卖声，以其特有的艺术魅力和乡土风采引起文学家、美术家的关注，如梁实秋对北京小吃情有独钟，倍加喜爱，于1983年写下了一篇《北平的零食小贩》一文，那是1949年移居台湾后的他晚年对家乡美食的追忆。文章先从小贩们的叫卖声说起："北平小贩的吆喝声是很特殊的。我不知道这与评剧有无关系，其抑扬顿挫，变化颇多，有的豪放如唱大花脸，有的沉闷如黑头，又有的清脆如生旦，在白昼给浩浩欲沸的市声平添了不少情趣，在夜晚又给寂静的夜带来一些凄凉。细听小贩的呼声，则有直譬，有隐喻，有时竟像谜语一般耐人寻味。而且他们的吆喝声，数十年如一日，不曾有过改变。我如今闭目沉思，北平零食小贩的呼声俨然在耳，一个个的如在目前。"

饮食叫卖的"市声"，成为北京饮食文化中最富有情趣和人情味的一部分。这些吆喝声早已渐行渐远，离开了我们的生活，但永远成为北京人的美好记忆。

三、发达的餐饮业

民国初年，是北京饮食业发展的鼎盛时期。尽管这一时期政权更迭频繁，但军阀、政客、商人等各色人等奔走钻营、应酬往来，此时的庄馆就成为了他们最理想的活动场所。随之北京的庄馆业便特别兴盛起来，可谓盛况空前。其时，北京有地方菜馆100多家，具有北京、山东、江苏、广东、四川、河南等20多种不同风味。其中，以山东、江苏、广东等地方风味最著名。这一时期餐饮业呈现出来的特点是：规模大、风味全、名厨多、菜品精，京城老字号及私家菜各领风骚。

民国时期北平的饭馆，大都可分为三类，第一种是饭庄子。所谓饭庄子，大都有宽大的院落，上有油漆整洁的铅铁大罩棚，并有几所跨院，最讲究的还有楼台亭阁，曲径通幽的小花园，能让客人诗酒留连，乐而忘返；正厅必定还有一座富丽堂皇的戏台，那是专供主顾们唱堂会戏用的。其中名气较大的有：东皇城根的隆丰堂、地安门大街的庆和堂、什刹海的会贤堂、报子胡同的聚贤堂、金鱼胡同的福寿堂等。它们以替达官贵人承应婚丧寿诞、包办酒席的买卖为主，一般不招揽散客。

第二种是饭馆子，多以园、馆、楼、居、坊等为名号。这类饭馆中，以清末民初的"八大居"和"八大楼"最为著名。八大居指福兴居、东兴居、天兴居、万兴居、砂锅居、同和居、泰丰居、万福居；而"八大楼"则说法不一，一般认为是东兴楼、会元楼、鸿兴楼、万德楼、富源楼、庆云楼、安福楼、悦宾楼等。

北平的饭馆子以成桌筵席和小酌为主；虽然也应外会，顶多不过十桌八桌，至于几十桌上百桌的酒席，就很少接了。北平最有名的饭馆子第一要数"东兴楼"。东兴楼的砂锅熊掌、红油海参等都是上档次的宫廷菜。

第三种是专卖小吃、不办酒席的小饭馆和二荤铺。"二荤铺"的食材都是家常的，不要说没有海参、鱼翅等海货，即使是鸡鸭鱼虾也不卖。邓云乡在《燕京乡土记》中描绘过二荤铺："地方一般不太大，一两间门面，灶头在门口，座位却在里面。卖的都是家常菜……菜名由伙计在客人面前口头报来。"这些饭铺虽然没有高档菜肴，但总计起来数量、种类则相当多，成为北京饮食文化乡土味道最浓郁之处。当年遍布京城的"二荤铺"所体现的是最基本的北京文化，无论它的环境、店堂的布置、掌柜伙计的和气，都显现出十足的京味儿。

民国期间的老字号也都有自己的金牌菜，用以撑立门面。梁实秋在《雅舍谈吃》一书里如数家珍，列举了正阳楼的烤羊肉，致美斋的锅烧鸡，东兴楼的芙蓉鸡片，中兴楼的咖喱鸡，忠信堂的油爆虾，厚德福的铁锅蛋，全聚德的烤鸭等。坊间的歇后语中也出现了用名餐馆的特点来作比，如：砂锅居的买卖——过午不候，六必居的抹布——酸甜苦辣都尝过等，足见这些京城老字号的文化魅力，京城老字号成为北京饮食文化标志性的符号。

民国时期的"官府菜"继续沿袭清代而发展着。总体特点是仍保持着清淡、精致、用料讲究的风格。前文多次提及的谭家菜依然独占鳌头，它是中国官府菜中最突出的典型，它是北京文人雅士阶层的菜，是官僚阶层的菜，是南北菜系交融的结晶，是私家菜的后起之秀，是老北京的遗风。

在20世纪二三十年代，老北京著名的私家菜还有三家，即政界的"段家菜"（民国时期国务总理段祺瑞家），银行界的"任家菜"（银行家任国华家），财政界的"王家菜"（民国初年财政部长王克敏家）。而谭家菜是其他私家菜难以比肩的。但是这些私家菜后来都随着这些官府的衰落而未能流传下来。而真正流传下来的倒是这种小官僚家庭产生的谭家菜。民国时期的旧京人士几乎无人不知无人不晓谭家菜。

第三节　节令食俗及人生礼仪食俗

一、节令食俗

相对于其他大都市，民国期间北京的节日生活是最丰富的。北京人恪守农耕民族的风范，非常注重一年四季的节令，并把节令食俗发挥得淋漓尽致，体现出丰富的文化内涵。

节日活动的主要形式之一就是饱享美味佳肴。

农历腊月三十日（小月为二十九日）为除夕，俗称"大年三十儿"。三十夜里，子孙们给祖宗和长辈拜过年后，全家聚在一起吃"接神饺子"。有的人家在众多的饺子中只包入一枚硬币，谓吃到硬币者吉祥好运。《燕京岁时记》云："每届除夕，列长案于中庭，供以百分。百分者，乃诸天神圣之全图也。百分之前，陈设蜜供一层，苹果、干果、馒头、素菜、年糕各一层，谓之'全供'。供上签以通草、八仙及石榴、元宝等，谓之'供佛花'。及接神时，将百分焚化，接递烧香，至灯节而止，谓之'天地桌'。"

农历正月十五日为元宵节，也称灯节。这一天，家家户户都吃元宵。

传说农历二月初二为"龙抬头"的日子。二月春回大地，正是农事之始，人们祈望龙能镇住百虫，使农业获得丰收。这一天也是接出嫁的女儿回娘家的日子。女儿被接回娘家后，一般多以"春饼"招待。春饼是一种用白面烙成的双层荷叶形的饼，食用时将其揭开，内面涂上酱，再放进熟肉丝和绿豆芽等春令鲜菜，然后卷成筒状。全家人围坐在一起边吃边聊，尽显其乐融融。春饼家家户户都吃，只是饼里卷入的菜有档次高低之分。

立春有打春和吃春饼的习俗，更以食饼制菜并相互馈赠为乐。民国时期北京人都行吃春饼应景咬春之节俗，至今北京仍传承着，俗话有"打春吃春饼"之语。咬春之俗还有嚼吃萝卜。旧京时以南苑大红门的萝卜最受欢迎，素有"大红门的萝卜叫京门"之俗语。春是一年之首，是播种生发之时，是各种作物生命孕育之始，握住了春，就会有丰收的秋，因此人们贺春、迎春，吃春饼、打春牛。鲜活地诠释着中华民族古老的农耕文化。

农历五月初五日是端午节，俗称"五月节"。其由来有纪念楚大夫屈原之说。这一天，家家户户都吃粽子。

农历八月十五日为中秋节，又称"团圆节"，俗称"八月节"。这一天人们不但吃月饼，在夜里还要进行祭月、拜月、赏月等活动。中秋节正逢各类果品成熟上市，老北京人称它为"果子节"，人们共享秋日丰收的喜悦。《京都风俗志》载，中秋节"前三五日，通衢大市，搭盖芦棚，内设高案盒筐，满置鲜品、果蔬，如：桃、榴、梨、枣、葡萄、苹果之类，晚间灯下一望，红绿相间，香气袭人，卖果者高声卖鬻，一路不断"。尤其是前门外和德胜门内果子市，节前夜市，通宵达旦，果商的吆唤声此起彼伏。

农历十二月初八日也叫"腊八"。这一天的凌晨，家家户户都开始熬腊八粥。

除了熬腊八粥之外，民间还有泡"腊八蒜"的习惯，泡好的腊八蒜是碧绿的，就像翡翠一样，再配上醋的颜色，可谓色味俱佳。关于腊八粥坊间有不少美丽的传说，千变万化归为一统，即告诫后人要节约粮食，平时省一把，饥时有饭吃。彰显了中华民族节俭之美德。

一进入农历腊月二十三，人们便步入过年的步伐节奏。民谣中说："二十三，糖瓜粘。二十四，扫房日。二十五，作豆腐。二十六，去割肉。二十七，去宰鸡。二十八，把面发。二十九，满香斗。三十晚上坐一宿。大年初一走一走（拜年）。"二十三是指农历十二月（又称腊月）二十三日，这一天也称作"小年"。腊月二十三这一天，民间百姓为了避免灶王爷去天宫朝奏时说自家的坏话，便用江米或麦芽做成的糖瓜祭灶，以便用甜蜜的糖瓜粘住灶王爷的嘴，使其上天时多说好话。

二、人生礼仪食俗

人生礼仪是指人成长过程中所经历的仪式活动，诸如诞生礼、洗三礼①、满月礼、成年礼、婚礼等。在这些礼仪场合，人们往往通过饮食行为表达祝福和喜悦的心情。民国时期，北京的人生礼仪已演绎得非常完备，期间的饮食行为和特定的食品大多蕴含有象征意义。

《北平风俗类征》记录了一次"洗三"仪式的过程，其中有"添盆"一节：屋中置有一个盆，众亲友往盆里放置的食物都有祝福的寓意。一般是亲友们往盆里添些什么，接生姥姥就会在一旁说些什么，例如往盆里添些凉水，接生姥姥就会说"长流水，聪明伶俐"；亲友们往盆里添枣儿、栗子，接生姥姥则会说"早早儿立子，连生贵子"；若是扔桂圆，姥姥则说"桂圆桂圆，连中三元"。把孩子洗好以后捆好，还要用葱往身上打三下，借"葱"与"聪"的谐音说"一打聪明，二打伶俐"……然后把葱扔到房上，取向高、向上之意。如此一番之后，仪式结束，接生姥姥这才向本家讨赏钱，"添盆"时所用的一应钱物，就都归接生姥姥了，如金银锞子、首饰、现大洋、铜子儿、围盆布、小米、鸡蛋、喜果，以及余下的供品——桂花缸炉、油糕等就全部兜去了。

民国期间，北京小孩成长过程中还要举行认干爹干妈的仪式。小孩用干爹干

---

① "洗三礼"：是自古代沿袭下来的婴儿诞生礼中的一个重要仪式，即在婴儿出生的第三天奉行沐浴仪式，邀请众亲友来为婴儿祝福，即为"洗三"。也叫"三朝洗儿"，"洗三"的目的在于一是为婴儿洗涤污秽，意在消灾免难；二是祈祝吉祥幸福。

妈赠送的碗筷吃饭，寓意小孩也是干爹干妈家里的成员，并获得干爹干妈的护佑。在这里，碗筷意谓有饭吃，成为小孩成长有所依靠的象征。

北京地区称"人活六十六，不死掉块肉"，如果是腊月前的生日，就暂不办。等到腊月家中宰了猪、羊或买些猪肉、羊肉，拿到街上散发给过路的穷人，这样就象征着已经"掉"了一块肉，就免除了真的"掉"肉（指遭受意外的天灾或疾病）。

总之，在民间人生礼仪的活动中，以食祈福是一种非常普遍的做法，是北京饮食文化的重要内容。

第四节　独特的饮食风味

一、清真饮食得到发展

民国时期，随着民族工商业的发展，北京的清真饮食业形成了成熟的市场，清真菜在北京得到了更大的发展和推广。当时先后在前门外开设的羊肉馆有：元兴堂、又一村、两益轩、同和轩、同益轩、西域馆、西圣馆、庆宴楼、萃芳园、畅悦楼、又一顺、同居馆（馅饼周）、东恩园居（穆家寨炒疙瘩）等。在中山公园的有瑞珍厚，在长安市场的有东来顺。在北京前门一带，有著名的三家清真饭馆，即"同和轩""两益轩"和"同益轩"，号称"清真三大轩"。当时，京城回族中的知名人士，每逢有公私应酬，必到"三大轩"设宴请客。其中尤以"同和轩"和"两益轩"以各自特色成为京派清真菜系中的代表。1930年，在繁华的西单路口，清真饭庄"西来顺"开张营业，立即轰动了京城。其中原因是出任西来顺饭庄经理的是名冠京城的回族厨师诸连祥。诸连祥又名诸祥，北京清真菜的一代宗师，清真菜的最早革新者，他见多识广，思想开明，在清真菜的革新上，大胆吸收了西餐和中国南北菜肴的一些技艺，给清真菜注入了各种不同的饮食风味和烹饪技法，创制出"炸羊尾""生扒羊肉""炒甘肃鸡""油爆肚仁"等创新清真菜肴百余种，并首创清真海味菜肴，在同行和食客中享有盛名。

清末民初，北京清真菜分为"东派"和"西派"两大流派。"东派"以同和轩、东来顺和通州小楼饭庄为代表。其特色是以北方乡土风味为主，炒菜多用重色汁芡，味浓厚重。"西派"以两益轩、西来顺为代表。精美、典雅，吸收南方菜系特点，以烧扒白芡淡汁为主，具有都市大菜风格。民国期间，北京的清真菜肴已达五百多个品种，清真风味小吃更是琳琅满目，口味各异。在北京小吃中，绝大多数都是清真小吃，仅烧饼的花样就有几十种．并以物美价廉受到人们的青睐。多年来形成了诸多老字号的食品品牌，如月盛斋的酱牛羊肉、大顺斋的糖火烧、馅饼周的馅饼、豆汁张的豆汁、羊头马的白水羊头、爆肚冯的爆肚、年糕王的切糕等。[1] 从富贵排场、煎炒烹炸的全羊席到简单经济、百吃不腻的锅贴炒饼，乃至于杂碎汤牛舌饼、焦圈豆汁，包罗万象，应有尽有。北京清真饮食文化得益于地处京城的地缘优势，它广泛包容了天下九州各地饮食文化的精华，以穆斯林的生活习惯为基调加以提纯，从而形成自己的特色，它照顾到了从王侯将相到贩夫走卒各阶层的所有问顾者，做到了丰俭由人、应对自如。[2]

北京清真风味的形成有它历史的缘由。伊斯兰教传入中国后，大批阿拉伯、波斯商人到中国做生意，经营珠宝药材，由此带来了饮食调料中的"香药"（即既是调味品又是药品物），如豆蔻、砂仁、丁香、胡椒、茴香、肉桂等，极大地丰富了中国清真饮食文化以养为本的内涵。这些香药在调味的同时，还兼有很强的保健作用，把香药引入看馔，是中国穆斯林对中华民族饮食文化的重大贡献，它开创性地发展了"医食同源"的思想，是中西（阿拉伯—波斯）优秀文化结合的结晶，北京牛街是其突出的代表。

中国回族形成以后，大批回族在全国形成无数的聚居村镇，当时北京的牛街就是这样的村镇，成为回族居住的聚集点。到20世纪30年代，北京已有穆斯林人口17万多，约占全市人口的十分之一。北京小吃中的大部分是回族小吃，回族小吃中的大部分都是在牛街成名的。牛街是北京清真饮食文化的一种象征，一块金字招牌。

二、著名的小吃品牌

北京小吃大都在庙会或沿街集市上叫卖，人们无意中就会碰到，老北京形象地称之为"碰头食"或"采茶"，突出其"随意"与"少量"的特点，以区别于正餐，并且多为游商下街叫卖。北京小吃融合了汉、回、蒙、满等多民族风味小吃以及明、清宫廷小吃而形成，品种多，风味独特。其中回族小吃占了绝大多数。

除了牛街，民国北京饮食市场则集中在大栅栏、天桥地区。天桥地区的饮食

---

[1] 张宝申：《北京的清真饮食》，《北京档案》，2008年第3期。

[2] 马万昌：《北京清真饮食文化与北京清真餐饮业》，《北京联合大学学报》，2002年第3期。

图9-2　蛤蟆吐蜜（马静摄影）

图9-3　炸卷果（马静摄影）

业以小吃著称，经营小吃的饭铺有114家之多，其余大部分为小摊贩，他们多集中在天桥的各个市场，或散布于天桥的大街小巷，有的固定设摊，有的肩挑、携篮沿街叫卖，总计摊数百个。其小吃品种之多，成为北京之冠。经过长时间经营，天桥一带形成了独具特色的小吃。有些经营好的则出了名。诸如石润经营爆肚，人称"爆肚石"；舒永利经营豆汁，人称"豆汁舒"；李万元经营盆儿糕，人称"盆糕李"等。此外，就是大栅栏北侧的门框胡同，饮食摊位和坐商几乎全部经营北京小吃。从门框胡同南口至廊房头条摊位鳞次栉比，有"年糕王""年糕杨""豆腐脑白""炮肉马""爆肚冯""褡裢火烧"等名家在此设摊。

北京小吃大约二三百种。如：爆肚冯的爆肚，小肠陈的卤煮火烧，天兴居的炒肝，锦馨的豆汁、焦圈，白魁老号的白水羊头，不老泉的冰糖葫芦、蒸饺，都一处的烧卖，隆福寺的灌肠等都脍炙人口。其他还有：豆沙包儿、糖三角、蜂糕、茯苓糕、山药饼、艾窝窝、驴打滚、豌豆黄、江米藕、馅年糕、枣切糕、千层饼、花卷、烧卖、肉包、蒸饺、糖油饼、麻花、排叉、炸糕、开口笑、炸卷果、蜜三刀、蛤蟆吐蜜、炸回头、炸三角、灌肠、焦圈、薄脆、油条、油皮饼、

图9-4　炸三角（马静摄影）

图9-5　螺丝转儿（马静摄影）

图9-6　炒疙瘩（马静摄影）

炸荷包蛋、炸饹馇盒、炸松肉、墩饽饽、蝴蝶卷、锅盔、酥皮饼、芝麻烧饼、螺丝转、咸酥火烧、褡裢火烧、门钉肉饼、大麦米粥、豆浆、八宝莲子粥、小豆粥、茶汤、油茶、奶酪、杏仁茶、卤煮丸子、卤煮火烧、炸豆腐、爆肚、白汤杂碎、炒肝、豆腐脑、面茶、豆汁、糖葫芦、烤白薯、疙瘩咸菜丝、羊眼包子、五福寿桃、麻茸包等，真是不胜枚举。下面详说一二。

　　炒疙瘩以恩元居的最为闻名，恩元居炒疙瘩用上等面粉和面，再揪成黄豆般大小的圆疙瘩，先煮后炒，炒出的疙瘩黄绿相间，香味扑鼻，引人食欲。由于风味独特，又具有主副合一、经济实惠的特点，问世之后，很快就成为北京风味小吃中的佳品，得到人们的青睐。

　　"扒糕"是用荞麦面制成的，先把荞麦面蒸熟成饼，浸凉后，再切成两头薄中间厚的长条薄片，浇上用麻酱、酱油、醋搅拌的汁，再加上红咸胡萝卜擦的丝，浇芥末、辣椒或蒜末即成。是夏天消暑的上好食品。

　　"白水羊头"是北京小吃中的精品，它是把羊头用白水煮熟切片，撒上椒盐的一种吃食。色白洁净，肉片薄而大，脆嫩清鲜，醇香不腻，佐餐下酒皆宜。北京过去卖白水羊头肉的很多，但最出名的是宣武区前门外廊房二条推车摆摊的马玉昆。《燕京小食品杂咏》中称马家六代的白水羊头："十月燕京冷朔风，羊头上市味无穷。盐花撒得如雪飞，薄薄切成与纸同。"咏诗道出了白水羊头的口味及技艺，堪称一绝。

"艾窝窝"历史悠久，《燕都小食品杂咏》咏道："白粉江米入蒸锅，什锦馅儿粉面搓。浑似汤圆不待煮，清真唤作艾窝窝。"为何称"艾窝窝"呢？清人李光庭的《乡谚解钞》一书中找到了说明。说是因为有一位皇帝爱吃这种窝窝，想吃或要吃时，就吩咐说："御艾窝窝。"后来这种食品传入民间，一般百姓就不能也不敢说"御"字，所以省却了"御"字而称"艾窝窝"。

"薄脆"，顾名思义，既薄又脆，但薄而不碎，脆而不艮，香酥可口。20世纪三四十年代的北京，吃早点时可以向卖炸油饼的要个薄脆。当时有一谚语："西直门外有三贵：火绒、金糕、大薄脆"。其他两项已无可考，而大薄脆确是老北京人老少咸宜的美食。

"豆汁"是北京独有的极为特殊的饮料兼小吃，有人一口不吃，有人单好这口儿，豆汁是粉坊漏粉、制作粉丝过程中的副产品，又名"小浆子"，已有数百年的历史。《燕都小食品杂咏》中说："糟粕居然可作粥，老浆风味论稀稠。无分男女齐来坐，适口酸咸各一瓯。"并注："得味在酸咸之外，食者自知，可谓精妙绝伦。"爱新觉罗·恒兰在《豆汁与御膳房》一文中说：乾隆十八年（公元1753年）夏，民间一专作粉丝、淀粉的作坊，偶然发现绿豆磨成半成品粉浆发酵后，尝之酸甜可口，熬热滋味更佳。于是朝臣上殿奏本道："近日新兴豆汁一物，已派伊立布检查，是否清洁可饮。如无不洁之物，着蕴布招募豆汁匠人二三名，派

图9-7 开口笑（马静摄影）

*在御膳房当差……"*源于民间的豆汁就这样进入宫廷，尔后又从宫廷流入民间。老北京人都欢喜喝豆汁，特别是梨园界的名角儿尤偏嗜此物。因为喝豆汁对嗓子有好处，唱完戏喝碗豆汁，感觉特别舒服。京昆名角谭鑫培、马连良、袁世海都是豆汁店的常客。旧时的名门士媛、达官权贵与贩夫走卒同桌共饮是寻常的事情，可见豆汁是雅俗共赏、贫富相宜的大众化食品。北京的"霜晨雪早，得此周身俱暖"。这"暖老温贫之具"则是豆汁。由于豆汁是发酵品，所以有一股类似馊了的发酵味，不习惯者很难接受这种味。当年朝阳门内南小街儿开着一家豆汁铺，被老邻居们戏称为"馊半街"，要是没点儿根基的熏也得给熏跑了。

"驴打滚"是用黄米夹馅卷成的长卷，因卷下铺黄豆面，吃时将长卷滚上豆面，样子颇似驴儿打滚，因此得名。《燕都小食品杂咏》中就说："红糖水馅巧安排，黄面成团豆里埋。何事群呼'驴打滚'，称名未免近诙谐。""驴打滚"的原料有大黄米面、黄豆面、澄沙、白糖、香油、桂花、青红丝和瓜仁。它的制作分为制坯、和馅、成型三道工序。做好的"驴打滚"外层蘸满豆面，呈金黄色，豆香馅甜，入口绵软，是老少皆宜的传统风味小吃。

"灌肠"。清末民国初经营灌肠的食摊，都是用淀粉加红曲水调成稠糊面团，做成猪肠形状，蒸熟以后晾切成薄片，在饼铛内用猪油煎焦，取出盛盘，淋盐水蒜汁，趁热食用。当年真正的灌肠不是用团粉做的，而是用猪肥肠洗净，以优质面粉、红曲水、丁香、豆蔻等10多种原料调料配制成糊，灌入肠内，煮熟后切小片块，用猪油煎焦，浇上盐水蒜汁，口味香脆咸辣。

满族小吃"萨其玛"。据《清文鉴》解释，"萨其玛"为满语"狗奶子糖蘸"之意，其制法是用鸡蛋、油脂和面，细切后油炸，再用饴糖、蜂蜜搅拌浸透，故曰"糖蘸"。"狗奶子"并非狗奶，狗奶子本为东北一种野生浆果，以形似狗奶而

图9-8 羊杂碎汤（马静摄影）

得名，最初用它作"萨其玛"果料。清人入关后，狗奶子逐渐被葡萄干、青梅、瓜子仁取代了。清人敦礼臣的《燕京岁时记》中说："萨其玛乃满洲饽饽，以冰糖奶油为之，形如糯米，用不灰木烘炉烤熟，遂成方块，甜腻可食。"当年北新桥的"泰华斋"饽饽铺的萨其玛奶油味最重，它北邻皇家寺庙雍和宫，那里的喇嘛僧众是泰华斋的第一主顾，作为佛前之供，用量很大。

"爆肚"。爆肚的诱人魅力可从梁实秋《爆双脆》一文获得深深领会："肚儿是羊肚儿，口北的绵羊又肥又大，羊胃有好几部分：散丹、葫芦、肚板儿、肚领儿，以肚领儿为最厚实。馆子里卖的爆肚儿以肚领儿为限，而且是剥了皮的，所以称之为肚仁儿。爆肚仁儿有三种做法：盐爆、油爆、汤爆。'盐爆'不勾芡粉，只加一些芫荽梗葱花，清清爽爽。'油爆'要勾大量芡粉，黏黏糊糊。'汤爆'则是清汤汆煮，完全本味，蘸卤虾油吃。三种吃法各有妙处。记得从前在外国留学时，想吃的家乡菜以爆肚儿为第一。后来回到北平，东车站一下车，时已过午，料想家中午饭已毕，乃把行李寄存车站，步行到煤市街致美斋独自小酌，一口气叫了三个爆肚儿，盐爆油爆汤爆，吃得我牙根清酸。然后一个清油饼，一碗烩面鸡丝，酒足饭饱，大摇大摆还家。生平快意之餐，隔五十余年犹不能忘。"

北京小吃之所以长盛不衰，显现出强大的生命力，是因为它自身的特性，它具有原料的丰富性：几乎使用了所有的主粮杂粮。品种的多样性：品种达到数百种之多，并用到多种烹饪方法。多民族性：回汉满蒙小吃均有上乘之品。鲜明的季节性：北京小吃四季分明，应时当令而出。独特性及平民性：从豆汁中可见一斑。精品性：京城手艺人爱护自己的生意声誉，有极强的精品意识，可谓个个是精品，这些特性成就了北京小吃的辉煌。

第五节　茶馆与饮茶习俗

北京人爱喝茶，但北京地区并不产茶，北京地区所需的茶叶基本上从南方采购，在京城开茶叶店的多数是安徽人，大点的茶庄往往在产茶区设"坐庄"或包一片茶山，大量收购茶叶。

北京虽不产茶，但窨制茶叶的手艺却很突出，窨制的茉莉花茶在全国都很出名。京味花茶甲天下，民国北京人延续了有清一代好饮花茶的习惯。民国之际京城人对茉莉花茶情有独钟，特别喜好"小叶双熏"，故茉莉花茶又有"京味花茶"之称。民国京城茶叶分两大流派——安徽帮和福建帮，占据了京城花茶的大部分市场。这些茶以江浙茉莉花茶为主要原料，徽胚苏窨为辅料，用福建茉莉花茶来调外形，通过老师傅们的精心调配、开汤审评，打小样，最后挑选出自己满意的原料开出加工拼配单，送到货房，师傅们就开始加工拼配了。

民国北京茶行，十之九皆为安徽人，所谓"茶叶某家"的便是，有名者为：吴家、汪家、方家、罗家、胡家、程家几姓，而安徽人中尤以歙县为主，所以就连北京的歙县义地都由茶叶吴家负责典守。吴姓茶庄中的最大户是吴肇祥茶庄。道光年间，曾任过清末户部文选司郎中的蒙族人巴鲁特崇彝，在其笔记《道咸以来朝野杂记》中写道"北京饮茶最重香片，皆南茶之重加茉莉花熏制者……景春（茶庄）茶色极纯洁，而香味不浓，以香味而论，当数齐化门北小街之富春茶庄及鼓楼前之吴肇祥为上……景春、富春皆久已歇业，惟（吴）肇祥独存耳。"吴肇祥创造了闻名北京的小叶茶、茉莉大方、茉莉毛尖、茉莉毛峰等，使几代北京人享受了中国花茶的独特韵味。而外省外县人极难经营茶行，即便有人开茶店，亦须请皖歙人帮忙，例如庆隆荣庄即是由皖人相助而由河北安次县人开的。其时，还有山西人在京经营茶店的，以前是海味店代营茶叶，后又改为茶店代营海味，一切采办、尝鲜、主持全是山西人。因安徽为产茶名区，歙县附近尤盛，所以歙人多业茶。北京的大茶店在茶山附近设"坐庄"；小一点的茶庄在天津坐庄，更小一点的便向津方茶行批购。

在清末民初，北京的茶馆遍及街头巷尾。《燕市积弊》中说："北京中等以下的人，最讲究上茶馆儿，所以这地方茶馆极多。"既有专卖粗茶水的"野茶馆"，亦有卖茶又卖点心酒菜的"茶酒馆"（北京人称之为荤茶馆）；既有说评书唱鼓词的"书茶馆"，亦有供茶客品茗对弈的"棋茶馆"；既有供生意人集会牟利、手艺人待雇的"清茶馆"，亦有功能齐全服务周到的"大茶馆"。真可谓五花八门，应有尽有。

大茶馆。大茶馆以多功能著称，既可品饮茶点，又是谈生意、会朋友的好去处。什么人都可以在这里享受到对应的服务。大茶馆一般都有十分宽敞的店面，陈设讲究，所用茶具皆为盖碗，既卫生又保温。一碗茶可以在此喝上一天，即使中途离开，茶桌、茶具也不会乱，有堂馆照应打理，留待客人回来再喝。周到的服务赢得了大批的茶客。清末民初北京的大茶馆以地安门外的"天汇轩"最为著名，其次是东安门外的"汇丰轩"。

野茶馆。20世纪三四十年代，即北京沦陷（七七事变）前后的二十八年间，清末留下来的大茶馆已经衰落，代之而起的是中小型的各类茶馆，在城外四郊关厢的三岔路口或靠近大车道的地方，散布着一个个"野茶馆"，村落中的人家，临街盖上三四间瓦房或草房，夏天在外面搭上简单的芦席凉棚、喝茶的茶座。不论屋内或凉棚下，大多是用砖砌的长方平台，这就是桌子，两边摆上两条长板凳，凉棚的一面围着矮的篱笆墙，还种上一些花草。房檐底下挂着几个鸟笼子。①这类"野茶馆"与田野风光融为一体，是民国北京茶馆极具特色的一部分。

清茶馆。这类茶馆专卖茶水。方桌木凳，十分清洁。小型茶壶、几个茶碗。春夏秋三季，茶馆门口高搭天棚。冬天，顾客多在屋内喝茶聊天。每日晨五时左右即开门营业。顾客多是悠闲老人，如清末遗老、破落户子弟，更多的则是城市贫民和劳苦大众。中午以后，清茶馆就换了一类顾客。有走街串巷收买旧货的打鼓小贩，一面喝茶，一面在同行间互通信息；有放高利贷的，通过介绍人在茶馆里借钱给穷困者，从中盘剥；还有拉房纤的房屋牙行，以茶馆作为交换租赁、买卖、典押房屋消息的聚会之处。

书茶馆。这类茶馆上午接待饮茶的客人，下午和晚上则约请说评书、唱鼓词的艺人来说唱。茶客中有失意的官僚、在职的政客、职员以及账房先生、商店经理、纳福老人和普通市民等，他们边听书边喝茶，以消磨时间。茶座设备比较考究，有藤制或木制的方桌椅。室内还有小贩到桌前卖五香瓜子、干咸瓜子、白瓜子、五香栗子、焖蚕豆、煮花生米、冰糖葫芦等小食品。堂倌在台下请顾客点唱，手持一把纸折扇，两面书写鼓词曲目。茶客指定某演员唱一曲目，需要另付给演员一些钱。

棋茶馆。茶馆设备简陋，或用圆木方木数根半埋地下为棋盘，或用砖砌成砖垛，然后铺上长条木板，画成十几个粗细不匀的棋盘格，两旁放长板凳。这种长条棋案共设十余张，每日下午聚集的茶客不下数十人。茶客以劳动市民和无业者为多，在此聚精会神地对弈，可以暂时忘却生活的痛苦。茶资外不另付租棋费。

季节性茶棚。除厂甸、蟠桃宫等定期庙会外，以什刹海的茶棚最为著名。自立夏至秋分前后，沿北岸形成一条茶棚长廊。茶棚半在水中，半在岸上。这些茶棚后来日趋发展，由临时转为固定，并迁入游人众多的园林之中。②

总之，三教九流皆能在茶馆中寻找到符合自己趣味的乐园。骆爽主编《"批判"北京人》一书分析："茶馆在更深的意义上，已经从凡夫俗子、商贾富人的娱乐场所变成了处于困境、陷于迷惑的人的人生避难所。大多数人从茶馆中觉的是一种极实际而又精神性的享乐。说它'实际'是因为不耽于幻想，将享乐落到了实处，这实处便是清茶与点心；而说它'精神性'，是因为不溺于现实，将享

---

① 傅惠：《老北京城外的野茶馆》，北京市政协文史资料研究委员会编：《北京文史资料》第58辑，北京出版社，1998年，第228页。

② 北京市政协文史资料研究委员会：《北京往事谈》，北京出版社，1988年，第13～18页。

乐远离大吃大喝，偏重于和谐宁静，自在自得的气度与风范。这里面包含着普通人在物质条件制约中的生活设计以至创造，是有限物质凭借下的有限满足。它是以承认现实条件对于人的制约为前提的对快感的寻求与获得，是一种艺术的生活方式或休闲手段。在这种休闲方式中，北京人也为他们个性的被压抑、个体需求的被漠视，找到了有限的满足。"

民国时期北京的民间礼节当以"客来敬茶"之礼最有影响。自宋代以后，即有客来敬茶的礼俗。发展到民国时期，一个茶字，又衍化出许多新的交际礼俗。当客人来访，献上香茗，宾主例不饮用。若来客三言两言告辞，主人当然欢迎；若喋喋不休，主人听得厌烦，或有要事亟待处理，没有时间长聊，于是端起茶杯请客用茶。这是表明送客之意。敬茶本是客气，在此场合变成逐客之令，可算是种特殊的功能。

第十章 中华人民共和国时期

中国饮食文化史

京津地区卷

北京部分

新中国时期的北京饮食文化在北京饮食文化发展史上是一个承前启后的阶段，在发展过程中出现了许多新现象和新事物，它是当代中国社会发展历程的缩影。

第一节　当代北京饮食文化发展的历程及特点

一、当代北京饮食文化发展的历程

当代北京饮食文化的发展历程可以大致分为三个阶段。

1. 新中国成立初期到文化大革命之前

这一个阶段，在城市地区，由于物资紧缺，国家实行口粮和副食品定量供应制度，人们使用各种票证购买日常生活用品。普通城市居民家庭的粮、菜、肉、油、蛋、奶等日常饮食都十分拮据，特别是像猪肉、鸡蛋一类价格较为昂贵的消费品，都只是在过节或待客时才会见到。由于商品市场不开放和人们普遍收入较低，所以饮食生活比较单调。这种单调的饮食生活不仅是特定的国情决定的，同时也是特定时代的饮食观所决定的。当时，整个社会弥漫着一种"共产主义"的精神氛围，人们只讲生产，不讲吃喝，讲究吃喝被认为是"资本主义的生活方式"，无产阶级的指导思想中是没有关于吃喝的内容的。在这种社会环境中，从生产到消费，都是由国家决定的，特别是1958年的人民公社化运动，村民们都去吃集体的大锅饭，使得个人与家庭的餐桌更为弱化。那时郊区生产的蔬菜品种也比较单一，每种蔬菜都是集中上市，所以，人们将其形象地比喻为"节节菜"。四月份开始吃菠菜，五月份吃水萝卜、洋白菜、小白菜、小油菜、小茴香和韭菜，六、七、八、九月吃西红柿、黄瓜、豆角和茄子，十月份开始吃大白菜。当时有一句顺口溜"春吃菠菜夏吃瓜，冬天白菜来当家"，形象地描绘了人们对这种现象的无奈。由于大白菜价格实惠、便于长期储存，因此，许多居民都会在初冬季节购买几百斤大白菜为整个冬天做好准备。购买冬贮大白菜是每年北京街头的独特一景。冬天，人们的饭桌成为了大白菜的天下，以至于人们将大白菜称为"当家菜"，人们想出了各种各样的大白菜吃法，例如炒白菜、醋熘白菜、酸菜川白肉、白菜芥末墩、白菜炖豆腐、拌白菜心等。①

　　在各类餐饮业中，经过社会主义改造和公私合营，餐饮企业的经营体制和管理方式都有所改变。这一时期，由于政府采取扶持保护餐饮业的政策，一些著名的"老字号"餐馆成为政府外事接待和社会知名人士会客就餐的场所。同时，政府还从外地引进了一些知名餐馆，使北京的餐馆数量和种类有所增加。由于当时处于中苏友好时期，苏联的饮食方式受到追捧，吃俄式西餐成为年轻人的时尚。由于国家实行"粮油统购统销"政策，饭馆原料采购受到限制，使得菜品的质量和品种受到影响。另有一些以前的高档饭庄，在经过改造之后转而向居民供应馒头、烙饼等主食。"大跃进"时期，饮食服务行业开展"比学赶帮超"运动，许多经营小吃的餐点、饭摊被撤并和统一管理，使得一些以其经营者姓氏命名的小吃逐渐消失。在农村地区，由于实行"以粮为纲"的政策，副业发展受到限制。人们的饮食方式也非常简单，猪肉之类的高脂肪食物很少出现在人们的餐桌上。人民公社化运动中，许多地方大办集体食堂，养猪、养鸡之类的集体副业也并没有大的发展，人们的饮食水平仍然处于温饱水平之下。

2. "文化大革命"开始到改革开放之前

　　文化大革命期间，从农村到城市，各地普遍掀起了"文化大革命"的浪潮。在农村地区，由于青壮年劳力大量参与到各种批斗、开会和政治学习当中，农业生产受到严重影响，集体公社的养猪等副业生产更加荒废，各种家禽、家畜，病的病、死的死，没死的也瘦得没有一点膘。在北京城区，各种食物供应十分短缺，排长队已经成为一种十分普遍的社会现象，有的甚至为了买到一点糖或糕点半夜带上小板凳到百货商店门前排队。在职工食堂里，人们在吃饭前都要先到毛主席像前背一段"红宝书"（即《毛主席语录》）中的内容，以显示自己对毛主席的忠诚。在餐饮业，城内的"老字号"饭馆成为"封资修"的象征，许多知名

----

① 杨铭华等：《当代北京菜篮子史话》，当代中国出版社，2008年，第11页。

餐馆被迫改名，如"萃华楼"改名叫"人民大食堂"，"全聚德"改为"北京烤鸭店"，"东来顺"改为"民族餐厅"，"便宜坊"改为"新鲁餐厅"。餐馆的服务方式从以前的服务到桌、饭后结账改为顾客自我服务，顾客自己到窗口取餐，自己算账，甚至自己刷碗。顾客就餐时也须先背诵毛主席语录，或者与服务员对答"红宝书"中的联句。当时，多数饭馆为了简化服务，采取先结账后上菜的办法。这个时期，西餐被作为"资本主义生活方式"和"修正主义"被打倒，除北京展览馆餐厅（莫斯科餐厅）和新侨餐厅以外，其它西餐馆均停业。

3. 改革开放至今

改革开放政策的实行，不但使北京的饮食市场打破了原来国营食堂一家独大的局面，而且丰富了人们的饮食生活。20世纪80年代初期，人们开始清算新中国成立以来的极左思潮，实行战略转移，开始注重发展生产，搞活经济，饮食文化也不再被认为是所谓的"资产阶级的生活方式"。农村地区确立了"以家庭承包经营为基础，统分结合的双层经营体制"，原有的以公社为主的集体化生产模式开始在许多地区解体，集体土地被分配到农民家庭，这极大地调动了农民的个体积极性，农业生产逐年好转。物资短缺的局面开始改观，人们的饮食生活越来越丰富，从以前的以粗粮为主变为以细粮为主，猪肉、鸡蛋等消费品开始频繁地出现在人们的饭桌上。而随着经济社会的发展，城市的饮食方式和观念也逐渐渗透到了农村。随着北京近郊乡村旅游的发展，农家乐、自助厨房等面向城市游客的饮食文化也开始普遍起来。除了日常饮食文化，在传统节日、庙会等场合，包括小吃、节日食品在内的传统饮食文化仍然具有强大的生存空间。而在城市地区，随着区域之间的流动日益频繁、现代物流业的发展、交通条件的改善和冷藏保鲜技术的发展，人们的饮食选择日益多样化。各种大型超市每天都有各种新鲜的蔬菜、水果供人们选择，社区菜场也十分方便。不但如此，大量国外粮油、食品和水果的进口，使北京人的饮食选择越来越丰富。

这一时期餐饮业获得了长足的发展，1980年8月，北京第一家个体户饭馆开张营业，在其带动下，许多待业在家的年轻人纷纷开始进入餐饮业。随着国家政策的进一步放开，包括"全聚德""都一处""丰泽园""泰丰楼"在内的众多"老字号"企业陆续恢复原来的字号[①]。同时，北京向全国各地发出邀请信，欢迎外地知名餐饮企业进京。这一时期，包括广州的"大三元"、杭州的"奎元馆"、苏州的"松鹤楼"等外地知名餐馆纷纷进京开设分店，进一步活跃了北京的餐饮

---

① 柯小卫：《当代北京餐饮史话》，当代中国出版社，2009年，61～66页。

市场。20世纪八九十年代以来，北京掀起了一阵又一阵的饮食热潮，先是"川菜热"，然后是"火锅热"，之后又是东北菜、"小龙虾热"等等。除了外地餐饮进京，包括欧美、日韩和港台等国家和地区的餐饮企业也以北京、上海等大城市为起点，不断开拓中国市场。同时，人们的饮食观念较过去有了很大变化，许多家庭在除夕夜到大饭馆吃"年夜饭"，省去了自己动手的麻烦。来自欧美的饮食文化在包括北京在内的国内许多地区迅速传播，炸鸡、汉堡、比萨、可乐等成为人们日常生活中的普通食品和饮料，人们开始热衷于过情人节、平安夜和圣诞节等西方节日，吃西餐，享受西方美食的乐趣。

这一时期，烹调学、食疗学、食品制造学、酿造学、营养学和饮食学在内的现代饮食学科的发展，则为我国饮食文化的持续发展提供了理论上的支持[①]。尤其需要指出的是，新中国成立以来，各地有关烹调和食品制造领域出版的专著和报纸杂志数不胜数，北京和全国许多省市的高等院校一样，开设了烹饪专业，设立有关饮食文化的课程，饮食烹饪专业出现了专科、本科和硕士研究生教育，成为高等教育的一个重要组成部分。[②]各类饮食文化研究学会大量出现，关于饮食文化的学术研讨会也屡有召开，其中1991年在北京召开的首届中国饮食文化国际学术研讨会，就是一个具有里程碑意义的大会，自此拉开了中国饮食文化研究的序幕。各种美食文化节、啤酒节，以及北京京郊的西瓜节、草莓节、桃节等也成为北京发展旅游吸引游客的一个重要途径。

二、当代北京饮食文化发展的特点

同历史上其他时期的饮食文化相比，当代北京饮食文化体现出鲜明的时代性、多元性和开放性。

1. 鲜明的时代性

当代北京饮食文化的发展是同整个社会的发展密切联系的。新中国成立初期，物资紧缺的社会状况，决定了政府必须实行口粮和副食品定量供应制度。统购统销的政策不仅决定了农民必须按照政府的安排进行农作物的种植，也决定了城市居民必须按照政府规定的标准进行消费，正是在这种情况下才出现了吃"节节菜"的现象。而政府对自由商品经济市场的限制，也决定了人们不可能在政府

---

① 林乃燊：《中华文化通志·宗教与民俗典·饮食志》，上海人民出版社，1998年，第1～15页。
② 林乃燊：《中国古代饮食文化》，中共中央党校出版社，1991年，第10～11页。

规定的食物定量之外有更多的自由选择余地。正是"大跃进"和"人民公社化"运动的开展，才形成了特定年代所特有的"大锅饭"现象。而"文化大革命"的特殊时期不但形成了"早请示晚汇报"的社会现象，也形成了饭前背语录的饮食文化。改革开放后，经济体制由计划经济转向市场经济，形成了统一的全国大市场，不论客观上还是主观上，都使得北京饮食市场成为一个面向全国和全世界的自由市场。正是在这样的情况下，北京饮食文化才从新中国成立初期的刻板单一走向了当代的绚丽多彩，人们的饮食选择才变得更加丰富而多样。

2. 文化的多元性

多元性主要是指当代北京饮食文化融合了古今中外的各种因素，使其内涵更加丰富、广博和具有多层次性。如果说包括宫廷饮食文化、官府饮食文化、庶民饮食文化，以及寺院饮食文化、少数民族饮食文化在内的北京传统饮食文化也是多元性的话，那么这种多元性则具有更多的等级色彩和身份属性。而在当代，北京饮食文化的多元性则更多地指向平等、多样和丰富。例如在原材料方面，不但种类大大增加，而且人们对材料的质量、特性都有了更高的要求。社会的进步和物质条件的改善，使得更多的人可以追求更高层次的饮食需求。相对于传统社会而言，当代人对于饮食的需求也随着各自生活状况的不同而大有不同，丰俭浓淡，各有所需，既有专注于享受以品尝美食为乐的美食家，也有只为一饱，讲求省时、方便的公司白领。从民众自身的身体属性出发，既有求每餐量大价廉的农民工群体，又有求量小质精的老、病、孕、婴人群。具有不同属性的群体，如宗教人士、少数民族，以及来自不同地域的人们，其饮食需求也各有差异。在消费上，人们去餐厅吃饭，有的追求实惠，有的追求面子，有的追求方便。而商务宴请又多追求排场与档次。这种饮食消费的多元性，不但彰显了当代北京社会的高度异质性，也说明了当代北京饮食文化所具有的丰富内涵。

3. 高度的开放性

当代北京饮食文化的开放性与北京的人口双向流动呈正相关关系。改革开放之前，北京人口处于政治主导型的人口双向流动之中，既有进又有出，如"大跃进"期间，从农村调入大量人口来京"大炼钢铁"，又如北京知青大规模下乡等。他们既带来了各自家乡的饮食文化，也带走了京城的饮食文化，使北京饮食文化一直呈现开放状态。改革开放以后则是以经济为主导的人口流动及市场信息传播，特别是国际市场信息的传播。如果说改革开放以前的计划经济体制是一种封闭和保守的社会设置的话，那么，市场经济则必然意味着开放，这种开放不仅包括对国内的开放，更包括对国际市场的开放。这种开放政策的实行对北京饮食文化的影响是十分重大的，它使得北京饮食文化迅速国际化，也使人们的饮食方式更加国际化，并且使餐饮企业经营的市场化程度提高，行业竞争日益全球化。[①]西方餐饮文化的进入不仅丰富了北京饮食文化的内涵，而且使得西方餐饮企业规范有序的经营理念得以传播，这在某种程度上推动了北京饮食文化的持续发展。

第二节　推陈出新的餐饮文化

一、持续发展的中餐

中餐是北京饮食文化的主体，包括"老字号"、风味小吃、传统菜肴和京郊乡村饮食在内的各种饮食文化，共同创造着当代北京饮食文化的丰富内涵。

1."老字号"

新中国建立初期，由于经济低迷、市场萧条，许多"老字号"餐馆相继歇业，没有停业的也是勉力维持，经营十分困难。面对这种情况，北京市人民政府采取扶持"老字号"餐饮业持续发展的政策，通过"公私合营"，使原来属于私人所有的饭馆酒楼成为国营企业的一部分。这些留存下来的"老字号"大多成为政府外事接待、文化艺术界名人聚会宴饮的场所。"文化大革命"期间，这些"老字号"作为"破四旧"和"封资修"的重要对象受到打击，原有的餐馆建筑受到破坏。改革开放后，在政府的大力支持下，许多"老字号"逐渐恢复，并重新振兴。特别是像"全聚德""东来顺"这样的知名"老字号"餐馆积极应对市场挑战，通过产权重组，强强联合等措施建立企业集团，从而成为北京饮食服务业中的大型骨干企业，并取得了不俗的业绩。2006年，商务部实行"振兴老字号"工程，发布《"中华老字号"认定规范（试行）》，计划三年内在全国范围内认定1000家"中华老字号"，首批认定的177家老字号中，北京入选67项。其中饮食类占了一半以上。北京的老字号餐馆有：来今雨轩、馄饨侯、柳泉居、烤肉宛、砂锅居、同和居、烤肉季、鸿宾楼、首都玉华台、同春园、华天延吉、又一顺、峨眉（酒家）、便宜坊、都一处、一条龙、全聚德、丰泽园、听鹂馆、东来顺等。

北京"老字号"餐馆的文化特色主要表现在其悠久的历史和饮食特色上。可以说，几乎所有的"老字号"餐馆都有上百年的历史，它们记载着中国社会文化

---

① 刘小虹：《北京餐饮业概况和发展趋势》，《中国食品》，2005年第24期。

的变迁，也传承着中国优秀的传统文化。从某种意义上讲，保护"老字号"就是保护中国传统文化，保护历史的印迹。"老字号"不仅是北京饮食文化的精华所在，而且作为当代北京的一张名片，向世界各地的人们展示着北京文化的博大与精深。比较有代表性的老字号名品如"全聚德"的烤鸭、"东来顺"的涮羊肉等。北京餐饮"老字号"的百年传承不仅积累了历史的厚度，更为重要的是在它们身上凝结着中国传统商业文化将经济利益和社会效益完美结合的文化品格。通过"老字号"我们可以看到中华商业文化一脉相承的发展历程。

2. 北京风味小吃

北京小吃也经历了一个曲折的发展历程。新中国成立后，在社会主义改造的过程中，小吃摊和民间集市被当作"资本主义尾巴"受到打击，包括"老字号"和小吃铺在内的饮食行业成立国营"饮食公司"，统一经营，有的规模太小被撤并。大跃进时期，许多小吃摊、小饭馆被集中到护国寺和隆福寺等少数几家国营小吃店，这些小吃传人或经营者成为国营职工，从而使得许多小吃迅速消失。"文化大革命"期间，小吃经营更是不被允许的事情。改革开放后，市场的开放才重新使小吃经营发展起来。私营经济的起步，个体经济的兴起，使得民间小吃获得了发展的第二次春天。如今，在钟楼和鼓楼之间，在北京王府井，以及后海孝友胡同中和牛街、"簋街"，都形成了具有一定规模的小吃市场。特别是孝友胡同的"九门小吃"，集中着爆肚冯、小肠陈、茶汤李、年糕陈、奶酪魏、羊头马、豆腐脑白等许多传统特色小吃。

北京小吃种类繁多，既有回民小吃，又有汉族小吃，制作精良，色香味俱佳，老少皆宜。特别是豆汁儿、炒肝儿等小吃，已经成为北京小吃甚至北京文化的一个象征，受到人们的青睐，以至于有人说："不喝豆汁儿，算不上北京人。"而在庙会、传统节日等传统文化集中的场合，小吃更是不可或缺的重要角色。人们在逛庙会、品小吃的同时，体验传统文化，感受民族传统的魅力。

3. 传统名菜

北京的传统名菜众多，它包括宫廷菜、官府菜、寺院菜、民族菜以及民间庶民菜等。在北京城的"堂""居""楼""春"兴起的年代里，传统名菜各领风骚。新中国建立后，人民政府又从各地引进知名菜馆，如"老正兴""曲园酒楼""四川饭店""晋阳饭庄"和"广东餐厅"等。同时，北京著名的"谭家菜"在周恩来总理的关怀下获得了重生的契机。改革开放后，人民政府为繁荣北京餐饮市场，再次从外地引进著名餐馆，包括以"大三元"为代表的粤菜、以"奎元馆"为代表的杭菜、以"松鹤楼"为代表的淮扬菜、以"洞庭湖春"为代表的湘菜等纷纷入驻京城。到20世纪八九十年代，形成了一波又一波的"粤菜热""川菜热"。传统名菜进京，不但丰富了北京饮食文化的内涵，更是使得南方菜和北方菜在北京这样一个文化底蕴丰厚、人文历史悠久、才俊明贤众多的地方互相借鉴与融合，从而开出了一朵又一朵鲜艳娇美的"美食之花"。

北京菜虽然并不属于"八大菜系"，但是北京菜既融合了北方菜系料足味重的特征，又具有南方菜系所具有的做工精致的优点，因此可以说，北京菜博采众长，海纳百川，自成一体。北京菜不仅有众多烹调高手，更有许多文化名人和美食家参与其中，使其形成不同凡响的文化底蕴。优越的地理与物产优势、历史与政治优势、经济与文化优势、技艺与品种优势成为北京菜不断推陈出新并发展壮大的重要依凭。①

二、方兴未艾的西餐

北京地区的西餐文化是同中国社会的现代化进程一同起步的。新中国成立后，北京仅存了不多的几家俄式餐馆。改革开放后，西方的餐饮企业开始大规模进入中国。这时，西方饮食理念才全面而深刻地介入中国人的饮食生活。

这一时期引入中国的西餐主要是洋快餐。欧美的快餐业早在20世纪30年代就已经起步了，至今已经是发展十分成熟的一个行业，但是其传播到中国却是20世纪八九十年代的事情。这主要是由于中国的工业化进程起步较晚，很长一段时间里人们的观念仍然停留在传统的饮食习惯上。而另一方面，中国社会在改革开放前社会发展节奏没有西方那么快，因此人们也不必要在饮食上节省时间。当然，也还有社会环境和政策的原因所在。而当代社会，洋快餐的迅速发展，不仅是国内饮食市场对外开放的结果，也是中国城市快节奏的生活所需要的，而包括饮食文化在内的西方文化的流行，更使得洋快餐更加容易被人们接受。比如：

1987年，著名快餐连锁企业"肯德基"在北京前门西侧开业。开业当日，许多家长带着自己的孩子涌入肯德基，人们在品尝炸鸡、可乐和薯条的同时，也体验到了美国快餐文化所带来的新奇。很快，肯德基以其便捷、高效和高质量的服务赢得消费者的信任，在北京陆续开办了许多新店。与肯德基同属美国百胜全球餐饮集团的"必胜客"是全世界最大的比萨饼连锁企业。必胜客除了供应意大利式正宗比萨饼、意大利面之外，还售卖各种色拉、炸薯条和咖啡、红茶、果汁饮

---

① 朱锡彭、陈连生：《宣南饮食文化》，华龄出版社，2006年，第1～16页。

料、可乐、冰激凌和甜品。其外观标志为"红屋顶"。1990年，必胜客在北京开张了第一家店。"麦当劳"进入中国稍晚。1992年4月北京第一家麦当劳餐厅在王府井大街开业，开业当天顾客爆满。到1992年年底就在北京开了四家连锁店。麦当劳迅速被中国消费者认可，其"顾客为本"的服务理念和周到、殷勤的服务受到人们的普遍赞赏。除了肯德基、必胜客和麦当劳这三大西式快餐连锁企业，北京还有以"西部牛仔"风格闻名的"星期五餐厅""乐杰士""巴西烤肉"等快餐厅。此外，还有如"面爱面""三千里"的日韩料理，以及"永和大王"的港台餐饮也都能在北京找到。

洋快餐进入中国，其最大的意义在于为人们带来了高效率、高质量、连锁化、标准化的国际餐饮经营理念，其科学、有效的管理方式和在招聘、培训、管理员工方面的制度，亲民的品牌形象，丰富多彩的促销方式等，都为中国餐饮企业的发展提供了借鉴。西餐在中国的发展，促使中国餐饮业在经营理念的国际化、管理技术的现代化、生产手段的科学化和人才培养的制度化等方面不断改进，同世界接轨。对消费者而言，西餐的进入改变了人们的消费观念，人们更加注重品牌意识，就餐的环境和服务质量。也使人们的生活方式有了一定的改变，人们开始频繁地光顾西餐厅，从而省下许多宝贵的时间来做更有意义的事情。①

三、茶文化、酒文化和咖啡文化的兴起

同食物的选择一样，当代的北京人对饮品的选择也是多样化的，既包括传统的红绿花茶，也包括近年来新兴起的咖啡、可乐、奶茶、果汁等各种西式饮料。而啤酒文化，则或许更多地受到港台和广东等地的影响。但是，相对来说，茶馆、酒吧和咖啡馆成为人们在娱乐、休闲的时候，消费各种饮品的集中场所，因此，茶馆、酒吧和咖啡馆就集中代表了当代北京饮品的发展状况。

1. 茶文化

茶文化在中国具有十分悠久的历史。当代北京社会的茶文化一方面继承了传统茶文化所具有的以和为贵、敬如上宾、清正廉洁、恬淡宁静的美学精髓，另一方面又在新的社会形态下衍生出许多不同以往的内涵。新中国建立初期，茶馆被视为封建文化的标志，因此各类大大小小的茶馆基本上就从京城的大街小巷消失了。尽管如此，茶并没有从人们的生活中消失。茶叶还是人们用来待客的佳品或

---

① 陈忠明：《饮食风俗》，中国纺织出版社，2008年，169页

者用来作为馈赠亲朋好友的礼品。不仅如此，茶叶还作为新中国重要的外贸物资为国家换取外汇。1950年，毛泽东主席访问苏联，苏联贷款3亿美元给中国，中国则用包括茶叶在内的物资进行偿还。改革开放以后，茶文化又开始在北京地区兴盛起来，并与相声、评书等民间说唱艺术结合起来，形成了一种生活方式和文化潮流。人们在品茶与休闲的同时，欣赏评书、戏曲、相声等各种文艺节目，从而获得了身心的放松。当前，北京最有名的茶馆有老舍茶馆、老舍茶馆–四合茶院（又称为前门四合茶院）、前门大碗茶、德云社茶舍、张一元天桥茶馆等。其中老舍茶馆建立于1987年，是改革开放后开张最早的茶馆。之后又有大批茶艺馆、茶楼兴起，多达数百家，推动了京城茶文化的普及。

除了茶馆之外，当代茶文化发展的另一个潮流就是茶文化主题Mall的兴起。2008年5月份，国内首个茶文化主题Mall——满堂香中国茶文化体验中心在马连道茶叶特色街落成并对外开放。茶主题Mall首次将博物馆、茶艺馆、科普课堂和商场四种功能融合在一起，创造了一个很好的茶文化普及的形式。

2. 酒文化

中国是酒的国度，中国人饮酒的历史可以追溯到史前时期。一直以来，中国的酒文化是以白酒为主，而啤酒、葡萄酒等基本上是舶来品。新中国成立初期，国家对酒实行专卖政策，酒的生产计划由专卖公司统一制定。1958年，国家只对名酒和部分啤酒实行统一计划管理，无形中取消了酒的专卖。文化大革命期间，多数地区酒类专卖机构被撤销，但是，酒的生产和销售仍然处于国家控制之下。在酒的消费方面，除了国营工厂生产的各种酒品，农民自家也用糯米酿造米酒，用来待客，也自己消费。改革开放以后，国家对酒的生产和销售不断放开，各种酒吧开始出现。

北京的酒吧文化主要是受港台地区的影响发展起来的。当前北京酒吧比较集中的地区包括三里屯酒吧街、北京大学南门、西苑饭店南侧、什刹海、酒仙桥、驼房营和大山子等远离中心城区的地方。[1]三里屯酒吧开业较早，吧内装修充满欧洲风格，让人感觉如同到了西方世界一般。后来，又有几家酒吧先后开业，而后这一地区迅速成为北京城有名的酒吧街。西餐、饮料和音乐是这条酒吧街的重要特色。辉煌的霓虹、震耳的音乐、各色的外国人，使这里成为年轻人追逐的时尚之地。

3. 咖啡文化

早在20世纪初，北京就有了外国人经营的咖啡馆，二三十年代，东安市场出

---

① 祁建：《北京餐饮的变迁》，《传承》，2009年07期。

现了中国人经营的咖啡馆。但由于那时咖啡文化的受众有限，因此，这些咖啡馆的影响并不大。咖啡文化在北京地区真正的兴起还是20世纪90年代的事情。改革开放后的1999年，星巴克在国贸大厦开设了北京地区的第一家店面，除了经营各种味道纯正的咖啡外，也有多种口味的英式红茶及茶点售卖。星巴克以其大写英文"STARBUCK"为标志，连锁经营，营造了一种随意、简洁、方便、闲适的氛围，并提供上网服务和书刊服务，因而得到在京的外国人和公司白领追捧。此后，星巴克在北京以至全国迅速开设了许多分店，在大型写字楼、购物中心、机场、车站都能看到统一装修风格的星巴克连锁店。"上岛咖啡"也是北京餐饮市场一家规模较大的台资咖啡连锁店，其口号是"源于台湾，香闻世界"，主要经营芳香醇正的正宗手工研磨咖啡和饮料，以及各种中西茶饮和多款具有台湾特点的中式商务套餐。上岛的经营理念和星巴克不同，上岛显得严谨、有序、正式。目前，北京的咖啡馆、咖啡厅随处可见，许多咖啡厅不光经营咖啡，也有红茶和其他饮品供应。这一时期，北京还出现了许多特色咖啡厅，有的提供艺术影片请顾客欣赏，有的则以有爵士乐、摇滚乐的演出而著称，令人流连忘返。

当前，随着中国经济的不断发展，越来越多的人开始加入咖啡的消费大军。咖啡成为家庭、办公室和各种社交场合的必备饮品，它不但与时尚、现代联系在一起，还为人们营造了一种轻松、休闲的生活气息，因而受到许多人的青睐。

第三节　家常饮食的变迁

一、饮食结构由单一到多元，注重健康

1. 主食和副食

北京属于北方地区，一般而言是属于以面食为主粮的区域，但是就整个饮食结构中主副食的比例而言，不同时代和不同群体是有差异的。改革开放以前，受制于匮乏的物资供应状况和人们较低的收入水平，人们的家常饮食只能是以米面等主食充饥，副食品只能是作为一种调剂品出现。肉、蛋、糖、奶只能是年节期间或婴儿、老人，以及客人所享用的东西。改革开放后，京城的市场的食品货源不但来自京郊，而且来自全国各地，使得京城的各种副食品极易购得，加上人们生活条件的改善和收入水平的提高，百姓餐桌上的副食品已经非常丰富，肉、蛋、奶、水果、蔬菜长年不断，人们不再只靠主食充饥。人们的饮食习惯也逐渐

发生了改变，早餐喝一杯热牛奶，也已经成为个人的一种饮食习惯。京郊农民的饮食结构有别于市区，所吃粮食均系自产，其中粗粮所占的比重较大，如各种杂粮、玉米、豆类、白薯等。各种蔬菜和水果也很丰富。城乡两地的食品富足，生发了城乡之间的互动，农民在饮食方式上有意识地模仿城市居民，①而城市居民为了躲避城市嘈杂的环境和缓解日渐增大的生活工作压力，而选择到乡村度假、品农家菜这种生活方式也形成了城乡饮食结构的互补。

2. 荤菜和素菜的"轮回"

改革开放前，荤菜在人们的饮食生活中都是作为一种稀缺品出现的。虽然大多数农民家里都会养猪养鸡，但是，这些家禽家畜主要是用来贴补家用而非食用，而且不成规模，数量很少。所以各家很少吃肉。改革开放后，市场经济确立，农村的养殖业获得飞速的发展，北京的肉产品供应获得了根本性的改善。猪肉、鸡肉等肉类产品的价格有了较大幅度的降低，使得一般老百姓都能吃得起。于是百姓的餐桌上各种肉类菜肴日渐丰富，极大地满足了人们的口腹之欲。但随之而来的是城市文明病的出现，过多肉类与脂肪的摄入，引发了"高脂肪、高血压、高血糖"人群的出现。于是人们开始控制对高脂肪及肉类的摄入，提倡吃淡、吃素、吃果蔬，素菜和粗粮重新回归餐桌。虽然这看起来似乎又回到了当初少肉多菜的年代，但实际上这却是社会进步，是人们的饮食观科学、健康的表现。蔬菜含有较多的维生素，能够补充人体所需要的大部分营养物质，不论是在物资匮乏的年代还是商品丰富的社会，都成为人们餐桌上不可缺少的一部分。当今素菜的回归餐桌，其意义已是今非昔比。在贫困年代人们是由于缺粮少食才被迫选择以各种蔬菜，特别是各种野菜来充饥，这就是20世纪60年代灾荒时期人们所说的"瓜菜代"，即以瓜菜代粮。然而在当代社会，人们开始越来越多地选择各种野菜和粗粮，则是出于健康和营养平衡的考虑。

二、饮食习俗的变迁与传承

1. 岁时节令食俗

改革开放前，一些传统习俗被当作"封建"和"落后"的事物受到批判，尽管如此，这些传统食俗并没有从人们的饮食生活中完全消失，特别是各种时令性

---

① 陈映捷、张虎生：《对城镇生活的想象与认同——浙北C村的日常消费研究》，《民俗研究》2011年03期

的吃食，还在调节和改善着人们单调的饮食生活。改革开放后，随着社会环境的改变和传统节日的复兴，岁时节日食俗日渐兴旺，一些民俗食品已经成为传统年节的标志。

当今，"咬春""撑夏""摸秋"和"蒸冬"等传统食俗，大都已从北京地区人们的饮食生活中消失，但是北京的春夏秋冬四季，仍保留有较典型的岁时食俗。春天，人们仍然刻意去菜市场买到春笋、香椿、蕨菜、荠菜等初春食物，感受春天的气息。北京人在春天还要吃春饼，白面做成的春饼又薄又软，用春饼抹甜面酱、卷洋角葱吃。讲究一些的人家吃春饼用"和菜"卷起来吃，从头吃到尾，叫"有头有尾"，取吉利的意思。"和菜"就是用时令蔬菜的菜心切成丝，再加韭黄等炒成菜。吃春饼的时候，全家围坐一起，把烙好的春饼放在蒸锅里，随吃随拿，图的是吃个热乎劲儿。夏天的时令食物则有酸梅汤和各种时鲜果蔬。盛夏之时，北京有"头伏饺子二伏面，三伏烙饼摊鸡蛋"的说法，初尝夏收的成果。秋天有莲蓬、菊花茶，新粮新果也陆续上市。冬天萝卜上市，又有一批热气腾腾的应季小吃上市，让北京人一饱口福。而年节期间的饮食就更加丰富，除夕人们一家团团圆圆吃年夜饭，现今许多餐馆推出了定制年夜饭，给百姓提供了挺大的方便，全家人可以边看"春晚"边吃年夜饭。大年三十自然也少不了饺子。正月十五"元宵节"，家家户户煮元宵。五月初五"端午节"，北京各大超市都会推出各式各样的粽子：白粽子、小枣粽、豆沙粽、肉粽等。[1] 八月十五"中秋节"也是商家大力推广月饼的节日，百姓各家吃月饼并与亲友互送月饼。到了"腊八节"的时候，许多超市也会推出用各种豆子、杂粮等搀和成腊八米给人们做腊八粥。

这些岁时食俗，都是农耕文化的产物，千百年来先民们日出而作，日落而息，耕耘在这片土地上。他们历经着春的升发，夏的耕耘，秋的收获，冬的收贮，他们恪守农时，敬畏自然，创造了"节气"，书写下了中国的农耕文化。

在这些传统的岁时食俗重新复兴的同时，我们注意到出现了许多新的现象，当代社会的年节食俗已经失去了传统食俗中所具有文化内涵，祭祀活动大大减少，人们对于年节饮食中所具有的民俗含义已经不太关注，整个社会的民俗心理已经发生了根本性的改变。随之而来的是，各种岁时食俗中都增加了许多娱乐因子，年轻人的参与就更是一种好奇和尝鲜的心理所致。同时也出现了较浓郁的商业化色彩。甚至可以说，年节文化已经从某种程度上成为商家所营造出来的"粽

---

① 陈忠明：《饮食风俗》，中国纺织出版社，2008年，第21页。

子节""月饼节""元宵节",文化的内涵则被弱化了。值得注意的是随着时代的变迁,在年节食俗的传承中出现了一些新食俗,例如我们上面所讲的到饭店吃年夜饭,除夕夜全家看春晚,到超市买腊八米,以及时令饮食常年化的问题等等,这些都是值得我们关注的新现象。

2. 人生礼仪食俗

人生礼仪食俗主要就是人们在出生、满月、百日、成年、婚嫁、丧葬等人生关口的饮食习俗,充满了对生命的敬畏。

人生礼仪食俗的发展也经过了改革开放前后两个不同的阶段,改革开放前,由于生活水平较低,也不太彰显个性。特别是文化大革命的极左思潮,使得人们的婚丧嫁娶等都处在一个低调而节俭的状态。结婚时,社会提倡举行"革命化的婚礼",并不大操大办。家里有人去世,也只是简单地通知一下亲人,然后就送到火葬场了。也很少有人家办满月酒为孩子庆生或为老人庆寿。改革开放后,各种仪式开始兴盛起来,特别是有的家境比较优越的人家,婚嫁和丧葬的规模都比较盛大。办婚事的主家,早早在酒店预订好宴席,向亲戚朋友广发邀请函,并请专门的婚庆公司主持操办婚礼。而农村里还有一些人家习惯请专门的红白事班子在家里做酒席款待亲朋好友。农村的白事要比城市地区隆重一些,要在家停灵两三日,接受亲朋好友的吊唁,酒席的置办跟婚嫁差不多,也是请专门的红白事班子来做,只不过场面多了许多哀伤的气氛。过生日原来只是老年人的专利,但是现在许多年轻人,特别是小孩子热衷于过生日,请一大堆同学朋友在家里或者到饭馆里吃生日蛋糕、唱生日歌。而老年人过生日则是年龄越大场面越隆重,一般都要吃长寿面。

人生礼仪将个人和周围的社会联系起来,通过举行相关的宴会以使与自己有关的社会关系网络更加牢固。

第四节　饮食文化的新发展

一、饮食文化始登学术殿堂

北京地区的饮食文化研究是和饮食文化学这一学科的发展紧密联系在一起的。从1949年至1979年,受制于当时整个时代的特定国情,饮食文化研究处于萧条阶段,相关研究并不十分丰富,而从1980年至今,在中国饮食文化研究方面,

20世纪80年代和90年代都有不俗的表现，而海外对中国饮食文化史的研究则以日本较为突出。[①]而就北京当地的饮食文化研究而言，主要是一些散文性的随笔和介绍性的科普读物，比较深入的学术著作并不多见。但是，人们已经开始从学术角度来认识饮食文化，但尚未形成规模与气候。就北京情况而言，著述中对北京区域饮食文化的关注较少，从宏观的大历史角度对北京饮食文化进行理论梳理与总结的少，对当代北京饮食文化的研究也比较欠缺，但毕竟开始起步了。

第二个方面就是相关学术会议的召开。最有影响的当属1991年在北京召开的"首届中国饮食文化国际研讨会"，这次会议由北京市人民政府、中国食品工业协会、中国烹饪协会、中国国际经济技术交流中心、北京中国饮食文化研究会联合主办，会议共收到各类有关中国饮食文化的研究论文184篇，来自国内外的众多学者就中国饮食文化的历史、现状和发展趋势和各自的研究成果进行了广泛的交流。[②]这次会议拉开了中国饮食文化研究的新序幕，使全国的饮食文化研究迈上了一个新台阶。在这次会议的带动下，各类有关饮食文化的学术研讨会接连召开，饮食文化进入了蓬勃发展阶段。

第三个方面就是饮食文化课程进入了高等教育。当前，高等院校所开设的饮食文化课程主要有两类。一类是有关餐饮方面的烹饪课程，有一些院校设置了餐饮或者烹饪类的专业，如北京联合大学旅游学院开设了餐饮管理系、北京吉利大学旅游学院开设了餐饮管理专业、北京民族大学开设了餐饮管理专业等。第二类是有关饮食文化的课程，这类课程大多开设在高校的管理学院和文学院等院系，如北京师范大学文学院开设的"中国饮食文化的特征"课程；北京语言大学开设的"中国传统的饮食文化及其现代阐释"课程；北京工商大学开设的"中华传统饮食文化"课程，北京林业大学开设的"酒类鉴赏与饮食礼仪""饮食与健康""绿色食品与功能食品概论"和"食品营养"课程。针对这两类课程，各高校也组织编写了不少烹饪学和饮食文化学的教材。

二、北京的饮食文化节

近年来，各种具有北京地域风情的饮食文化节层出不穷。这类节日以"美食"为招牌，推出各种具有特色的美食和展销活动，受到美食爱好者的欢迎。美

---

① 姚伟均：《中国饮食礼俗与文化史论》，华中师范大学出版社，2008年，367~385页。
② 彭信：《友谊·合作·发展——首届中国饮食文化国际研讨会在北京举行》，《中国食品》，1991年08期。

食节举办期间通过现做现吃、非物质文化遗产展示、传统技能技艺表演、特色产品展销、商务合作洽谈等多项活动吸引了大量京内外的美食爱好者、餐饮客商和普通市民的参加。

如2010年8月"首届北京台湾美食文化节"启动仪式在北京台湾街隆重举行，活动历时一个月，打造了北京台湾街品牌形象，提高了北京台湾街美誉度，促进了台湾特色食品的消费。

2011年8月"中国火锅节暨北京火锅美食文化节"在北京天通绿园美食城开幕，火锅节吸引了京内外24家火锅类餐饮企业参加，弘扬了京城的火锅文化。

2011年8月"第四届北京清真美食文化节"在牛街举办。本届清真美食文化节主题为"宣传党的民族政策，弘扬清真饮食文化，拉动清真餐饮消费，服务京城百姓"，为素有盛名的京城清真美食又添新绿。

2012年5月"吃在北京美食文化节"在北京前门步行街拉开帷幕，120余家京城内外的特色名吃、品牌餐饮和名优食品沿着古韵天街一溜排开，吸引众多游客争相品尝购买。

京郊各地还凭借自身盛产果蔬的资源优势举办各种特产节，如大兴的"西瓜节"、平谷的"桃节"、怀柔的"板栗节"等，使京城百姓大饱口福。

三、饮食文化新潮流

1. 崇尚纯天然的绿色有机食品

有机食品（Organic Food）是近年国际上对无污染天然食品的统一提法。它来自于有机农业生产体系，是一种根据国际有机农业生产要求和相应标准生产加工，并通过独立的有机食品认证机构认证的农副产品。其最主要的特点在于生产和加工过程中不使用任何人工合成的农药、肥料、除草剂、生长激素、防腐剂和添加剂等化学物质，注重生态环境保护和资源的可持续利用，是一种标准化、规模化的农业生产方式。在这种优良的生长环境中生产出来的农产品没有化肥和农药残留，或者残留量很低，对人们的身体健康十分有利，北京有的商家在专营有机食品、饮品，如有机菜、有机茶等。

2. 饮食与保健、养生相结合

在中国传统饮食文化中有"药膳"和"食疗"的说法，但是这种饮食方式更多的是和中医结合在一起，而且其重点在于"疗"，目的也在于"疗"，推崇这种饮食方式的人以老年人为主。而近年京城兴起的饮食保健和饮食养生则是通过有意识地对饮食和生活进行调理，于不知不觉中达到保健和养生的目的。由于这种生活方式简单易行，因此受到社会上许多人的青睐，并因此而形成一种饮食潮流。这种生活方式讲究将饮食、运动和日常作息结合起来，培养一种健康的、有规律的生活习惯。而具体的饮食内容，则根据气候和季节的不同而有所不同。例如，春天天气多变，乍暖还寒，这个季节应多吃清淡易消化食品。夏季酷热多雨，人的腠理开泄，暑湿之邪最易乘虚而入，所以在饮食上应注重清热除湿，不宜食用温补燥热的食物，少吃辛辣，多吃果蔬。秋季暑热未尽，凉风时至，秋燥易伤津液，因此，要及时补充水分，饮食以滋阴润肺为佳。冬天天气寒冷，是进补强身的最佳时机，日常饮食要以温热性食物为主，最宜食用能滋阴潜阳、热量较高的食物以及青菜、菇类等绿色蔬菜。如今这些理念已经深入到京城百姓的心中。

3. 注重粗粮细粮相搭配，保持营养平衡

20世纪80年代以来，随着人们生活水平的提高，包括高粱饭、豆饼、窝窝头在内的粗粮食品逐渐从人们的食单上消失了，人们的饭桌成为大米白面的一统天下。而近年来随着绿色有机食品的广泛流行，以及健康意识的加强，人们逐渐认识到粗粮作物中也含有大量人体所缺乏的营养物质，粗粮和细粮食品相结合，可以有效地补充纯细粮中营养元素的缺乏，特别是对于那些比较挑食的少年儿童来说，粗粮更能补充他们成长所需要的许多营养物质。也给常吃细粮的人换个口味。如今京城的小吃店里，卖菜窝头、菜团子、杂面条的摊位经常排长队，为的就是吃上一口粗粮。京城的百姓还喜欢吃野菜，常吃野菜，可以有效地缓解高血压、高脂肪、高血糖等富贵病。在京城的一些菜店里，一些野菜比细菜还受欢迎，往往也能卖出个好价钱来。

第十一章　概述

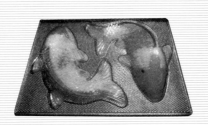

中国饮食文化史

京津地区卷

天津部分

　　天津地区位于海河之滨、渤海之湾，其地形多样，北部是山区，南边是平原，依山傍海，河道众多，气候温润。多样的地形，温润的气候孕育了丰富的饮食物产。清代张焘在《津门杂记》中记载："津沽出产，海物俱全，味美而价廉。春月最著者有蚬蛏（xiǎnchēng）、河豚、海蟹等。秋令螃蟹肥美甲天下。冬令则铁雀、银鱼，驰名远近。黄牙白菜，嫩于春笋。雉鸡鹿脯，野味可餐。而青鲫、白虾四季不绝，鲜腴无比。至于梨、枣、桃、杏、苹果、葡萄各品，亦以此产者

图11-1　天津市行政区划地图（天津政务网）

为佳。"丰富的物产正是天津地区饮食文化繁荣的坚实物质基础。

天津地区建城至今已有600多年，不过在建城之前就有长达万余年人类活动的历史了。自周代以来，天津地区的隶属与建置历代均有变化。在长期的历史发展过程中，天津地区不断地与外来文化交流，逐渐形成了具有突出地域特色而又富有生命活力的地方文化，具有鲜明的包容性。天津地区的地理环境与历史文化的发展是天津地区饮食文化形成的重要因素。

第一节　临河滨海的地理环境

天津地区位于华北平原的东北部，北依燕山、西靠太行、东滨渤海、南连平原。北起蓟县古长城脚下黄崖关附近，南至大港区翟庄子以南的沧浪渠，南北长189公里；东起汉沽区盐场洒金坨之东的陡河西排干大渠，西至静海县子牙河畔王进庄以西的滩德干渠，东西宽117公里。总面积11919.7平方公里，海岸线长153公里。

一、地形多样，气候温润

天津地区地势西北高，东南低，以平原和洼地为主，北部有低山丘陵，海拔由南向北逐渐下降。地貌主要有山地、丘陵、平原、洼地、滩涂等。

天津地区的山地面积约651平方公里，主要分布在蓟县北部。丘陵海拔在200米以下，分布在蓟县的燕山南侧。洼地分为两类，一类是交接洼地，在山洪冲积扇的扇缘与河海冲积平原的交接处形成地势低洼的洼地。另一类是河间碟形洼地，在河海冲积平原上，众多的河道穿插分割形成了一些碟子形的洼地。因此，天津地区有像"团泊洼"等很多带有"洼"字的地名。平原是天津地区陆地的主体部分，分布在燕山之南至渤海之滨的广大地区，属于河海冲积平原。天津地区博物馆研究员韩嘉谷先生在其著作《天津地区古史寻绎》中说："天津地区平原基本上是全新世海浸的海面下形成的"。因此天津地区是我国海拔较低的城市。

由于海拔较低，所以天津地区河道众多，是海河五大支流南运河、北运河、子牙河、大清河、永定河的汇合处和入海口，素有"九河下梢""河海要冲"之称。流经天津地区的一级河道有19条，总长度为1095.1公里。还有子牙新河、独流减河、马厂减河、永定新河、潮白新河、还乡新河等6条人工河道。

天津地区位于中纬度欧亚大陆东岸，主要受季风环流的支配，是东亚季风盛行的地区，属暖温带半湿润性季风气候。主要气候特征是，四季分明。春季多风，干旱少雨；夏季炎热，雨水集中；秋季气爽，冷暖适中；冬季寒冷，干燥少雪。

在这个地形不同、土壤类型多样的区域生长着种类丰富的动植物。四季分明，温暖湿润的暖温带半湿润性季风气候决定了物产具有鲜明的季节性。长达200天左右的无霜期与2500～2900小时的光照时间为农业生产提供了良好的气候条件。天津地区的地理环境为区域内丰富的物产生长提供了便利的自然条件。

二、以河海两鲜为主的饮食物产

"九河下梢"的地理环境造成地势低洼，斥卤遍布。这种不利于农业种植的环境却孕育了丰富的海盐资源，不仅带动了煮盐商业，居民在饮食口味上也偏咸。河道交织，濒临渤海湾，每年四季都有大量河海两鲜上市。地理环境与物候条件决定物产，物产决定饮食原料。人们在适应自然环境与社会环境的过程中形成了饮食结构。

天津地区菜肴受自然物产的影响，以河海两鲜为主。"吃鱼吃虾，天津为家"的坊间民谚，表明天津地区富产鱼虾，人们日常饮食就食用鱼虾。"当当吃海货，不算不会过"，是饮食结构对天津地区人饮食观念的影响。

三、饮食物产影响下的津菜

津菜发展的先天条件是地理环境。津菜名菜和大众菜中多为以河海两鲜为原料，其次是鸡、鸭、牛、羊肉等。天津地区人民充分利用本地饮食物产，选择或改进烹饪技法，制作出众多的名菜佳肴。中国财政经济出版社1993年出版的《中国名菜谱·天津风味》收录天津地区名菜248道，其中以河海两鲜为原料的占119款，占总数的48%。40道禽蛋类名菜，鸡肉菜肴16道，鸭肉菜16道，铁雀菜肴4道。从这一数字可知天津地区河海两鲜菜肴众多。禽蛋类菜肴几乎全是以天津地区物产为原料。还有一些原料如栗子、大蒜、白菜、野鸭等也都是天津特产，在相互搭配食用的过程中，就创制出了一些地方名菜，如："黄焖栗子鸡""大葱鸡""蒜蓉凤脯""麻栗野鸭""蟹黄白菜""栗子扒白菜"等。往往一种特产就能生发出好多种菜品。如"金眼银鱼"就是天津地区特产，明清两代是供奉皇室的贡品。人们以银鱼为原料制作出"白汁银鱼""高丽银鱼""硃砂银鱼""银鱼紫蟹火锅"等名菜。又如与银鱼齐名并称的"七星紫蟹"闻名京都，以其为原料，制作出多种津菜名肴，如："七星紫蟹""华阳紫蟹""酸沙紫蟹"等。在长期食用过程中创制的名菜，把天津的物产做到了高超的境界。

津菜擅长勺扒、软熘、清炒、清蒸等独特技法，尤以"扒"法著称，"勺扒"是津菜绝技。"扒，是将经过初步熟处理的原料齐入锅，加汤水及调味品，小火烹制收汁，保持原形成菜装盘的烹调方法。通常用于鱼翅、熊掌、海参等高档原料，或整鸡、整鸭等。"[1] 如津菜名菜中的"扒通天鱼翅""黄扒大翅""扒蟹黄鱼肚""扒参唇肠""扒鲍鱼芦笋"等都属于高档菜。鱼、虾、蟹、海参、鱼翅等河海两鲜一般要求保持原形成菜装盘。所以，"扒"这种独特技法主要是受原料特点影响而形成的。

津菜口味多变，以咸鲜清淡为主。海鲜口味咸鲜，河鲜口味清淡，这种主要口味同样源自河海两鲜的饮食原料。围绕咸鲜清淡的口味，厨师们运用多种技巧来突出这一美味特色，创造出蹲汤、制汤、燌卤等特色技艺，津菜形成了"无菜不用汤"的特征。同样是天津的物产造就了天津的口味。

中国饮食文化中的"天人合一"思想其实就是自然与人的物质交换，人在自然中获取生存发展的资源，因此要主动适应自然环境顺势而为，而并非无限制地改造索取。天津地区饮食中的原料、烹饪技法、饮食口味等方面的特点就是这一饮食思想的具体体现。

第二节　上下万余年的历史

一、先秦时期——饮食文化的产生形成时期

早在远古的洪荒时代，蓟县一带就有先民的活动。考古证实，蓟县东营坊遗址距今已有1万多年。

史前时期，由于缺乏文字记载，关于这一时期的政治经济概况，是以神话传说或口头英雄史诗的形式再现的。这些口头传承可能含有远古时期的真实历史信息，但是其真实性没有得到确凿的证实。夏朝建立后，在夏王朝王权版图之外存在着一些诸侯国。当时天津地区属于终北国。根据夏商周断代工程的研究成果，夏朝始于公元前2070年，也就是说距今4000年左右的天津地区属于终北国。

商周时期，天津地区属于无终子国，其中心地带位于今天的蓟县。《左传》

---

[1] 中国烹饪百科全书编委会编：《中国烹饪百科全书》，中国大百科全书出版社，1992年。

载："无终子嘉父使孟乐如晋，因魏庄子纳虎豹之皮，以请和诸戎。"[1]春秋时期山戎建立的无终子国已能种植戎菽、戎葱等粮食蔬菜。不过，同狩猎相比，所占比例较小。

战国时期，天津地区以海河为界南北分属赵、燕两国，据《周礼》记载，燕国种植作物中主要有黍、稷、稻，燕国的手工业涉及铁器、铜器、漆器、骨器、玉器与纺织品等工艺行业。从考古发掘的大量燕国刀形币来看，燕国的商业曾经辉煌一时。天津地区临海低洼的地理环境决定了农业发展滞后，这种状况直到明清时期才有所改观。同燕国相比，地处中原的赵国其经济发展水平更高。在农业方面，赵国曾在天津地区的平原兴修水利，治理水患。农作物有黍、粟、麦、菽、高粱等。手工业方面，赵国在战国时代以冶铁著称。除了铸铁外，铸铜、制陶、玉石等行业也比较繁荣。赵国的国都邯郸是战国时期的商业名城。战国时期，燕赵两国的经济发展促进了饮食文化的发展。

从中国历史的社会文化发展情况来看，先秦时期是农耕文明的奠基时期。这一时期，天津地区社会发展处于诸侯王国统治下的王权社会阶段，原始信仰与王权追求并存，来自中原的农耕文化与游牧文化并存。天津地区发掘出来的战国时期的鼎、簋等饮食器具表明饮食出现了阶层分化。就先秦时期天津地区的社会经济与社会文化发展对饮食文化的影响而言，饮食文化处于初始形成的阶段。

二、秦汉至宋辽金时期——饮食文化的缓慢发展时期

秦汉时期，天津地区地处东北边境。秦始皇一统天下后在全国推行郡县制，在燕国故地沿用旧称"右北平郡"，天津地区属于右北平郡的范围。为了加强管辖，在今天宝坻区境内修建了城池，史称"古秦城"。在秦城遗址发掘出的两枚秦代官印证实了这一史实。宁河县的田庄坨和宝坻区的古秦城都出土了印有"大富牢婴"字样的陶瓮残片。裴骃（yīn）在《史记集解》中引用如淳的解释，"牢""婴"分别指"廪食"（即粮仓）和"煮盐盆"，表明这个时期天津地区的农业生产已比较发达，煮盐业也有了管理机构。

西汉时期，天津一带分布着村庄和一定数量的城邑。天津地区的经济在和平时期便能获得发展，一遇战乱便会遭受打击。西汉时期，渤海入浸陆地，天津地区近海一带的繁华景象被海水淹没。东汉后期，海水退回，沧海又变桑田。东汉

---

[1] 杨伯峻：《春秋左传注》，中华书局，1995，第935～936页。

末年曹操北征乌桓，在天津地区平原上开凿了三道河渠，即平虏渠、全州渠和新河。三道运渠作为运粮河道，开辟了天津地区漕运的历史。

曹魏政权在天津地区兴修水利，推行屯田，在一定程度上促进了农业生产。魏元帝景元三年（公元262年），河堤谒者即中央派往地方主管水利的官吏，樊晨奉命改造戾陵堰水门，渠水灌溉良田万顷，渔阳郡和右北平郡均受益。这一时期渤海地区的盐业有了一定的发展，并有了征税机构。《水经注·濡水》中所谓的"盐关口"就是曹魏政权征榷盐税的地方，故址位于今天的宝坻城区。同时，在今宁河县设置盐官，说明煮盐业已发展到需要官吏管理的程度。

东晋十六国时期，虽然一些政权在这里发展生产，但都是短暂的，不久就毁于战乱。北魏时期天津地区分属于浮阳郡的章武县、章武郡的平舒县、渔阳郡的泉州县和无终县。北魏拓跋氏十分重视渤海盐业之利，在天津地区及其附近设立了煮盐灶630余个。

秦汉魏晋时期，儒释道文化都具备了，饮食文化必然要受到三种文化的影响。如在天津武清区兰城遗址的东汉鲜于璜墓中，出土了一件饮食器具"石盒"，盒的一侧斜面上浮雕着一只独角兽。独角兽被称为"仁德之兽"，寓示着主人生前崇尚儒家的仁德思想。

隋代开挖了流经天津地区的永济渠。隋炀帝大业四年（公元608年）挖通的永济渠由静海县的独流镇西折，流向北京地区，形成了京杭大运河。永济渠的漕运是为攻打高丽准备军粮用的。唐代延续了隋的漕运功用，天津东丽区发现的军粮城遗址，就是唐代运粮时修建的仓库。太宗攻打高丽不成，继后兴起的契丹不断扰边，这一地区边患不断。唐代的海运、屯田、盐屯，在一定程度上促进了这一地区的经济发展。为了加强防御侵扰边境的北方游牧民族，政府推行江南粮食补充幽州的政策。平原河流入海的海河口成为漕运的转输基地，史称"三会海口"。唐代开元年间为补充漕运的不足，大力推行屯田制度，幽州节度使兼管河北平原的屯田，幽州一带的屯田多属于军屯。由此看来，唐代天津地区战乱频繁，常驻人口不多，戍边士兵居多。天津一带除了军屯以外还有盐屯，《通典·食货》载："幽州盐屯，每屯配丁五十人。一年收率满二千八百石以上。"

北宋时期，天津地区是宋辽两国的边境，海河以南，修建了水网用来防御辽，人烟稀少。海河以北，一度是辽的疆域。在辽的疆域内经济有所发展。自宋太宗淳化四年（公元993年）始，黄河多次决口北移至天津地区入海。"三岔口"等今日的市内地名始见于史籍。《宋史·河渠志》："自元丰间小吴口决，北流入御河，下合西山诸水，至青州独流寨三岔口入海。"

隋唐两宋时期，天津地区地处中原皇权与契丹、女真等少数民族政权的统治之下，皇权社会与少数民族政权并存发展。这个时期佛教兴盛，尤其是蓟县一带，唐代初期修建了独乐寺，辽时期又修建了大量的寺院。佛教的兴盛，茹素的宗教饮食影响了天津地区饮食文化的发展。

金占领天津地区后，发展漕运，推行屯田，经济得到了发展。金在宝坻和静海大力发展盐业，在宝坻设立管辖征税的盐司。宝坻的漕运与盐业对金中都的意义非同寻常。漕运保证了金中都的粮米等生活物质供应，漕粮的转运形成了经济繁荣的市镇。盐是百味之王，宝坻出产的盐品质优良，是调味的上佳之品，它有增鲜、提香、杀菌消毒的作用。

金把五代时期赵德钧设置的"榷盐院"改为"盐使司"。自此这里因为盐业市场逐渐繁荣，渔盐之利不仅让本地大户人家世代富足，而且吸引着南方货商，使这里发展成为重要的商贸集散地，地方人口的数量与社会富庶的程度与州郡相当。金大定十二年（公元1172年）设立宝坻县。

金泰和五年（公元1205年），在翰林院应奉韩玉的主持下开挖通州漕河。新的漕河经天津地区的三岔口直达通州，三岔河口成为京都漕运的枢纽。三岔河口繁荣一时，在这里设立了管理漕运枢纽的直沽寨，为天津地区城市的出现奠定了历史的起点。

秦汉至宋辽金时期，地处边疆的天津地区经济发展时断时续，饮食文化发展十分缓慢，甚至萎缩。

三、元明清时期——饮食文化的成熟时期

元代初期天津地区的人口锐减，靖海、渔阳、宝坻等都属于人口不足两千户的下县。元统治者深晓盐业的丰厚利润，在灭金的当年（公元1234年）就在三岔口设立了盐场，征收重税。天津地区发展出了六个盐场，在大直沽、三汊沽、宝坻设置盐司。

元代开辟了海运，海运与河运使得枢纽直沽更加繁盛。为适应直沽的发展需要，元代在直沽设置了海津镇，设立了镇署衙门。直沽由金时的村寨发展为元代的市镇。

明清时期，海津镇发展为天津卫，天津城形成。明成祖永乐二年（公元1404年）设立天津卫和天津左卫，永乐四年（公元1406年）改青州左护卫为天津右卫，天津三卫形成。清顺治九年（公元1652年）将天津三卫合并为一卫，统称天津卫。清雍正三年（公元1722年）升格为天津州，隶属河间府，天津由军事卫城转变为城市。

明清时期，天津卫的城市功能转变，刺激了城市商业和文化的发展。始建于明正统元年（公元1436年）的天津文庙开创了天津地区官办学校的先河。城市商业和文化的发展促进了饮食文化的发展。每年农历春秋，在文庙各举行一次祭孔大典。届时州县官员、士绅和师生集体祭拜，供猪、牛、羊等三牲祭品。农历八月二十七是孔子的生日，这时所有的学校都要放假，要集体向孔子行礼。念书人家家家户户吃捞面表示庆贺，并叮咛子孙好好念书。

元明清时期是天下一统时期，天津地区不再是战争频繁地，农业、手工业与商业形成了连带作用。因漕运而兴的手工业和商业促进了城市的发展与繁荣，城市的繁荣带动了周边地区农产品的商业化。天津地区的经济在清代达到了古代历史的高峰。社会文化持续发展，在漕运与盐业的刺激下，社会文化走向繁荣，饮食文化更加丰富，饮食的社会交往媒介作用趋于常态化。

元明清时期天津地区的饮食文化随着社会经济与社会文化的发展进入了成熟期。

四、晚清民国时期——饮食文化的兴盛时期

晚清至民国时期是天津地区的近代化时期。第二次鸦片战争爆发后，英法强迫清政府签订《北京条约》，其中重要的一条就是把天津地区开辟为英法自由出入的通商口岸。在西方的枪炮下，天津地区被迫成为开放口岸。所以说，同中国其他沿海城市一样，天津地区是被迫向近代化转型的。被迫的表面原因是清政府的腐败无能，其深层原因是在资本主义世界体系的建立过程中，中国社会与生产关系的被动调适。

天津地区被迫开埠后，逐渐融入资本主义世界体系。一方面遭受西方殖民，一方面向近代化转型。英法商人进驻天津后不久，便在天津建立了租界。随后美、德、日等国在天津建立租界。1900年，八国联军侵华，俄、意、奥强迫把在天津的占领区划为租界。天津地区的城市发展呈现了华洋分区、近代资本主义工商文明与传统工商文明共处的发展局面。城市繁荣的工商业、摩登的近代生活吸引着大量移民来此，他们或谋生或寻求发迹，城市人口快速增加。

晚清民国时期，天津地区的社会文化完成了向近代化的转型。区域社会文化与西方社会文化在这里交融发展，传统与现代，保守与开放，维护与变革在这里交织。近代化的金融、保险和工厂冲击着了传统的商号、作坊。在这种时代背景下，天津地区饮食文化中也融汇了面包黄油的西餐。各地商帮带来了不同的烹饪风味流派，并与本地饮食相结合，使津菜逐渐成熟，标志着饮食文化发展到兴盛阶段。

饮食文化层次更为完善，食为果腹的城市贫民、商贩；讲求风雅的知识阶层、艺人；追求奢侈排场的富商、官僚、寓公；食用西餐的外国侨民、外商、洋行买办等阶层的饮食，构成了天津地区饮食文化的不同层次。"果腹层""风雅层""西餐层"和"奢侈排场层"形成了饮食文化层次由低到高，群体人口由多到少依次递减的塔形结构。社会交往出现了政治化与外交化倾向，饮食文化也融入了西方饮食文化，在对外交流中天津地区饮食文化由成熟走向了兴盛阶段。

五、新中国成立至今——饮食文化的转型时期

中华人民共和国成立以后，天津地区社会经济发展分为三个阶段。1949年至1956年，天津地区经济经历了恢复、全面建设时期，获得了较快的发展。从1958年到1976年"文革"结束，基本上处于停滞甚至萎缩时期。1978年以后，随着改革开放的不断深入，特别是市场经济的发展，天津地区经济发展迅猛。现在，天津已经成为国际化的大都市，同近代化的国际都市相比，天津已主动融入经济全球化的进程中。天津地区饮食文化的发展面临着新的转型，文化作用日趋加强。

同经济发展一样，新中国成立以来天津地区社会文化的发展也经历了两个阶段。自1949年新中国成立到文革结束，天津地区社会文化的发展是以政治为主导。尤其是十年文革，天津地区的社会文化惨遭浩劫。改革开放以来，天津地区的社会文化步入现代化快速发展的历史时期。民众参与社会文化建设的层面愈发广泛，文化对外交流日益广泛深刻。在全球化进程中承负着保持民族文化特色的时代使命。

饮食文化也相应面临着时代转型的考验与挑战。就饮食文化的发展趋向而言，新中国成立后至今天津地区饮食文化处于现代化阶段。

第三节　四方交汇的文化

天津文化是天津地区原生态文化与外来文化相互交流发展的成果，期间既有本土文化的融汇变迁，也有外来文化的本土化。位于海河之畔的天津地区，处于黄河流域与辽河流域的交界地，三大河流都孕育了灿烂的历史文化，位于交界处的天津地区，其历史文化具备三大河流文化交流融汇的特征。如果说上海文化是因海而兴的海派文化，那么天津地区则是凭渡口而兴的津派文化。天津地区依山傍水，在西北部茂密的山林里有远古文明的薪火。南面是"九河下梢"之地，连

通皇城国都与"东南形胜"吴越的运河在这里转渡。河道沟通南北东西，来自各地的人们在这里或者"打尖"（天津方言，指的是行途中吃便饭）歇脚，或者居住生活，形成了五方杂处的格局。东面紧邻浩瀚无际的海洋，这里长期浸润着海洋文明。聚族而居、安土重迁的农耕文明与漂泊无定、冒险勇进的海洋文明在此交汇。因此，天津地区文化的特质就是四方交汇。

天津地区的饮食文化深受这种文化特质的影响。天津人爱吃的"贴饽饽熬小鱼"就是农耕文明与海洋文明交汇的反映。"贴饽饽熬小鱼——一锅熟"这句天津地区歇后语表明这道小吃在天津地区已经家喻户晓了。饽饽是新玉米面做成的饼子，小鱼是海产小鲫鱼。熬制时用高粱秆编成的笼帽盖住锅。这道天津饭食是农作物与海产品的完美结合。

一、射猎飞禽的游牧文化

夏商周文化对中国文化的形成与发展影响至深，当时的天津地区处于山戎人建立的无终国，属燕、赵、齐等诸侯国控制的范围。所以天津地区文化有射禽猎兽的游牧文化元素。游牧民族善骑射，饮食原料中飞禽占较大比例。

天津地区人喜欢吃飞禽，尤其是铁雀，被列为"冬令四珍"之一。铁雀形似麻雀，腿黑色，有"盘山冻雪高三尺，铁脚飞飞始展翅"之说，故称"铁雀"。另一说法是发育成熟的麻雀，捉回来很难养活。放养在笼里也是不吃不喝，最后撞笼而死。之所以称其为铁雀，是喻其不食嗟来之食，志坚如铁之意。

天津地区名菜中就有"炸熘软硬飞禽""酿铁雀""炸铃铛""雀渣"四道以铁雀为主料的菜肴。铁雀已经成为天津地区饮食行业对飞禽的俗称。晚清诗人唐

图11-2　贴饽饽熬小鱼

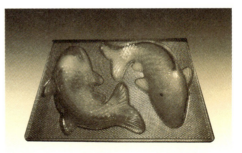

图11-3　年年有余年糕

图11-4　天津天后宫

尊恒写下了"树上弹来多铁雀，冰中钓出是银鱼。佳肴总在封河后，闻说他乡总不如"的赞美诗句。"闻说他乡总不如"刻画了天津地区钟爱铁雀的地方饮食文化特色。但现在铁雀已经很少见，并且如今鸟类已受到保护，也不提倡食用。

二、斗勇好技的漕运文化

天津地区因水而生，盐业与漕运让古代的天津地区由村寨发展成北方重镇。天津地区的漕运始于东汉末年曹操开渠船运军粮，发展于金、元时期，兴盛于明清。"先有天后宫，后有天津城"，"天津是运来的城市"等民谚形象地说明了天津城与漕运的渊源。

身负皇命的漕运人员要保证把这些粮食从江南安全运抵，船夫舵手们必须沉稳而勇猛方能不辱使命。天津地区作为中转码头，担负着卸载与装运的任务。搬运这些沉重的粮包需要的是力量与勇气，当地的码头搬运工们都身强力壮。来自不同地区的漕工与搬运工容易结成地缘团体，这既是合作完成任务的需要，也是在漕运中立足发展的需要，以地缘关系为纽带的帮派就此而生。其首领要勇猛，更要身怀绝技，这样才能服众，斗勇好技成为这个群体的文化性格。

漕运的发展促进了包括饮食等天津地区商业的发展，天津地区著名的老商业街"估衣街"就是漕运刺激下发展起来的。天津地区人常说"先有一条街，后有天津卫"，这条街说的就是估衣街。估衣街东起三岔口旁边的大胡同，沿着南运河岸，东西伸展，西至北大关。每逢船只靠岸，漕运工人下了船，总要到这里买些衣物、吃食。估衣街的形成，也带动了文化、餐饮的迅速发展。茶汤、煎饼、炸糕、糖堆等各种小吃以及各种干鲜果品应有尽有。天津地区高档饭庄的代表"老八大成"大部分在估衣街旧贾胡同或侯家后。有"估衣街里赵洪远，一饭寻常费万钱"的说法。

漕运运来的南方饮食物产与漕工的饮食观念影响着天津地区饮食文化的发展。靠漕运为生的南方漕工和北方的转运脚夫生活不甚富裕，需要以较少的支付填饱肚子。在这种饮食需求下，制作简便，融合南北，价格低廉，量大油多的小吃就逐渐发达起来。

天津文化中富含南方文化元素。在交流中南方的语言文化也融入其中，天津文化散发着粗犷豪放的码头文化与烟雨诗意的江南文化相融合的气息。

三、追求生活情趣的民俗文化

民俗是民众心理愿望的仪式化表达。从古至今，天津地区就不是政治中心。陈克在《关于天津文化的理论思考》一文中指出"天津文化反差较大的双重性格表现之一就是经济的中心化和政治的边缘化。"在手工百业中发展起来的城市呈现各业并存的局面。传统手工业都有自己的行业信仰，其共同指向是行业兴隆。城市的发展模式形成了发达的民俗文化。手工业与民众生活息息相关，无论是生产者还是消费者都是为生活而奔波的下层人民，他们的民俗信仰就是生活美满、平安吉祥。因此发达的天津地区民俗文化充满着生活情趣，民俗文化也影响了人们生活中的饮食起居。

寄托着生活一年好一年的江米年糕成为天津地区特色小吃，还有以面粉、红枣为原料蒸熟食用的塔式年糕也别具特色，吃的时候把年糕切成片，油炸后蘸着白糖吃。后来年糕突破了过年时的限制，成为市面上日常售卖的地方小吃。近代天津地区南市有一家吴姓年糕店，制作的夹馅年糕以豆沙、枣泥、山楂等为馅，外撒青红丝和玫瑰，成为津门佳品，被人称为"年糕吴"。"年糕吴"的夹馅年糕广受欢迎的表层原因是他的制作技艺高超，深层原因则是天津地区人们追求美好生活的民俗文化心理。美好生活的表达有多种方式，天津地区的婚礼饮食习俗就蕴含着子孙满堂，幸福长寿的美好愿望。送入洞房后，新郎新娘要吃面吃饺子，俗称"子孙饽饽"，取吃了"子孙饽饽"生子孙之意。新婚之夜夫妻双方要吃面，俗称"长寿面"，吃下长长的面条意味着夫妇二人生命长寿、长相厮守。天津地区饮食文化中不仅有美好生活的企盼，也有向往正义的表达，春节期间的

"破五"食俗传达的就是弘扬正义的心理。天津地区有句描述春节期间饮食习俗的谚语"初一的饺子初二的面，初三的合子往家转，初四烙饼卷鸡蛋。"初五吃"破五"饺子，俗称"捏小人嘴"，把小人的嘴捏住，断掉是非之源，求得来年生活吉祥。这也表明美好的生活不仅需要一定的物质满足还需要富有正义的社会环境。

四、中外融汇的商埠文化

第二次鸦片战争的炮火打开了天津地区对外的门户，在屈辱中天津地区成为通商口岸。九国租界建立，资本主义工商文明涌入这个码头城市，随之而来的是西方的文化。提倡忠孝，讲求伦理秩序的传统文化与讲求民主、法制、科技的西方文化在这里碰撞。同西方的工商业一样，西方文化也是伴随着西方殖民者的坚船利炮进入天津地区的。本土文化被动地接受强行而来的西方文化，天津地区的近代文化表现出开放与保守并存的双重性格。天津地区民众对于中西饮食的不同观念就是文化双重性格在饮食文化领域的体现。

西餐是随着西方殖民而进入天津地区的。早期的西餐出现在外国侨民生活的租界内，一些旅馆、俱乐部等附设西餐室。民众对西方殖民的敌对仇视也使得他们起初对西餐有着抵触情绪。食用西餐的多为外国人和被称为"洋奴"的洋行买办。天津地区的买办主要是广东人，其次是宁波人和一些本地人，广东人接触西餐较早，易于接受。另外，与传统饮食方式不同的西式饮食方式也是人们早期不能接受西餐的因素，例如生食、冷饮、男女共席等。随着中西方的深入交往，官僚、知识分子等一些上层人士逐步接受了西餐。上层的引领，开启民智的近代教育、报刊的舆论导向等因素，逐步改变了人们对西餐的态度。至民国时期吃西餐成为饮食时尚。知识阶层对比中西饮食得出"中国人请酒，男女分席不交一言，视女如仆；西国人请酒，男女同席，待女如男"的感慨，也表达出对西餐饮食礼仪的赞赏。民国初年，面包、蛋糕等西式糕点的消费刺激了面粉工业的发展，天津地区成为面粉工业六大城市之一。尽管人们把西式饮食作为时尚，但内心仍然倾向传统饮食，"白兰地酒胜葡萄，味美香槟价亦高。犹忆从前风俗朴，一壶黑小烫烧刀"。这首出自知识阶层的竹枝词表达了民众对传统饮食的依恋之情。

第十二章　先秦时期

中国饮食文化史

京津地区卷

天津部分卷

考古证实，天津地区人类活动的遗迹，距今约一万年。先民的饮食活动，从采集、渔猎等天然食物的获取到饮品食物的制作经历了八千多年的漫长时间，这个历史时期是天津地区饮食文化的产生时期。饮食器具由起初的石器发展到陶器，战国时期铁制农具普及。植物采集发展为原始农业，动物渔猎发展为原始养殖业。饮食原料生产、饮食器具的制作促进了饮食审美的发展。到战国时期，天津地区饮食文化中的物质、制度、行为、精神观念都已具备，饮食文化形成。

第一节　陶器为主的器具

人类与动物的重要区别之一就是工具的制作，原初人类制作工具的目的就是获取赖以生存的食物。饮食器具是饮食文化发展的物质工具基础，天津地区饮食文化史的发展也是从饮食器具的制作开端的。

一、旧石器时代遗址的石器

天津地区的古文化主要集中在位于燕山余脉的蓟县。2005年，考古人员在蓟县的下营镇、孙各庄满族自治乡、罗庄子乡、官庄镇、邦均镇、城关镇等地发现旧石器时代遗址27处。2007年5月，在东营坊遗址的考古发掘中，考古人员发掘出旧石器时代晚期的细石器1000多件，主要是石核、石片、尖状器、钻器、砍砸器、刮削器、雕刻器等。这些石器属于中国北方小石器传统。从器物的形态和类型来看，这个时期人类已经摸索出不同用途工具的加工方法。

图12-1　陶磨，天津蓟县青池文化
二期出土（天津博物馆提供）

经测定，这些石器距今约10万—1万年。细石器的出现表明东营坊遗址处于旧石器时代向新石器时代的过渡期。东营坊文化遗址至少证实，在北京山顶洞人活动的时期，天津地区也有古人类活动。东营坊遗址所发掘的石器中，绝大部分属于获取食物的器具。这些比较原始的石器揭开了天津地区饮食文化史的序幕——尖状器是箭镞的雏形，东营坊一带的古人类已经能远距离猎杀动物；砍砸器既用于猎杀也用于简单加工肉食；刮削器、石片等细石器用于加工肉食和兽皮。制造雕刻器、钻器是审美的需要，审美意识在饮食过程中得以产生和发展。

据考察，蓟县的原始森林始于新生代第三纪，可惜的是延续了百万年的原始森林在1910年后遭破坏。从考古发掘的石器来看，旧石器晚期天津地区先民们的饮食是以采集为主的生食，有部分狩猎。至今，蓟县森林中都生长着野猕猴桃、野葡萄等水果。在采集野果与猎取肉食的过程中，促进了身体与思维的发育。旧石器时代人类饮食处于生食阶段，为获取食物与避寒衣物而大量劳动，人类的生存能力也在慢慢地提高。

二、新石器时代的石器与陶器

新旧石器过渡时期始于距今1万年左右，天津地区的先民们在茹毛饮血的饮食生活中继续探索发展。进入新石器时代的标志是蓟县的清池文化遗址。

1. 青池文化遗址的器具

蓟县的青池文化遗址呈现了饮食文化新水平。青池文化分三个文化层，考古工作者把距今约8000—5000年的青池文化分为三个时期，每个时期相距约1000年。

青池文化遗址发掘出的器物主要有石器和陶器两类，其中以石器为主。石器主要有石斧、石铲、石杵（chǔ）、石磨盘、磨棒等。石质工具在用途上有了分工：石斧、石铲用于农业生产；石杵、石磨盘、磨棒用于粮食加工。而陶器是用黏土烧制的器皿，说明8000年左右的天津地区先民已经掌握了用火制作器物的技术。青池文化时期，天津地区的原始农业不仅是单纯的种植，先祖们已经懂得用石铲等工具松土对农作物生长的促进作用。石杵、石磨盘、磨棒是运用打制与磨制等技术制作的细石器。这些粮食加工工具反映出粮食加工朝着细粮方向发展。石器中还有很多用于狩猎的石球、饼状砍砸器。也有加工肉食与兽皮的刮削器，比东营坊遗址的制作更为精细。

陶器主要有陶罐、陶盆、陶钵等，制作技术粗糙，明显处于原始制作阶段。出土文物中有一件带有纹饰的深腹陶罐是烹饪用的炊器，由此可以得知，人们已经能够使用陶器烹制熟食。在青池文化二期中发现了石耜和石刀。石耜类似于后世的锄头，用于松土锄草，可以把农作物生长的土壤整理的平整，可细碎土块。石刀类似于后世的镰刀，用于收割。二期的石球中间有凹形的石槽，用于拴绳索，带有绳索的石球，利用投掷出的冲力可以远距离地猎杀动物。二期的陶器制作也更为精细，陶钵底部有了圈足，有的已经出现了高脚杯的形态。"圈足"是指器物底部承托器物的圆圈，始于新石器时代，是鉴别器物的标志。圈足让器物变得轻盈洒脱，人们使用更加方便，而且具有传导热量的作用。有些器物的圈足做得较高，中段鼓起，下段做成喇叭口形，类似于今天的高脚杯。这样处理后既美观又稳定，做到了实用和审美有机结合。

青池文化遗址出土的器物表明，在距今约8000—6000年的新石器时期，天津

图12-2　陶碗，天津蓟县青池
文化二期出土（天津博物馆提供）

地区的原始农业发展到一定的水平，先民们制作出了农作物种植、管理与收割的专用工具。粮食加工朝着细粮方向发展，肉食加工工具比较锋利。先民们不仅掌握了用火烹饪熟食，还掌握了制作陶器的技术。陶器制作由原始水平朝着精美的趋势发展。饮食质量的提高促进了人类体质的增强，人们在饮食过程中的审美意识进一步发展，出现了原始艺术。

原始艺术主要体现在陶器的造型纹饰上。在青池文化一期中有一个深腹陶罐上装饰有三段式纹饰，口沿下是数道弦纹；接着往下是一圈箍状带纹，带纹下面是不规则的压印网格纹。先民们以生活中的绳索、圆圈和渔网为原形创作出了精美的纹饰，反映出人们对生活的热爱。二期中有飞鸟造型的石器，有"之"字纹的纹饰，有类似于艺术神器的炊器支脚。最引人瞩目的是青池文化一期中的一件石龙，我国不同区域以石龙命名的地名表明石龙分布于多个区域。石龙文化是中华龙文化的初始，石龙的出土证实天津地区的人们在饮食生产与生活中产生了龙图腾崇拜，这种崇拜随着农耕文明的发展一直延续到今天。史前时期石龙图腾崇拜主要源于对大自然威力与神秘感的心理恐慌，期望通过膜拜图腾获得稳定的饮食生活。

2. 围坊文化一期遗址与下埝头文化遗址的器具

围坊文化一期距今约6000—5000年。出土的陶器有罐、钵、壶、豆；石器有石斧、石镞和大量的刮削器。围坊文化分为三期，一期距今6000—5000年，二期距今5000—4000年，三期距今4000—3000年。

同青池文化相比，围坊文化时期的陶器产生了壶、豆等新的器物。制作技术上以壁薄坚硬的夹砂细陶为主，装饰纹饰类型更为丰富。不过，以红褐色为主的色彩说明烧制陶器的火温不高，制陶技术还是处于原始阶段。石镞就是石质的箭头，表明新石器时代末期天津地区先民的狩猎范围扩大到飞禽。大量的刮削器说明食物加工趋于精细化。

陶罐用于打水、盛放粮食和烹饪食物。就大量的侈口深腹的陶罐而言，表明这个时期的炊器增多。熟食制作由烧烤向煮过渡。煮，是用火加热水而制作熟食的烹饪方法。相对于烧烤、皮烹（去掉毛的兽皮，用绳子把兽皮的四角固定在树上，中间放水，把烧红的石头扔进水里，水沸腾后扔进食物煮熟）而言，煮更为先进。石镞的发明把飞禽纳入食物范围，人们的食物更加丰富。

据考证，"陶豆"是盛放副食的器皿。汉代许慎《说文》曰："豆，古食肉器也。"陶豆至少表明这个时期肉食相对丰富，制作也比较宜于食用，这才有了专门盛放的器皿。围坊文化遗址一期发掘出用于农业生产的一件石斧，表面打磨得非常光滑，刃部也比较锋利。虽然出土的农业生产工具只有这一件，但从制作水平上看高于青池文化。大量用于炊器的陶罐从侧面反映出粮食的增多，原始农业水平有了进一步的发展。另外，围坊文化遗址一部分遭破坏，出土器物只是其中的部分，如若能复原全貌，势必会有更系统而丰富的信息。

与青池文化三期和围坊文化年代相当的另一处文化遗址是蓟县下垫头文化遗址。下垫头文化遗址中出土了石斧、石锛、磨盘、磨棒、石镞和刮削器等石器。陶器中有夹砂陶与泥质陶两个类型。夹砂陶有釜、瓮、罐等，泥质陶有盆、壶、碗、钵等。在下垫头文化遗址的房屋里发现了火灶，由灶面、火种坑、火道和烟道组成。火灶比较成熟，与釜（陶锅）一起组成了锅灶。新石器时代末期的饮食生活已发展到用锅灶做饭的水准。下垫头文化有支脚的釜属于北福地文化系统，红顶钵和小口壶属于后岗一期文化，之字纹的陶罐与陶尊与红山文化接近。文化因素的复杂性是上述不同类型文化在此交流融合的结果。

饮食水平的提高促进了人们审美追求的发展。围坊文化遗址的陶器造型更为美观，纹饰变得丰富，下垫头文化遗址的彩绘口陶器表明人们的文化艺术水平有了提高，这是建立在物质生活进一步发展的基础之上的。食物制作水平的提高也促进了人类体能和智能的发展，使人类活动范围不断扩大，促成了不同文化区域内人们的交流，在交流的过程中不同文化因素发生碰撞融合，形成了文化元素的多样性，促进了天津地区饮食文化的进一步发展。

三、夏商周时期的陶器与青铜器

夏商周时期又称三代时期，这个时期中原地区的饮食文化对天津地区产生了一定影响。

1. 夏商时期的陶器

夏商时期的饮食器具主要反映在张家园下层文化和围坊三期文化出土的文物上。天津历史博物馆研究员韩嘉谷先生认为张家园下层文化属于临近河北省大厂县大坨头文化的一个类型。张家园下层文化发掘出的陶器主要有鬲、甗、折腹盆、簋、罐、豆、钵、瓮等。石器是两件石斧。骨器有骨镞、骨匕等。围坊三期文化发掘出的陶器有鬲、甗、罐、瓮、尊、盆等。通过对比可知，夏商时期新出现的饮食器具有陶制鬲、甗、簋和尊。

中原地区陶鬲的出现是在新石器时代的晚期，天津地区在夏商时期出现的陶鬲，可能是通过文化交流传入的。陶鬲是煮饭的炊器，同陶罐相比陶鬲有三个袋状足，可以立在地上，在三足之间放上柴禾直接煮饭，受热快而且均匀。

图12-3 陶鬲，天津蓟县张家园
遗址出土（天津博物馆提供）

　　陶甗，是在陶鬲的基础上发展而来的复合炊器，甗的下面是鬲，上面是甑。陶甗把煮饭与蒸饭两种功能的烹饪器具结合在一起，形成复合型炊具。陶鬲煮饭时产生的热气通过甑底部的气孔上传到甑箅子上，从而把食物蒸熟。天津地区陶甗的出现有两个前提，一是制作技术的前提，一个是饮食生活使用的前提。制作技术通过文化交流可以传入，而饮食生活上的使用则是源于地区粮食的丰富性。煮饭，是粮食与水加热煮制的稀饭，而蒸饭则是用粮食蒸制的干饭。做干饭的条件是农业水平发展到粮食产量足以能够满足人们吃干饭的程度方可。在考古挖掘中，陶甗的出土数量很少，表明只是少部分人能吃上干饭，饮食水平出现了阶级分化，饮食文化层开始出现。著名饮食文化学者赵荣光教授提出了饮食文化层的概念，他认为"饮食文化层简称饮食层，是指在中国饮食史上由于人们经济、政治、文化地位的不同而自然形成的饮食生活的不同的社会层次。"夏商时期天津地区出现了饮食文化阶层的分化，反映了人们不同的社会地位。

　　簋，始出现于商代，出土的陶簋应当属于商代晚期的器物。簋用于盛放熟食，先民们把做熟的食物不是在鬲、甑和甗中直接食用，而是放在簋中，再由簋中取食。陶簋不仅仅是一种饮食器具，而且具有彰显阶层差异的礼器色彩。

　　我国的尊，始于新石器时代，《说文》的解释是"尊，酒器也"。也就是说尊是用于饮酒的器具。据考，目前为止，我国的饮酒史约为9000年（距今约9000年的河南贾湖遗址出土了饮酒用的酒具）。夏商时期，尤其是商代以饮酒著称。天津地区陶尊的出土证实了当地在夏商时期也掌握了酿酒技术。因为，凡是用于盛放液体的陶器都可以用作饮酒器具。饮酒专用器具"尊"的出现是酿酒技术发展的标志。

图12-4　商代晚期的天字铜簋，天津
蓟县张家园遗址出土（天津博物馆提供）

2. 两周时期的陶器与青铜器

　　周代分为西周与东周。张家园遗址中的墓葬出土了商周之际的饮食器具。张家园遗址的第三次发掘时发现了商周之际的四座墓葬，正式发掘了三座，出土了青铜鼎一座，还有青铜簋、石镞等。其中三号墓和四号墓发掘出青铜鼎与青铜簋，组合在一起作为陪葬品。用生前的饮食器具"鼎"与"簋"作为陪葬品，反映了墓主人"事死如生"的观念。商周之际，青铜鼎由炊器演化为礼器，成为使用者身份的象征。礼器用于祭祀和贵族饮食，具有"等贵贱""辨亲疏"的作用。作为礼器的鼎与簋，一般是组合使用。平民和奴隶不得使用。

　　对于鼎与簋的使用数量，周代的礼制有严格的规定，天子享用九鼎八簋，诸侯七鼎六簋，大夫五鼎四簋，上士三鼎二簋，下士一鼎一簋。据此可知，张家园遗址的墓主人生前的身份是下士。《礼记·王制》："王者之制禄爵，公、侯、伯、子、男，凡五等。诸侯之上大夫卿、下大夫、上士、中士、下士，凡五等。"下士是诸侯中最低的一等，墓主人生前使用鼎和簋标明了自己的爵禄身份。

　　西周分封建国，天津地区的南北分属齐国与燕国。刘家坟遗址发现了天津地区最早的水井。水井是受中原文化的影响而产生的，是人们在定居后建造的生活设施。水井呈方形，井壁上用横排树干做成护壁，底部铺砌着石块。从结构上看，天津地区的水井不同于中原挖凿的圆形水井，显然是中原饮食文化与本土饮食文化结合的产物。

　　同中原相比，这个时期天津地区的饮食文化较为落后。战国初期，饮食器具仍以陶器为主体。宝坻区牛道口遗址发现了十多座春秋晚期到战国初期的墓葬，陪葬品中的饮食器具为陶器，包括瓮、盆、釜、罐等。宝坻区秦城遗址出土了战国至秦代时期的遗物，饮食器具几乎都是陶器，有罐、盆、碗、豆、釜、甑等。在静海县古城洼遗址（齐国平舒古城遗址）出土了印有"舒"字的陶豆。在天津地区其他战国时期的遗址中出土了陶尊、陶盘、陶匜（yí）等饮食器具。与此同时，在蓟县县城周围的战国墓地也出土了少量的青铜鼎和豆。

在旧石器时代到战国时期这个漫长的历史时期里，天津地区的先祖们在饮食生活中不断发明和革新饮食器具，从粗糙的打制石器到装饰有丰富纹饰图案的陶器，再到少量的青铜器。饮食器具的制作水平体现了饮食文化中物质文化的发展水平，饮食器具的造型与装饰，体现了饮食文化中先民的审美追求与观念。总体而言，先秦时期天津地区的饮食器具以陶器为主体，为一般平民所使用。也有少量的青铜器，为少数贵族所使用。

第二节　以原始农业作物为主的饮食原料

先秦时期，天津地区先民饮食原料的来源有采集渔猎和种植养殖两种方式，年代越是久远，采集渔猎所占比重越高。稻谷种植、饲养家畜和磨制石器的出现，标志着原始农业产生了，之后，种植养殖所占比重逐渐加大。这一时期天津地区饮食原料的主要来源是原始农业。

一、采集渔猎

天津地区早期人类的活动主要集中在燕山南部的蓟县，这里发现了旧石器时代末期的东营坊文化遗址、新石器时代的青池文化遗址、围坊文化遗址等。我们无法复原原始先民们的饮食生活具体场景。不过，通过考察考古发掘的饮食器具、获取食物的工具，以及分析蓟县野生动植物的情况，就可以了解到先民那时采集渔猎的生活概况。

蓟县的原始森林始于约6500万年前，直到1910年后遭人工破坏。但是次生林是原始风貌的延续，通过蓟县野生动植物的情况，大致能够勾勒出原始先民的饮食生活环境。蓟县境内生长着千余种植物，草本植物多于木本植物。从采集的难度上讲，草本植物的果实种子更容易采集。木本植物的针叶林以油松为主，富含脂肪的松子、榛子等就成为采集对象。大量的槐树、桑树和榆树提供了丰富的槐花、桑葚和榆钱。野果种类多样，有酸枣、黑枣、山楂、软枣、猕猴桃、山杏、山桃、山核桃、野葡萄、欧李、山樱桃、山杜梨等。野豌豆和山扁豆等成为充饥的野菜。先民们适应森林生活，原始先民的采集能力比较强，野生植物的果实种子为他们提供了丰富的食物原料。

野生植物中还有百合、黄芩、远志等药用植物，在采集的过程中，先民们最初并没有把它们与食用植物有意识地分开。在漫长的食用的过程中，先民们逐渐发现了其药用价值，就用它们来医病。这种状况在我国其他地区也同样存在，这就是中国饮食文化"药食同源"的萌起雏形。

虽然上千种植物为先民们提供了丰富的食物原料，但是由于植物果实采集的季节性，使得日常饮食生活原料的来源变得不确定。相较之下，受季节性影响较小的是动物原料，同时能提供更为丰富的食物营养。蓟县史前时期文化遗址大多依山傍水，以求取水和捕鱼之便。相对于捕兽来讲，鱼的捕捞及加工制作较为容易。猎杀走兽主要是为获得肉食和御寒的兽皮。

蓟县的野生动物资源丰富，有鼠类、野兔、狼、獾等兽类；中国林蛙、花蛇等蛙类蛇类两栖动物；鲫鱼、青鱼等鱼类，另外还有数百种鸟类和一些河蚌等水生动物。

采集工具基本上借助于攀爬技能和使用树枝、小石块等工具。所以在史前人类文化遗址出土的工具中采集类的工具较为稀少，多数是捕猎和动物肉类的加工工具。

二、原始农业

在漫长的采集生活中，先民们通过对野生动植物生长的观察和经验总结，逐渐开始种植一些植物和驯化一些野生动物，在这个过程中产生了原始农业。

1. 种植业

虽然在旧石器时代向新石器时代过渡的东营坊文化遗址没有出土原始农具，但是新石器时代的青池文化遗址一期出土了磨盘与磨棒等粮食加工工具。此类工具是在获取粮食的基础上发明的。比较成熟的制作技术说明，原始农业的产生要早于清池文化遗址一期很长时间。

天津地区先民活动的区域——蓟县，目前有上千种植物，而在远古时期植物种类要远远超过现在。先民们在采集生活中掌握了一些植物的生长周期后，就把多余的种子埋在土中进行人工种植。那时的原始农业尚处于盲目状态，先民们只是把能够获取的多余种子进行种植，在种植的过程中对作物的生长状况、产量和种子的食用价值逐步有了比较，在比较的过程中进行优选，逐步掌握了影响作物生长与产量的因素，农业工具因而产生。

从天津地区史前文化遗址中出土的石斧、石铲、石耜、石镑、石刀等农业生产工具中即可得到印证。石斧，是由旧石器时代的砍砸器发展而来的，主要用于砍伐植物，开垦荒地等，在农业中用于翻土和砸碎块状土壤。石铲，主要是用于挖掘或翻土。石耜，用于平整土地，细碎土壤。石刀，用于收割农作物。这些生产工具的出土，清晰地展示了原始农业由翻土到松土收割等农业耕作的发展脉络。原始农业的作物种类很多，随着人们的不断比较、择优栽培，逐渐形成百谷。"百谷"不是确切地指一百种谷物，而是很多种谷物的总称。此后在百谷的基础上逐渐优选，形成了五谷。同样"五谷"也不是确切所指，也是多种谷物的总称。不过从目前的野豌豆、野扁豆等蓟县的野生植物来看，豆类应该是天津地区原始农业的主要培育作物。

进入周代，天津地区分属燕、赵、齐三国。据《周礼·职方氏》所记，幽州"其谷宜三种"，郑玄《注》："三种，黍、稷、稻。"《史记·货殖列传》讲到燕国物产时曰："有渔盐枣栗之饶"。周代的幽州包括今天津地区的北部。《管子·戒》载："北伐山戎，出冬蔥（cōng）及戎叔，布之天下。"戎，是北方游牧民族的一支，活动区域在周王室的东北部，又称东胡。西周，山戎建立的无终国，不仅侵扰燕国，而且越过燕国攻打齐国。这一史实说明无终国与燕国交界，天津地区的北部正属于这一区域。齐桓公北伐无终，不仅击败了山戎，还把无终地种植的菽、山葱引进齐国，推广种植。戎菽即胡豆。菽，古代五谷之一，是豆类作物的统称。这一史实也印证了天津地区北部原始农业培育豆类作物的事实。

关于山戎侵扰燕国的原因，除了气候原因外，饮食的需要是另一重要原因。"逐水草而居"的游牧民族的饮食结构是食肉饮酪，需要谷物蔬菜来改善饮食结构，在饮食需要的驱动下，游牧民族经常会通过武力掠夺来获得所需食物。这就是自商周到明代，北方少数民族与中原政权战争的重要原因之一。

齐桓公引种戎菽与山葱的史实可以说是天津地区饮食文化史上地区间交流的较早事件。从史籍记载来看，天津地区在春秋战国时期的农业比较发达，农作物包括了稻、菽、稷、黍等，果树中的枣、栗等闻名天下。早在采集生活时代，蓟县一带的枣子和板栗就是先民们的日常食物，今天蓟县的板栗与枣子已成为地方名特产，足见天津地区的饮食文化贯穿古今、一脉相传。

春秋战国时期，海水退回，天津地区平原露出。黄河改道，河水携带的泥沙淤积成富饶的土壤。自然环境的变化为天津平原地区发展种植业提供了良好的条件。天津东丽区、津南区等地，有战国时期遗址出土的铁制农具和众多村庄遗存，证实了当时农耕发展的状况。农业的发展，使人们的饮食生活有了保证，人们在温饱中产生了文化追求，从而推动了饮食文化的发展。

2. 养殖业

原始农业里的种植业始于先民们的采集，而养殖业则始于渔猎。在渔猎的过程中，先民们把捕捉到的幼小动物圈养到一定的时期再宰杀吃掉。圈养动物需要提供场地和食物，只有定居后才能长时期地驯化和养殖动物，只有在粮食有剩余的情况下才能为养殖动物提供食物。所以原始农业中的畜牧业晚于种植业，畜牧业是在种植收成能在满足定居生活有剩余的情况下产生的。

在围坊文化遗址二期出土了大量的兽骨，其中以牛、猪、鹿、鱼的骨头居多。围坊文化二期属于夏商时期的夏家店下层文化，也就是说天津地区的家畜养殖出现在夏商时代。

考察出土的兽骨，猪与牛属于驯化类，而鹿和鱼应属于渔猎。中国著名学者、考古学家郭沫若认为甲骨卜辞中的"在圃鱼"，是我国池塘养鱼的最早记载。浙江大学的游修岭教授认为"在圃鱼"应解释为在水草沼泽地捕鱼。商代是否出现人工池塘养鱼，没有明确的文献记载。

当时的肉食来源一部分是驯化后的养殖业，一部分来自渔猎。考古证实猪是驯化得比较早的动物，"家"的字形结构从宀（mián）从豕（shǐ），从语源上讲"宀"表示祭祀的地方，后表示房屋。"豕"指的是野猪，后指家养的猪。"家"字的含义从用野猪祭祀的地方发展到人居住的地方。那么猪就成为比较早的与人类饮食生活比较密切的动物。相对于牛马等体型较大的动物，猪更容易被饲养驯化。人畜共居证实了驯化饲养动物产生于人类定居以后。在商与西周之际到东周初年的围坊三期文化中，出土的兽骨有猪、牛、鹿和麃（páo），其中猪骨和牛骨最多。围坊文化始于约6000年前，是天津地区较早的文化遗址。

天津地区分属燕赵齐之后，养殖业得到进一步发展。燕国的畜牧业以养马著称，《周礼·夏官》称"其畜宜四扰"，"四扰"指的是猪、牛、羊、马四种牲畜。

津南区巨葛庄、北辰区的北仓等战国时期的遗址都出土了铁制农具，铁制农具的出现，标志着天津地区农业发展到新的水平。需要指出的是，先秦时期天津地区的采集渔猎一直存在。但是从饮食原料来源比重来看，则是以原始农业居主。

第三节　中原文化与燕文化影响下的天津地区饮食文化

　　饮食文化满足人们生理与心理的双重需要，求新的内在驱动力推动着人们的生理与心理追求的发展。战争、移民、谋生、经商等因素促使着人口的流动，从而带来了饮食文化的交流。区域饮食文化在交流发展过程中会受到外来文化因素不同程度的影响，天津地区饮食文化同样具备这一共性。先秦时期，天津地区饮食文化就是在中原文化影响下产生的。

一、生产工具与饮食器具的变迁

　　天津地区位于黄河流域下游与燕山辽河交界的区域。以太行山东麓和环泰山地区为分布重心的黄河下游文化区域和以燕山、辽河为分布重心的燕辽文化在此交会。

1. 铁制农具、渔具

　　天津地区的战国遗址出土的铁制农具表明在燕齐文化的影响下，农耕发展到新的水准。静海县古城洼遗址是齐国西北边城平舒故地，遗址中出土了铁镢，津南区巨葛庄等遗址出土了锄、镢等铁制农具。战国时期，天津地区芦苇地、卤地广布，锋利的铁制农具提高了开垦能力，荒地变耕田。生产工具是生产力发展水平的标志，铁制农具是天津地区农业生产发展的标志。农业生产发展为人们的饮

图12-5　带有中原特色的陶鼎，天津东丽张贵庄燕国墓出土（天津博物馆提供）

图12-6　带有中原特色的陶豆，天津东丽张贵庄燕国墓出土（天津博物馆提供）

食提供了更为丰富的饮食原料。物质需要得到一定满足后，文化才能有所发展，天津地区农业生产也推动了饮食文化的发展。

从当时的饮食文化景象看，煮海为盐和织网捕鱼的渔盐业比农业更为繁荣，这是天津地区饮食文化顺应区域地理环境的结果。在已发掘的天津地区战国遗址中出土较多的是渔网坠。在北仓区砖瓦厂遗址不足一百平方米的范围内出土了40余件渔网坠；巨葛庄、沙井子等遗址也出土了数十件渔网坠。出土的渔网坠是战国时期天津地区人们捕鱼为生的真实反映。战国时期的天津地区地跨燕齐两国，天津地区属于齐国的部分临近渤海，有着丰富的海盐资源。《管子·地数》曰"齐有渠展之盐，燕有辽东之煮"，据考证"渠展"就是今天的渤海。

2. 陶制器具

天津地区石器时代的原始文化在南北两大文化的交流、融合下形成了自己的特色。石器时代原始文化的特色主要体现在饮食文化中的陶制器具上。天津地区的陶制器具始见于青池文化遗址，在青池文化一期、二期、围坊文化一期和张家园文化等原始文化中都出土了深腹的陶罐。燕辽文化的基本特征是以深腹陶罐为炊器。燕山、辽河一带气候干燥多风，较为寒冷。用深腹罐作炊器，可以保持食物的热度，深腹罐盛放较多的汤汁，在一定程度上缓解了干燥多风造成的口渴。作为炊器的深腹陶罐具有典型的燕辽文化特征。

距今7000年左右，青池文化二期等文化遗址发现带有袋状足的鬲、釜、圈足陶钵和鬲甗的复合体"甗"。这些饮食文化器具具有鲜明的黄河下游文化特征。在距今6000年左右，黄河下游文化在这里的影响力超过了燕辽文化，并且延伸到燕山的北部地区。

距今5000年前后，张家园等文化遗址出土的敛口高领罐、折腹盆等陶器纹饰中的斜线三角纹，与北方小河沿文化中的陶器斜线三角纹饰相似。小河沿文化以赤峰市敖汉旗小河沿乡白斯朗营子南台地遗址命名，距今约5000年左右。

由此可知，南北两类文化在这里不断碰撞交会，在不同的时段，各自的影响作用是不同的。但外来文化无论势力多么强大都无法彻底替代本土文化，天津地区石器时代的原始文化在黄河下游文化与燕辽文化的碰撞交会下依然保持有自身的元素。在出土的饮食器具中有"夹云母屑大盆"，呈黄褐色或灰褐色，这是地理环境使然。因为这个地区的土壤中含有云母屑，用泥巴做胚子烧制的陶器也就成了夹云母屑陶器。制作的陶器多是素面，偶尔"在凹弦纹之间填刻平行斜线纹"①，这是本土文化艺术观念的反映。素面，是陶器初生时期的外观特色，是自

---

① 韩嘉谷：《天津古史寻绎》，天津古籍出版社，2006年，第14页。

然、原真等艺术观念的反映。"凹弦纹之间填刻平行斜线纹"形成了好似"栅栏"的图案，可能是天津先民围猎场景的艺术化反映。

3. 青铜器

三代时期，随着夏周王朝影响范围的扩展，中原文化对天津地区文化产生了越来越大的影响。围坊文化三期和张家园文化中出土的青铜器有刀、镞、簋、鼎等，这些青铜器明显受到了商代青铜文化的影响。炊器中陶制的鬲、甗和鬶逐渐代替了深腹罐。张家园文化遗址中有夏代的石磬，遗址中商末周初的墓葬里出土了由鼎簋组合而成的饮食礼器，种种情况表明，中原文化中的礼乐文化已渗透到天津地区的饮食文化中。出土的石磬是一种石制打击乐器，先民时期用于乐舞，用来表达人与自然、人与人之间和谐相处的愿望。夏商时期用于帝王和诸侯的宗庙祭祀、宴享奏乐；鼎和簋属于饮食礼器，鼎、簋是用来标示使用者的身份和权威性，展示了他们的社会地位。

分属燕齐后，燕国中的殷商文化、周文化与本土文化相结合形成"姬燕文化"。西周初年，武王封召公姬奭于燕，为区别殷商时期燕国的文化，把姬姓燕国时期的文化称为"姬燕文化"。考古界认为这是在天津地区产生的一种新的考古文化，是一种混合型文化。为了区别灭商前当地土著的燕族，也称其文化为"姬燕文化"。在商周文化的强势影响下，本土文化发展成新形态的"张家园上层文化"，春秋战国时期逐渐融入燕文化。这种文化的变迁同样体现在饮食文化中的器具上。这个时期出现了具有殷商文化特征的矮足鬲、绳纹簋；有明显周文化特征的联裆鬲、瘪裆鬲。本土文化中的花边鬲逐渐被花边口沿、深腹高裆、袋状足的姬燕文化陶鬲代替。

二、饮食观念的变迁

饮食观念属于饮食文化层面中的思想层面，源于饮食文化中的物质层面，表现在制度、行为上。制度是人的意识的结果，行为受观念的支配。饮食文化中物质文化发展，引发了社会制度的变迁以及人们行为的变迁，其中饮食文化观念变迁的脉络清晰可辨。

天津地区饮食文化的产生时期，物质文明经历了从采集、渔猎到以原始农业为主的变化。从器具来看，由石器时代的石器、陶器，发展到夏商时期的陶器、青铜器，再到春秋战国时期的铁器。这个变化是社会生产力发展的结果，对饮食文化水平的提高具有很大的推动作用。

1. 由被动生食到主动熟食

一万年前的东营坊文化时期，生产力极其低下，采集渔猎类的饮食资源在日常饮食中占据支配地位，人类饮食处于茹毛饮血的阶段。"生食"是当时人们的主要饮食方式。在发现海盐之前，动物血液和植物组织中的盐分部分地满足了人体对盐分的需要。这就是在海盐产生之前，原始先民能有体力从事渔猎采集的原因之一。另外，食物的营养也能得到有效地保留。但是同现代生食观念不同，旧石器时代的生食是人类在饮食文化水平极低情况下的被动选择。

青池文化时期，人们的饮食观念有了很大的变化。不仅掌握了用火制作熟食，而且发明了陶器。火与陶器被认为是烹饪产生的必要条件。先民们在烹饪食物的过程中学会了简单的原料处理，制作出了石磨盘、石磨棒、石杵、骨器和尖状石器等工具。

2. 由审美追求到礼乐制度

随着烹饪技艺的提高，食物制作由熟食向细化制作的美食发展。美食观念开始产生。组合炊器"甗"的出现标志着饮食追求由烧烤、烧煮发展到蒸煮一体的水平。饮食器具造型也发展为使用价值与朴素审美相结合。陶器纹饰由单调的弦纹、之字纹逐渐丰富为斜线三角纹等复杂审美意象。

当饮食生产能满足人们的基本需要后，对美食的追求就逐渐强烈，而美食的标准因阶层而异。张家园文化遗址的商周时期墓葬出土了鼎、簋等不是偶然，它们证实至少在上层贵族的饮食文化中有了礼乐观念，并逐渐形成了相应的制度。礼乐观念源于祈求神灵福佑的祭祀，后来发展为饮食中社会身份的象征。饮食满足了人们在生理和心理方面的双重需要，生理需要源于人的自然性，而追求社会身份的心理需要则属于人的社会性，是人的社会性在饮食文化中的诉求。

礼，用于等贵贱，辨亲疏，使上下有序；乐的特征是音的和谐，达到天地人之间的关系和谐。礼乐就是使天地人之间等级分明，长幼有序，关系和谐。饮食中，只有王、诸侯、士大夫等贵族才能使用礼器和乐器。诸侯和士大夫有不同的等级，每一等级饮食中使用的礼器和乐器有严格的制度规定，不能越级使用。饮食中礼器和乐器的有无和使用状况就标明了使用者的等级身份。饮食礼器、乐器的使用制度是用来维护社会的等级秩序，促进人人之间、天人之间的关系和谐。

至此，饮食文化中的四个层面：物质、制度、行为和精神观念都已具备了相当的积淀。这标志着天津地区饮食文化在经历了漫长的历史时段后产生了。

第十三章

秦汉至宋

辽金时期

中国饮食文化史

京津地区卷

天津部分

公元前221年，秦国灭掉了东方大国齐国，统一了六国。文韬武略的秦王嬴政吸取了分封制王权容易导致诸侯并立的历史教训，建立了中央集权的皇权国家。在地方建制上推行郡县制，天津地区划归右北平郡，自此由王权社会步入了皇权社会。

东汉末年，群雄纷争，曹操在这里开挖了泉州渠、平虏渠和新河，为平定乌桓运输军粮，开天津地区漕运之先河。魏晋南北朝时期，天津地区战乱不断，出现了少数民族的内迁。隋代的天津地区徭役繁重，唐代战乱频仍，这种局面一直延续到五代十国时期。两宋时期，天津地区分属宋辽两个政权，政权之间的攻防战争使得这里人烟稀少。

自秦汉到宋辽金的1500年里，总体来看天津地区始终处于政权之间的边疆交界地域。海浸、黄河改道等自然灾害和人为的战乱使得天津地区的社会经济与文化发展缓慢，在这种自然与社会环境下的饮食文化也一直处于缓慢的发展时期，和其他地区相比，发展相对滞后。例如，天津地区的凿井取水技术晚于黄河中下游和长江下游地区；酒的普及晚于中原地区；饮茶晚于江南和中原地区等，从人口结构上来看，生活相对富裕的中间层人口比例很小，贫困的下层庶民比例很大，这种饮食文化的层次结构，决定了饮食文化发展的总体水平不高。

第一节　以粟稻为主的农业生产

一、秦汉时期重农思想下的农业发展

秦代，天津地区所属的右北平郡处于东北边疆。汉代，天津地区所属的渔阳、右北平二郡位于汉长城沿线。由于地处边疆地区，即得到了政府农业政策的优惠。

秦汉时期，为抵御四周少数民族部落的侵扰，统治者加强了边疆地区的治理与开发。采取移民实边、军屯、民屯等手段促进了边疆地区的农业生产。西汉文帝时，为解决边粟不足，颁布了"拜爵令"。《史记·平准书》载："于是募民能输及转粟于边者拜爵，爵得至大庶长"。景帝对移民"先为室居，具田器"。汉武帝进一步给与优惠政策，"假予产业"。这些措施刺激了内地居民迁居边疆的主动性。除了民垦以外，汉代还大规模地推行军垦，开垦荒田带动了水利兴修。边疆开发的政策使处于边疆的天津地区的农业得到发展。蓟县小毛庄汉墓中有一座西北人的墓葬，墓主人就是在汉代"实边政策"下由内地来到天津地区的。

边疆的开垦措施都是为了发展农业，这源于中国由来已久的重农思想，也是巩固边疆的重要举措。我国自秦汉之前的上古时期就形成了重农思想。《尚书·洪范》曰："八政：一曰食，二曰货，三曰祀，四曰司空，五曰司徒，六曰司寇，七曰宾，八曰师。"[1] 这段话的主要意思是在国家治理中，要把国民的饮食置于首要地位。饮食是人们生存的第一要义，国民食不果腹的时候，国家也就走到了灭亡的尽头。《汉书·食货志》解释《洪范》"八政"之"食""货"曰："食谓农殖嘉谷可食之物，货谓布帛可衣，及金、刀、龟、贝，所以分财布利通有无者也。"[2]

秦汉时期进一步发展和强化了夏商周以来的重农思想，秉承了商鞅提出的

图13-1　陶厕和猪圈模型，天津静海东汉墓出土（天津博物馆提供）

---

① 杨任之译注：《尚书今译今注》，北京广播学院出版社，1993年，第180页。
② 班固：《汉书》，中华书局，1962年，第1217页。

"重农抑商"政策。在"重农政策"和边疆开发的推动下，秦汉时期天津地区的农业与人口持续发展。《汉书·地理志上》载："东北曰幽州：其山曰医无闾，薮曰溔（xī）养，川曰河、泲（jǐ），浸曰蓄（zī）、时；其利鱼、盐；民一男三女；畜宜四扰，谷宜三种。河内曰冀州：其山曰霍，薮曰扬纾，川曰漳，浸曰汾、潞；其利松、柏；民五男三女；畜宜牛、羊，谷宜黍、稷。"这段大意是说海河以北，平均每户有一男三女四个子女，种植稻、黍、稷，养殖猪、马、牛、羊。海河以南平均每户有五男三女八个子女，养殖牛、羊，种植黍、稷。人们根据地理环境选择适宜的养殖与种植对象，农业的优良物种已经稳定化。农业的发展为人口的增加提供了条件，刺激了人口的繁育。幽州与冀州的人丁差异反映出山区与平原农业发展水平的差距。

虽然不见史籍记载，战国时期天津地区的菽（豆类）、山葱、枣、栗等在秦汉时期仍然是人们主要的饮食原料。汉宣帝时，渤海郡太守推行牛耕和铁质农具。提倡栽种榆树，养猪养鸡。栽种榆树不是为了获取木材，而是为了获得榆树的叶子、榆钱甚至树皮，这些都可以在灾荒时节作为食物充饥。东汉时期，籍贯南阳的渔阳太守张堪开垦水田，引种南方水稻，使百姓逐渐殷实富有。民间传唱歌颂张堪的民谣"桑无附枝，麦穗两歧。张君为政，乐不可支。"[1]两汉时期麦子也是天津地区的重要农作物。又据《氾（fán）胜之书》《四民月令》等典籍记述的汉代农业物种，结合天津地区的生长环境，可以得知秦汉时期天津地区的果树有枣、李、梨、桃、杏、栗、柿等；蔬菜有葱、姜、小蒜、韭、菘（白菜）、芸（油菜）等。

汉宣帝地节年间，渤海太守龚遂在渤海郡大力提倡养猪、养鸡。种植葱、薤、韭等蔬菜。汉代淡水鱼养殖和海洋捕捞技术都有了发展。天津地区地势低洼，河道众多又临近渤海，捕鱼业发展较快。《汉书·食货志》载："渔阳，沽水出塞外。东南至泉州入海，行七百五十里。有铁官。莽曰得渔。"新莽时期天津地区的渔业之利受到朝廷重视。河道洼地的淡水水产和海产已经成为官府获利的产业。

二、魏晋时期稻麦粟黍兼及果蔬的农副业

魏晋南北朝时期，农业发展缓慢。粮食作物中的粟成为北方的主粮，秋天播种的冬小麦得到推广种植。北魏宣武帝正始元年（公元504年）下令所在镇戍

---

① 范晔：《后汉书》，中华书局，1965年，第1100页。

"皆令及秋播麦，春种粟稻"。①曹魏时期，镇北将军刘靖在蓟城附近兴修水利，开稻田两千顷，樊晨扩建后灌溉稻田万顷。此后一直到北齐，稻田面积继续扩大。汉代原本地位下降的黍重新被重视。北朝时期，黍被广泛种植。据《齐民要术》等农书记述，魏晋时期的北方地区豆类发展出一系列新品种，大豆有11种之多，小豆也培育出绿豆、红豆、豌豆等10个品种。这个时期，天津地区的主食就是稻、麦、粟、黍，品种日益增加的豆类为人们提供了丰富的副食。

蔬菜种植品种在汉代的基础上增加了不少。《齐民要术》记载了人工栽培的蔬菜有30余种、水果20多种。北方种植最多的是葵菜。菁，发展成蔓菁、芦菔（萝卜）、芥菜和菘（白菜）。芸薹（yúntái，油菜）的食用扩大到榨油。调味原料的葱、姜、韭种植更加普遍，胡蒜得到普及。胡瓜（黄瓜）因为避讳后赵皇帝石勒（胡人）改名王瓜。天津地区曾被后赵统治，据此黄瓜成为人们的可口蔬菜。先秦时期的瓠（包括圆形的葫芦和弧形的瓠子）在魏晋南北朝时期的北方成为普通蔬菜。根据《北史》《十六国春秋》等史书记载，堇菜成为北方人们喜食的蔬菜。油料作物的品种也增加到芸薹、蔓菁、胡麻、荏苏、大麻等，这一时期，植物油开始用于烹饪。

果树中普遍种植的有枣、栗、桃、杏、梨、柿等。魏晋南北朝时期，燕赵地区和关中一带是栗子的主要产区。陆机《毛诗疏》讲到"五方皆有栗，周秦、吴扬特饶。唯渔阳、范阳栗甜美长味。"②隶属渔阳、范阳的天津地区也成为栗子的著名产地。桃子，有夏秋冬三个季节品种，后赵的"勾鼻桃"，大的重达二三斤。梨，是魏晋南北朝时期的重要果品。从史书记载来看，梨树的种植遍及整个北方地区。杏，在北方栽种广泛，还涌现了一些著名的品种。李子，品种有几十个，其中就包括燕李、冬李等北方品种，因品种多、产量高受到人们的欢迎。

少数民族的内迁与南北交流形成了民族大融合，民族饮食文化也在交流融合中发展。北方农牧结合的生产方式使得畜牧业得到较大的发展，养猪技术提高，而且远及边远的东北地区。游牧为生的少数民族政权更加重视养羊，华北地区是养羊的主要区域，这个时期羊的养殖呈上升趋势。魏晋南北朝时期，在官府的鼓励下养羊业得到迅速发展，游牧民族食肉饮乳的饮食习惯是养羊业发展的重要原因。鸡是人类最早驯化的动物之一，被列为"六畜"。魏晋以来粮食生产技术的提高，促进了鸡饲养的普及，普通农户都养鸡。

---

① 魏收：《魏书》，中华书局，1974年，第198页。

② 李时珍：《本草纲目》，吉林摄影出版社，2002年，第109页。

三、隋唐时期多种作物的种植

隋代，粟是北方的主食。史载隋末天津地区附近的窦建德率民起义，其部饮食生活以普通人家日常饮食为标准，"常食唯有菜蔬、脱粟之饭。"[1]唐代，黍成为北方重要的农作物，唐代以秬黍（黑黍）为权衡度量基准。这一时期，天津地区不仅水稻种植面积扩大，而且有大面积的野生水稻。海河以南的鲁城入唐后改名乾符县。《新唐书·地理志》载："本鲁城，乾符元年生野稻水谷二千余顷，燕、魏饥民就食之，因更名。"

为了抵御契丹的进攻，唐代在天津地区所属的幽州布置重兵。军粮供给是边防的基本保障，可是通过海运补给军粮无法满足边防的需要，唐政府就积极地进行屯田，以当地种植的粮食补充军需，仅蓟县一地就有25个屯。"屯"相当于现在的村庄，至今很多村庄仍被称为某某屯。粟，是当时主要的粮食作物。据《旧唐书》记载，幽州总管罗艺降唐后，时逢幽州大饥，开道许之粟。开元年间下令屯田之地的大麦、荞麦、干萝卜以粟为基准折量。这个时候，大麦、荞麦成为仅次于粟的粮食作物。萝卜新鲜时作为蔬菜，晒干时作粮食用。杂粮有燕麦、胡麻、豌豆等。《新唐书·地理志》记载了沧州的贡品："沧州景城郡，上。本渤海郡，治清池，武德元年徙治饶安，六年徙治胡苏，贞观元年复治清池。土贡：丝布、柳箱、苇簟（diàn）、糖蟹、鳢鲏（kū）。"由此可知，天津地区一带的海蟹与河蟹已经成为贡品。唐代由印度引进的制糖技术已用于食物加工制作。

四、宋辽时期农业的不平衡发展

宋辽时期，天津地区以海河为界南北分属宋和辽。黄河由天津地区入海，北宋以黄河作为抵御辽的天然屏障。在天津地区推行"塘泺屯田"制度，修建了很多水网工程，耕田大为减少，水田增加。福建人黄懋在此试种晚稻成功，但是水田不久就被黄河携带的泥沙淤积。所以，海河南岸人烟稀少，农业生产萧条。

海河以北的辽区域，情况则大不一样。辽初期的统治者就重视农耕，天津地区的辽属区域粮食种植仍以粟为主，《辽史·食货志》多次提及政府发放粟作为种子，开仓放粟来赈济灾民。养殖业以马、牛、羊为主，只有羊用来食用，有时吃牛。辽与其他少数民族开通市场，交易蜂蜜等饮食原料。

辽的统治者和居民崇信佛教，礼佛的饮茶风俗盛行。作为游牧民族的辽必须

---

[1] 刘昫：《旧唐书》，中华书局，1975年，第2238页。

饮茶，茶用来帮助消化肉食乳酪。辽宋边境设有榷场，辽用皮毛交换北宋的茶和铁质农具等。礼佛佐茶需要果品，从而促使了果树的种植。天津地区传统果品栗、枣、柿和桃、杏、李、梨等的生产都有了进一步的发展。

宋金交战造成北方地区经济萧条，统治者大规模地推行屯田制度发展农业生产。规定民户必须植桑种枣，"凡桑枣，民户以多植为勤，少者必植其地十之三"。[1]屯田主要种植粟，其次是麦、黍、稗等。《金史·食货志》载："二年二月，尚书省奏：'天下仓廪贮粟二千七十九万余石'……旧制，夏、秋税纳麦、粟、草三色，以各处所须之物不一，户部复令以诸所用物折纳。"

第二节　由水浆到酒茶的日常饮品发展

先秦时期，天津地区已经开始饮酒，但是仅限于上层贵族。战国时期，天津地区的饮食制作已经具备了一些技术，秦汉时期及以后在此基础上继续发展。

一、秦汉时期的饮品

汉代的饮用水有井水、河水和泉水等。汉代人推崇饮用清澈的井水，天津地区人们也多喝井水。在汉代东平舒县治的故城——静海县西钓台古城发现了密集的水井，分陶井和砖井。水井分布密集是人烟稠密的反映，陶井与砖井的区别是贫富差距造成的饮食条件的差异。

在清水之上的饮品是蜂蜜水和浆。浆，是用米汁制作的饮料，在周代是贵族的饮品，到了汉代成为城市富裕居民的饮品，普通的居民仍以饮用井水为主。张家园文化遗址的墓葬中出土了饮酒用的尊，那只是上层贵族的饮食享受。从出土数量极少可知，酒在当时是奢侈的饮品。到了汉代，饮酒者遍及大江南北，社会各个阶层的人们都有机会饮酒。粮食的丰盛、对美食的享受追求和酒礼的影响是促成汉代饮酒广泛的三大因素。

"在宁河县田庄坨和宝坻区秦城都出土了印有'大富牢婴'戳记的陶瓮残片。"[2]据考证"牢"是粮仓，"婴"是用于煮盐的陶盆。'大富牢婴'表达的是粮

---

① 脱脱等：《金史》，中华书局，1975年，第1043页。

② 韩嘉谷：《天津古史寻绎》，天津古籍出版社，2006年，第89页。

图13-2　东汉时期的陶井模型（天津博物馆提供）

仓丰盈，盐利丰厚。表明汉代天津地区的粮食储备丰富。相对于水、浆，酒成为人们追求的美味饮品。汉代饮酒可用于表达孝亲、宾朋和尊祖敬神等仪礼。汉代强化了以礼为本、讲求伦理秩序的儒家思想，寓礼于酒的饮酒之风就大行其道了。

　　天津地区的汉代墓葬中出土的饮酒器不多，但在宝坻区的秦城遗址汉代文化遗存中还是有所发现，这里出土了用于陪葬品的7件陶壶，其中土层遗存中1件，土坑墓中6件。出土的陶壶分为三个样式，口沿微侈或外侈。壶，是商至汉代流行的一种器具，一般用于盛放水和酒。秦城遗址出土的壶有三种样式，说明壶的用途不同，有的用于装水，有的用于盛酒。汉代出现了用黍、秫酿制的酒，盛产稻黍的天津地区也应该有黍酒。秦城遗址的墓葬埋葬的是当时天津地区的贵族或富有阶层。陪葬品种壶的数量仅有7件，土坑墓中的6件陶壶每个样式仅两件。所以说，地处边境的天津地区饮酒是存在的，但不普遍。

二、由上及下普及的茶与酒

　　魏晋南北朝时期，南方的茶饮传入北方，北方游牧民族的乳酪传入南方。酒、茶和乳酪成为当时社会的三大主要饮品。

　　魏晋南北朝时期的酿酒技术在秦汉时期的基础上更为系统，贾思勰《齐民要术》卷七详细记述了酿酒的过程与技术要求。酿造技术的提高扩大了酒原料的范围，小麦、稻、黍、粱和秫（shú）稗等都可来造酒，其中以小麦为主。小麦、水稻和黍等粮食作物在天津地区都有种植。秋播小麦的推广提高了产量，稻田面积以万顷计，黍也被广泛种植。由此来讲天津地区的饮酒具备了普及的条件。饮酒不仅变得风行，可饮用量也增加。饮酒醉后常造成是非，引起诉讼、或者抨击时政，致使朝廷颁发禁酒令。《魏书·刑罚志》："太安四年（公元458年），始设酒禁。是时年谷屡登，士民多因酒致酗讼，或议主政。帝恶其若此，故一切禁之。"游牧民族没有足够的粮食造酒，它们就用马奶为原料酿造马乳酒。乌桓、鲜卑等北方少数民族把马乳酒视为上等饮料。西汉武帝元狩四年（公元前119年），汉军大破匈奴，将匈奴逐出漠南，乌桓臣属汉朝，南迁至上谷、天津地区的渔阳与右北平、辽西、辽东五郡。天津地区历经多个游牧民族的统治，于是游牧民族饮用的乳酪、马乳酒等饮品被带入了天津地区。

汉代比较昂贵的茶饮在魏晋南北朝时期变得普通。茶饮主要流行于南方，不产茶的北方靠南北交流获取。史载，北魏和北齐两朝宗室用茶祭祀。茶饮主要在官员和士大夫间流行，北方的下层百姓很少饮用。北魏时期，茶又被称为"酪奴"，史载，这种称呼出自南齐的王肃。王肃的父亲及兄弟被齐武帝杀害，他投奔了北魏，受到魏高祖的赏识和重用。初入魏时，他只是吃鱼饮茶，不习惯吃羊肉和奶酪，后来逐渐习惯。一次魏高宗在殿内设宴，宴上王肃吃了很多羊肉和奶酪，当高宗问他茶与奶酪的味道怎样比较时，王肃把茶比作是"酪奴"。北魏杨衒之《洛阳伽蓝记·报德寺》载："肃与高祖殿会，食羊肉酪粥甚多。高祖怪之，谓肃曰'卿中国之味也，羊肉何如鱼羹？茶茗何如酪浆？'肃对曰'……唯茗不中，与酪作奴'。"

魏晋时期天津地区出现了佛教和道教。清心净性的佛教重视饮茶。受佛教的影响，天津地区的人们开始饮用茶。因此，魏晋南北朝时期天津地区人们饮食生活中的饮品包括水、浆、茶、粮食酒和乳酪等。

隋唐五代时期，农业生产的发展为酿酒提供了充足的粮食。酿酒技术朝着普及和提高两个方向发展，官府的官酿、商铺的坊酿和百姓自家的家酿并存发展。酒已经成为人们日常生活的普通饮品。"夜雨剪春韭，新炊间黄粱"，"开轩面场圃，把酒话桑麻"等耳熟能详的诗句反映的就是家酿待客的场景。《新唐书·食货志》载："广德二年，定天下酤户以月收税。建中元年，罢之。三年，复禁民酤，以佐军费，置肆酿酒，斛收直三千。"这段史料表明民间酿酒已遍及全国。著名历史学家、北京师范大学教授黎虎先生在其论文《唐代的酒肆及其经营方式》中讲到："唐代的酒肆业已经深入全国城乡的各个角落，可以说凡是有人烟的地方就可能有酒肆，其普遍程度大大超过以往任何一个时代。"尽管隋唐时期天津地区处于边境，但遍及全国的酿酒在这里也普及开来。

唐代茶饮发展成包括茶艺、茶道、茶文学与茶俗等诸多门类的茶文化。唐代中后期饮茶之风遍及全国。封演《封氏见闻记》载："茶，早采者为茶，晚采者为茗。《本草》云：'止渴，令人不眠。'南人好饮之，北人初不多饮。开元中，太山灵岩寺有降魔师大兴禅教，学禅务于不寐，又不夕食，皆恃其饮茶。人自怀挟，到处煮饮。从此转相仿效，逐成风俗。起自邹、齐、沧、棣，渐至京邑。"[①]位于沧、棣的天津地区饮茶也渐成风俗。隋唐时期原流行于北方游牧民族的乳酪被国内各民族所接受，制作出一些精美的食品。隋唐五代这一时期，天津地区的酒、乳酪和茶，成为了人们日常的饮品。

三、宋辽金时期的榷茶与酿酒业

宋辽金时期，天津地区的饮食文化主要体现在北宋时期的辽属区域和南宋时期的金属区域。契丹人在建立辽政权之前，就通过贸易从唐内地获得茶。建立辽国后，在辽宋边境设立榷场互市，宋输出的主要品种就包括茶，辽用牲畜等物品换取宋的茶叶。饮茶在人们日常生活中占有重要的地位，在辽治下的天津地区受辽的影响，饮茶之风更盛，形成日常饮茶的茶俗，佛教的盛行也促进了饮茶习俗的发展。

同辽一样，金也是通过榷场获得南宋的茶，另外南宋的年贡中也包括茶。《金史·食货志》："泗州场岁供进新茶千胯。"南宋向金输出茶叶，金通过泗州场每年可进得新茶千胯。胯，是南宋时期福建小团茶的计量单位。金代，饮茶在各阶层都很盛行，流行于宋代文人间的斗茶和茶道也传入金。天津地区的饮茶习俗继续发展，茶道和斗茶在上层人士间传开。

辽的建立者契丹人很早就掌握了酿酒技术。契丹的"树葬"风俗中就有用酒祭奠的仪式（树葬是源于史前时期的一种天葬，流行于东北地区和西南地区的少数民族中。把死者的尸体置于深山或郊野的树上，任其腐化）。天津海河以北地区所处的燕云之地酿酒业尤为发达，有官酿和私酿两种形式。辽境内的人们不仅饮用粮食酒还有配制酒和果酒。不过果酒中的葡萄酒是从西域引进的奢侈品，平民百姓难以享用。

金政权的建立者女真族流行饮酒，女真的祖先靺鞨有"嚼米为酒"的风俗。《隋书·东夷列传·靺鞨》载："其畜多猪。嚼米为酒，饮之亦醉。"靺鞨族人把

---

① 封演撰，赵贞信校注：《封氏见闻记校注》，中华书局，1958年，第46页。

米或糜嚼碎，然后封存于器皿中，嚼碎的米或糜借助唾液中的酶发酵，形成酒曲，进而造酒。金代，饮酒成为人们日常生活的重要内容。天津地区所处的燕京一带以粮食酒名闻四海，有"燕酒名高四海传"的说法，燕酒中的金酒最负盛名。金灭北宋后，掠走了大批的匠人，宋代的酿酒技术在金得到传播，烧酒较为流行，《三朝北盟会编·政室上帙卷三》载："饮酒无算，只用一木勺子，自上而下循环酌之"。

金人重视乳酪和汤，乳酪有牛、羊、马等动物乳酪，是人们的日常饮料。汤有普通汤和保健汤两种，既可解渴又有保健功效。宋辽金时期天津地区的日常饮品有粮食酒、配制酒、马牛羊等动物乳、茶和汤。

从秦汉时期的水、浆到宋辽金时期的粮食酒、配制酒、马牛羊等动物乳、茶和汤，使得天津地区的饮品日渐丰富。社会经济的发展、民族经济文化的交流和人们的饮食追求是促成饮品发展的重要因素。饮品的发展趋向自上而下看，是由昂贵稀少到日常普及，由上层贵族到下层百姓。若自下而上看，下层百姓日常饮用品发展到贵族阶层就变成制作复杂的美味饮品。从总体上而言，各阶层的饮品发展不均衡，跨越阶层的发展时间较长，饮品文化普及速度缓慢。

第三节　食物制作技术

一、秦汉时期的民间日常饮食

早在青池文化时期，天津地区就出现了石杵、石磨和磨棒等粮食加工工具。秦汉时期，谷物分类加工，稻、麦、黍、稷、豆等采用不同的加工方法。

1. 饭饼羹粥的主食制作

秦汉时期人们的主食是饭。"饭"从食从反，是分的意思，也就是粒食。把稻、麦、黍、稷、豆等脱壳去糠秕，然后煮熟或蒸熟。石杵石臼就是一套脱壳去糠秕的工具，石磨也可用来脱壳去糠秕，但大部分功能用于把粮食磨成粉状。宝坻区秦城遗址出土了一件秦汉时期的陶磨，东丽区务本三村西汉遗址出土了一盘技术成熟的石磨，分上下两片，中间凿孔有铁锈痕迹，孔两侧有安装木把的小槽。秦汉时期人们把粉状米做成"饵"，把面做成"饼"。颜师古注《急就篇》曰："溲面而蒸熟之则为饼。饼之言并也，相合并也。溲米而蒸之则为饵。饵之言而也，相黏而也。麦饭，磨麦合皮而炊之也。甘豆羹，以洮米泔和小豆而煮之

图13-3　东汉陶磨模型，天津大港出土（天津博物馆提供）

也。一日以小豆为羹，不以醯酢，其味纯甘，故曰甘豆羹也。麦饭豆羹，皆野人农夫之食耳！"这段话的意思是说：饵，是把米浸泡，蒸制成黏在一起的食物。饼，是把和好的面蒸熟，让面合并。麦饭，是麦粒和麦皮一起蒸煮的饭。甘豆羹，是用淘米的水煮的小豆饭，不加调酸味的醋和酢。乡村人家日常饮食就是麦饭豆羹。天津地区的主要粮食作物是稻、黍、稷，所以百姓人家的主食是用脱壳的稻、黍、稷蒸煮的米饭。只有士大夫阶层才能食用饼饵。汉代有一种干饭叫作糒（bèi），就是把麦饭和米饭晒干而成的干粮。糒，是商旅行军方便携带的食物。因此糒也就成为天津地区戍边士兵和出海渔民们的主食。秦汉时期的粥类有粟粥、麦粥和豆粥等，是百姓人家的日常晚饭。

2.　方法多样的菜肴制作

秦汉时期肉食的烹饪方法已有多种，如炙、炮、煎、熬、羹、蒸、腊、脯、醢、鲍、鲊、酱等。天津地区的海滨与河道洼地盛产各种鱼类，早在战国时期渔业就比较发达。武清东汉鲜于璜墓出土了一件盛放食物的石盒，石盒内刻有一大一小两对耳杯、两个盘和两条鱼，生动地反映了墓主人饮酒食鱼的饮食生活。

猪、羊、鱼等野生动物是天津地区人们制作肉食的原料。蓟县邦均汉墓出土的三眼火灶是秦汉时期天津地区烹饪水准的反映。灶台上的三个火眼可分别置甑和釜等，饭、汤、菜可以同时做。东大井汉墓出土的陶制火锅既可以炙烤肉也可以煮肉。有的陶器还可以用来蒸肉。天津地区气候干燥，用盐腌制食物就成为地方的饮食特色，主要方法有腊（腌肉晒干）、脯（把肉片成薄片涂盐晒干）、醢（做鱼肉酱）、鲍（盐腌鱼）、鲊（用米和盐腌制鱼）、酱（用猪羊血加盐制成血酱）等。

秦汉时期的调味品有盐、姜、醋、蜂蜜、豆豉、豆酱等，其中盐、姜、葱在天津地区早就被食用。豉、酱也是沿袭而来，早在周代，天津地区就种植豆类。用盐、豆做成的豆豉，和用盐、豆加面做成的豆酱，成为秦汉时期的调味品。

制法多样的肉食、调味丰富的菜肴和美酒琼浆，仅限于上层社会食用，普通百姓人家的饮食则是麦饭豆羹与蒸菜煮汤。但丰富的鱼类和盐为普通人家食用熬鱼和腌鱼提供了条件。

二、魏晋隋唐五代时期的饭食与菜肴

1. 粮食加工工具的发展

魏晋时期，粮食加工工具已有了长足的发展，有用于舂米的碓臼、石碾，扬弃糠秕的簸箕、簸扇，磨制面粉的连磨与水磨，过滤面粉的箩等。这些较为先进的粮食加工器具在南方和内地使用广泛，边远地区仍沿用杵臼等工具。人们运用水磨和连磨、箩等面粉加工工具生产出更多更为精细的面粉。隋唐五代时期，麦的地位提高。种植面积扩大，产量提高，在北方麦超过了粟，成为主要粮食作物。粮食作物的变化带来粮食加工工具的变化。畜力石碾和水力石碾在种植粟的北方比较普及。谷物脱粒工具碓臼替代了杵臼，脚踏的践碓与以水为动力的水碓提高了生产效率。面食需求量大为增加，把麦子磨制成面粉的石磨被广泛使用，一些官员以经营大型磨坊牟取暴利。

天津市东丽区军粮城的刘家台子唐代墓中出土了石磨、石碾、碓臼和持箕俑，这些出土器物证实了隋唐时期天津地区已经在使用磨、碾、碓臼、簸箕等粮食加工工具了。

2. 种类多样的饭食和饼食

魏晋南北朝时期粟成为北方的主粮。秦汉以来的麦饭、豆饭（煮熟或蒸熟的豆粒）、蔬饭（蔬菜与米混合蒸煮的饭）、枣饭（饭中加枣）等也是北方百姓人家的主食。这个时期天津地区的水稻种植继续扩大，豆、枣、栗等传统谷物果树继续种植。人们的主食就是以粟饭、稻米饭为主，其次是麦饭、豆饭、蔬饭、枣饭、栗饭等。战乱频繁的北方，用米麦等熬制的粥成为百姓人家充饥度荒的食物。富贵人家可以食用汤饼等面食。饼食制法有蒸、煮、烤、炸等，面食种类逐渐丰富。《齐民要术》记载了烧饼、膏环、水引等20多种面食的制作方法。汉代流行的胡麻饼因避讳后赵石勒和石虎改称"麻饼"或"抟炉"（烤麻饼的炉子），成为民间的流行食物。

隋唐五代时期，面粉主要用来制作饼食，遍及全国和各个阶层。隋代谢枫《食经》与唐代韦巨源《烧尾宴食单》（五代陶谷《清异录》收录）记述了很多面食名目。不过这些名称典雅的面点绝大多数是专供宫廷享用的。普通面点像胡麻饼、蒸饼、汤饼、酒溲饼等，除宫廷府邸食用，酒楼饭肆和乡村人家也能够享用。凡是蒸制的面食都称为"蒸饼"，包括馒头和包子等。煮制的面食称"汤饼"，包括面条、面叶、馄饨、饺子等。"酒溲饼"是用酒调和面，下水煮熟即成。天津地区的各辖区都发现了唐代遗存，说明唐代时的天津地区人烟已经比较稠密。天津地区的府衙级别不高，宫廷面点一般难以得到。官员等公职人员的食物制作，只是能在技术与原料上复杂一些，把普通面点提高档次。人们常食的仍然是稻米饭和粟米饭，麦饭与豆饭只是在战乱荒年时食用，因为战乱的环境没有条件再磨面做面食。

3. 层次不同的菜肴

魏晋隋唐五代时期天津地区已经形成许多社会阶层，有郡县官吏、守军将领、大家豪族、屯田主管、盐官等社会上层；有富裕人家和游历文人等社会中层；还有农民、盐户、士兵、工匠脚夫等社会下层；也有出家修行的僧人道人。不同的阶层因社会地位和经济条件的差异，食用着丰俭不同层次的菜肴。天津地区的乡村人家是食饭茹蔬，富贵人家可以食面茹肉。

魏晋南北朝时期的饮食文献《齐民要术》《食经》（北朝崔浩著）《食珍录》《四月食制》等记载了当时的菜肴制作。综合这些记述可以得知，天津地区所处区域的高档菜肴有炙豚（烤乳猪）、缹（fǒu）豚（蒸乳猪）、酸豚（酸排骨）、蒸猪头、腤（ān）白肉（加入盐、豆豉、葱的煮猪肉或鱼）、五味脯（牛羊麋、鹿、野猪与家猪等五种肉做成）、蒸羊、腤鱼（炖全鱼）等。这些菜肴选料相对高档，制作复杂，一般供郡县官吏、守军将领、大家豪族、屯田主管、盐官等上层人士食用。从静海县东滩头的魏晋官吏豪族墓和东丽区刘台古城出土的唐代官吏墓葬来看，当时天津地区上层社会的饮食生活比较高档，有的还上演乐舞。

相对于官吏、豪门，富裕人家和有一定身份的游历文人所食用菜肴就相对普通一些。脯炙羊肉、羊肺粳米肉粥、炙鱼、鸡蛋鱼鲊、棒炙（类似于三成熟的烤肉，边烤边吃，肉汁丰富）、糟肉、蒸犬（狗肉裹上鸡蛋后蒸熟）、兔臛、蒸鸡、炒鸡蛋等菜肴选料相对普通，制作简易。

广大下层农民、盐户等吃的菜肴多是菜羹，有瓠叶羹、葱韭羹、缹瓜瓠、缹菌（炖蘑菇）、酸白菜、紫菜菹、缹茄子等。

这些丰俭不同的菜肴是不同社会阶层饮食生活的真实写照。

4. 菜肴制作技术的发展

隋唐五代时期，烤肉技术有所发展，人们已能使用煤炭、木炭、柴、草、竹等不同的燃料烤炙出不同口味的肉，有烤猪肉、烤羊肉、烤牛肉、烤鱼和烤禽肉等。

鱼脍制作在隋唐五代时期非常流行，形成食鱼脍之风。几千年的食用经验加深了人们对鱼的认识，鲫鱼、鲈鱼和鲂鱼成为人们制作鱼类菜肴的首选。天津地区主要是食用河鱼和海鱼，人们把鲜鱼肉做成干脍长期食用，并继续食用以盐和米腌制的鱼鲊，还制作出夏天食用的含风鲊。

隋唐五代时期的调味品制作技术也发展较快，主要的调味品有咸味的盐、豆酱、豆豉，酸味的醋，甜味的蜜、糖。唐太宗派人学习了印度的熬糖法，糖成为比蜂蜜更受欢迎的甜味调料。天津地区已经把糖用于制作海鲜，《新唐书》中记载了沧州的特产——糖蟹。

5. 养生思想影响下的食疗菜肴

魏晋南北朝时期，道教向上层发展，为了适应道教发展的形势，葛洪总结道教理论，使道教信仰理论化。葛洪论证了道教的信仰可使人长生成仙的观念，从而使注重养生得以长生的思想得到更为广泛的传播。北魏的寇谦之对天师道进行改革，改革后的天师道奉行"服食闭炼修行"。唐代的建立者李渊在灭隋建唐过程中得到了道士的大力支持，因此唐代统治者大力发展道教，使道教达到鼎盛阶段。无论哪个宗教派别都主张养生，饮食养生疗病的思想在唐代发展成熟，饮食与医药结合的食疗面点与菜肴大量涌现，产生了总结食疗养生理论的著作。唐代著名医药学家孙思邈也是一位长寿道士。他在《千金方》中主张食治先于药治、食不宜杂、食无求饱等原则。单列出食治方，收入食疗养生食物155种。孟诜的《食疗本草》反映了唐代的食疗养生成就，并总结了切合实际的食忌内容。

根据隋唐五代时期天津地区的物产，人们能够食用的食疗菜肴大体如下：肉类食疗菜肴有羊肺羹、猪的心、肝、肾等制作的羹、鸡肠羹、酿猪肚、焦鹿蹄；蔬菜类食疗菜肴有小豆叶羹、车钱叶羹等。因为隋唐五代时期的天津地区，猪、羊、鸡、鹿、豆和车前草等都是常见的食材或药材。猪心具有安神、缓和癫狂、止虚汗等食疗功效，猪肚生肌和胃，补中气，猪肝则明目养血。羊肺具有通肺气、利小便、行水解毒之功效。鸡肠对于治疗遗尿有一定功效，鹿蹄可以治疗风冷湿痹。赤豆叶子在《千金方》中称为"小豆藿"，治疗多尿、明目、止渴。车前叶子羹具有利尿、清热、明目、祛痰等功效。这些食疗养生菜肴是中华民族

图13-4 东汉时期的盘、杯和勺，天津静海东滩头东汉墓出土（天津博物馆提供）

"医食同源"思想在天津地区的体现，使得这一宝贵思想得以弘扬。

6. 饮食器具由陶器发展到青瓷

美食配美器，食物制作技术的发展也推动了饮食器具的发展。宝坻区秦城遗址主要是秦汉文化遗存，发掘出大量的汉代陶制饮食器具，有陶罐、陶盆、陶碗、陶壶、陶瓮、陶釜、陶甗、陶豆、三足陶盒、陶钵等。在武清区的东汉鲜于璜墓出土了6件陶耳杯、四系青釉罐等饮食器具。

魏晋时期原始瓷器碗、坛、罐、盘等饮食器具趋于常见。武清区齐庄遗址的北朝墓葬中出土了陶罐，东丽区军粮城等遗址出土了魏晋时期的2件青瓷罐，属于北方流行的典型晋瓷。从出土器物来看，魏晋南北朝时期天津地区的炊器和饮食器具仍以陶器为主体。因为当时的瓷器主要产自南方，天津地区地处边境，瓷器比较少见。

唐代的幽州是唐抵御契丹进攻的军事重地。战争和防御需要的军粮由南方运来，天津东丽区的军粮城由此而来，军粮城的刘台古城就是唐代所建。考古人员在军粮城周围发掘出了唐代的饮食器具。西南埝（hèng）遗址出土了一件唐代早期的白瓷碗，刘台古城与墓葬中出土了青白釉瓷碗七件、一件双耳青瓷罐、三件瓷钵，白沙岭唐代墓葬中出土了青瓷碗和青瓷豆各一件。宝坻区、武清区、大港区等都在唐代遗存中出土了瓷碗、瓷罐等饮食用具。由此可以看到天津地区的饮食器具从陶器发展到青瓷器的清晰脉络。

图13-5　唐代陶器，天津东丽军粮城出土（天
津博物馆提供）

图13-6　宋代陶器，天津辽人墓出土（天
津博物馆提供）

三、"面食糕饼，肉食牛羊"的宋辽金时期

1. 胡汉交流对天津地区饮食文化的影响

宋辽时期的天津地区是两个政权的边界地，胡汉饮食交流影响了地处北宋与辽、南宋与金边界的天津地区饮食发展。契丹人建辽，据《契丹国志》记载，辽皇帝对宋朝皇帝的贺礼中包括酒、山果、白盐、青盐、牛、羊、野猪、鱼、鹿腊（用鹿肉做的腊肉）等饮食原料。宋代皇帝的回礼与使辽礼品包括秔（jīng）粟（粳米和粟米）、面粉、酒、茶、水果、金银制的饮食器具等。

辽在天津地区实行"汉人制汉"的政策，但也有契丹人居住。女真人建金，金时汉族与女真等民族混居。受契丹与女真游牧民族饮食文化的影响，天津地区传统的饮食内容在辽金时期发生了一些变化，反映在饮食结构和烹饪方法的变化上。契丹与女真的肉食制作有生食、濡（用调味的汤烹煮）、烧烤、腊肉、脯、肉糜制作肉粥等方法。濡肉，就是用盐水浸泡后的咸肉。肉糜，就是把牛肉、羊肉、鹿肉等肉食做成肉酱。脯，就是干肉。把牛肉、羊肉等肉用盐做成咸肉干，称为"羊豝"或"羊脩"。

由宝坻县志编修委员会编纂，由天津社会科学院出版社1995年出版的《宝坻县志》收录了这样一首儿歌："拉大锯、扯大锯，姥家门前唱大戏。……先搭棚、后挂彩，牛肉包子往上摆。牛肉片儿，好大块，鸡蛋打卤过水面儿。"其中"牛肉片儿，好大块"就是辽代盛行的"煮鲜肉"之遗风。张国庆所著的《辽代社会史研究》记述了"煮鲜肉"的做法：把治净的牛、羊肉切成大块放在锅中煮熟，然后切成薄片，蘸着蒜泥、葱末、酱、盐、醋等佐料吃。

谷物制品有炒米、米粥、煎饼、炊饼、胡饼、汤饼、蒸饼、蜜糕、松糕等。乳制品有乳酪、乳粥等。蔬菜一般生吃或者熬成菜汤或蒸煮菜饭。女真人喜欢吃新鲜的野菜，他们用榆荚、松皮也能做成菜肴。水果除鲜果生食外，还做成干果、果脯。这些饮食习俗都传到了天津地区。契丹和女真等少数民族的饮食文化与汉族沿袭的饮食文化在天津地区交融，是农耕饮食文化与游牧饮食文化的交融，从而促进了各自的发展，丰富了人们的饮食生活。

金灭北宋后，包括厨师在内的大批工匠被掳掠到金，遗民与厨师把宋的饮食文化带入金。汉人带入了糕点的制法，女真人也学会了用柿子、枣泥、糯米、松仁、蜂蜜等为原料蒸制柿糕。随后女真人的主食也有了汉人的馒头、汤饼、烧饼等。受汉人的影响，女真人的菜肴制作技术显著提高，不仅酒菜丰盛，而且学会了制作茶食。节日饮食习俗具有了鲜明的汉文化特色。立春之日，鞭春牛，送春盘，烙春饼，吃春菜。被金扣留十六年的南宋使臣朱弁在《善长命作岁除立春日》的诗中描写了金人的立春风俗。"土牛已作劝农鞭，苇索仍专捕鬼权。窃喜春盘兼守岁，莫嗟腊酒易经年。"说明节日饮食习俗上，女真传统与汉族传统已经趋于融合。

图13-7　辽代《备茶图》（局部），河北宣化下八里村7号辽墓出土（李清泉：《宣化辽墓壁画散乐图与备茶图的礼仪功能》）

2. 两宋与辽金的榷场互市对双方饮食生活的影响

澶渊之盟①后，宋辽边境的榷场互市正常化，天津地区所处的沧州也设立了互市。北宋输出的物品有香药、犀角、象牙、茶叶、缯帛、漆器、粳米、糯米和书籍等，辽输出的物品有羊、马、橐（tuó）驼（骆驼）、银钱和布等。宋金边境的榷场贸易促进了双方饮食原料的交流。南宋向金输出的主要有茶、香药、生姜、陈皮、荔枝、龙眼、金橘、橄榄、芭蕉干、苏木、温州蜜柑、橘子、沙糖、生姜、栀子，以及犀象、丹砂等。金向南宋输出的商品主要有盐、药材以及丝、绵、绢等。从交易物品来看以饮食原料为主。

双方的物质交流促进了各自饮食文化的发展。契丹族起初受地理环境和民族饮食传统的影响，肉乳制品比重很大。随着与汉人的物质交流，汉人的米饭、蔬菜、水果和茶酒进入了契丹人的饮食生活，他们还学会了制作馒头、糕点和煎饼等。中原的茶道伴随茶叶贸易传给了契丹人，在辽金与两宋之间的岁币与榷场贸易中，茶是其中的重要一项。天津地区在辽金时期，汉族与契丹、女真的饮食生活相互影响，使饮茶渗入各个阶层。河北宣化下八里村的辽代墓壁画中有完整的《煮汤图》《将进茶图》和《茶道图》，逼真地再现了辽代贵族饮茶的过程，鲜明地展示了辽代所继承的唐代茶道。

契丹人还喜欢饮用由宋传入的菊花酒、茱萸酒，喜欢吃天津地区的风味食品。辽代，皇帝在端午节时可吃到天津地区所处渤海一带厨师制作的艾糕。在渤海人的葵菜羹的影响下，女真流行制作此菜。通过榷场贸易，女真人获得了宋

图13-8　艾糕

---

① 澶渊之盟：公元1004年，辽军南下深入宋境，宋真宗打算迁都南逃，在宰相寇准等人的坚持下，真宗驾临宋辽交战的澶州。受皇帝亲征鼓舞的宋军打败了辽军，宋真宗与辽议和，签订了盟约，史称"澶渊之盟"。

的茶，遂使金人饮茶成风。从榷场互市得来的荔枝、圆眼、金橘、橄榄、温州蜜柑、橘子等水果深受女真贵族的喜爱，他们还把这些水果制成蜜饯和果脯。

同样宋人的饮食生活也受到契丹、女真的影响。南宋使臣洪浩由金归宋时把西瓜引入南宋。南宋诗人范成大在《西瓜园》中写道"碧蔓凌霜卧软沙，年来处处食西瓜。形模濩洛淡如水，未可葡萄苜蓿夸。"诗人在诗题下注写明了西瓜本是燕北种植，今河南皆种之。在两宋的饮食店中也售卖契丹和女真的食物如乳糕、乳饼、高丽糕等。

第四节　饮食文化发展的影响因素——制盐与漕运

秦汉至宋辽金时期，天津地区饮食文化发展的因素是煮盐业的兴旺与军粮漕运的发达以及饮食观念的变迁。天津地区地洼滨海的地理环境造就了渔盐之利，地处边境与军事地势造就了军粮运输重地的地位。

一、制盐生产管理日趋加强

盐在古代主要被用作调味品。与糖、醋、葱、姜等五味调味品不同的是，盐自产生以来就包含了政治经济因素。天津地区的海盐生产可以上溯至西周时期。《周礼·地官》"幽州，其利鱼盐。"战国时期，齐国与燕国就在这里煮制海盐。

1. 设置盐官和盐关

西汉时期在天津地区所属的章武、泉州两县设置了盐官，管理盐业生产和税收。清代关上谋《芦台玉砂》诗云："盐产芦台盛，持筹左度支。法原前汉备，利自后唐贻。"意思是芦台大量产盐，管理国家财政的度之在这里设机构管理盐税。芦台就位于今天天津市宁河县的芦台镇。早在西汉时期芦台就有管理制盐的机构，后唐赵德钧建立芦台盐场，造利一方。曹魏时期在宝坻一带设立盐关，位于今天宝坻城区的"盐关口"由此得名。运输官盐的小河被称为"小盐河"，就是今天汉沽的前身。《水经注》："清河又东，径漂榆邑故城南，俗谓之角飞城。《赵记》云：'石勒使王述煮盐于角飞，即城异名矣。'"[1]角飞城就是漂榆邑古城，位于今天东丽区的务本村一带。据北魏郦道元记述，漂榆邑古城人都依靠煮盐或

---

[1] 郦道元撰，陈桥驿等译注：《水经注全译》，贵州人民出版社，1996，第332页。

贩盐为生计。东魏定都邺（今河南安阳一带）后，在幽州、沧州、瀛洲等傍海之地设灶煮盐，收取盐税用于国库和军队开支。

2. 盐屯发展为盐场

唐代加强了天津地区煮盐的生产管理。唐代李泰主编的《括地志》载："自勃海至平原，其间滨海煮盐之处，土人多谓之豆子䴚（gāng）。"[1] "豆子䴚"就是今天的咸水沽。唐代在幽州一带推行屯田和盐屯，用盐的数量抵充应缴的粮食。唐代杜佑的《通典·食货》载："*幽州盐屯，每屯配丁五十人，一年收率满两千八百石以上，准营田第二等；两千四百石以上，准营田第三等；两千石以上，准营田第四等。*"

后唐同光年间，驻守幽州的赵德钧充分利用天津地区一带卤地广布的特点，发展制盐。赵德钧在今宁河县内的芦台设立盐场，建仓库贮存盐。开挖河渠，把盐运卖到瀛州（今河北河间）和莫州（今河北任丘北）一带，造福一方。金刘晞颜撰写的《新仓镇改宝坻县记》载："*同光中以赵德钧镇其地，十余年间兴利除害，人共赖之，遂因芦台卤地置盐场，又舟行运盐，东去京国一百八十里，相其地高阜平阔，因置榷盐院，谓之新仓以贮盐。复开渠运漕盐于瀛、莫之间，上下资其利，遂致饶衍，赡于一方。*"[2] 所以关上谋诗云"*法原前汉备，利自后唐赉。*"为了传颂赵德钧造福一方的功德，当地人们修建了德钧庙。赵德钧后来叛乱变节，德钧庙就被人们冷落了。五代时期战乱动荡，煮盐时而遭到破坏，在这种社会形势下产生了盐神信仰，修建了盐姥（mǔ）祠。后晋石敬瑭欲谋得帝位，为取得辽的支持，把幽云十六州割让给辽，其中就包括芦台盐场。

3. 盐业兴盛设宝坻

辽加大了制盐管理，设置新仓镇。位于今天的天津市宝坻区城区。伴随着制盐的发展，新仓镇发展成市镇。金建都南京（今北京），盐业兴盛带来市镇的繁华，以新仓镇最为繁荣，"畿内重地，新仓镇颇为称首。"大定十一年（公元1171年）冬，金世宗巡幸新仓镇，看到人烟稠密，便对随从臣僚说可改为县第。次年改为宝坻县，"盐乃国之宝，取如坻如京之意"。

为统一管理，把新仓盐使司与永济务盐使司合并为宝坻盐使司。金泰和元年（公元1201年），又在清州北靖海县（今静海县）设置沧盐场。

---

① 顾祖禹撰，贺次君、施和金点校：《读史方舆纪要》，中华书局，2005，第566页。
② 宝坻县志编撰委员会：《宝坻县志》，天津社会科学院出版社，1995年，第948页。

4. 制盐发展源于多重需要

天津地区的制盐主要是有赖于傍海地洼的地理环境，天津地区的人们无法在卤地上发展种植业，就充分利用海盐资源发展制盐。最初并非为了牟利，而是交换食物。至西汉时期，政府把制盐纳入管理，控制制盐、收取盐税，以获取丰厚的盐利。管理促进了扩大生产，生产扩大需要进一步的管理，到金时，管理制盐的盐使已经官居五品。制盐发展的原因是政府获得高额的盐税，根本原因是人们对盐的依赖性。自汉代到金，天津地区制盐的生产与管理发展明晰地反映了两个方面的需求。其一是人口增长对盐的需求量增大；其二是政府控制盐的政治与经济需求。

盐是不可或缺的调味品，更是维持人体生命之必需。盐对人们的生存意义形成了盐宗等神话传说，由此又衍生出制盐生产与管理的政治目的与经济价值。王朝统治者对制盐生产与管理的重视，促进了当地与周边盐经济、盐文化的发展。在这个时期，盐已经超越了食用价值，形成了内涵丰富的"盐文化"。

二、漕运规模日益扩大

天津地区漕运的产生源于这个时期天津地处边境的历史地理位置。曹魏时期，曹操为消灭依附辽东乌桓的袁绍残余，派董昭在天津地区滨海平原上自南向北开挖了泉州渠、平虏渠和新河运输军粮。《三国志·魏书·太祖本纪》载："公将征之，凿渠，自呼沲入泒水，名平虏渠；又从泃河口，凿入潞河，名泉州渠，以通海。"[①]自此始一直到金，天津地区的漕运一直担负着军粮运输的任务。

隋大业四年（公元608年），隋炀帝为运输攻打辽东所需军粮开挖了永济渠。《隋书·帝纪第三》："四年春正月乙巳，诏发河北诸郡男女百余万开永济渠，引沁水，南达于河，北通涿郡。"[②]南引黄河，北抵涿郡（今北京通州）的永济渠从今静海县的独流镇经河北的洼地到达通州，独流镇就形成于隋代的军粮运输。

唐武则天时期开始把江淮地区的粮食经天津地区海运幽州，自开元年间形成制度。河北平原河流汇合的海河口成为海漕的转运地，史称"三会海口"。唐代时期在"三会海口"建立了军粮运输城即今天的天津东丽区刘台古城。通过漕

---

① 陈寿：《三国志》，中华书局，1964年，第28页。
② 魏徵、令狐德棻：《隋书》，中华书局，1973年，第70页。

运，江南吴地的粟米和粳米被转运到军粮运输城。杜甫的《昔游》诗曰"**幽燕盛用武，供给亦劳哉。吴门转粟帛，泛海陵蓬莱。肉食三十万，猎射起黄埃。**"[1]杜甫在《横吹曲辞·后出塞》中描写了漕运江南吴地粮米、浙江、两湖一带布帛的壮观场面，"**渔阳豪侠地，击鼓吹笙竽。云帆转辽海，粳稻来东吴。越罗与楚练，照耀舆台躯。**"

金泰和五年（公元1205年），金章宗亲自掌管了通州漕河的开挖，新开挖的河渠改变了永济渠的流向，河道在静海独流北行经天津地区的三岔河口转入潞河再上溯至通州。此后，三岔河口就成为金京城粮运的咽喉要地，在此设立了直沽寨，天津城开始萌芽。

因军事需要开辟的漕运在南北距离上不断加大，曹魏时期是河北平原，唐代中后期扩大到江淮地区。金代的漕运由军事变为京城生活所需，使漕运规模继续扩大。无论是军事还是生活，漕运满足的都是饮食所需的粮食。所以说漕运形成的根本因素是人们的饮食需求。沟通南北的漕运在天津地区的"三会海口"留有军粮城，"三岔海口"产生了直沽寨。边防重镇和京师的饮食需要带来了天津地区的发展。

---

① 杜甫著，邓魁英、聂石樵选译：《杜甫诗选》，南海出版社，2005年，第213页。

第十四章 元明清时期

中国饮食文化史

京津地区卷

天津部分

公元1276年，元军攻破偏安江南的南宋都城临安，公元1279年灭掉了南宋最后一支抵抗势力，统一了中国。至此一直到公元1840年鸦片战争，中国处于统一的多民族国家时期。明清两代是我国农耕社会发展的顶峰时期，也是农耕文明的总结时期。这个历史时期的天津，从金代的一个村寨直沽寨，到元代发展成为市镇海津镇，到明代永乐初年建城设卫，至此，天津城形成。清代天津升格为府，成为北方重镇。"城"的发展扩大伴随着的是人口的增加，"市"的发展是手工业与商业发展的结果。元明清时期，天津城市的发展带来了城市人口的增加和工商业的兴盛，码头文化兴起。"右文风尚"促进了文化教育的发展。在城市发展需求的刺激下，天津地区的饮食文化进入繁荣阶段。

第一节　屯田制度下的饮食原料生产

天津地区城市的发展首先要解决的就是吃饭问题。无论是披甲执锐的官兵、执掌一方的官吏、粮盐聚富的豪商还是贩夫走卒、脚力工夫都需要在饮食需求满足的情况下开展自己的活动。这个时期，天津地区谷物、蔬菜的种植，家禽家畜的饲养以及捕鱼为全社会提供了丰富的食物资源。丰富的野生蔬菜、野果和野生动物又起到了调节补充作用。

一、"酸枣林边买犊耕"——元代屯田

元代秉承"以农为本"的治国理念，推广农桑种植。《元史·食货志》载："种植之制，每丁岁种桑枣二十株。土性不宜者，听种榆柳等，其数亦如之。种杂果

者，每丁十株，皆以生成为数，愿多种者听。其无地及有疾者不与。所在官司申报不实者，罪之。仍令各社布种苜蓿，以防饥年。近水之家，又许凿池养鱼并鹅鸭之数，及种莳莲藕、鸡头、菱角、蒲苇等，以助衣食。"

继金之后，元政府在天津地区继续推行屯田制度。以军屯的形式把农田分拨给士兵屯种，军队的驻地也称屯营，政府给与种子、农具。《元史·武宗本纪》载："庚戌，以钞九千一百五十八锭有奇市耕牛农具，给直沽酸枣林屯田军。"清代汪沆编撰的《津门杂事诗》曰："呼许呼耶衔尾行，千樯玉粒贡神京。若为少惜东南力，酸枣林边买犊耕。"诗文描绘了众多的运粮船结队而行的情景，船工们辛苦地把江浙等地的粮米运到京城。为了减少对漕运的依赖，元政府在天津地区及周边大力推广屯耕。1973年，天津市文物管理处考古队在西青区小甸子元代屯田处（元代酸枣林故址）发掘了犁铧、耧铧、犁镜、铲、耙、镰、垛叉等农具。

天津地区在元代的屯田中，大司农所辖屯田两处、枢密院所辖屯田两处、宣徽院所辖屯田两处。至大二年（公元1309年），元武宗调遣汉族军士五千，给田十万顷，在直沽沿海屯种。又增派康里军两千沿海屯种。"康里军"是来自中亚地区的穆斯林士兵，康里，宋称"抗里"，徐霆在《黑鞑纪事》里把"抗里人"称为"回回"。因为他们同来自西域的人一样，都有禁食猪肉的习俗，被蒙古人泛称为"回回"，大蒙古国政府把他们正式编入户籍，名"回回户"。这两千回回康里军开始在天津地区定居生活，也把回族的物产带到了天津地区。

屯种与农桑政策使天津地区农业经济逐步得以恢复。屯田不仅种植稻、麦、粟、黍、豆等粮食作物，还种植枣树、莲藕、菱角等水果蔬菜，养殖鱼、鸡、鸭、鹅等水产、家禽。清代天津地区方志物产中的"回回豆"（鹰嘴豆）的种植有可能始于元代。

二、葛沽变作小江南——明清屯田

元代的屯田时断时续。至明初，元末以来的战争使北方一片凋零，洪武年间在北京周边推行屯田，天津地区也在其列。

明朝中后期的天津地区屯田取得了显著成效。万历年间，保定巡抚汪应蛟在天津地区何家圈（今灰堆一带）、白塘口、贺家口（今天津老城东南）、兰田（今天津南市一带）、葛沽、东西泥沽、吴家咀和盘沽等地屯田十处，共称"十围"。在天津地区三卫的屯田计有9200余顷。围田名字的第一个字连起来恰好是一副劝民屯田耕种的对联："求人诚足愚，食力古所贵"。又在葛沽整治耕田5000亩种植旱稻和豆类，斥卤尽变膏腴。明弘历年间礼部尚书李东阳在《定南禾风》诗中云："万里黄云吹不断，一天翠浪卷还空"①，描绘了天津地区城南碧色的稻田极目连天的景象。

明天启年间的左光斗以兴办屯学的形式促进了天津地区的屯田发展，把昔日草荒之地变得绝似江南。大科学家徐光启在天津地区买地进行农业试验，种植麦、豆、稻，从南方引进水稻良种和可以充饥的红薯。

清代天津地区屯田的主要成就始于康熙、雍正时期。康熙时天津总兵蓝里在天津城南利用洼地仿效江南屯种水田。他先后开垦水田二百余顷，康熙就把这些田地赐予蓝里，称"蓝田"。康熙年间诗人戴宽曾作诗曰"新起浮屠插翠烟，戏邀女伴踏蓝田"。招募福建浙江一带农民种植水稻，这一带"雨后新凉，水田漠漠"，被誉为"小江南"。雍正五年（公元1727年），陈仪领天津营田局。他首先恢复废弃的"蓝田"，后又仿照明代汪应蛟的办法在贺家口至东西泥沽一带屯田，称"营田十围"。陈仪先后营田七万余亩，使天津一带一度出现了"沟洫既修，岁以比登"的丰收景象。

清代天津城市的发展带动了周边城郊农副产品的发展。城市生活所需粮食，尤其是蔬菜鱼肉等，基本上由城郊供给。在粟、稻、豆的供给过程中，农民设法改良品种，产生了"葛沽稻"、城南梨园头的麦子"压车翻"等地方名特产。为了满足城市饮食发展需要，还引种了南方的茭白，"脆美肥白，不减江南"。清康熙初年，清政府为防止沿海居民海上抗清，遂实行严厉的"海禁"，禁止民间的海上捕捞和非官方的海外贸易。海禁解除后，天津地区的名贵鱼类黄鱼、银鱼、对虾等水产，除了供给天津城外还销往京城。

第二节　文化品位日益提升的酒茶之饮

元明清时期，天津地区的漕运与盐业发展迅速，尤其是明清时期达到了鼎盛。天津地区筑城设卫，重在防卫功能，但是城市的性质迅速地展现出其鲜明的商业特性。城市社会经济的发展促进了城市文化的发展，市民生活的文化气息日趋浓厚。

---

① 缪志明编注：《天津风物诗选》，天津文史研究馆，1985年，第14页。

一、酒饮

天津城萌芽于金时的直沽寨，元至正九年（公元1349年）立镇抚使于海津镇，那时已经具备了宋代镇的特点，设"镇砦（zhài）官"，"诸镇置于管下人烟繁盛处，设监官，管火禁或兼酒税之事。"[1] 元代的直沽，"舟车攸会，聚落始繁"，元代诗人张翥（zhù）《蜕庵集》云："一日粮船到直沽，吴罂（yīng）越布满街衢"。史籍的描述表明海津镇已是水陆汇聚，南货比街的市镇。

元世祖至元年间（公元1264—1295年），在大直沽修建了海神妈祖庙——大直沽天妃宫，海运把妈祖信仰传播到了天津地区。元代的海津镇不仅漕运兴盛，制盐业也发展较快。制盐业带动了商业的发展，元代王鹗在《三汊沽创立盐场碑记》中道："招徕者日益众，河路通使商贩憧憧往来"。[2] 漕运把吴越的语言文化与手工业产品带到这里。一旦有粮船到达，这里满街都会看到从南方带来的物品。"兵民杂居久，一半解吴歌"的诗句，就是当时直沽一带生动的反映。盐户、漕工、商贩、兵民构成了元代直沽海津镇的人口。流动人口与居民的增加，使饮食需求量随之增加。盐业、漕运、商业等行业的繁荣，形成了管理机构、驻守防务的官员等一批中高消费阶层，他们频繁宴饮饮酒风气盛行，从而催发了酿酒业的发达与酒文化的兴盛。

图14-1　元大直沽天妃庙遗址（天津博物馆提供）

---

① 脱脱等：《宋史》，中华书局，1977年，第3979页。

② 薛柱斗撰：《新校天津卫志》，成文出版社，1934年，第217页。

1. 元代的醲（shī）酒、美酒和马奶酒

对于元代直沽酿酒业的兴起，郭凤岐在《从先有直沽酒到开坛万里香》一文中总结了五点原因：漕运的漕工饮酒解乏去思乡之愁；商贾往来和生活饮酒；衙署官吏需要饮酒；海津镇的镇署与兵丁需要饮酒；祭祀海神、盐神等信仰神灵需要酒。这些原因涉及元代直沽的经济、政治、军事和文化，足见酒饮在社会生活中的作用。

元代直沽产生了酿酒作坊，因为刚刚起步，所以酒的质量不高，味道较薄。古代把味道比较薄的酒称作醨酒或醲酒，当地人日常就饮这种醲酒。清代汪沆在《津门杂事诗》中追忆了元代直沽漕运用酒祭祀的场景："辛苦何辞粳稻输，楼船万斛转东吴；黑风幸免吹儿堕，醲酒椎牛祭直沽"。

元代最好的酒是江南的"东阳酒"，比天津地区的"直沽酒"要好许多。元代《接运海粮官王公董鲁公旧去思碑》载："直沽素无嘉酝，海舟有货东阳之名酒者，有司市以进，公弗受。"这则记述的是二位官员不接受江南东阳美酒为官清正廉明之事，但也反映出官署和富商们是可以从东阳购进江南美酒的。官员们不喜欢喝直沽本地酿造的醲酒，而喜饮海运而来的江南东阳美酒，不仅因为在味道上此薄彼厚，也是为标志自己的身份与饮酒场合的需要。尽管没有具体的文献记载，但是不难看出天津地区高消费阶层对美酒的追求。

直沽和海津镇与元都城大都临近，都城的饮酒必将对这里产生一定的影响。元代蒙古贵族喜欢饮用传统的马奶酒、美味葡萄酒和养生保健药酒。驻守在直沽、海津的蒙古贵族也饮用马奶酒、葡萄酒和药酒。

由此看来，本地酿造的醲酒、江南地区的美酒、西部的葡萄酒、蒙古族的马奶酒与保健养生的药酒构成了元代直沽与海津镇各阶层的饮酒类别。

2. 明清时期酿酒的普及与技术的提高

明代是酒文化大发展的时期，因为政府既不征收酒税也没有颁布过禁酒法令。酿酒技术超越了前代，品种也大为丰富。宋元时期的低度水酒逐渐被明清时期的高度蒸馏酒代替。在全国各地的酒类品种中不断涌现出一些名闻一方的名酒，如"古井贡酒""景芝高烧""五加皮"等。在全国酿酒技术发展的形势下，直沽的酿酒技术也随之提高。明代，大直沽的很多村民都掌握了酿酒技术，明永乐年间，大直沽村3000户村民约有一半以酿酒为生，酿酒的数量与质量都在逐步提高。明嘉靖年间，大直沽的烧酒已经能够满足天津军民的饮酒需要。

明代的直沽酒比元代要好，但是直沽的烧酒同其他地区的酒相比，名声还是稍逊一筹，尚未产生著名的品种，所以具体酒名不见于文献记载。

清代的大直沽酒业呈现新的发展趋向，由单一的"高粱烧"向白酒、药酒、果酒三大系列发展。到乾嘉年间已能够生产出"高粱烧酒""玫瑰酒""五加皮酒"等类别，形成了三大名酒系列。乾嘉年间诗人唐芝九的《各色酒》道出了当时所产酒类的品种："茵陈玫瑰五加皮，酒性都从药性移。还是高粱滋味厚，寒宵斟酌最相宜。"清代中期诗人崔旭《砚堂竹枝词》描摹出当地直沽酒的香气和品貌："名酒同称大直沽，香如琥珀白如酥。"这些酒都成为当时天津地区上流社会宴饮的名品。用于官场的交际，富商的铺张以及文人雅士的享用。

二、茶饮

1. 漕运转港的重要枢纽

元代的另一大流行饮品是茶。元代农学家王祯在其《农书·百谷谱集之十·茶》中说："夫茶，灵草也。种之则利博，饮之则神清。上而王公贵人之所尚，下而小夫贱隶之所不可阙，诚民生日用之所资，国家课利之一助也。"上至帝王将相下至黎民百姓已经把饮茶作为一种生活习尚。贴近民众生活的元杂剧中常引用"早晨起来七件事，柴米油盐酱醋茶"这句民间流行的谚语。元代，饮茶已是人们不可或缺的日常生活。直沽与海津镇自当也离不开茶。

茶在元代的需求量很大，售茶的茶坊遍及全国的城镇。茶农通过种茶制茶获得生活所需费用，官府通过管理抽税获取课利。同盐引、酒引一样，茶引制度成为国家财政税收的重要来源。

直沽是元代漕运的转运基地，南方粮米与茶叶等大批物品运抵直沽，然后再经北运河转运到元大都。蒙元史专家王晓欣教授介绍说："自元代开通漕运后，每年都有数百万石粮米及丝绸、茶糖等大批物资自江淮经运河和海运运抵直沽，再转运京师。"

明代，在漕运的刺激下天津商业发展起来。漕运米粮要在这里交验转运，天津成为随船附载土宜（土特产）理想的脱手发卖地。南方的商船把闽粤江淮等地的货物贩运到天津，其中就包括茶。天津社会科学院研究员郭蕴静的著作《天津古代城市发展史》讲到"大量的商品货物纷纷涌入天津，在此交易货卖。如闽广的蔗糖、蓝靛（颜料）、茶叶、海货、珍贵木料、干鲜果品等"。元明两代大量茶叶作为商品在天津交易使这里成为茶叶转港的重要枢纽。

天津城建卫之初，城内居民多数是来自江淮的南方官兵及其家眷。漕运与盐业推动着天津由军事防卫的卫城发展为北方商业城市，来自闽、粤、吴、楚的商人在这里定居经营。城市的发展，商业的繁荣带动了文化的发展，形成了一批儒雅商人，吸引了一些文人在此逗留。南方移民加速了茶文化的普及，明代天津地区饮茶的文化色彩愈加浓厚。

明代是我国茶文化发展的重要时期，不仅继承了前代的茶文化成果，而且一些见解独到的茶文化著作也相继问世。文人士大夫讲求选茶、烹茶、茶具与品茶。民间饮茶与生活习惯、信仰结合形成饮茶习俗。

2. 市井茶馆品茗看戏

清代，天津地区的茶文化进入了兴旺发展的高峰时期。文人儒士追求饮茶雅尚，民间茶肆提供茶饮茶食。饮茶与娱乐相结合，茶楼书场成为艺人演出的场所。

清代中叶，受毗邻京城休闲生活的影响，天津出现了茶馆。茶馆初期是伶人排戏的地方，后来民间说唱艺人也在此演艺。嘉道年间崔旭的《茶馆》诗曰："清凉茶肆瀹汤初，座上盲翁讲法如。一自梨园夸弟子，三弦冷落说唐书。"[1]茶馆成为人们休闲饮茶的娱乐场所。

建于清代初期的"福来轩"是清代天津茶楼"十大轩"之一。位于北大关金华桥旁，坐北朝南，二层砖木结构。福来轩的楼上有一条带厦走廊，能容纳观众200人观看艺人表演。

"十大轩"之一的"三德轩"约创办于清道光二十年（公元1840年），位于被誉为"销金窝子"的侯家后中街与归贾胡同的交叉口。全场可容纳观众120人左右，上午卖清茶，下午说书。

在茶馆品茶、看戏，是当时天津人的一大乐事。

3. 私家园林茶香沁骨

清代天津地区的盐商修建了私家园林，常约文人在此品茶作诗画。在富商的私家园林里，在官员们的府衙内和文人们的诗会上，饮茶充满了浓厚的文化气息。

天津地区盐商查日乾的私家园林水西庄是清代中期著名的园林，袁枚在《随园诗话》中将它与扬州的"小玲珑山馆"、杭州的"小山堂"并称清代"三大私家园林"。查氏宴集文士，款待名流，清初名士赵昱、杭世骏、张问陶、徐云、万光泰、陈皋、汪沆、余懋槠，刘文煊、胡峻、高凤翰、佟金宏、胡捷、元信、元弘等都曾游驻于此。文士们与主人品茗著文，著名诗人厉鹗与查为仁篝灯茗碗，商榷笺注，搜罗考订，颇费心血，为南宋周密编选的《绝妙好词》作笺（即

---

[1] 雷梦水等编：《中华竹枝词》，北京古籍出版社，1997年，第449页。

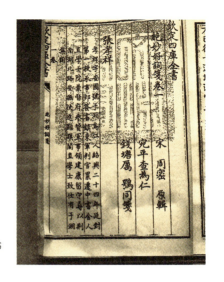

图14-2 《绝妙好词》书影（天津博物馆提供）

注释），撰成《绝妙好词笺》，后被收入《四库全书》，成为研究宋词的必备书籍。

　　清康熙年间兵部郎中张霖修建了"问津园"，在豪华的园内大兴茶艺。诗人沈一揆在其《游问津园》中描写了园内泡茶的技艺，"短榻堪停足，泉香熟茗芽"。张霖以盐聚富，他在福建、云南布政使任上，因贩卖私盐被革职入狱，家产被抄，"问津园"也随之荒废。张霖的曾孙张映辰为恢复祖业，修建了"思源庄"。乾隆年间天津地区诗人沈峻留有《张氏思源庄即景》二首，其中一首写道"睡起茶香清沁骨，又凭曲槛听流莺"。晨起饮用香茶，顿觉清心沁骨，又凭靠曲槛听悦耳鸟鸣，园主人的怡然生活跃然纸上。

4. 寺院修行茶禅一味

　　清代初期皇帝尊崇佛教，天津地区的佛教有了较大发展，修建了不少佛教寺庙。顺治十五年（公元1658年）修建了大悲院。康熙五十八年（公元1719年）巡幸城南普陀寺，赐名"海光寺"。据张焘的《津门杂记》（刊行于光绪十年，即公元1884年）载，仅天津城内就有草场庵、水月庵、观音寺、药王庙、魁星阁、朝阳观、慈慧寺、海光寺、吕祖堂等庙庵寺观等数十座。寺庙里的佛道信徒饮茶修行。修行与饮茶都追求气静心平、用心体味的精神境界，且茶可破睡，故自古认为"茶禅一味"。

　　此间出现了许多文人描写寺院僧人饮茶修行的诗文，把饮茶推向了新的意境。张霖之弟张霔（shù）的《九日寻秋大悲院》以清新的诗句刻画了大悲院的

图14-3 天津"大悲院"寺庙

修行者焚香啜茗的情景，"半坞白云真可爱，焚香啜茗细谈心"。康雍年间的诗人佟鋐（hóng）寓居天津城西佟园，他在《冬日过海光寺》一诗中描写了海光寺里僧人焚香饮茶的场景，"到来为觅汤休话，人在茶烟窗影中"。雍正年间诗人李源的《寄湘南上人海光寺》描写了僧人饮茶吃斋的生活，"茶香禅榻无人到，斋罢经台有鸽飞"。

第三节　元明清时期天津地区的主食与菜肴

俗话说美酒配佳肴，醇美的佳酿要有悦目爽口的菜肴与之相配。明清时期随着天津地区商业的发展，餐馆业日盛，菜肴制作由家庭烹饪走向社会的餐馆制作。

一、考古与饮食文献反映出的元代主食与菜肴

元代天津地区人们食用的主食菜肴几乎不见文献记载。不过从天津地区的农业生产，漕运、海运与盐业带来的经济繁荣和管理机构的发展来看，天津地区的菜肴制作水准不会低。我们可以通过将天津地区的物产、饮食需求和元代饮食著作相结合的方式，探究当时主食菜肴的概况。

元代天津地区的粮食作物有麦、粟、稻、黍、豆、粱、栗等。西青区出土了播种麦、粟的耧车铧与石墩子，宁河县也开始试种水稻。元代王桢的《农书》记载了上述这些作物的食用方法。"百谷属"中讲到，大豆有白、黑、黄三种。黑豆用作喂养家畜的饲料，只有灾荒之年用来充饥；黄豆做成豆腐、豆酱；白豆拌在粥饭里吃；北方绿豆种植广，做成豆粥豆饭、绿豆糕、绿豆粉等。大麦小麦北方种植很广，大麦可以煮粥烧饭，小麦磨成面粉做成饼饵，厨师还可以制作出珍美的面点。小麦作为食粮，消费量很大。在"利用门"中讲到磨、水磨、连磨、碾、水碾、水轮三事（可以兼作脱谷壳的砻、碾米的碾、磨面的磨）、水击面罗（跟着水磨筛面，在水力冲击下，罗来回撞击桩柱，快速筛面）等可以规模生产米和面的工具。元代米麦加工工具的发展提高了生产效率，促进了米面食品的发展。

饮食物产反映了饮食的内容，饮食器具表明了饮食水平。近几年在天津的蓟县、静海、宝坻、宁河、大港区和西青区等地先后发现了元代遗址。类型有村庄聚落、蒙古驻军、驻军屯田、商业码头等，其中发掘出的生活用品中有陶制罐、碗、盘，也有耀州窑、磁州窑、钧窑等名窑生产的碗、盘、碟等精美瓷器。

元代无名氏编纂的《居家必用事类全集》是一部介绍元代饮食文化的信息丰富的类书，涵盖了对社会各个阶层的居家生活指导。根据元代天津物产与饮食器具的状况，结合《居家必用事类全集》记载，可以了解到元代天津地区人们的日常主食及菜肴状况。面食有白熟饼、肉油饼；回民的卷煎饼、烧饼、蒸饼；水滑面、经带面；平坐大馒头（包括无馅的和有馅的两种）、鱼肉包、凫（野鸭）兜子、蟹黄兜子、角儿；柿糕、栗糕等。

尽管元代的天津地区已是"兵民杂居久，一半解吴歌"，但也还是以北方居民为主。如果依据《居家必用事类全集》、王桢的《农书》和贾铭的《饮食须知》等书的记载来考察对照当时的天津地区，那时存在的副食与菜肴可能会有如下种类。酱：黄豆酱、榆仁酱、鱼酱、虾酱食香茄儿、食香萝葡（萝卜）；酱腌菜：腌韭花、酱瓜茄；蔬菜肴：冬瓜、瓠、萝卜、蒜苗、豆芽、豆腐等；肉类：羊红肝、羊牛肉脯、锅烧肉、碗蒸羊、水晶脍、盘兔、炒肉羹、糕糜等；水产类：鱼羹、河豚、虾、酿烧鱼、红鱼、酱醋蟹等。

这些食物的原料麦面、黄豆、绿豆、萝卜、蒜、栗子、柿子、野鸭、螃蟹、鱼等在元代的天津地区都是常见的。元代时天津就有回民居住、蒙古驻军，他们喜食羊肉等菜肴。制作这些菜点所用器具铁锅、火坑等在村落遗址中也有发现。当然，对于广大的脚力、商贩、农户、兵丁、制盐灶户等普通民众而言，他们的主食无非是以粟、黍、粱、稻为原料的米粥饭、豆粥饭和面粉做成的饼饵。从发掘的精美饮食器具来看，管理制盐与粮运的官员、镇守的将官和少数富商等阶层的食物制作相对精良甚至珍美。

二、方志、小说中的明代主食与菜肴

明代天津地区的物产在元代的基础上有所变化。徐光启在天津地区进行农垦实验期间引种了南方的水稻、甘薯以及西方的白葡萄。甘薯原产美洲，明代万历年间由广东人从西属菲律宾引种国内。万历四十年（公元1612年）徐光启在天津地区置田垦耕。在天津地区期间，徐光启撰写了《北耕录》《宜垦令》和《农遗杂疏》等著作。

万历年间，宝坻县令袁黄在任期间大力提倡农业种植，编写了《劝农说》分发劝农。1995年天津社会科学院出版社出版的《宝坻县志》附录部分收录了《劝农说》。通过该书可以了解明代天津地区的饮食物产情况。当时的粮食作物有：稷（北方称作谷）、黍、粟、豆类、秋麦（大麦、小麦）、稻（水稻、旱稻）、麻、蜀（高粱）、稗。水果：杏、枣、桃。牲畜：牛、马、猪、羊、鹿等。另外宝坻银鱼成为地方特产，明武宗派人来天津地区督办海鲜水产，进贡京师，宝坻的银鱼就属于贡品。知县胡与之深感上贡银鱼为渔民带来的危害，遂上奏《银鱼说》请求罢贡。

明代的武清，春季以麦为主，夏季以黍为主，秋季以稻为主。1991年天津社会科学院出版社出版的《武清县志》附录部分收录了三则明代的灾荒资料，反映了明代天津武清的主要农作物为麦、黍和稻。

上述天津明代文献中的饮食物产表明，明代天津地区人们的主食是以麦、稻、黍、粟、粱等制作的面食和饭食。

同元代一样，有关明代的具体菜肴及其制法鲜有文献记载。一些诗文只是反映出天津地区有了酒肆饭堂。明代的米、盐、醋、糖、鱼虾禽肉、面粉等饮食原料已成为在市场上流通的商品。南北之间的饮食原料在这个漕运城市流通。

天津地区的最初居民是卫城的官军及其家眷，他们来自今天的安徽、江苏、山东、河南、两湖、两广和云贵等17个省区，其中安徽与江苏籍占绝大比例。所以，江淮苏中的饮食制作在天津地区产生了一定的影响。

明嘉靖年间，曾任山东按察司副使的天津人汪来在《整饬副使毛公德政去思旧碑》中道"坐与巨寇通，甚至大酒肥肉邀巨寇于上座。"肥肉，指的是肉类菜肴丰盛。汪来在对明代天津地区官匪勾结，鱼肉百姓描述鞭笞的同时也道出了天津地区官场饮食的场景。

明代描写饮食的小说以《金瓶梅》著称，其中的饮食描写与天津地区的饮食概况较为接近。小说描述的是明代运河城市官商的奢华饮食，其间也包括丰富的民间饮食。小说反映的是明代安徽与山东、河北运河沿岸的饮食，而天津地区同是运河商业城市，其居民也大多来自三地。因此，从《金瓶梅》的饮食描写中可以了解明代天津地区的饮食概况。

《金瓶梅》中宋惠莲的"一柴禾烧猪头"就是猪肉菜肴中的上品，应属于上文所提"大酒肥肉"之类的菜肴。猪头肉属于民间的普通菜肴，宋惠莲的做法是江苏、山东一带烹制猪头肉的方法，江苏、山东籍的天津地区人也应该通晓此做法。又如，天津地区的螃蟹在唐代就是贡品，鱼虾蟹是古代天津地区居民的家常菜肴。小说中就有"腌螃蟹"的描写。书里提及的回族小吃"艾窝窝"在明万历年间已流行民间。自元代始天津地区就有回族居民，明代回民遍及大江南北，天津地区八大姓之一的穆家自称是明初到天津地区的。因此回族食品"艾窝窝"在天津地区流行也是很正常的。明代山东、河北运河一带流行"黄米枣儿合制糕"。明代天津地区也盛产枣和黄米，至今天津地区明代的枣林还在开花结果。无论是临近影响、移民带入还是物产制作，"黄米枣儿合制糕"都会在天津地区出现。

当然这只是食禄阶层与富商的饮食生活，广大百姓依然过着"夕阳野饭烹鱼釜"的饮食生活。

三、物产丰饶、档次分明的清代菜点

清代的天津地区在明代的基础上继续发展。清顺治九年（公元1652年）将天津三卫合并为天津卫。雍正三年（公元1725年）改天津卫为天津州，隶属于河间府，后又改为直隶州。雍正九年（公元1731年）升格为天津府。在元代至清代开埠之前的500多年间，天津由一个直沽边上的小镇发展成繁华的北方城市，被称为"蓟北繁华第一镇"。

1. 种类丰富的五谷蔬果与水产畜禽

流传至今的清代诗文和方志中包含了丰富的饮食内容。清代中前期，天津地区的饮食原料种类已经与今天类似。康熙《静海县志》与乾隆《宝坻县志》中的物产部分从谷属、菜属、瓜属、果属、羽属、毛属和鳞介属等方面记载了康乾时期天津地区的饮食物产。

谷类作物：粟、稻（黄白米）、黍、稷、稗、蜀秫、麦（大麦、小麦、秋麦、荞麦）、芝麻、麻（大麻子、小麻子）、豆（黄豆、黑豆、白豆、蚕豆、豇豆、绿豆、赤豆、茶豆、青豆、豌豆）等。

蔬菜：白菜（黄芽菜）、芥、芹、芫荽（香菜）、甜菜、赤根（菠菜）、浦笋、莲藕、扁豆（豆角）、羊角豆、东瓜（冬瓜）、南瓜、北瓜、菜瓜、王瓜（黄瓜）、丝瓜、金针（黄花菜）、白花韭、葱、蒜、玉环（甘露子）、山药、蔓菁、莴苣、茄子、葫芦、瓠、茴香、鸡头（芡实）、萝葡（水萝卜、胡萝卜）、苋菜、莙达菜、茼蒿、榆钱等。

药食两用：杏仁、马齿苋、芡实、茅根、槐花、芦根、薄荷、马兰花、荇等。

瓜果：西瓜、甜瓜、核桃、李、栗、梨、枣、杏、菱芰、莲子、葡萄、桑葚、蘋果（苹果）、花红（海棠）、石榴、无花果、柿子等。

飞禽：鸡、雉（野鸡）、鹅、鸭、鹑、铁脚（铁雀）、鸽子等。

走兽：猪、羊、牛、驴、马、骡、獾、獐、狗、黄鼠等。

水产：银鱼、鲫鱼、鲤鱼、淮鱼、鲶鱼、羊鱼（黄鳍马面鲀）、鲅鱼、刀鱼、泥鳅、鲂鱼、黄鱼、季鱼、鲢鱼、柳叶鱼、鳝鱼、河豚、虾（红虾、海虾、对虾）、脚鱼（甲鱼）、蠃蛤、蚌、紫蟹、螺蛳等。

虫类：蜂蜜、蝉等。

丰富的饮食物产为天津地区饮食文化向更高层次的发展提供了物质基础。

天津地区宝坻人李光庭在晚年著述《乡言解颐》中记载了当时天津地区的一些饮食。《乡言解颐》分天部、地部、人部和物部，在人部和物部中介绍了家乡宝坻的饮食状况。其中讲到蔬果种植谚语。"**春日农谚云：雅麦种亩半，熟了好吃碾碾转。豌豆种几沟，小满开花芒种收。要好汉，吃饼面，种了大葱种老蒜。早养儿，早成家，多种韭菜拔丝瓜。秋日谚云：头伏萝卜末伏菜，尖头蔓菁大头芥。菜三菜三，三日露尖。水菜水菜，一冻便坏。**""**桃三杏四梨五年，枣子当年便还钱。**"这里谈到了作物收、种的农时，田间管理、农作物可做的食品……，像是一部小百科。

2. 从乡间家宴到高档饭庄

康雍乾时期，天津县城乡间的士绅之家就有了私家厨房，厨师技术高超，其中还有一些手法令人称奇的女厨师。李光庭的《乡言解颐》就记载了乡绅之家的两位擅长做肉食的女厨。女厨师梁五妇善于烤肉。不用叉子，锅中安放铁匣子，把硬肋骨肉放在铁匣上，先用微火把脂肪融化，渗入皮下肉内，再行烤制，成品以酥嫩为上品，脆嫩次之。另一女厨师高立妇长于煨肉。把五斤硬短肋肉切成十块，放在锅中，加酒料酱汤，用陶盆扣住，先用大火后用微火，一炷香的时间就煨成，肉不仅熟烂而且色香味俱佳。

　　《乡言解颐》也记载了当地身怀做菜绝技的厨师和擅长制作宴席的厨师。一位名叫孙科的厨师制作的"蟹馅鱼腐"，"作鱼腐以紫蟹黄为馅，鲜嫩异常。"色清味美的汤和佐酒盐豆等堪称乡里绝技，其中"蟹馅鱼腐"专供盐官品用。孙科的父亲孙功臣能制作"全羊席"；王姓厨师父子擅长"四大八小"席面。书中，李光庭对他的家厨谢奎制作的烤肉和烤鸡也给予了高度评价。

　　《乡言解颐》还记述了一些百姓人家的日常菜肴面点，如烤麦啄鸟、仅现半月的鲥鱼、油炸蚂蚱（炸蝗虫）、海带、锅焦（锅巴）、荏头、蝌蚪子（漏面）、馍（mó，馍馍）、甜冰等。可见当时天津地区乡间百姓人家的饮食也十分丰富。

　　从《乡言解颐》的几则记载中可知，康雍乾时期天津地区的民间菜肴已形成了有标准的酒席。乡绅官宦之家已有专用厨师为其制作美食佳肴。百姓餐桌也十分丰富。这里多是作者李光庭对家乡宝坻地区的记载，若是同天津城相比，天津又是高出一筹了！

　　清代初期，天津地区出现了靠经营盐业和粮米起家的富商。他们的饮食需要催生了高档饭庄。康熙元年的"聚庆成"饭庄是天津地区的第一家高档饭庄，随后在商贾云集的侯家后一带先后产生了聚和成、明利成、聚德成、聚合成、义和成、聚兴成、聚东成，这些饭店字号与聚庆成被合称为"八大成"。以聚庆成为主的高档饭庄专为富商豪门提供宴席，有高档的满汉全席（又称烧烤席，108件）、燕窝鱼翅"八八席"（48件），中档的鸭翅"六六席"（36件）；低档的海参鸡席（16件）等。

　　民间宴席"八大碗"和"四大扒"是中档饭馆所经营的宴席。一些小的饭堂酒肆和摊点以经营简单加工的小吃为主。

　　始自元代的天津地区清真饮食也由家庭走向社会。清代初期，天津地区就有了清真面食馅货铺，包括包子铺和饺子馆。除了经营包子、饺子之外还经营大众化的炒肚、爆三样、炒虾仁、笃面筋等。

　　官宦富商除了在高档饭庄宴饮外，在自己的庄园里也是过着极为奢华的宴饮生活。其中以浙江籍富商查家的水西庄最为典型，庄园内云集了全国各地的美酒佳肴。乾隆皇帝驻跸水西庄时，朝廷官吏及皇亲国戚随"安福舻"而来者数百人。"安福舻"是乾隆皇帝沿运河下江南时乘坐的龙舟。接驾宴席中仅茶点就多达128道，乾隆与皇家随从还遍尝了天津地区的饮食名产，如河豚、海蟹、蚬蛏、鹿脯、黄芽春菜、铁雀、银鱼、青鲫、白虾及藤萝饼、三水香干、卤煮野鸭等。

　　元明两代至清开埠之前，天津地区饮食在城市发展需求的刺激下由简单到复杂，由家庭烹饪到社会餐饮，由阶层差异到档次分明。其间所蕴含的文化内涵和衍生的文化现象也愈加丰富广泛。

第四节　五方杂处，商贾荟萃

元代为满足都城粮食的需要，开辟了海运。河运与海运都经过天津地区，两条粮食运输通道为天津地区的商业开辟了南北通道。明代设置的护卫皇家粮仓的卫所发展成了商业都市。漕运、盐业、商业和军队的驻扎，使来自山南海北不同民族的人汇聚到了天津地区，使这里成为名副其实的五方杂处之地。交流不仅带来了商业城市的繁华，而且推动着饮食文化走向繁荣。

一、"兵民杂居久，一半解吴歌"

元灭掉了宋金，实现了全国统一，疆域广大。元代的漕运、屯田、制盐等改变着天津地区的社会风貌，直沽由村寨发展成商贸集镇"海津镇"。

北方长期的战乱让元统治者不得不从南方调运粮食以满足都城的需要，为了扩大粮源开辟了海运。直沽是粮运的中转基地，也是南方运粮人员的休息之地。元代中书省左丞相王懋德在《直沽》中描绘了当时粮船集聚直沽口的景象，"东吴转海输粳稻，一夕潮来集万船"。元代诗人傅若金《直沽口》"南人倚船坐，闲爱草纤纤"，道出了来自南方的船工们休息时惬意的神态。漕运带动了商业，直沽百业开始发展。漕运也把南方的货物贩卖到直沽，元代学者张翥在《读瀛海喜其绝句清远因口号数诗示九成皆寔意也》中写道："一日粮船到直沽，吴罂越布满街衢。"

"罂"，古代的一种大腹小口的瓦器，用来盛放茶叶、酒和水。衢，四通八达的街道。这句是说"罂"这种南方瓦器，在直沽已是满街销售，随地可买。可见南北交流程度之高。罂主要用作盛水，而在直沽应是用来盛酒。曾任《民风》主编的周骥良先生认为直沽烧酒的产生及用"罂"盛酒，都与漕运有关。南方漕工们平安到达直沽后要祭拜海神，用酒祭祀；几个人一起打牙祭时也饮酒。所以酒馆饭肆会用罂盛酒，也符合南方漕工的饮食习惯。而茶叶作为南方的商品主要供直沽的官吏富家享用。从"罂"在南方盛茶，到在北方盛酒，完成了一种文化的交融，是直沽南北交流的特有景致。

元代商人同高丽（朝鲜半岛）的海上贸易也经由直沽，大都和高丽的商人经由大沽往返贸易。来往频繁的高丽商人也把高丽物产带到了直沽。元初，直沽一带尽则露卤之地，最初只允许当地的高、谢等十八户人家设灶煮盐。煮盐吸引了大批人来此定居，商贩也接踵而来。元代王鹗在《三汊沽创立盐场碑记》中道："招徕者日益众，商贩憧憧而来"。这里还有长久居住于此屯田的士兵。他们与本地居民长期居住，语言障碍也消除了。

长期的交流使得直沽居民多半听得懂吴地方言而没有语言障碍。傅若金《直沽口》写道："转粟春秋入，行舟日夜过。兵民杂居久，一半解吴歌。"

二、五方杂处的明代天津卫

明代在筑城设卫之前，随同朱棣"燕王扫北"的人就在北京附近居住下来，其中一些来到天津地区定居。天津地区"八大家"之一的穆家自称是明代初年从浙江迁居天津地区的。明代洪武、建文年间，浙江钱塘（今杭州）人穆重和跟随燕王朱棣北狩燕京，落户直沽小孙庄，后改称穆家庄。

明永乐二年（公元1404年）天津地区设卫，调有官籍和军籍的官兵充实卫所。官军可以携带家眷，目的是让他们世代在此居住戍守。罗澍伟的《近代天津地区城市史》分析了《天津地区卫志》所载官籍人员的籍贯，有籍可查的295人，他们分别来自17个省区，其中以安徽籍人为最多，其次是江苏、山东、河南、河北和浙江。《天津地区卫志·职官》载："黄回，凤阳留守，明永乐二年（公元1404年）任袭左卫指挥"，黄回也就是姓黄的回民。这些来自东西南北各地和不同民族的官军及其家眷成为天津地区早期的城市居民。

除了官方强制移民外，漕运、盐业和城市商业吸引了越来越多的自发移民。清代开埠之前，天津地区经历了三卫合并、卫城改州、而后又升格为府的城市发展过程。这种变化是在商业经济不断繁荣的背景下，城市化发展的必然趋势。

三、漕运促进了南北物产的交流

明代，漕运的规模超过了元代。为了抚恤勤苦船工，官府允许江南船工携带土产。"许令附载土宜，免征税钞。孝宗时限十石，神宗时至六十石。"[1]船工可以附载一定数量的家乡土特产沿途兜售，获利自取。漕运沿途难以停顿，中转基地的天津地区便成为土宜的集散地。明代弘历年间尚书侣钟题准："运船附带土宜不许过十石。"到了明代末期崇祯年间增加到六十石，一些漕工在利益驱使下冒险加倍携带。清代雍正年间，漕运附载土宜的准许数量由明末的六十石翻了

---

[1] 张廷玉等：《明史》，中华书局，1974年，第1921页。

一番，达到一百二十六石，道光七年（公元1827年）又增加到一百八十石。嘉庆十六年（公元1811年）允许一艘漕粮船附带一艘装载三百石的土宜船。因此，清代漕运的南方船工在天津地区的私货贩卖和交易更加盛行。康熙年间统辖台湾后取消了海禁，制订了抚商、恤商政策，从海路而来的闽粤商人与江南的漕运商人在此集聚。

一部分从土宜中不断获利的漕工转变为天津地区的商人。天津地区造船运兵的一部分军匠凭着技艺转化为匠人。明代，天津地区盐业规模扩大，需要更多的人从事煮盐和运输。另外天津地区的漕帮也有组织地吸引各地船户加入。

南方货物在这里向北方集散，北方货物由此运往南方，出现了"繁华热闹胜两江，河路码头买卖广"的繁荣景象。其中与饮食相关的物产占大宗，北方货物有煤炭、花椒、核桃、杏仁、板栗、枣子、谷、豆、麦、食盐等；南方货物有蔗糖、松糖、鱼翅、橘饼、胡椒、瓷器、洋碗、铁锅、烟草、茶叶、姜、水果、绍酒等。这些与饮食相关的南北物产在天津地区大量集散，为天津地区饮食文化的繁荣提供了充足的物质条件。天津地区的人们用南方的蔗糖、松糖等为原料制作成"细糖""大糖"和"皮糖"等地方著名风味食物。明清时期天津高档饭庄以南方的鱼翅、燕窝、江珧柱、竹笋、竹荪、梅子、荔枝、桂花等为原料，经营"一品官燕""黄扒鱼翅""珧柱丝""茉莉竹荪""氽荔枝""桂花骨头""绣球雕梅"等高档菜肴。北门外和东门外有外国货物集散地，时称"洋货街"，城内和城区有鸟市、肉市、鱼市、菜市、牛行等专门市场。

图14-4　天津武清杨村清真大寺一角

四、漕运带来粮、盐贸易的鼎盛发展

明代，天津地区从事粮食和盐业的商业移民是移民主体。天津地区是漕运基地也是粮食贸易基地，粮食交易吸引了来自各地的商人，他们在天津地区定居致富。《天津卫志·跋》："天下粮艘、商舶鱼贯而进，殆无虚日。"盐业的发展也形成了一批贩盐致富的商人。一些官商勾结商贩明目张胆地贩卖私盐。清代李卫等编撰的《畿辅通志》载："多用小船与经过之马快官粮等船……北行夹带抵通，南归贩卖至临清，皆权贵势力者窝顿兴贩，巡盐官兵束手逃避。"大规模贩卖私盐形成的规模是"江南北军民因造遮洋大船，列械贩盐"。

商业经营中形成了一批以"八大家"为代表的富商，八大家中盐商有高、杨、黄、张四家，粮商有石、刘、穆三家。清代天津地区的盐业和粮食贸易在富商的垄断下已呈规模化发展。乾嘉年间诗人崔旭在《津门》（三首）其二中诗云："畿南重镇此称雄，都会居然大国风。百货懋迁通蓟北，万家粮食仰关东。市声若沸虾鱼贱，人影如云巷陌通，记得销金锅子里，盛衰事势古今同。"[1] "万家粮食仰关东"指的就是天津地区粮商往来关东贩卖粮食。清嘉庆、道光年间，天津地区有东集、西集、北集、丁字沽集和宜兴埠集五大粮食市场。

伴随着商业的兴盛，外地商人和商贩纷纷涌入天津地区。据清道光二十六年（公元1846年）的《津门保甲图说》记载：在天津地区县属的84566户居民中有31929户商户，占总户数的37.8%；天津地区城内的商户占总户数的52.9%。在这些商业移民中也包括一些少数民族，目前所知以回族居多。乾隆年间武清县的回族修建了清真寺，形成了聚居区。嘉庆年间山东回民韩氏兄弟发家后定居蓟县，道光年间形成回民住区。来自各地的回民商人在天津地区城内与城区周边从事商贸经营。移民人口的增长、粮食、盐业贸易的发展刺激了天津地区的百业发展，天津地区成为"商贾之所萃集，五方之民所杂处"的商业城市。明万历年间在全国的十大税目中，天津地区店租居首，由此可见天津地区商业的繁荣程度。

元明至清代中前期，随着天津地区漕运、盐业和商贸的发展，人口急剧增长。由最初官府强制的军队移民发展到后来的自发商贩移民，移民又促进了天津地区漕运、盐业和商贸的发展，二者互相促进，形成了五方杂居、多民族共处的北方商业繁华第一城。

---

① 缪志明编注：《天津风物诗选》，天津文史研究馆，1985年，第155页。

第五节　因漕运而兴的码头城市文化

从金元时期三岔口的直沽寨、海津镇到明清时期的侯家后、天津城，天津地区的繁华之地始终在漕运的中转码头。在长达五个多世纪的历史时期里，五方杂居的天津地区形成了码头文化。移民带来的不仅是物产与商贸，还有区域文化和民族文化，移民文化与本土文化在元明清三代的社会历史环境下融汇成富有天津地区特色的码头文化。

天津地区商业的发展形成了漕帮、商帮、行会等民间团体组织，每个团体组织都有着自己的信仰和祭拜方式。这种带有不同文化色彩的帮会信仰，共同构成了祈求平安富贵的信仰世界。

一、因海运而起的"天妃"信仰

元代开辟了海运，运粮的船工和大都的统治者都希望安全顺利地抵达直沽中转码头。当人无法与自然力量抗衡时就会借助信仰对象超人的神力来庇护自己。船工和统治者都无法控制海运过程中危难的发生，在这种现实与心理愿望的差距下祈求庇护的心理诉求就产生了，源自宋代福建湄洲岛的海神"妈祖"就成为出海者供奉祈求的对象。元延祐年间（公元1314—1320年）在漕运集中的大直沽修建了天妃庙（妈祖庙），不久毁于大火。过后又在三岔口以下的海河西岸修建了一座天妃庙。元泰定三年（公元1326年）重修了大直沽天妃庙。这两座天妃庙是

图14-5　天津天后宫旧影（天津民俗博物馆提供）

北方沿海地区修建最早、规模最大的海神庙。

出于海运安全而修建的天妃庙对天津地区文化产生了重要影响。自建庙之初始，祭拜活动一直延续至今。崔旭《津门百咏》曾咏道："飞翻海上着朱衣，天后加封古所稀。六百年来垂庙飨，海津元代祀天妃。"诗中的"飨"，原指用美酒佳肴祭祀，后来演化为祭祀后的饮食，发展为用酒食待客。元代学者张翥用诗句传神地刻画了宫廷使臣祭祀天后宫时的神态与心理。《代祀天妃庙次直沽作》："晓日三汊口，连樯集万艘。普天均雨露，大海静波涛。入庙灵风肃，焚香瑞气高。使臣三奠毕，喜色满宫袍。"

自元至清的六百年里，人们一直用精美酒食来祭奉海神天妃。随着海上贸易与航海的发展，海神妈祖的地位不断提升。康熙二十三年（公元1684年），被诏封为"护国庇民妙灵昭应仁慈天后"，天津地区的天妃庙也改称天后宫。明清时期，粮商的兴起更加强化了天后信仰，她的庇护范围也由航海扩大到送子等民间众多的信仰领域。以至于祭祀规模越来越大，演化成天津地区重大的民俗文化活动"皇会"。

期间也产生了与祭神相关的饮食文化。清康熙五十九年（公元1720）将祭祀天后"列入祀典，春秋致祭"。此春秋二祭，有严格的制度。《天津府志》载，祭祀要设礼器，祭品有帛一匹、羊一只、猪一头、笾八个、豆一个。祭祀时要奏乐，上香，诵读祭文，行三跪九叩之礼，然后进行三献礼。全城的文武官员衣冠整洁地来到庙里参加祭典，天后宫南北两廊的朝房专备迎官接诏和官员来庙祭祀时休息。天子祭祀用太牢（牛、羊、猪），天津府县官员祭祀天后只能用少牢（羊和猪）。祭祀中，供奉最丰盛美味的食物让神灵享用，博得天后的欢悦，希望藉此获得他们的福佑至少不降祸于人们。天后宫祭祀中的猪和羊已不是普通的肉食，而是媚神的"牺牲"。

二、盐业兴盛下的"盐姥"信仰

如果说海神信仰是舶来的话，那么"盐姥"崇拜则是本土产生的。宁河芦台盐姥庙是天津地区最早的一批庙宇，修建时间仅晚于蓟县唐代寺院。不过盐姥崇拜应该早在建庙之前就存在。盐姥庙碑记载："昔五代时，南北各据，限以疆界，幽燕之地，盐绝者岁余，百姓病之。忽有姥语人曰，此地可煮土成盐，遂教以煮之之法。不数日俄失，所在居人神之，圣母之号，实自此始。"明万历碑载："圣母始五代时，教民煮法，俄而化去，邦人神之，祠所由肇迹。"

元明清时期盐业发展不仅吸引了大批的灶户，增加了政府的盐引税收，而且造就了一批富商。盐姥信仰超越了阶级，把天津地区的盐工灶户、盐商和盐官统一起来，三者由盐而生成了共同的敬畏对象。同海神妈祖信仰一样，灶户、盐商和盐官三股力量使得盐姥信仰更加兴盛。樊彬《津门小令》中收录的《瑞盐歌》唱到："津门好，礼典纪辉煌，万灶牢盆传圣姥，百年俎豆报贤王，风日祭河旁。"每年农历年初，盐工们都要到庙中祭祖。这种信仰活动一直持续到20世纪40年代末期。著名民俗学家高丙中指出"中国的行业祖师信仰，恰恰把世俗的东西转化成神圣的东西"，"盐姥信仰"就是把世俗的制盐转化为神圣的活动。灶户藉此获取职业的神圣感和安全庇护；盐商祭拜盐姥是为了财运亨通；而官府祭祀盐姥则是为了缓和阶级矛盾，让盐业顺利发展。盐姥信仰主观上是心理慰藉，在客观上促进了天津地区盐业的发展。

明清时期，盐商的水运贩卖销售又衍生出保佑运盐顺利的"平浪侯""海神天后"、掌管风调雨顺的龙王和维护行业团结的关公。

三、礼佛修道的宗教信仰

元明至清中前期，佛教和道教在天津地区也逐渐兴盛。早在南北朝时期天津地区就有佛教寺院和道教宫观。天津市区的大悲院、海光寺等都是在明末清初建造的。道教宫观有明代宣德二年（公元1427年）修建的玉皇阁，康熙初年的崇喜观和吕祖堂，康熙年间重修的玉尊阁等。佛教与道教的兴起并非基于人们出世的需要，而是佛、菩萨与道教诸神都被赋予了佑护的神力。与海神、盐姥等行业信

图14-6　天津道教建筑"吕祖堂"，清康熙初年修建（姜新提供）

仰一样，人们期望通过礼佛拜道获取平安富贵。

参禅空性的佛教主张"法正食"；而"尊道贵德""抱朴守真"的道教主张以食养生。佛道两教的兴盛让天津地区饮食文化融入了佛禅素食和道教养生因素。汉传佛教信奉大乘，主张断肉食，禁五辛，《楞严》《楞伽》等经文都主张"戒杀放生，素食清净"。佛教僧人的素食源于南北朝时期的梁武帝萧衍（公元464—549年），笃信佛教的梁武帝曾下《断酒肉文》诏，让汉族僧众逐渐形成了素食习俗。佛教寺院里的香积厨采用植物性原料制作出花样众多的素食菜肴。技艺高超的厨师以素托荤，能操办高级素食席。素食不仅仅限于寺院僧众食用，而且居士、香客等社会民众也有素食需求。茹素放生的素食寓佛教思想于饮食中，教人向善，善待生灵万物，澄净心灵。

道教饮食养生思想强调饮食顺从生命本然，强调"天人合一"。把饮食与健康长寿联系起来，促进了"医食相通"饮食思想的发展。道教饮食主张节量而食、熟食优于生食和素食胜于荤食等，在增进人体健康的同时也促进了人与自然的和谐关系。

四、富商推动下的文教之风

明末清初，盐商和粮商"大家"非常注重文化教育。他们虽富甲一方，因为属于趋利的末业，社会地位不高。富商们修建园林，结交文人，收藏图书字画，努力跻身于文化层。

明清时期，商品经济比较活跃，不过仍受官僚的束缚。富商大多属于与官府关系紧密的官商。商户人家只有读书考取功名，踏入仕途才能光宗耀祖，提高家族的社会地位，同时也能为自己的商业活动提供亲情庇护。所以，他们积极营造条件，让子女接受良好的教育。一些文人成为富商园林中的常客或寓居园中，其中不乏名士。文化与商业的结合既提高了商人的文化层次，又提供了促进文化发展的物质条件。随着天津地区商业的繁荣，这种文化风气愈加浓厚。到过天津地区的纪晓岚在《沽河杂咏·序》中描绘了对天津地区的印象："*天津擅煮海之利，故繁华颇近于淮扬。……文士往来于斯，不过寻园亭之乐，作歌舞之欢，以诗酒为佳兴云耳。*"[1]

以张霖为代表的张氏盐商家族涌现出多位工诗文、善书画的子弟。盐商富豪

---

① 罗澍伟主编：《近代天津城市史》，中国社会科学出版社，1993年，第108页。

查家的水西庄因为乾隆的驻跸更是名士汇聚。查家开创者查日乾精于史事，查家的女眷亦不乏拥有较深学识者，甚至女仆都能作诗，被称为"一门风雅，天津他族罕有及之者"。大盐商金平与张霖和查日乾以风雅相高。清代歌谣唱道："侯家后里出大户，三岔河口拢不住。出进士，出商贾，数数能有五十五。"

富商为提高自己的乡绅地位积极投入教育等公共事业，出资修缮府学。明代景泰五年设立府学，历代修缮。嘉庆年间两次修缮都有士商参与。富商还积极设立书院，如查家兴建了"问津书院"。官府与士商共同开办了一些义学和商学。文化教育的发展逐步改变着天津地区的文化面貌。

元明清时期，天津地区的宗教、行业信仰和商业推动下的"右文风尚"①，都可以归结为繁荣的码头城市文化。五方融汇、民族交流促成了繁荣的商业，繁荣的商业孕育了码头城市文化的兴起。其中饮食文化得到了同步发展。

第六节　展现社会风貌的饮食文化

一、形式不一的城乡食俗

移民城市饮食文化的特色之一是食俗浓厚，且呈多元化色彩。光绪《天津县志·风俗》曰："天津地区近东海，永乐初始辟而居之，杂以闽广吴楚齐梁之民，风俗不甚纯一。"五方杂居的天津地区形成了丰富多彩的饮食风俗。

"五里不同风，十里不同俗"，天津地区城里与静海、蓟县、宝坻、宁河等郊县在饮食风俗上有不同的表现形式。元明清时期，天津地区的岁时饮食风俗既是传统节日食俗的延续，也有城市发展影响下的变革。

立春，天津县吃萝卜、摆宴、吃春饼，俗称"咬春"，而静海只吃春饼。咬春的饮食风俗由来已久，唐宋时期就有"吃春盘"的习俗。唐代的《四时宝镜》记载："立春，食芦、春饼、生菜，号'菜盘'。"苏东坡《送范德孺》诗云："渐觉东风料峭寒，青蒿黄韭试春盘。"②"咬春"的习俗源于古代的"春祭"，每年立春日宫廷官府举行春祭，在祈求丰收的同时劝导天下黎民开始春耕，反映出恪守农时的农耕文化，以及对农事的敬畏之心。农户人家也以自己的方式进行，演化

---

① "右文风尚"：是指崇尚文教的社会风气。
② 王文诰辑录：《苏轼诗集》，中华书局，1982年，第2537页。

图14-7 《初二祭财神》，清光绪杨柳青年画（天津博物馆提供）

为"咬春"。吃萝卜等辛辣之物蕴含有一年之中吃苦做事的心理。初春寒冷之日，吃辛辣物客观上也有助于驱寒防病。天津县与静海的咬春风俗差异所在是设宴吃春饼。这也是城乡贫富差异在饮食风俗上的表现。城市商业繁荣，明清时期又在富商官宦奢靡风气的影响下，好脸面的贫困家庭也跟风而进，形成"争奢好华"的民风。也是出于移民从商讲求门面，为了在鱼龙混杂的异乡谋得立足，必须设法不被别人轻视，所以立春之日家家设宴，而静海人则以农耕为主，民风尚质朴。

天津城里人在元旦之日（大年初一）全家吃饺子，取"更新交子"之义，请春酒。天津地区的其他地方没有"请春酒"的习俗。宁河县元旦之日合家吃扁食，初一至初五，关系好的人家吃"众家饭"，表示不忘旧年情义。

"请春酒"是城里的商户人家在新年期间加强联系的一种方式，以宴饮的形式建立联系加强合作。而"吃众家饭"则是农户人家加强联系的形式，农耕生产需要邻里之间互相帮助，贫寒之家生活困难重重，也需要互相接济。这两种不同的节日食俗是城乡商业与农耕渔盐两种不同的生产方式造成的。

农历"二月二龙抬头"，天津城里人用灰末象征青龙，引"青龙"至门外通水出，再用谷糠末象征黄龙，把"黄龙"引到家，称"引钱龙"。并要吃煎饼、煎糕粉。而武清县这一天只是用灰撒地，谓之"引龙"。静海县这一天只是吃糕，宁河县用扁食祭祀龙。

天津城引钱龙，武清引龙，宁河祭祀龙三种不同的仪式表现出的是两种不同的心理愿望，前者希冀终年财源不断，而后者希冀的是一年风调雨顺。龙图腾信仰在工商和农耕两个阶层中因生产方式的不同产生了差异。从饮食上看，天津城比静海等地内容丰富，制作讲究。例如，制作煎饼、煎糕粉的技法——煎，即是奢华民风下的饮食讲求。而其他地方延续的是本地传统节日饮食，质朴民风下的饮食制作是量力而行。

六月初六，蓟县、宁河两县家家户户炒米面、造酒、造酱醋，天津城里则是吃面。炒米面的风俗是因为夏季多雨，农家不容易生火做饭，吃炒米面以应急；家家户户自造酱醋和酒的风俗，不仅是因为村户人家购买酒醋不方便，也因为自家有制作酒醋的余粮，同时也节约开支。而天津城市商业发达，有专业酿酒造醋酱的商铺，购买方便，不必家家户户自己制作，所以并无自制酒醋之俗，只是在麦收刚过的六月，用新麦磨制的面粉尝鲜罢了。

重阳节登高、饮菊花酒、吃重阳糕的风俗只有蓟县有，这是因为其他地方没有山可登。天津是"九河下梢"之洼地，所以重阳没有登高的习俗。这是自然环境差异造成的饮食风俗差异。

二、尊老文化影响下的祭祖习俗

天津与其他县的祭祖风俗大体相同。乾隆四年（公元1739年）刻本《天津县志》记载："元旦、清明、七月望日、十月朔日，或奠墓或家祭。"康熙年间的蓟县，元旦、三月三、清明、冬至等日都祭祖。武清是元旦、清明、七月望日、十月朔日和冬至日祭祖。宁河是除夕、元旦、清明、七月望日、十月朔日和先祖忌日等祭祖，清明祭祀完毕，合族在宗祠中一起会食一天。

祭祖时都是供奉美酒鲜果或季节谷物果蔬称"尝新"。祖先崇拜是宗法社会里加强家族凝聚力和族群身份认同的一种仪式，也是尊老文化的体现。尊老也贯穿于天津地区的其他饮食风俗活动中，这是中国伦理文化在天津地区饮食风俗中的影响使然。农耕社会尊老有其必然性，农业耕种和手工艺都需要长年累月的经验积累，所以，老年人就成为拥有丰富经验、技术相对较高的群体。在经学教育为主的古代，科学技术与经验无法通过教育传承普及，只能是口传身授。从生产生活经验与技术传承的角度讲尊老是必然的。古代没有社会保障制度，老人和孩子都是由家庭承担。提倡孝道、尊老是让家庭在道德上承担起养老的义务，因此尊老就成为社会正常发展的需要。在历代政权的大力宣扬下，二十四孝的故事在民间广为流传，尊老已成为中华民族的传统美德。

在物质生产水平低下的历史时期里，尊老的主要形式是让老人食饱、衣暖、气和。在饮食习俗中就形成了好的和新鲜的食物先要让老人品尝，让老人坐在尊贵的位置上，侍奉老人吃好和舒心的风俗。尊老孝道不仅在老人有生之年如此，而且要以事死如生的形式子孙传承。祭祀祖先就是传承父辈的尊老孝道义务，这也是中国古代传宗接代观念强烈的原因之一。天津地区城里的移民在异乡打拼，更加感到祖先宗族的重要性，十分重视祭祖。祭祀形式在奢华的世风影响下非常隆重。本地居民争相攀比，不肯示弱。武清、蓟县等地的人们在多个节日里都要祭祀先祖。无论城里乡村，祭祀都少不了饮食。官宦富商是牛羊牲礼、美酒佳肴和鲜果时蔬。普通人家也尽力筹办力求丰富。通过饮食祭献礼待先祖，也表明自家秉承尊老孝道的社会形象。

三、追求奢华与文化氛围的上层饮食

民间饮食风俗是饮食文化的大众化反映，满足的是人们祈求平安吉祥衣食富足的心理。元明至清中前期，天津地区食禄阶层和富商们的饮食生活体现的则是另一种官场饮食文化的心理。

1. 追求京都官场饮食的元代

韩嘉谷先生断定，元代天津地区的海津镇，接近于宋代人烟繁杂、设管理火禁兼收酒税监官的镇。元代天津地区管理漕运、盐业、采珠的官吏和镇守将官不同于灶户脚夫，饮食生活已比较讲究。

在武清忠义庄遗址出土了元代的"潮州"铭文铜镜，还有磁州窑、钧窑、景德镇窑等各个窑系的罐、碗、盏、杯等瓷器。这些出土的名窑瓷器，就是元代管理漕运官员的饮食器具，其他官员也应该具有同样的饮食生活水平。以色、形、味、香、器著称的中国传统菜肴讲求"美食配美器"。换句话说，美器是为配美食而来。名窑出产的精美器具里，盛放的是与之相称的美酒佳肴，例如桃花口的河豚、"鱼味胜江南"的河海两鲜等天津地区特产，便成为他们的美味佳肴。

饮食器具的层次表明，他们虽然身在京城之外，却追求同京城官员一样的饮食水准，反映出他们通过食礼来体现阶层地位的心理状态。元代的海津镇城镇经济开始活跃，充分的物品交流为元代管理者实现自己的饮食文化追求提供了便利条件。

2. 武官昼饮夜游，文官把酒诗风的明代

明代天津地区官军的休闲生活促进了饮食业的发展。明初设卫后，天津地区的官军主要是保护漕运。长年无战事滋长了官军的懈怠作风，他们平日不修武备，赋闲游赏。卫官禄位世袭制度更加助长了后世的这种风气。"造酒出于沽酿家，养鹰取于屠龏家。""设席陈秀帷，列翠屏。夏以湘簟，冬以绒氍毹（qú shū），取于贾家。夜则游宴，列炬之外，随以灯笼。"[1]这种萎靡的生活方式甚至产生了官匪勾结的腐败，"坐与巨寇通"，甚至"大酒肥肉邀巨寇于上坐"。武官军士们的奢靡游宴生活客观上刺激了饮食行业的发展，"泼刺银刀重，庖人进脍盘"。他们的宴饮不仅讲求饮食器具，还重视饮食环境氛围的营造。宴饮时要陈列上华丽的帷帐和碧色屏风，夏天铺设楚湘产的竹席，冬天铺就绒毯。晚上在火炬、灯笼照耀下享用充满野趣的游宴。

文职官员的文化审美追求赋予饮食一定的文化内涵。他们在居所修建亭台园池，把酒诗风，追求文人雅士般的饮食生活。明正德年间，任天津地区户部分司的汪必东修建了天津地区最早的一座官署园林"浣俗亭"。浣，就是洗涤的意思，也就是涤荡俗气，就以清雅。汪必东留有一首《浣俗亭》诗，再现了闲雅的园林景象："十亩清池一塄台，病夫亲与剪蒿菜。泉通海汲应难涸，树带花移亦旋开。小借江南留客坐，远疑林下伴人来。方亭曲槛虽无补，也称繁曹浣俗埃。"[2]池塘、花树、亭台、自种菜蔬，宛如一座江南园林。在园中品着美酒佳肴，享受着文人墨客的清雅生活。以汪必东为代表的文职官员追求的不是世俗奢华的饮食，而是超尘脱俗的清雅境界。

文武官员的饮食如此丰富风雅，得益于明代天津地区商贸的发展。明朝允许漕运船工携带土宜（家乡土特产），准许数量不断增加。这些私人货物贸易合法化后，漕运成为各种特产来津的商业通道，极大丰富了天津地区的商品市场。宣德至成化年间（公元1426—1487年）这里设立了5个集市，分布于城中及东、南、西、北4个城门附近。弘治六年（公元1493年）复添5集1市，集市发展到十几个。李浃（jiā）的诗作《天津》描绘了人声鼎沸的集市，"食货喧商市，渔盐乱钓滩"，商品买卖十分繁忙。五方移民商户开设店铺的需要也刺激了房屋租赁的迅速发展，明万历年间天津地区店租成为全国十大税收之首。

四方商品货物的集散不仅满足了文职官员的饮食文化追求，在富商的引领下，饮食的商业化气息日渐浓郁。明代的天津地区出现了酒馆，官宦士子、行商坐贾、船工脚夫等在酒馆中饮食。饮食的商业化扩大了饮食社会化交往的范围，由官宦阶层推向商贸阶层，由区域扩向全国。明代无名氏《直沽棹歌》诗曰："赚得南人乡思缓，白鱼紫蟹四时肥。"天津地区丰富的物品满足了南来商旅的饮食需求，缓解了他们的思乡愁绪。

---

[1] 薛柱斗：《新校天津卫志》，成文出版社，1934年，第233页。

[2] 薛柱斗：《新校天津卫志》，成文出版社，1934年，第210页。

3. 堪比宫廷的清代官商饮食

天津地区在清代由卫城升为州城，不久又升格为天津府。城市行政级别的提升也提高了地方官员的品级。讲求等级差别的官吏在饮食起居上也随之变化。从事粮食、盐业、海运等行业而聚富的巨商大贾无法在政治上满足心愿，便以奢华的生活来彰显自己的社会地位。商人们从事受官府统治约束的末业，便想方设法攀附官府以寻求庇护，史实表明以"八大家"为首的清代天津地区富商无不与官府有着密切关系，政治权力与商业经济的结合形成了官商阶层。

官宦与富商的交往日渐频繁，"聚庆成"等高档饭庄就是为了满足官商饮食社会交往的需要而产生的。高档饭庄的共同特点是，饭庄为庭院式结构，四周厢房为装饰华丽的雅座，庭院中间有可供唱堂会用的戏台。门前可停车轿，院内有花园，可供顾客在凉亭走廊闲谈歇息，幽静的客厅陈设着红木家具、各种古玩、名人字画。饭庄使用的餐具均为各色成套高级瓷器，其上绘有"万寿无疆""喜寿福禄""子孙万代""四季常春"等字样和图案。还有用象牙、白银制成的餐具，工艺极为考究。席面有满汉全席、燕翅席、海参席等南北大菜。即使是本地所产的河海两鲜、稻粟豆栗等寻常原料，也制作成了"西施乳"等佳美菜点。天津的高档饭庄从饮食器具、酒菜制作到饮食环境、饭庄环境无不充满着华贵气派和文化气息。

位居府座的官员具有较高的文化层次，富甲一方的商贾也好风雅，高档饭庄营造的饮食文化氛围正好契合了他们在社交中的文化审美追求。为了实现这个价值取向，饭庄的经营管理也有一套自己的经营理念、严格的管理制度和文化氛围营造的思路，形成了饭庄的经营管理文化。在这套规章制度下，饭庄承办的宴会档次分明，堂柜管理细致规范，厨房操作分工明确。管理岗上有经理、副理，堂、柜、灶、案的四梁八柱。八大成老师傅们传唱的几句顺口溜生动地反映了当时厨房的管理状况："蒸锅合碗大锅台，前墩后墩齐过来。小灶干净麻利快，面案抻出银丝来"。把后厨红案、白案、墩上各司其职分工合作的情景传神地描绘了出来。

饭庄里细致的服务贯穿客人就餐的始终。从客人一进门，饭庄的堂头儿就会笑脸相迎并领位，先礼让到茶台小憩，递过热毛巾，沏上茶，敬好烟，再上干鲜果给顾客品尝。宴席开始后上热菜前先上四样甜品，俗称"开口甜"，吃罢要供茶水让食客漱口，然后才是正经的大菜。吃完饭要上小馒头供客人擦嘴用，再递热毛巾、牙签和漱口水。同时再次请宾主到茶台品茶聊天，一并送些槟榔、豆蔻等以清除口中异味。另外，客人吃剩的饭菜按规矩由饭庄派伙计为主家送回，俗称"送回头菜"。

除了在高档饭庄进行交往以外，富商在自家的庄园中也是连年累月地设宴待客。以查家水西庄为代表的富商园林，成为官商交往、商业宴请和招纳文人雅士的重要场所。庄园内的饮食文化水平要高于社会上的高档饭庄。水西庄内有规模庞大的厨房，以研究曲艺著称的天津草场庵小学校长戴愚庵在其著作《沽水旧闻》中载，"集各省之庖人，以供口腹之欲"，每次"庖丁之待诏者，在二百以上。盖不知使献何艺。命造何食也"。制作菜肴以"鲜、嫩、名、贵"为特点。宴席种类名目繁多：花糕宴、菊花宴、紫蟹宴、白虾宴、河豚宴、银鱼宴、蚬蛏宴、百鱼宴、野鸭宴、铁雀宴等，尽享津沽佳肴美味。乾隆帝四次驻跸水西庄，在第二次驻跸期间，了解了乾隆三十五年（公元1770年）的水灾，提出了"以工代赈"的救灾长策，并御笔题写了诗作《芥园阅减水坝作》，诗中写道："不惟害禾稼，室庐败堪懍。异涨已屯城，吾民那安枕"。尽管有此忧民的心志，乾隆帝还是接收了皇家膳食般的饮食贡奉。128道茶点、满汉全席、尽献天津地区名产河豚、海蟹、蚬蛏、鹿脯、黄芽春菜、铁雀、银鱼、青鲫、白虾及藤罗饼、三水香干、卤煮野鸭之类等。在全国各地遍留美食佳景传说的乾隆皇帝，用膳后也"自叹弗及"。庄园内名士常往，大学士陈元龙、朱岷、杭世骏、万光泰、刘文煊、厉鹗等都曾客居于此。

第十五章 晚清民国时期

中国饮食文化史

京津地区卷

天津部分

清代"蓟北第一镇"天津的繁华不仅吸引着国内各地的人们移民来此,甚至远在西方的英国也在关注这个京畿城市。咸丰十年(公元1860年),英法两国强迫清政府签订了《续增条约》(《北京条约》),天津成为英法与中国的通商口埠。天津开埠后,元明以来的传统城市被动转入近代化进程。开埠之后,西方殖民者先后建立租界,华洋分居。西方饮食文化随着西方人的定居进入天津地区,甲午海战后日本料理也随之而来。闽粤、山西、江西、安徽等地的商帮在天津建立会馆,商帮把地方饮食风味也带到了天津地区。在此时期,清真饮食和素食市场也在发展兴起。

第一节　名闻四方的饮食物产

清末民国时期,天津地区农业经过长时期的种植技术积累,培育出一系列闻名国内外的地方特产,如小站稻、大白菜、卫青萝卜,以及河海两鲜等。

一、"十里村爨玉粒香"的小站稻

明万历年间保定巡抚汪应蛟、清康熙年间天津总兵蓝里、清雍正年间统领天津营田局的陈仪等人先后在天津地区葛沽一带屯田,种植水稻。早在明代,农学家徐光启即已把南方的优质稻引种天津地区,葛沽的"红稻香米"在清嘉道年间已成当地名产,天津城需用的稻米往往出自于葛沽。小站稻就是在葛沽红稻的基础上培育出的优良稻种。

清光绪元年（公元1875年），直隶总督李鸿章奉命兴修京、津水利，属下周盛传专任京沽屯田事务。周盛传提出修水利、改土壤、种稻田的方案。同年率马步13营由马厂移驻小站，开始军屯。周盛传总结了前人水利工程症结之所在，认识到"南运河会漳河浊流，本有'石水斗泥'之喻，其肥尤可化碱而成腴矣"，改进了屯种技术。光绪六年（公元1880年）以小站为中心的垦区基本形成，开垦稻田已达6万余亩，民营稻田达13.6万亩。"一棹菱歌唱五湖，鸡头米熟剥明珠。请尝小站营田稻，香味何如较葛沽。"①道出了那时的小站营田稻已经可与葛沽香稻相提并论。

光绪二十六年（公元1900年），八国联军攻占天津地区，德军一度占领小站，水稻生产遭受严重破坏。民国初年，北洋军阀张敬尧之女在小站一带收买土地，成立勋记公司，占地43100亩。1925年，北洋军阀徐树铮的开源垦殖公司在军粮城设立工作站，在垦区内设立水稻试验站，这是著名的军粮城稻作研究所的前身，也是我国华北地区最早的稻作研究基地。1937年，天津地区沦陷后，张敬尧眷属将稻田出卖给日本人。日本侵略军先后在小站成立军谷公司、米谷统制协会，跑马圈地，强占民田，对津南地区农民进行疯狂掠夺，并成立了华北垦业公司，统辖小站、军粮城、茶淀3个稻区。

抗战胜利后，国民政府在小站成立了营田管理局。由于管理混乱，技术落后，水稻品种混杂退化，至新中国成立前夕，水稻亩产量仅200公斤左右。

品质优良、香甜宜人的小站稻，一直是天津地区标志性的物产，早在清代，就被定为宫廷贡米。清末，村民们用小站稻蒸饭、煮粥，清代就流行着"一篙御河桃花汛，十里村罍玉粒香"的说法。蒸熟的米饭无论软硬，都香黏糯口，有嚼劲；熬制的米粥，汤汁浓郁，清香甜爽。小站稻也被用来制作糕点小吃，创始于1928年的"芝兰斋糕干"就是用小站稻米和糯米磨成粉，夹入多种馅料蒸制而成。糕干外观洁白、不粘牙、不掉面、口感绵软、风味独特，成为天津著名的风味小吃。

二、闻名四方的"蔬菜四珍"

这一时期天津地区的蔬菜，在长期种植的基础上培育出白菜、萝卜等优良品种。御河白菜、卫青萝卜、卫韭、黄皮葱头成为近代天津地区"蔬菜四珍"。

---

① 雷梦水等编：《中华竹枝词》，北京古籍出版社，1997年，第476页。

天津地区种植白菜的历史悠久，早在魏晋南北朝时期，静海就出产品质优良的白菜。民国《静海县志》载："昔周颙（yóng，南朝齐人）称乡味之美，春初早韭，秋末晚菘是也，味美而食久，运河沿岸产者最良。"清末民国时期，天津地区的白菜——御河菜成为名产。京杭大运河，流经古镇杨柳青这一段称为南运河，也叫"御河"。御河水性甘甜细柔，适于灌溉蔬菜，用御河水浇灌生长的天津白菜俗称"御河菜"。清朝张焘编撰的《津门杂记》载："黄芽白菜，嫩于春笋"，并引用当时的民谣曰："大头白菜论斤卖，一二文价钱不昂"，说明白菜是民间普通蔬菜，虽然价格低廉，味道却不同寻常。《津门竹枝词》唱到："菜佣来自御河沟，新摘黄芽荐晚秋。少买论斤多论卷，嚼霜滋味胜珍馐。"清中期的天津诗人樊彬在《津门小令》中也曾咏颂："津门好，蔬味信诚夸，玉切一盘鲜果藕，翠生千粟小黄瓜，菘馥说黄芽"。

人们用黄芽白菜为原料制作出了天津地区的另一特产——冬菜。冬菜源于乾隆时期的沧州（清代属于天津府），天津地区的冬菜制作始于清末，兴起于民国年间的静海。乾隆年间沧县"艺丰园"酱园用白菜加盐拌以糖蒜，做成什锦小菜出售，称为"素冬菜"。后来，天津地区大直沽"广茂居"酱园又改制成"五香冬菜"，专销台湾和香港地区。大直沽的"东泉居""东露居"酱园也生产冬菜。

图15-1　御河白菜

图15-2　沙窝萝卜

图15-3　黄皮葱头

图15-4　天津卫韭与韭黄

1890年，"大直沽酒店"创制了荤冬菜。1920年，大直沽"义聚永"酱园在静海县纪庄子就地采购白菜原料，设场制作，冬菜技术传到静海。纪庄子"广昌德"酱园于1923年开办了"山泉涌"冬菜作坊，制定了"人马牌"商标，标签注明"山泉涌常万三制造"字样。自20世纪30年代开始，以"山泉涌"和"义聚永"为代表的天津地区冬菜开始大量出口。除港台地区外，天津地区冬菜还远销到印度尼西亚、新加坡、马来西亚、越南、泰国等东南亚国家。除了因为当地华人众多外，还因东南亚地区多屿，气候潮湿，冬菜用大蒜泡制，有除湿、去瘴、解毒功能，故大受欢迎。1937年9月，日军占领静海后，冬菜销路锐减，生产遭受严重摧残。

天津地区冬季蔬菜除了白菜外还有脆如梨的萝卜。"沙窝萝卜赛鸭梨"，俗有"赛鸭梨"之称的沙窝萝卜又称"卫青萝卜"，甘甜脆嫩。萝卜具有通气消食的食疗功效，天津地区谚语"吃着萝卜就热茶，气得大夫满街爬"通俗直白地反映了人们对萝卜食疗特性的认识。"声声唱卖巷东西，不数茨菰与荸荠。烂嚼胭脂红满口，杨村萝卜赛鸭梨。"[1]清末民国时期，每至秋冬，在街头巷尾、旅店、澡堂、戏院、茶社到处都有卖青萝卜的。傍晚，"格崩脆的萝卜赛鸭梨哟！买萝卜哟！"的叫卖声飘荡在街头巷尾。

韭菜，在我国上古时期就有种植。天津地区韭菜中的"卫韭"已不是普通的蔬菜。《津门竹枝词》唱曰："菜韭交春色半黄，锦衣桥畔价偏昂。"《天津地区续志》记载，清朝同治年间，芥园的一位姓朱的菜农兼养花，他在自家的暖窖中培育出韭黄，每冬培植，年终销售，获利颇丰。清光绪年间被津郊农民普遍栽培。据说，黄如金，细如丝的卫韭作为贡品进贡清廷，博得慈禧太后的赞赏，赐名"金丝韭黄"。

与"卫韭"同为宫廷御品的还有宝坻"六瓣红"大蒜。明万历年间，宝坻县令袁黄的《劝农书》就记载了宝坻栽种大蒜。"田边开沟引潮水葳蓄积雨潦灌之，外周以桑课之蚕利，内皆种蔬，先足长葱蒜。"宝坻大蒜含有丰富的胶质，是天然的植物黏合原料。清代初期，被江浙丝绸商用来粘丝巾花样（即把一些花样图案粘在丝绸上），具有防虫蛀、防发霉、不变色等功效。在江浙丝绸商的需求下，宝坻大面积种植大蒜，雍正七年（公元1729年）达到种植高峰。直到民国十六年（1927年）在宝坻的林亭口一带还停泊有收购大蒜的江浙船只。

黄皮葱头，是天津的风物特产，已有近百年的种植历史。葱头又称"圆葱"，

---

① 雷梦水等编:《中华竹枝词》，北京古籍出版社，1997年，第515页。

是从国外引进的蔬菜品种，故又称作"洋葱"。天津黄皮葱头具有肉质细嫩柔软、纤维少、辣味浓、水分少等特色，这是在适应天津本土生产，长途运输和远洋海运船员食用的过程中逐步培育形成的。黄皮葱头有圆形和扁圆形两个品种，人称"大水桃"和"荸荠扁"。近代黄皮葱头主要供应天津租界，满足外国侨民和远洋水手船员的需要。随着名声渐起，黄皮葱头远销香港地区及东南亚等地。

三、贵为贡品的河海两鲜

"九河下梢"的地理环境造就了天津地区人爱食河海两鲜的饮食传统。金眼银鱼、紫蟹、桃花河豚、刀鱼、比目鱼、对虾、晃虾等在天津地区家喻户晓。"西施乳""江瑶柱"和"女儿蛏"被誉为"津门海味三奇"，银鱼、紫蟹、卫韭、铁雀被誉为"津门冬令四珍"。

天津地区的银鱼生长在渤海湾的咸水中，洄游于海河与蓟运河，宁河至北塘河段。秋末冬初，鲜肥满籽的银鱼成群结队进入海河产卵，游至三岔河口时眼圈为金色，最为珍贵，俗称"金眼银鱼"。金眼银鱼早在明代就是贡品，设置了"银鱼场太监"，督办卫河银鱼的供奉。宝坻县令胡与之上奏《银鱼说》，请求罢免扰民的银鱼贡。清代中后期银鱼再度供奉宫廷。晚清民国时期，三岔河口变为闹市，银鱼产量骤降。清末天津诗人冯文洵《丙寅天津地区竹枝词》："望海巍然百尺楼，金钟已改旧时流。三岔河口名仍在，不识银鱼上水不。"金眼银鱼有一股黄瓜的清香味，鲜嫩异常。清末天津诗人周楚良《津门竹枝词》："银鱼绍酒纳于觞，味似黄瓜趁作汤，玉眼何如金眼贵，海河不如卫河强。"因其不食杂物，腹内纯净得不见脏腑，全身腊白如玉。

同银鱼一起入贡的还有天津地区的紫蟹。紫蟹是天津地区市郊特有的蟹类，大者如银元，小者如铜钱。生长在津西洼淀的蒲草、芦苇丛中和津南小站、葛沽和宁河县等地的沟渠稻田中。秋后长至银元大小，冬季蛰伏于苇塘、稻田及河堤泥窝等处，不再长大。紫蟹在京都也广受追捧，引得文人墨客题诗赞叹它的美味。崔旭《津门百咏》："春秋贩卖至京都，紫蟹团脐出直沽，辇下诸公题咏遍，持蟹风味忆江湖。"

相对于味美的银鱼紫蟹，食用鲜美无比的河豚却充满了冒险。崔旭就在《津门百咏》中描述了众人冒死吃河豚的场景。"清明上冢到津门，野苣堆盘酒满樽。直得东坡甘一死，大家拼命吃河豚。"从崔旭的描述中可知天津地区河豚在清明时节、桃花盛开之际最为鲜美。

除了上述之外，清末民国时期天津地区的名特饮食物产还有长芦盐、麦子名品"压翻车"、豆类代表赤豆、天津小枣、天津甘栗、盘山柿子、核桃、红果、羊鱼、鲁鱼、鲞（xiǎng）鱼、野鸭等。

第二节　大众化小吃与珍馐佳肴

　　天津地区开埠后，天津地区传统商业转向近代化的工商业，国内外贸易活跃。城市经济的转型需要大量的劳动力，周边省市一些农民纷纷移民天津，形成了一个日益扩大的劳苦阶层。因此，面向这个阶层的制作简便、价格低廉的风味小吃随之发展起来。清末，天津地区的各地商帮成立商会，商帮把家乡的饮食风味也带到了天津地区。津菜与各地饮食风味流派为满足商帮和上层名流的饮食需要，不断推出珍馐佳肴。

一、简便便宜的小吃

　　近代天津地区劳苦阶层的兴起与"三不管地界"催生了众多的小吃，分稀食、蒸食、煮食、烤食、油炸、炒制等。

　　稀食有：面茶、茶汤、杏仁茶、梅汤、果干汤、老豆腐、小枣秫米饭、莲子粥、八宝粥、素丸子汤、羊肉粥、羊肠汤、豆浆、小豆粥、汤面等。

　　蒸食有：狗不理包子、陈傻子包子、鼓楼东小包、石门坎素包、北门西刘记牛肉包、东马路恩发德羊肉包子和蒸饺、马家烧麦、甘露寺前烧麦、大胡同鸡油火烧、杨村糕干、芝兰斋糕干、熟梨糕、查家胡同小蒸食等。

　　煮食有：白记水饺、压饸饹、捞面、抻条面等。

图15-5　"石门坎"素包

图15-6　煎饼果子

285

图15-7 韭菜盒子

烤烙类有：煎饼果子、明顺斋什锦烧饼、南门外杜称奇火烧、大经路明顺斋油酥烧饼、韭菜盒子、京东馅饼等。

煎食有：东门里中立园三鲜锅贴、羊肉回头等。

炸食有：桂发祥麻花、王记剪子股麻花、陆记烫面炸糕、棒槌果子、果箅、"果仁张"的果仁、鼓楼北炸蚂蚱（炸蝗虫）、炸银鱼等。

黏食有：耳朵眼炸糕、马记盆糕、小枣切糕、喇嘛糕等。

炒制类有：崩豆张的崩豆、糖炒栗子等。

另外还有西瓜糕、江米藕、扒糕、酪儿、知味斋水爆肚、独流焖鱼等。

1. 面茶与茶汤

面茶是清末以来京津地区流行的传统小吃。清末民初，以海河北岸小关附近上岗子最为有名，主要是用料纯正，是这一带的土特产。面茶由北京传入天津地区后，回民经营者根据天津地区人好香咸的口味进行了改进。大米面换成了糜子面，加入了芝麻盐、花椒盐、麻酱等。

茶汤的原料与面茶类似，只是面茶是煮的，茶汤是用开水冲的。制作时将秫米面用水调开，然后用开水冲熟，上面撒上红糖、白糖、青红丝、桂花、玫瑰、葵花子仁、核桃仁等，味道香甜适口。喝上一碗价钱便宜的面茶或茶汤，不仅缓解饥渴而且能祛除体内寒气。据以制作茶汤见长的津门杨氏介绍，他家六世祖住在西北角的大伙巷，道光十年（公元1830年），杨家先人搜集整理了唐代高力士献给杨贵妃龙凤壶杂粮羹的配方，经研制而成。其实茶汤的最早记载见于明代北京的民谣。民国时期天津地区的南市、鸟市等贫民区茶汤摊点很多，其中以回民马福庆的"马记茶汤"名声最大。他研究了人们的茶汤口味爱好，把糜子面改为高粱面，购进静海独流镇优质高粱和厦门产红糖。定制了龙头大茶壶，用白布铺案。马家茶汤原料独特、工艺精良、讲究卫生，这些优势使得马家茶汤很快扬名津门。

2. 消暑解渴饮梅汤

炎热的夏季天津地区人爱喝杏仁茶或梅汤解渴消暑。方法是用冰块把酸梅汤做成冷饮，在花瓷碗里冲泡，敲打着铜盏高声吆喝叫卖。崔旭的《津门百咏·冰窖》："穿窿覆蔽窖深长，河水成冰应候藏。铜盏丁当敲卖日，饶瓷花碗泡梅汤。"在举行盛大的"皇会"时，为了给众人提供解渴方便，当地的"河北窑洼果子行会"便组织成立了"河北窑洼果子店梅汤圣会"。这是一个免费为人们提供梅汤的公益团体。事先将红糖、桂花、熟乌梅等用开水冲开、泡好，盛在筲里，挑着行进在皇会队伍中，谁渴谁喝，会员随时添加，深受称赞。

"皇会"最初是祭祀天后娘娘诞辰吉日（农历三月二十三日）所举行的庆典仪式，后来成为规模逐年发展的节日盛会。期间善男信女虔诚朝拜，前来观看者亦是人头攒动。此期间，商事兴盛，客栈爆满。在这个求福纳祥的节日期间，不能发生人员伤亡等不祥事故。为了皇会的正常进行，一些士绅官宦成立了盛会组织，"梅汤圣会"就是其中之一。梅汤具有生津止渴、清热解暑、祛除痢疾等功效，免费提供梅汤是防止因口渴或中暑发生意外。梅汤也借助皇会的影响，成为远近闻名的天津小吃。一碗小小的梅汤，竟具有如此强大的社会功能，这也是中国饮食文化的魅力之所在。

3. "万顺成"的饭和粥

"小枣秫米饭"是在秫米熬成的稀饭中加上天津地区的特产小枣和糖，熬好的粥又黏稠又烂乎。1920年，由段玉吉三兄弟在南市东兴大街开创了"万顺成"

图15-8 "杨氏茶汤"

专卖甜粥，这家粥店以小枣秫米饭、莲子粥和八宝粥而享誉津城。段玉吉是静海县独流镇人，早年在天津以卖秫秸为生。他发现南市一带人们喜爱甜食，就叫上两个兄弟开了这家甜食铺。

秫米，指的是黏高粱米或黄米，再加上气血双补的小枣和补血、补能量的糖，这简便便宜的小吃也就具有了食补的功效。粥自古以来就被视作养生佳品，南宋陆游的《食粥》写道"世人个个学长年，不悟长年在目前。我得宛丘平易法，只将食粥致神仙。"南市一带是靠体力为生的贫民聚集区，人们喜欢甜食是补充体能的需要。"万顺成"的小枣秫米稀饭和其他粥品，是植根于南市，具有旺盛生命力的小吃。

4. 闻名中外的"食品三绝"

清末民国年间天津地区产生了诸多的小吃，其中最为著名的是"狗不理包子""耳朵眼炸糕""桂发祥大麻花"，被人们誉为"天津食品三绝"。

"狗不理包子"创始人高贵友乳名"狗不理"，他把传统大发面、硬馅加菜工艺改造为半发面、和水馅等工艺。这种独特的工艺，菊花般的造型，香而不腻的口感使得狗不理包子成为包子名品。民国时期已经同鼓楼东姚家门口小包、南阁张官包子齐名。冯文洵的《丙寅天津地区竹枝词》记："包子调和小亦香，狗都不理反名扬。莫夸近日林风月，南阁张官久擅长。"

"耳朵眼炸糕"由回民刘万春创制于清朝光绪十八年（公元1892年）。因店铺位于天津耳朵眼胡同故名，炸糕选料精、制做细，风味独特，物美价廉，在炸糕同行中出类拔萃，独树一帜，赢得"炸糕刘"的绰号。做炸糕的米用的是北运河

图15-9 "狗不理"包子总店

图15-10 "桂发祥"麻花　　　　　　　图15-11 "耳朵眼"炸糕

沿岸杨村、河西务和子牙河沿岸文安、霸县产的黄米和江米，经水泡涨后用石磨磨成粥状，盛在布袋中，经淋水发酵后兑好碱当作面皮。豆馅用的是天津地区名产朱砂红小豆。耳朵眼炸糕以"黄、软、筋、香"四大特点享有盛誉。

"桂发祥"麻花的创始人范贵林讲求真材实料，选用的是精白面粉和上等清油。为了使自己的麻花与众不同，他在麻花的白条和麻条之间夹进了什锦酥馅，用桂花、闽姜、核桃仁、花生、芝麻、青红丝和冰糖等做馅料，其中桂花是以杭州西湖桂花制成的精品咸桂花，冰糖是用岭甫种植的甘蔗制成的冰糖。经过反复研制，又总结出发酵面兑碱随季节、气候变化增减的方法。创造了金黄油亮、香甜味美、久放不绵、香气四溢的什锦夹馅大麻花。

天津地区"食品三绝"具有共同的特征。一是创始人都属于经营小本生意的下层商贩，光顾者多为普通市民。二是都在经营过程中坚守精选原料，货真价实的原则，诚信经营，以至于"狗不理包子"的顾客能自行放钱取包子。三是根据人们的饮食需求探索出独到的制作工艺，形成了品质优良、独具个性、贫富皆宜的产品特色。四是经历了由中下层到上层社会的口碑传播。

"狗不理包子"成名后，直隶总督袁世凯献给慈禧太后品尝，得到慈禧的赞赏，遂成为贡品。民国时期，包子深受张学良的胞弟张学铭等寓居天津的民国政要的喜爱。"耳朵眼炸糕"虽然位于狭小的耳朵眼胡同，但也挡不住远近人们来此购买，经营布匹、当铺和银号的富商也前来订购。"桂发祥麻花"的原料融汇南北，而且根据人们购买需求在麻花的馅心和重量上进行变化，适应了不同阶层的需要。官宦富贵阶层的购买宣传使"食品三绝"由天津地区走向了全国。

5. "杨村糕干"和"独流焖鱼"

"杨村糕干"是我国最早打入国际市场的小食品，1915年荣获巴拿马万国商品博览会铜制"嘉禾"奖章。创制人杜氏的祖籍是山阴（绍兴），明永乐初迁居武清杨村，他根据漕运的江南人喜爱糕干而创制。杨村糕干以稻米、绵白糖为主要原料，生产工艺细腻、考究，口感松软且易消化，有健脾养胃的功效。

1928年，曾在杨村糕干店学徒的费效曾在沈庄子大街创立"芝兰斋糕干"店。他综合天津地区各家糕点所长而创制，与杨村糕干不同的是，芝兰斋糕干带有馅心。它以优质小站稻米、江米面为主料作皮。以优质红小豆豆沙、芝麻、桃仁、葡干、瓜条、白糖、红果、玫瑰、奶油、可可等多种辅料调配成馅，经包馅蒸熟精制而成。整体洁白、不粘牙、不掉面、口感绵软，成为农历正月人们最喜欢的食品。

这里的名吃还有静海县独流镇的"独流焖鱼"。独流焖鱼成为名吃源于优质的原料独流老醋、鲜鲫鱼，以及它独特的制作技艺。始创于明永乐年间的独流老醋，在清康熙初年即已扬名四方，被定为宫廷贡品，与山西老陈醋、镇江香醋一起被誉为"中国三大名醋"。鲫鱼是静海的河鲜特产，康熙《静海县志·物产》即有记载："鳞、鲫、淮、乌、鲇、鳅、鲂、黄、鲢、季、柳叶、鳝鱼十二种。"独流焖鱼经炸、烧、焖等制作工艺制成，骨酥肉烂，后味绵长，童叟皆宜。

6. 宫廷小吃到津门

天津地区的小吃不单纯源于民间，有的还来自宫廷，"果仁张"和"崩豆张"就是其中的代表。"果仁张"的创始人是清宫廷御厨张明纯。满族出身的张明纯，

图15-12 "果仁张"门店

图15-13 "崩豆张"的匾额

祖上就是御厨。他摸索出了以果仁为原料的炸食技术。炸制的食品具有自然显色和放香的特征，香而不俗，甜而不腻，酥脆可口，久储不绵，被赐名"蜜贡张"。子承父业，张明纯的儿子张维顺在宫内炸制果仁，受到膳食挑剔的慈禧的赞赏。辛亥革命后，御厨随着帝制的结束而出宫自食其力。1924年，第三代传人张惠山在天津山西路创立了"真素斋"。他不仅传承了祖上精湛的果仁炸制手艺，而且用宫廷器具盛放果仁，不久就成为天津地区的名小吃。

"崩豆张"创始人张德才是清嘉庆末年的宫廷御厨。为了满足帝后嫔妃们以小食消磨时光的需要，他悉心研究，精心实践，终于制成多种豆类小食。制作出"糊皮正香崩豆""豌豆黄""三豆凉糕"及果仁、瓜子等，尤其是"糊皮正香崩豆"最受青睐。第二代传人张永泰在宫中制作出口味、色香独特的崩豆及加馅崩豆七十余种，得名"崩豆张"。袁静雪在《我的父亲袁世凯》一文中提及："袁世凯倒台后，时常命家人上街买糊皮正香崩豆吃。"光绪年间，张永泰兄弟三人携妻带子回天津定居，张氏兄弟首创"崩豆张"总号，先后在城里丁公祠和小药王庙开设了"永泰成"和"永德成"两家分号。从此，"崩豆张"走出宫廷，成为家喻户晓的天津名小吃。

来自宫廷的小吃"果仁张"和"崩豆张"都成为了天津名吃。天津毗邻京城，但商业气息要浓于北京、五方杂居、九国侨汇、城市贫民众多，因此在天津经营小吃更容易生存。天津是北京的后花园，清廷的遗老遗少纷纷来到这里，他们的饮食喜好与宫廷饮食有着千丝万缕的联系，宫廷小吃自然受到他们的喜爱。

晚清民国时期的天津地区，小吃众多品类丰富与这个时期天津地区的经济社会状况相关。天津开埠后步入了近代化城市，商业、工厂和城市生活吸引着大批破产农民来此谋生，形成了数量庞大的城市贫民。他们消费能力低，要求价格低廉、充饥止渴、食用方便的饮食，在这种需求下，各种小吃应运而生。在满足不同消费能力人们食用的过程中形成了不同层次的小吃品种。

二、汇聚中外的珍馐佳肴

清代初期津菜形成，清末民国期间津菜又吸收了其他饮食风味流派乃至西方饮食文化元素。厨师们通过精心研制，发展出了一系列名菜佳肴。民间的"二荤馆"创制出津菜传统名菜，"酒席处"发展了民间宴席。高档次的清真风味饭庄纷纷营业，形成了著名的"十二楼"。佛教的迅速发展催生了素菜的兴旺。各地的商帮把家乡风味带入天津地区，并吸收津菜的地域特色形成了众多菜帮。英法美德俄等西方殖民者在天津地区过着穿西装，吃西餐的西式生活。清末民初，始于买办的国人吃西餐逐渐被工商阶层和知识分子所接受。这个时期，天津生活着官宦士绅、富商买办、租界侨民等一干中上层社会人士，使这里多元文化交汇，呈现了"万花筒"一般的饮食文化新格局。

1. 津菜中的各式宴席

这个时期"八大成"等高档饭庄继续经营满汉全席、燕窝鱼翅"八八席"、中档的鸭翅"六六席"（36件）以及低档的海参席。其中高档菜肴以"义和成"的满汉全席著称。商务部饮食服务管理局、中国烹饪协会、中国财政经济出版社联合编写的《中国名菜谱·天津风味》记载了天津地区满汉全席部分菜名，呈现了较突出的地方色彩。"四大菜：汆燕菜、扒蟹黄鱼翅、酒醉玉带白鳝、乌龙戏珠；四小菜：瓜姜里脊丝、虾子烧腐竹、烧莲菜（藕丝）、金钩挂银条；四白菜：白奶鸡、鱼肚扒春菜、四喜云片鸭子、哈巴肘子；四红菜：红烧猴头、清蒸鹿尾、烤乳猪、挂炉烤鸭；"以及"四蜜汁""四甜碗""压桌四大菜"等。

从技法上看，以上菜肴制作采用了津菜独特的扒、汆等技法，从原料上看，使用的都是蟹黄、鲤鱼、红枣、萝卜等天津地区特产。具有浓郁的津菜色彩。

"二荤馆"与"酒席处"是清末民国时期产生的中档饭庄。近代词章学家夏枝巢在其著作《旧京琐记》中这样解释二荤馆"一曰价廉而物美，二曰但客座嘈杂耳"。天津地区的二荤馆是针对其经营方式而言的，既包办酒席也接待散座。二荤馆以"天一坊""什锦斋"等饭庄为代表。光绪五年（公元1879年）在繁华的北门外大街开业的"天一坊"是最早的二荤馆，被誉为"天下第一坊"。天一坊以煎熬花鱼、清炒虾仁、罾（zēng）崩鲤鱼、扒酱肉野鸭、蟹黄丸子等菜肴著称，后来清炒虾仁、罾崩鲤鱼和扒酱肉野鸭成为津菜传统名菜。《天津地区文史丛刊》记载，世代承当钞关税房的津门豪富——大关丁家第四代丁伯钰、同族兄弟丁伯儒最爱吃什锦斋的"玛瑙野鸭"。什锦斋的火锅、炒海蟹等菜肴在清末民国时期也久负盛名。

比二荤馆档次略低的是"酒席处"，主要是出台举办酒席。酒席处分店堂经营和无店堂经营两种类型，后者不接待散座。店堂经营的酒席处一般店名中带个园字，如：永庆园、洪盛园、聚盛园、福顺园、醉春园、义兴园、中立园等。酒席处主要经营天津地区民间风味的四大扒、八大碗等。"四大扒"是在以"扒"法做成的诸多菜中如扒整鸡、扒整鸭、扒方肉、扒肘子、扒海参、扒鱼、扒面筋、四喜肉等选四个。民间以扒鸡鸭鱼肉为主。四大扒不能单独成席，只是作为八大碗席面的配菜。"八大碗"是天津地区流行的民间宴席，按照档次分为"粗八大碗"和"细八大碗"。"粗八大碗"是在烩虾仁、熘鱼片、全家福、桂花鱼骨、烩滑鱼、余肉丝、笃面筋、余大丸子、烧肉、松肉等菜中选八个；"细八大碗"是在炒青虾仁、烩鸡丝、烧三丝、全炖、蟹黄、蛋羹、海参丸子、元宝肉、清汤鸡、拆烩鸡、家常烧鲤鱼等菜中选八个。

2. 清末民初时期的清真饭庄

清末时期天津地区的清真风味由明清时期的包子铺、面食摊发展为牛肉馆、羊肉馆等中高档饭馆、饭庄。咸丰、光绪年间开业的北大关的"恩德元"，侯家后的"恩德厚"，东兴街的"恩元合"，红桥的"仁记恒"等就属于中档的牛肉馆。民国时期清真牛羊肉馆遍布津门，据《天津地区和平区志》记述，在"七七事变"前仅和平区的牛羊肉馆就多达50余家。这些清真牛羊肉馆经营的主要菜肴有：炖牛肉、油爆肚仁、芫爆散丹、清炒虾仁、炖牛尾、炖鱼白、炖羊三样、红烧蹄筋、红烧比目鱼等。咸丰年间诗人周楚良的《竹枝词》中就描绘了牛肉馆中的菜肴："溜筋炖脑又爆腰，酿馅加沙炸尾焦，羊肉不膻刘老济，河清馆靠北浮桥。"

高档的羊肉馆，一般经营"全羊席"等高档宴席，店名一般冠以"楼"字。光绪二十四年（公元1898年）《津门纪略》中记载的"庆德楼"就是较早的羊肉馆。1911年，石小川编辑的《天津地区指南》中记载了鸿宾楼、燕春楼、会芳楼、宾宴楼等清真饭馆，并注名为羊肉馆。此后又出现了庆兴楼、同庆楼、会宾楼、大观楼、相宾楼、迎宾楼、富贵楼、畅宾楼等，统称为"十二楼"。"清真馆子请君尝，应属鸿宾与会芳"，清真馆中以"鸿宾楼"和"会芳楼"为代表。咸丰三年（公元1853年）开业的鸿宾楼除了全羊席外，代表菜品有芫爆散丹、红烧牛尾、笃鱼腐、烧蹄筋、鸡茸鱼翅、白崩鱼丁、八珍燕盏、金钱虾托、涮羊肉、清真烤鸭和清真锅贴等。会芳楼的厨师大多师从八大成中的名厨，以经营"扒海羊"等为代表的高档燕翅席著称。

3. 名流汇聚的真素楼

明清时期天津地区的道教与佛教迅速发展，到清末民国时期宫观寺院广布市区郊县。面向僧人居士和民间素食者的素食馆应运而生，到民国初年已有菜羹香、蔬香馆、素香斋、六味斋、常素园、石头门坎等10余家素菜馆。

其中以清光绪三十三年（公元1907年）在大胡同开业的"真素楼"规模为最大。著名教育家、改革家、书法家严修为《真素楼》题写了匾额，并题写了"真是情的元素，素乃谓之本真"的对联。书法家华世奎也亲笔为《真素楼》题联"味甘腴见真德性，数晨夕有素心人"。名人邓庆澜题联"真是六根清净，素无半点红埃。"此外还有言敦源、李容之、朱家宝等文化名流也先后为《真素楼》题写了楹联。这里不仅是佛门人士的高档饮食场所，李叔同等津门文人墨客、国学大师们也常来此谈学论道。

真素楼的厨师们技艺高超，他们以香菇、冬蘑、莲子、桃仁、木耳、花菜、春笋、腐竹、腐皮、面筋、素鸡、南豆腐、粉皮、绿豆菜、黄豆芽以及油菜、菠菜、龙须菜、山药、白萝卜等三十多种菜类为原料，能做出一百多样素菜。其中"以素仿荤"的素鸡、素鸭、素鱼、素鱼翅、素鱼肚、素大肠、素火腿等素席菜肴外形逼真，清香素雅。传承和发扬了"荤菜素做"的民间素菜制作传统，制作出的仿荤菜与市面上的真荤菜几可乱真。这里还包办高档素席，如燕翅席、鸭翅席、海参席等。真素楼的代表菜肴有炒鳝鱼丝、腐乳扣肉、杏仁豆腐、琥珀莲子、红焖津菜、罗汉面筋等。

4. 随商帮而兴的外帮风味菜肴

早在元代外地饮食风味就随着漕运进入天津地区。清代，天津地区的外地移民增加。商人们为了增加竞争力，以同乡为纽带结成联盟，产生了闽粤商、鲁商、晋商等商帮。

清末民国时期，随着商帮的兴起，经营外地饮食风味的菜馆也纷纷开业，其中以鲁菜馆居多。天津地区的鲁菜高档饭庄往往以楼命名，成了同福楼、同和楼、天源楼、登瀛楼、松竹楼、全聚德、文兴楼、会英楼、万福楼、蓬莱春等著名的鲁菜十大饭庄，其中声誉最盛的是"登瀛楼"，鲁帮菜主要经营津菜和鲁菜。1913年，山东人苏振芝在繁华的南市建物街创立了一家鲁菜饭庄，取名"登瀛楼"。店名"登瀛楼"即含有来自山东之义，也传达了如登仙境的意蕴。代表菜有九转大肠、红烧海参、黄扒大翅、一品官燕、糟蒸鸭、醋椒鱼、拌庭菜等鲁津

图15-14　天津南市"登瀛楼"
饭庄（天津图书馆提供）

名菜。其中"糟蒸鸭"是卸任民国总统的冯国璋介绍的，"拌庭菜"出自书法名家华世奎的指导，"醋椒鱼"是民国政要张志谭介绍的。

江浙等地的商人和移民早在元代就定居天津地区。清代，以八大家为首的富商也大多来自江南富庶之地，江南风味的餐馆饭庄自然也就扎根天津地区。《津门纪略》记载了位于紫竹林的两家宁波菜馆"协兴园"和"赵桂馨"。1911年的《天津地区指南》记载了位于南市的三家扬州菜馆"太乙楼""九华楼"和"第一楼"。1934年出版的《天津地区市概要》记载了三家江南菜馆"新泰和"（法租界马家口）、"屯酒香"（法租界菜市）和"五芳斋"（南市）。使津门又添江南味。

明清时期闽粤商人在天津地区崛起，经营粤菜和闽菜的菜馆也随着产生。《天津地区指南》中收录的广东菜馆有"岭南楼"（南市）、"余香楼"（南市）和"津华馆"（南市广兴大街）。《天津地区市概要》（1934年）收录了三家广东菜馆"北安利"（法租界马家口）、"南园"（法租界马家口）、"金菊园"（法租界）和一家闽菜馆"鹿鸣春"（日租界花园街）。

《天津地区市概要》还收录了经营河南风味的豫菜馆"厚德福"（法租界28号路）；川菜馆"美丽川菜馆"（法租界天祥市场）和"蜀通"（法租界绿牌电车道）；晋菜馆"晋阳春"（法租界天祥后门）。

这些以地方风味为特色的外帮菜菜馆把各自的名菜佳肴带到了天津地区。此时是川鲁粤扬等各路名菜汇于津门各显身手，在交流中融汇着，逐渐形成了具有天津地区地域特色的津派外帮菜。

5. 近代天津地区的西方饮食

天津开埠之后，英、法、美、德、日、俄、意、奥、比等九国先后在天津建立了租界。租界内的侨民按照本国的饮食方式食用西餐，于是西方的饮品、糕点和菜肴随之涌入天津地区。1923年和1945年，天津地区的外国侨民人口两次达到高峰。

天津地区第一家西式餐厅是起士林西餐厅。1905年，德国厨师阿尔伯特·起士林来到天津，在法租界中街开了一家西餐馆，取名"起士林西餐馆"。1906年正式开设了"起士林西餐厅"。"起士林"曾为袁世凯举办的酒会制作西餐，得到袁世凯赏银100两。在天津地区大买办高星桥（天津劝业场创办人）的介绍下，起士林承包了津浦（天津至江苏浦口）铁路的面包供应业务，从此名声走出天津地区。面包、糖果、黄油焖乳鸽、德式牛扒、罐焖牛肉、俄国红菜汤等是起士林的特色菜点。

起士林西餐厅不仅为天津地区带来西方食品，也传播着西方饮食文化。从精

图15-15 "起士林西餐厅"旧址（天津档案馆提供）

图15-16 "回力球场"旧址（天津博物馆提供）

美的餐具到花样繁多的西式菜品，从布置考究的店堂到周到礼貌的服务，加上"顾客至上"的经营理念，很快就在天津地区享有了很高的知名度。20世纪30年代餐厅发展成5间门脸，开设了舞厅和露天餐厅。坚持"声誉至上"的经营理念，杜绝偷工减料。起士林制作的蛋糕尤其受到上层人士的青睐，袁世凯、黎元洪等政要都曾请起士林做过庆生蛋糕。

20世纪20年代，专营纯正法式大菜的"回力球场"是当时整个远东地区最好的西餐厅。主厨都是意大利人，这里仅西餐小吃就多达几十种，不仅原料均为进口，就连整条的鲜沙门鱼也从国外进口，这家西餐厅从烹调到服务质量都超过了天津地区其他西餐厅。1943年开设的意大利第第（DD´S）西餐厅以正宗意大利面著称，进餐期间还有三名外国老乐师组成的室内乐队演奏西洋乐曲，营造了温馨惬意的就餐氛围，这是中国餐馆所没有的。

清末民初的"正昌咖啡店"是天津地区较早的知名咖啡店，位于法租界拉大夫路（今哈尔滨道）上，由来自希腊的一对兄弟经营。各种优质咖啡豆现磨现卖，同时经营法式西餐和西点，正昌咖啡店一直经营到解放前夕。德租界里还有"庞纳士咖啡馆""10号咖啡馆"等高档咖啡馆，是买办、名媛等消闲的场所。

西餐由于环境幽雅，进餐文明，菜点饮品卫生，还可以欣赏西洋乐，参加派对舞会等受到人们的欢迎。20世纪20年代，吃西餐成为饮食时尚。因为西餐利润空间大于中餐，国人也开办西餐厅。国人开办的西餐厅分为高、中、低三个档次。低档的适合大众消费，以南市的"华楼"和日租界的"德义楼"为代表。中档的以广东人陈宜荪、陈理范父子开设的"福禄舞餐厅"为代表，空间开阔、装修讲究，可以举办西餐宴会、舞会，最适合家庭聚会。高档餐厅以当时要员或要员子女创办的国民饭店、大华饭店、惠中饭店等为代表。餐厅时尚华贵，价格高昂，可举办舞会、京戏演出，是上层名流社交活动的场所。

天津地区的西餐与中餐相互影响形成了中餐、西餐的交流。当时大的中餐馆里均添有"西法大虾""沙拉子""铁扒鱼"，后来又普及到了一般的中小餐馆，一些中餐馆里还一度盛行"中菜西吃"，如著名的中餐馆"致美斋"就模仿西餐厅经营套餐或份饭。至此，天津的餐饮业融进了诸多的西方饮食文化因素，从菜品的原料到烹饪方法，从经营理念到就餐方式，从店面布置到服务方式，都发生了很大的变化，体现了天津饮食文化所具有的较强的吸纳性、包容性与融合性。

三、丰富充沛的原料市场

众多的餐馆饭庄每日都需要大量的饮食原料，至晚清民国时期，供应原料的集市已变身固定的市场，并形成分类经营的店铺，有蔬菜市场、鱼行、鸡鸭行、水果店、干货店、茶叶铺等。在文人崔旭《津门杂咏》的一些诗里对坊间市场有多方位的描绘，如有描绘鲜果铺、杂粮店、酱园、南货局等店铺的竹枝词。下面一首就是描写鲜果店铺里售卖贴有标签的各地名产："梨名秋白胜哀家，果号花红脆带沙。玫瑰葡萄苹果枣，纸签题字楚王瓜。"崔旭的诗还描写了一些商贩担挑各种饮食原料走街串巷叫卖，方便居民日常生活的场景，人们在家门前就可买到各种虾米和鲜鱼："曲巷深深晓日娇，鱼虾担重一肩挑。金钩卖罢来银米，才过黄花又白条。"

晚清时期，天津地区的商业中心是城北的北门外大街和城东娘娘宫前的宫南宫北大街一带。著名的隆昌海味店、四全公鱼行、德记鸡鸭店、公升茶庄、享德亨茶店铺就位于北门外大街。瓷器名店庆丰、兴隆则位于与北门外大街相邻的河北街上，鞋帽绸缎的集中地估衣街也是干鲜果批发地，杜利源、双盛号等干鲜果批发商一年四季供应各地干鲜果。烟台苹果、莱阳梨、深州蜜桃、苏州藕、两广荔枝等各地干鲜都会应季上市。竹器集散地竹竿巷是竹筷批发市场。

这一带还有"晓市"与"赶洋"两种早市。"晓市"供应水产菜蔬与鲜果等，每日凌晨交易，日出而散，不影响白日街面交通和店铺经营。去洋货市场上购买用品称为"赶洋"。天津开埠后，外货洋货涌入天津市场，人们把卖洋货的天津

图15-17　天津宫北大街（天津图书馆提供）　图15-18　卖枣子的商贩（天津博物馆提供）

人叫做"赶洋的"。天后宫附近的宫南宫北大街是年货市场，各种各样的年货一应俱全。

　　米面批发商有面粉公司、大米庄、斗店、米栈、粮栈等，这些商号公司经营米面粮油，货物来自国内各省。民国以前，斗店是主要的粮食交易场所，交易的粮食有芝麻、大米、小米、小麦、高粱等。卖主多为河北、山东、江苏等省的粮客或乡间农民，买主多是本市米面铺、油坊、面粉公司以及外埠粮商。天津地区最早的大米庄是清光绪二十八年（公元1902年）前后开业的义生源、公兴存和仁义和。1933年，天津地区共有大米庄43家，1936年有面粉商36家。经过多年激烈

图15-19　天津商业区里的"德兴成"米庄（天津档案馆提供）

图15-20　天津"正兴
德"茶庄（天津档案馆提供）

竞争，形成了以福星、寿丰、嘉瑞三家为主的局面。

天津地区还是北方茶叶的集散地，同俄罗斯的茶叶贸易也在天津地区中转。天津地区八大家之一穆家经营的"正兴德茶庄"是著名的商号。

第三节　不同阶层的饮食观念

晚清民国时期处于近代化进程中的天津地区的饮食观念呈现出文明西化的特色。近代天津地区不同于近代西化程度较高的上海，也不同于政治气息浓厚的北京。江浙富庶地承托起上海的快节奏近代化。国都北京生活着皇族要员，饮食生活极为讲究。不同的经济地理环境和政治环境注定天津地区的饮食观念开化程度不比上海，其饮食文化内涵之丰厚程度也不同于北京。

一、求饱食，爱脸面的贫民饮食心理

饮食观念因阶层群体而异。对于终日奔波只为填饱肚子的城市贫民而言，他们的饮食观念就是充饥，让自己和家人生存下来。天津城市贫民简易的家中没有生火做饭的条件，买不起炊具、柴火、米菜和餐具。一日三餐尽在街头饭铺摊点解决。早餐喝碗粥、吃个馒头；午餐吃碗面，晚上有时在小酒馆喝一点"高粱烧"就已经是享受了。极度贫困的他们在饮食上尽量压缩开支，一天下来不过二十几文钱的费用。他们没有条件享受所谓的美味佳肴，对美食只是一种想象中的概念。

图15-21　天津街头的贫民饮食（天津博物馆提供）　　图15-22　天津海河边上的摊贩（天津博物馆提供）

　　当然他们也梦想灯红酒绿的上流饮食生活，但那毕竟处于虚无缥缈的梦想状态。偶尔能改善一下时，就是吃一些饭店剩菜，行业称之为"折箩"。据上海锦江饭店创始人董竹君女士回忆，折箩主要是中高档饭馆把比较完整的剩菜分类折倒，拉出店外去以非常低廉的价格卖给黄包车夫、工厂工人等城市贫民。天津地区饮食行业的观念相对保守，出于显示档次和保护声誉的需要，高档饭庄不卖折箩。不在乎把剩菜倒掉或怕影响声誉。而二荤馆、酒席处和一些其他中档饭馆则积极出售折箩，天津地区人碍于面子把这种菜叫做"合菜"或"落菜"。

　　有人专门从饭馆回收"折箩"，把收来的剩菜简单地分拣一下，撇去浮沫和腐烂的部分，用大桶盛着拉到"三不管"地。想打牙祭的人争先恐后地围过来，花上一点钱买一碗吃，就算改善生活了。桶里面的汤菜有稠有稀，有鱼肉海鲜也有菜叶，打在碗里的成分全靠卖菜人的勺法。售卖者根据买菜者是否经常光顾而适当掌握。在贫民区兴起的相声就有反映吃"合菜"的段子，讲的是一个人吃的是"折箩"，却吹牛说自己吃了"大餐"，其实里面只有半个丸子、一个鱼头、两块牛肉，还有个不知名的翅膀。讽刺的是爱要面子的人把吃折箩吹牛成吃高档菜。这也反映了天津地区城市贫民爱面子和向往上流社会美食的心态。

二、"应季而食"的普通人家饮食观念

　　天津是一座靠商业而兴起的移民城市，明清以来形成了"竟豪奢，趋奢华"的民风。在饮食习惯与风俗习惯的影响下，形成了超支吃河海两鲜的饮食观念。"吃鱼吃虾，天津为家"，天津地区富产河海两鲜，人们也形成了争食应季鲜货的

饮食观念。吃上一顿刚上市的时令河海两鲜不仅是口味享受，而且已经演化成不甘示弱的社会风俗。"当当吃海货，不算不会过"，超越经济条件时，宁可当掉家中的值钱物品，也要换来一顿海鲜。这种"穷吃海喝"的行为被人们广泛地接受和理解。"九河下梢"的地理环境，使河海两鲜成为人们赖以生存的饮食物产。人们根据水产物种的生长规律捕食，久而久之形成了吃河海两鲜的饮食习惯。饮食习惯形成之后，一旦或缺，心理便不舒服。

超支甚至当当吃海鲜是人们追求"应季而食"的一种做法，只是在海鲜刚上市的时候吃一次，为的是尝鲜。广大市民阶层的日常饮食则是一贯秉承勤俭节约的朴素观念，讲究简单实惠。主食是贴饽饽、"穷人美"（表层白面，里面是玉米面）、馒头、花卷、米饭等，佐以熬鱼、豆芽、腌菜等一些时令鲜菜。节庆时，根据风俗习惯吃节日食品。逢到红白喜事等需要置办宴席时就是四大扒、八大碗等。比较富裕的家庭也做些炒鸡蛋、炖肉、煮螃蟹等肉食海鲜。一般人家都喜欢吃白记饺子、狗不理包子、锅巴菜、煎饼果子等名小吃，偶尔也会去中档饭馆聚餐或宴请。

三、极为讲究的"八大家"饮食

"天津卫，有富家，估衣街上好繁华。财势大，数卞家，东韩西穆也数他。振德黄，益德王，益照临家长源杨。高台阶，华家门，冰窖胡同李善人。"这首清末民国年间天津流行的民谣说的是富商阔家的代表"天津八大家"。其实早在清咸丰年间就有了八大家的民谣，人们把那时的富商代表称为"老八大家"。无论新老，八大家多是通过盐业、漕运发家的盐商、粮商、海运商等。

豪商大贾身居大院，富甲天下，饮食生活讲求排场，尤其是逢红白喜事等人生家族大事时更是"一餐费万钱"。

靠海运发家的"天成号"韩家饮食生活讲求排场。据韩家后人韩扶生老人讲，韩家日常生活奢华，模仿宫廷排场，家中仆役众多，尤其是宴饮华丽丰盛。韩家举办丧事，仅款待随礼的宾客就摆设酒席上百桌，宴请三日。正如津门名家华世奎的挽联中所写，"大富非富大贫非贫撒手成空何物带将身后去，似睡非睡似醒非醒回头一笑凡人都在梦中忙。"韩家衰败后，后人过的是凡人的生活，父辈们奢华的饮食生活只留作家族的往事回忆。[1]

---

[1] 张建星主编：《城市细节与言行——天津600年》，天津古籍出版社，2004年，第308～309页。

粮商富家石家的饮食生活极为讲究，日常饮食所用饭菜按照尊长亲疏大小内外由厨房分别制作。有专门的饮食生活管家负责每天请示当日菜谱。厨房的主厨都是高薪聘请的名厨，宴客和家用菜肴都是名厨精选原料制作的，清末石家当家人石元仕的必备早餐燕窝粥就要花掉40块大洋。石家结交的官宦士绅都赞叹每次来都有闻所未闻的佳肴。石家厨房制作的"桂花鱼骨"、"鸭包鱼翅"后来成为菜馆中的名菜。①

以乐善好施著称的"李善人"多有慈善义奉，他积极投身救济难民的慈善事业，开办了粥厂，人称"李善人粥厂"。第三代"李善人"李赞臣为招待宾朋，在南市广兴大街广兴里对过开设了一家素菜馆"蔬香馆"，聘请宫廷御膳房专做素菜的御厨做厨师，所烹制的素菜堪称佳肴珍品，名闻津门。

据李赞臣的二孙女回忆，家中饮食生活极为讲究。家中设有大厨房，设施齐全，厨师一流，有的厨师在新中国成立后成为天津著名饭店的主厨。各个房头（大宅门各院落的主人叫"房头"，这里系指李赞臣的儿子）还设有自己的小厨房，各房每餐除四菜一汤由小厨房自己做之外，还可以向大厨房点菜送到各房。每日上午小厨子都要向各房报菜单，以便点菜。平时各房头自己吃饭。在李家的日常饮食生活中，李赞臣对子女要求严格，每日只供一餐米，一餐面。过年时全家才集中在一楼大客厅聚餐，此时菜肴更加丰富，山珍海味样样均有。每年过年，中午必备什锦火锅和一条大鲤鱼，还有李家名菜——全家福、清蒸鸭、野鸭扒肉、鱼翅和熏鱼，晚上吃水饺。②

东门里高台阶华家是盐商，清末天津书法魁首华世奎是华家的代表人物。溥仪退位后，华世奎在天津以卖字为生。他的书法名震津门，求字者众多，人称"日进斗金"。他身居大院，饮食生活也极为讲究。"华氏家族宅内设有大厨房、小厨房和面房。大厨房用来招待宾客友人和供各房日常饮食。大厨房的菜品丰盛精美，厨师的手艺很高，擅长烹调天津特色菜，能办'鱼翅席'、'鸭翅席'宴席。每晚八九点钟，管家先生到各房去问吃什么并记下第二天的菜谱。小厨房做一般家常菜，供男女仆人和远亲就餐。菜肴以鱼肉和时鲜菜时蔬为主。有时，华家人为了改口味也吃小厨房和面房的饭菜。华家人不进小厨房，就餐时由厨房师傅用托盘送，再由本房女仆人接过送进屋。面房做饺子、馄饨、花卷、馒头、烙饼、枣卷、面条、包子等面食。华家败落后，几个面房的师傅都自己开了馒头房、包子铺。"③

① 张建星主编：《城市细节与言行——天津600年》，天津古籍出版社，2004年，第310页。

② 苏莉鹏：《天津小洋楼：李赞臣旧居 天津卫"八大家"之一》，城市快报，2010-02-15（07）。

③ 《华世奎家的厨房》，http://www.tjwh.gov.cn/shwh/lywh/mrgj/hua-shi-kui/mrgs---1-hskjdcf.htm。

四、"以西餐为潮"的知识分子饮食取向

天津地区被迫开埠，西方殖民者在"法外治权"的护佑下开始了殖民掠夺。他们建立贸易公司，低价收购中国原产原料，时人将这些洋人开办的贸易公司称为洋行。中外商人之间需要翻译和中介，一些人充当洋人与国内商人的中间商，人们称之为"买办"。民国时期，天津地区成为北方的贸易中心和金融中心，买办阶层形成。买办阶层推动了中国的洋务运动，催生了中国的民族资本主义。洋务运动与民族资本主义发展对人才的需求又促进了天津地区近代教育的产生与发展，受教育发展和西方文化生活的影响，天津地区的出版报业发展迅速，处于全国领先地位。

辛亥革命前夕，天津地区的各级学堂多达147所。1900年英敛之创办了《大公报》，到20世纪初报纸杂志已有50多家。1922年《天津指南》记录了社会职业统计，其中律师500多人，医院有47家。中外商行、银行的普通职员、中外企业的管理人员和技术人员、教师、报人、律师、医生等组成了近代天津地区的中产阶层。他们文化程度高，有一技之长，思想进步，观念先进，在饮食观念上表现为批判传统和接受外来文化，同时他们也有经济条件来满足自己的饮食追求。

大公报创办人英敛之在办报之前生活穷困，靠朋友接济勉强度日。办报之后，收入颇丰、社会应酬逐日增加。《英敛之日记遗稿》记述了他出入高档饭庄的一些情况。他与朋友经常出入庆源楼、德义楼、林春等高档酒楼饭庄，有时也去聚昇成、宁波馆、山东馆、日本寿亭、利顺德等中外高档餐馆饭店就餐。英敛之出外聚会或为友人接风洗尘都偕夫人或孩子同往。在西方饮食风俗的影响下，知识分子阶层打破了男女不同饮、晚辈与长辈不同桌的饮食传统。"购牛奶两盒、花铁盒饼两匣、共一元，送夏老伯。饭甚精洁，略饮红酒。"[1]英敛之的日记中多次记到购买西洋糕饼，在番菜馆吃西餐、品红酒，饮用咖啡、荷兰水（汽水）、麦酒等。从英敛之饮食交往来看，吃西餐、品味咖啡、红酒已经成为知识分子阶层友人聚会的常选。

知识分子宴饮常选择西餐，主要出于他们中西饮食观念的差异。从清末名流孙宝瑄的记述中可见一斑。出身官宦之家的孙宝瑄与章太炎、梁启超、谭嗣同、汪康年、夏曾佑、张元济、严复等文化名流交好。他在寓居天津地区期间，常出入西餐馆和日本料理馆。饭后对西餐厅的经营环境与饮食卫生赞赏有加，"诣密

---

[1] 郭立珍：《近代天津居民饮食消费变动及影响研究——以英敛之日记为中心》，《历史教学》，2011年第6期，第22页。

慎德西人餐处，廊宇崇峻，饮食丰洁，醉饱归"。对比而言，对中餐则是批评苛刻，"饭于德昌，以先一日饮食不调，腹泻，故我国疱人治馔，不敢入口"。孙宝瑄对中餐的批评有些偏激，但也反映了当时中餐的卫生状况不如西餐。

知识分子批判中餐、褒扬西餐的饮食观念有其深刻的社会文化原因。中餐作为传统文化的一部分，从饮食环境、方式到礼俗都有着浓郁的传统色彩。西餐代表着西方文明，相对而言讲求营养卫生，礼俗简洁。同歌伎侑食相比，西餐宴会的女士优先则是文明进步的表现。中国人起初对西餐的态度与西方殖民者的野蛮侵略等同，持有强烈的抵制态度。人们把西方人饮冷水、吃生肉的饮食方式视为原始形态的荒蛮饮食。随着中西交流特别是向西方学习的过程中对西餐的态度发生着改变。西方饮食方式与西方人体质强壮有着直接的关系，也体现着西方饮食科学。学习西方，寻求富民强国之路的知识分子忧国忧民、思想激进。在知识分子眼中，中餐同落后、腐化的旧体制相联系，西餐与先进、文明的新体制相联系。他们开始接受西餐并引领这种饮食风尚。当中西饮食同新旧体制联系在一起时，饮食就超越了食用的范畴，同社会文化，开启民智联系起来。在这种社会环境下，知识分子批判中餐，引领西餐消费也就在情理之中了。

五、"以中为本，中西结合"的公馆饮食

同清中前期的富商修建庄园类似，晚清民国时期天津地区的官僚、买办、实业家、寓公等也都大兴修建私人园邸或寓居洋楼，这些居所被称为"公馆"。高官政要、买办和实业家们都根据自己的饮食喜好雇佣私家厨师。公馆内辟有厨房，私厨们为自己的主人及其家人制作精食玉馔，形成了"公馆私家菜"。公馆私家菜受主人饮食观念所支配，各具特色。

翰林总统徐世昌寓居徐公馆，"藤萝花饼"是公馆饮食面点中的代表。用刚绽开的藤萝花的花蕊做成，入口唇齿花香。以花入馔早在唐代就有，文人墨客从中品味风雅。翰林出身的徐世昌具有传统文士这种雅好。在对待西餐的态度上则是有区别地接受，他主张把西餐与中餐相结合，让西餐本土化。据徐世昌的外孙许福宽先生讲，徐公馆的饮食传统礼仪严格。筷子、勺子的摆放与拿法都有严格的礼仪规定。

清末举人潘复曾任北洋政府的财政总长和内阁总理。潘公馆内设有专做鲁菜、豫菜、淮扬菜和西餐的四座厨房。潘复是山东人，喜欢吃九转大肠、油爆双脆、清汤燕窝、葱烧海参等鲁菜名菜。潘复的父亲潘守廉在河南居官20年，他也喜欢洛阳水席、炸八块、葱扒羊肉、糖醋软熘鱼焙面、水煎包、萝卜丝饼、胡辣汤等豫菜。潘复是一位美食家，对灌汤包、笋干丝、鳝鱼丝、番茄虾仁、核桃酪

等淮扬菜也颇有研究。西餐以德式为主，兼英式、法式，却聘请中国厨师主理。

张学良与胞弟张学铭寓居天津地区，传承了帅府菜。张学良喜欢吃谭家菜的黄焖鱼翅、家乡的酸菜饺子，赵四小姐喜欢吃红烧肉，张学铭喜欢吃炒掐菜、醋椒鱼等。

从这些寓公们的饮食喜好可知，当时的官僚、买办、实业家等不同于知识分子。他们更倾向于传统，雇佣私家厨师，制作符合自己口味与身份的菜肴。在饮食上，讲究制作精细，遵循严格的传统礼仪。他们接受西餐，并能熟练地用于应酬。他们既秉承传统追求金玉美食，又善于西餐应酬。这种兼备的饮食观念是因为他们一般出身于官宦家庭，在传统礼俗的熏染中成长，长辈严格的家教和对传统体制的维护，让他们自觉传承传统礼俗。但与此同时，近代外来的思想观念对他们也产生了一定影响，社会变革中逐渐顺应了时代潮流。出于交往的需要，接受西餐和西方的一些饮食礼俗。相对而言，这个阶层更倾向于传统饮食礼俗。

六、饮食礼俗的嬗变

不同阶层的饮食观念在社会变革的过程中发生着改变，传统的饮食礼俗也在发生着嬗变。

天津地区对外通商后，基督教、天主教等西方教派在天津地区快速发展，教徒数量也快速增加。1912年天主教徒多达34517人，新中国成立初期基督教徒多达7000余人。"神交圣礼"的"圣餐"是基督教的重要礼仪，也是基督教信众特殊的崇拜仪典。"圣餐"食品包括象征耶稣身体的面饼和象征耶稣血液的葡萄酒。基督教的斋戒分大斋和小斋，小斋期间信徒们要减食，禁食牛、羊、猪、鸡、鸭、鹅等热血动物食品。而且禁止周五食肉。[1]佛教的僧尼、居士依照"受戒制度""素食制度"等佛教制度素食戒酒。[2]这些宗教饮食禁忌成为教徒们饮食观念的一部分。宗教饮食礼俗特别是外来宗教的饮食礼俗，也成为天津地区饮食礼俗的组成部分。

在中上层人群的饮食观念引领下，到20世纪三四十年代去番菜馆宴饮小聚、品咖啡、吃洋糖果、糕点已经成为饮食时尚。西式饮食礼俗冲击着普通家庭中的传统的饮食礼俗。在尊老爱幼的基础上，男女同桌共饮、长辈晚辈同桌进餐逐渐为人们

---

① 康志杰：《基督教的礼仪节日》，宗教文化出版社，2000年，第53页、第93页。
② 高振农：《中国佛教》，上海社会科学院出版社，1986年，第114页、116页。

所接受。在知识青年男女婚礼中，合卺、吃生扁食等饮食礼俗也逐渐被新式婚礼替代。在西餐简约、营养的对比下，那种讲求排场、酒菜铺陈的传统中餐礼俗受到猛烈批判。西方科学思想对人们的饮食观念产生了重要影响。饮食卫生、营养摄取逐渐受到人们的重视。冯文洵有一首竹枝词，反映了人们注重营养，普遍喝豆浆的情况："豆腐方方似截舫，香干名数孟家扬。汁能滋养胜牛乳，无怪街头多卖浆。"

从饮食层的发展演变来看，下层是上层的基础，上层引领下层饮食风尚。所以，从清末民国时期的社会饮食观念发展来看，文明西化的饮食观念是发展主流。

从民间普通百姓的层面来看，这个时期，人们对古已有之的节令时俗还是在恪守着、传承着。如春节食俗——"一声进水进柴来，初二家家竟祀财"，初二家家户户用鸡鱼羊肉祭祀财神，卖水的拿一把柴禾进门，"柴""财"二字谐音，讨个新年发财的好口彩。"一盘春柳晨餐荐，始识今朝是立春"，立春吃"春柳"，春柳是把鸡蛋摊薄，切成丝，用春韭拌着吃的食物。这个食俗体现了农耕民族对"春"的希望和对"春"的敬畏。

第四节　茶园的兴衰和寓公宴饮

一、丽声雅音绕茶园

近代城市的茶馆同公园一样，是市民的公共文化休闲空间。茶馆按档次分有高档的茶楼、茶社和中低档的茶园、茶肆。近代天津地区，茶园比较发达，清同治、光绪时期有大小茶园130多处。茶园内卖茶兼有小吃，还有鼓书艺人的清唱。茶客三教九流汇集于此，泡一壶茶，上两盘小吃，在艺人们的说唱声中饮茶消闲。有的茶肆兼具劳工市场的功用，谋求生计的贫苦农民或市民来此饮茶等待主顾。茶肆内聚集着各类下层人群，在这里聊天、下棋和会友，成为信息交流的场所。

绝大多数茶园就是早期的剧场，在天津众多的茶园中名声最大的是金声茶园、庆芳茶园、协盛茶园和袭胜茶园，人称"四大茶园"。

四大名园中每一家都可容纳观众三四百人。舞台下设八仙桌和凳子，由茶园提供茶具、茶水。观众品茶听戏，茶园以收茶资代替戏票。京剧名伶谭鑫培、杨小楼、孙菊仙、高福安等来津，都在四大茶园献艺。四大茶园以戏好，角好，茶叶好，水开，对观众服务周到，伺候殷勤著称。这里也是茶客们休闲、会友、商谈生意的场所。茶园外，一些小商贩叫卖茶点和各色小吃，有的则提篮穿行于观众之间。四大名园上演的均为高雅剧目。

除"四大茶园"外，天津地区的其他茶园中也都有各自的名角来吸引观众，如京剧大师梅兰芳在"东天仙茶园"，上海的周信芳在"兴华园"，谭鑫培在"聚兴茶园"。

天津地区还有"茶楼四轩"——天会轩、四合轩、三德轩和东来轩，则以评书、鼓曲为主。演出多为女艺人，内容相对低俗。

1900年，八国联军攻占天津，局势混乱，茶园受到冲击。1908年光绪帝、慈禧太后相继过世。百日内，全国上下禁乐器、禁止穿着彩衣。茶园戏曲演出不得不终止，而不受国制约束的租界内茶园趁此发展起来。

租界地带商业区取代了侯家后等传统商业区，租界区茶园兴起，而位于侯家后等地的四大茶园渐趋衰落。20世纪30年代左右，天津地区的剧院发展起来，特别是劝业场地带戏院广布。相对于茶园，新式戏院的演出条件更适于戏曲表演，也更能吸引观众，戏院剧场逐渐代替了往日的茶园。

二、政治气息浓郁的寓公宴饮

饮食社会交往受社会环境的影响。晚清民国时期天津地区的中外各派系力量相互斗争，使此时的各种宴饮活动承载了更多的社会功能，充满着浓郁的政治气息。上流社会在宴饮中运筹着各种政治砝码与利益。

1879年李鸿章设宴款待卸任的美国总统格兰特及法、德、俄等国公使。席面丰盛异常，中西合璧，宴请从中午一直进行到下午。其目的是让格兰特等斡旋日本吞并琉球岛和冲绳事件。

溥仪寓居张园期间，各国租界的领事和驻军司令与其都保持着密切联系，经常宴请他。津门的著名人士也经常宴请溥仪。无非是利用溥仪的末代皇帝身份获取政治资本。溥仪常偕婉容赴宴，二人还经常出入"利顺德"等高档饭店。婉容生日时大摆宴席，津城各界人士到场祝贺。被冷落的末代皇妃文绣无法忍受，出走张园，酿成了震惊中外的末代皇妃离婚事件。

复辟派张勋在天津地区期间，盛宴款待各国来宾。以前清遗老自居的郑孝胥经常出入"松竹楼""百花村""致美斋"等饭馆与各界人士接洽，在饭局中积极筹划溥仪复辟。而反对复辟的梁启超则在寓所"饮冰室"的客厅里接待胡适、严复、张伯苓、严范孙、梁漱溟等文化名人，积极谋划反对溥仪复辟和袁世凯称帝。

1923年，天津地区大买办高星桥在新宅宴请曾任北洋水师总教习的德国人汉纳根。他以天津地区最著名的"义合成"饭庄酒席八八席（64样菜）来宴请这位让他发迹的德国人。

1924年12月孙中山先生应冯玉祥之邀乘船北上，途经天津地区时，在天津地区休息数日。此间寓居天津地区的民国总统黎元洪曾设宴招待孙中山和夫人宋庆龄，孙中山突然发病不能前往，由宋庆龄代表出席。1926年，世界青年会组织代表来津，约有两千人，黎元洪热情接待，为每人备一份茶点。他还接待过美国木材大王罗伯特、英国报业巨子北岩公爵、美国钢笔大王派克、天津地区海关税务司德璀琳等。天津地区名士严范孙、卢木斋等人也是黎家常客。黎元洪分期分国籍地宴请一些客人，所请客人包括外国总领事，副领事，驻军的各级军官，租界工部局的一些负责人，以及外国公司和银行的经理等。

在津的本国军政要员及社会各界名流，在春节时还邀请京剧名角和杂耍艺人前来演出。同黎元洪一样对京剧入迷的北洋政府交通总长张志潭也常宴请宾客。天津地区名店"登瀛楼"的匾额就出自张志潭之手。题匾的条件是该楼的名厨师要将做全桌酒席的技艺传授给三夫人。张志潭家有6名中餐厨师，1名西餐厨师。他喜爱京剧，经常请"四大名旦"梅兰芳、程砚秋、荀慧生、尚小云到家里做客，请他们吃鱼翅全席，听他们清唱。

民国时期，天津的寓公有的是前清皇帝亲王、遗老遗少，有的身为民国总统或军政要员。他们曾手握重权，也刻意结交权贵。这些人寓居天津期间或韬光养晦，或安养晚年。在众多寓公的公馆内都设有制作中西菜肴的多个厨房，寓公们在家里接待中外友人。在一次次的推杯换盏中，完成各自心中的政治目的。

第十六章 中华人民共和国时期

中国饮食文化史

京津地区卷

天津部分

1949年，天津地区解放。中华人民共和国建立后，天津地区饮食进入平民化历史时期。饮食行业以为人民服务为宗旨健康发展。20世纪50年代后期，一系列政治运动严重冲击着饮食行业和人们的饮食生活，至"文化大革命"达到顶峰。"文化大革命"之后，国家拨乱反正，让饮食文化回归正常发展轨道。1978年的改革开放结束了"以阶级斗争为纲"的历史，极大地解放了生产力，使饮食文化获得了极大的发展。20世纪90年代市场经济时期，天津地区的城市乡村都步入快速发展时期，饮食文化也快速发展。随着国内外市场与文化的激烈竞争，改革转型成为时代课题。

第一节　食物结构与饮食原料的生产

　　"五谷为养，五果为助，五畜为益，五菜为充。""气味合而服之，以补精益气"，这两句出自《黄帝内经·素问》的食养名言，成为我国食物结构的指导思想。千百年来人们遵循着以五谷为主食、以肉蛋果蔬为副食的食物结构，天津地区也不例外。科学的食物结构指导着饮食原料的生产。

一、主食与粮食作物种植

　　天津地区属于华北地区，自古就是麦产区。新中国成立后主要粮食作物有小麦、水稻、玉米等。截至1986年，小麦面积位居农作物第一。天津地势低洼、河道众多的地理环境也适于稻作生产。新中国成立后，这里大力发展"小站稻"等优良品种，另外也种植玉米、小米、豆类、高粱、红薯等杂粮。天津地区名吃

"贴饽饽熬小鱼""煎饼果子"等就是以玉米为主料。

　　天津地区的主食主要是馒头、各种面饼、油盐花卷、玉米窝头、贴饽饽（玉米面的饼子，贴在锅上烤熟）、白米饭、黄米饭等。主副一体的有包子、馅饼、煎饼果子等。天津地区面点小吃发达，以"津门三绝"为代表的风味小吃享誉国内外。各种米面食品及小吃可达百余种。

二、副食与蔬菜瓜果种植

　　新中国成立以后，天津地区种植业体现了城市农业的特点，在以粮食种植为主的同时，大力发展蔬菜瓜果种植，保障城市发展对饮食的需要。蔬菜作物种类主要有叶菜、根茎菜、瓜菜、水生蔬菜和食用菌类等，品种十分丰富。

　　20世纪50年代，天津地区的各农业区县科学耕作并引进良种，提高了作物亩产量，改善了作物品质，也增加了新的果蔬品种。据不完全统计，天津地区的主要蔬菜品种有：白菜30种、黄瓜17种、结球甘蓝（又名卷心菜）9种、茄子9种、韭菜8种、辣椒21种等。除了青麻叶核桃纹白菜、黄皮荸荠扁葱头、沙窝萝卜、卫韭四大传统名菜外，还有豆角、西红柿、王家浅心里美萝卜、天鹰椒、五叶齐大葱、蓟县八仙菜、小冬瓜等，是为蔬中佳品。天津还引进了荷兰花柳菜、捷克石刁柏、青皮红嘴雁豇豆、荷兰豆、荷兰雪球、法国菜花等国外名菜，以及日本富士苹果、美国巨峰葡萄、西洋柿子、日本富友柿子、韩国板栗等国外水果。

　　白菜是天津人越冬的主菜。家庭流行腌菜，如腌芥菜头、芥菜秧子、萝卜、白菜等。其中"腌五花菜"广受欢迎。腌五花菜就是把胡萝卜、青萝卜、芹菜、白菜等切成丁，加盐和花椒腌制，一周后即可食用，吃时可加香油少许。"腌出青黄红白绿，嚼出宫商角徵羽"，这副对联就生动地反映出腌五花菜的多样色泽与入口后的声响。

三、副食与畜禽水产养殖

　　新中国成立后尤其是20世纪80年代，规模化工厂养殖使养殖业发展迅速。养殖业包括饲养畜、禽，以及淡水与海水水产养殖，为天津地区提供了充足的肉食原料。

　　其中畜禽类有：猪、黄牛、奶牛、绵羊、山羊、奶山羊、马、驴、骡、狗、兔、貂、鹿、鸡、鸭、鹅、鸽子、鹌鹑等。

　　海洋鱼类有68种，常见水产有黄鱼、带鱼、对虾、毛虾、晃虾，以及牡蛎、毛蚶等20多种。

淡水鱼类有66种,主要有鲤鱼、鲫鱼、草鱼、鲂鱼、梭鱼、鳜鱼、鳊鱼等。还有紫蟹、银鱼等传统名产。淡水虾类有:大青虾、白虾、草虾等。

天津地区的人们偏爱鱼鲜,春吃晃虾、大对虾、海蟹、黄花鱼、河豚(西施乳);夏吃鲙鱼、比目鱼;秋吃鳜鱼、刀鱼、河蟹、秋虾钱;冬吃银鱼、紫蟹、鲤鱼、鲫鱼等,这是天津人独有的口福。

到20世纪80年代末,为适应城市快速发展的需要,建成了一些蔬菜瓜果种植基地和畜禽水产养殖基地,其中禽蛋基地年供应11万吨、商品淡水鱼年生产2.38万吨、猪肉供应基地年存栏116万头。

第二节 "政治挂帅"时期

一、凭票吃饭和大食堂

1949年天津解放,天津市军事管制委员会按照"各按系统,自上而下,原封不动,先接后管"的方针接管了盐、油、面、糖等与饮食有关的商业。这一年,城市粮油面等供应紧张,1950年春节,为了保证市民能吃上过年饺子,市内480多家私营米粮铺代售面粉,每人限购5斤。1953年粮米面的配售制改为计划供应,以户定量核实供应。

按照"有啥吃啥"的原则,城市供应以玉米、高粱米、红薯为主,而大米、面粉等细粮较少。广大市民一年之中吃得最多的是玉米饼子、窝头、高粱饭、红薯干等主食,喝玉米粥、高粱粥等。细粮制作的米饭、馒头等一般给家庭主要劳动者和孩子吃。1960年到1962年的三年困难时期,老人婴儿也只能吃小米或米

图16-1 1955年的面粉补助票(天津档案馆提供)

图16-2 1958年天津武清大顿邱人民公社某队食堂的社员吃早饭（天津网-数字报刊）

渣做的稀饭，主要劳动者吃用高粱、麸皮、豆子、红薯混合而成的杂粮饭。此后一直到"文化大革命"期间，广大市民的生活条件没有什么改善，甚至到了以瓜菜代饭的地步。20世纪50年代，城市供应实行了票证制度。1955年，天津市规定大饼、烧饼、馒头、面条、面包等37种主食只能凭粮票购买；包子、饺子、锅贴、糕点等限量购买，只许在饭馆里吃，不许带回家。1957年发行的面粉票可以购买面粉和熟食。1960年规定，包括饭馆、糕点店里的一切饭菜副食一律凭粮票购买。

1958年，全国农村开展"人民公社化"运动，天津地区的乡村，家家户户不再起火做饭。在"吃饭不花钱，努力搞生产"的宗旨下，所有公社社员都去吃人民公社的大食堂。起初是一日三餐吃饭不限量，饭菜花样较多，后来入不敷出，变为一干二稀（即一日三餐中，有一顿是干粮，其余两顿只有稀的），定量打饭。

二、由公私合营到国营

新中国成立初期，政府扶持手工业的发展。扶持政策惠及饮食行业的私营店铺和流动商贩。1955年年底，饮食行业实行"社会主义改造"。把企业按性质分为国营、公私合营、集体和个体，流动摊点中多为个体成分。形成了遍布街头巷尾的饮食网点，当时曾有"三步一摊，五步一点"的说法。

1956年，蔬菜市场完全由国营瓜菜栈控制，下设门市部，经营蔬菜副食。在国营控制、统购包销的蔬菜销售制度下，国营饭店原料供应充足，私营和个体不容易购买原料。1956年社会主义改造完成后，饮食行业几乎全是国营体制，而私营者、商贩则被当作资本主义剥削阶级被取缔了。国营饭店、糕点店、小吃店等经营没有自主权。这些作法在新中国成立之初的历史条件下有一定的合理性，但过分强调了政治因素，忽略了经济发展规律，因此很快就出现了经营模式单一、饮食品种单调、缺乏活力等问题。此时饮食网点锐减，一些传统风味食品停产。1960年纠偏时期曾有所恢复，但很快被"文化大革命"中断。

新中国成立以后，国营的天津糖业果品公司、天津茶叶公司等专营公司也相继成立。1960年合并为天津市糖果烟酒公司，统管烟酒糖茶等的采购销售。瓜果购销归1964年更名的天津果品公司经营。饮食原料有计划地重点供应。

三、重要的招待机构

新中国成立后，天津市为接待中央、省市各级领导和国内外重要宾客，设立了专门的招待机构。这些机构只负责市委市政府安排的接待任务，不对外营业。在天津饮食行业选调了一批技术精湛的名厨为贵宾服务，厨师们把接待当作政治任务，高度认真地来完成。这些招待机构主要有天津市招待处、新港海员国际俱乐部、天津市干部俱乐部、天津市人民政府睦南道招待所。

"天津市招待处"的前身是河北省委招待处（当时天津是河北省省会），1968

图16-3 天津市"干部俱乐部"

年更名为天津市招待处。因为用于接待国宾、党和国家领导人，被誉为"天津钓鱼台"。

"新港海员国际俱乐部"始建于20世纪50年代，以接待国际宾客著称，在东南亚享有很高的声誉，也接待过朱德、罗瑞卿、班禅大师等数十名中央领导。

"天津市干部俱乐部"原址为1925年英国人建造的"乡谊会"。1951年由天津市政府代管，定名为"天津市干部俱乐部"，主要接待中央领导、外国元首或来津访问的代表团。中餐以淮扬菜、川菜为主，西餐以英、法大菜为主。这里曾接待过毛泽东、周恩来、刘少奇、邓小平等国家领导人。

1951年天津市政府把著名的孙震方故居改为"天津市人民政府睦南道招待所"，专门接待中央及省市各级领导和贵宾。1969年改名"天津市第二招待所"。这里接待过毛泽东、周恩来、刘少奇、朱德等来津的中央首长，以及柬埔寨元首西哈努克亲王等。这里汇集了一批造诣高超的名厨，如赵锡元、崔学宝、侯福、王振清、贾万俊、乔好文、王栋等，他们有的擅长面点、西餐，有的擅长做高档海鲜或川鲁粤扬名菜，个个身怀绝技，如一分钟能切出一斤鲜肉丝来，两分钟能完成整鸡脱骨且骨不带肉，受到国家领导人及外宾的高度赞赏。

四、政治运动的影响

天津地区的社会主义改造完成以后，又迎来了新的政治运动，经济发展一直处在政治运动的左右下。

1956年开始的"整风反右"运动后期扩大化，全市有五千多人被戴上"资产阶级右派"的帽子。1963年全国开展"社会主义教育运动"，天津全市上下开展"五反四清"和社会主义教育运动。反对铺张浪费，提倡艰苦朴素和粗茶淡饭的生活方式。至此，近代以来各具特色的酒楼饭庄、饮食摊点不再存在，取而代之的是人民食堂。

1966年，文革伊始就开展了轰轰烈烈的"扫四旧"运动，勒令烟酒糖茶等商店停业。历史遗留之物统归为"四旧"，一些明清以来尤其是近代以来的饮食名店遭到改名。天津地区食品三绝之一的"耳朵眼炸糕店"改名"文革炸糕店"，"桂发祥麻花"牌匾被拆毁，不准经营。一批曾在近代饭庄、公馆、饭馆等饮食场所工作的老厨师惨遭迫害，记录美味佳肴制作的食谱等书籍被焚烧。一些技术过硬的名厨被当作走"白专道路"的"反动权威"典型遭批斗。他们传承积累的饮食文化成果也成为批斗内容。有着美食经历的公馆主人、实业家、买办、干部及其后代在文革中更是命运悲惨。一些体现传统饮食文化的场所、传承人及一些物品受到严重摧残。

传统饮食文化发展的中断和遭到批判有其深刻的社会原因。从战争中刚刚走出来的新中国政权物质基础薄弱，百废待举。但在发展经济、社会治理方面却又经验不足，抵御天灾人祸的能力不强。尽快建设发达社会主义的冒进思想导致了不切实际的政策出台与实施，违背了经济发展的规律，进而发展成极端思想，最终导致灾难深重的"文革"发生，造成重大的文化损失。

第三节　恢复发展时期

"文革"结束后，党和政府紧张有序地进行拨乱反正工作，天津地区饮食文化随之逐步恢复发展。1978年召开的十一届三中全会，是中国发展史上带有里程碑标志的重要会议，自此结束了"以阶级斗争为纲"的年月，把战略重点转移到经济建设方面来，使中国获得了前所未有的发展机会。

一、饮食市场的恢复和发展

在重点搞经济建设的一系列新思想指导下，天津地区的饮食市场得以大力恢复，政府首先解决了群众早点难的问题。到1979年饮食网点已经恢复到820个，在各处设立了饮食售卖亭和流动车。南市、小白楼、北大关、西站、东站、郭庄子等地形成了集中的饮食市场10余处，并形成了中山路、南门外大街、大沽南路、北马路四条饮食街，恢复了鲁、川、苏、粤、闽、京、晋等外地风味。地方小吃恢复到120多种。

20世纪80年代初期，天津地区饮食行业顺应发展形势，实行了承包经营责任制，极大地调动了干部职工的积极性。主管部门积极出台发展措施："*所需原材料价格优惠、保证供应；准许外地饮食行业开店经营；国营、集体、个人三种力量一起办餐饮；发展饮食专业市场和饮食街；开办烹饪学校和培训班，培养餐饮人才；整修年久失修老店铺。*"[1] 这些措施有效地促进了饮食行业的发展。1981年全市饮食行业营业额是1.4亿元，同比1978年增长了32%。1985年新建了美善酒楼、华夏酒楼、天津饭庄三家豪华餐馆，改建装修了川鲁饭店、鸿宾楼、全聚

---

[1] 朱其华：《天津全书》，天津人民出版社，1992年，第276页。

德、起士林、红桥、淮阳、东升楼等饭庄。天津饮食公司下属餐馆摊点分为甲级餐馆、乙级餐馆、丙级餐馆、早点铺和小吃店五个类别。1982年的甲级餐馆有登瀛楼、全聚德、狗不理等22家，都是特色风味饭庄。自此天津地区的餐饮业又迎来了发展的春天。

20世纪80年代末，全市共有各类饮食店铺1.5万多户，从业人员达到5万多人。为了满足中外饮食消费者的需求，饮食企业还与香港地区、日本、新加坡、美国等海外企业合资，开办了具有海外风味的餐馆。

二、建造南市食品街

1984年，南市食品街开建，历时两年，1985年元旦盛大开业。这是为了恢复和发展天津地区饮食传统名店名吃，满足改革开放以来天津地区市民和国内外游客的饮食需求而建立的美食街。当时在国内形成极大影响，各地慕名者纷纷来此，络绎不绝。

食品街的四座门楼上各有一块牌楼门匾，南为"振羽"门，西为"兴歌"门，北为"中圣"门，东为"华腴"门，四个门的字首联起来即为"振兴中华"。门匾字体分别选自书法家颜真卿、柳公权、欧阳询、赵孟頫的碑帖。牌楼名称的含义是"振兴迎宾""兴歌起舞"、"中圣醉酒"和"华腴美味"。各大名店的匾额也是名家书法荟萃，食品街内云集了李霁野、方纪、赵半知、启功、溥佐、赵朴初、王学仲、王颂余、华非、沙孟海等三十余位名家的书法。这些风格各异的书

图16-4　天津"南市食品街"

法为食品街营造了高雅的文化氛围。

街内有餐馆31家、风味小吃26家、食品店26家。聚庆成、会芳楼、狗不理、耳朵眼、石头门坎素包、果仁张、起士林、蓬莱春、晋阳饭庄等清代以来的津城名店入驻食品街。"桂发祥"什锦大麻花、"大福来"锅巴菜、"陆记"烫面炸糕、"明顺斋"油酥烧饼、"芝兰斋"糕干、天津抻条面、油炸素卷圈、三鲜锅贴、面茶、水爆肚等名吃重新开业迎客。得月楼、御膳园、咸亨酒店等经营鲁、苏、川、粤、豫、晋菜的南北饮食名店也在食品街开张。食品街不仅恢复了传统名店名吃而且旧店换新颜。天津食品街以磅礴的气势，为天津的食品展示与传播取得了令人瞩目的规模效应。

三、成立协会，兴办教育，编写菜谱

改革开放后的1985年，天津市烹饪协会成立。协会成立以来，以推动天津地区烹饪事业发展为宗旨，进行了多项活动，他们深入开展烹饪理论和饮食文化研究；搜集整理烹饪资料，开展学习交流活动；组织各种烹饪大赛；组织技术培训等。

自20世纪80年代初，天津市饮食公司就每年组织一次评优活动。1985年，他们把一年一度的市办优质食品评比展销会改为每区办一个，参加评展，同时举办名菜评比展销。1987年，在市领导的主持下，天津市举行了"群星杯"津菜烹饪大赛。充分展示了津菜发展状况，以及行业厨艺人员的技术水准。

这些赛事的举行引入了行业竞争，产生了一批名菜、名点、名厨。一些老字号、老厨师连连登榜。尤其是被誉为"天津食品三绝"的狗不理包子、耳朵眼炸糕、桂发祥麻花等在各项赛事中不断提高知名度。

"文革"结束后，天津市逐步恢复和发展了烹饪培训和专业教育。

1978年，天津市饮食服务学校更名为天津市第二商业学校，由中等专业技术学校升格为中等专业学校，开展烹饪学历教育。1985年成立天津市职工烹饪专科学校，培养从事烹饪实践与理论的高级人才。1986年，天津商学院（今天的天津商业大学）在全国首创了餐旅企业管理系。该系烹饪教研室的教师们致力于建立比较完整的高等烹饪教育和研究体系。培养出不同级别的烹饪专门人才，适应了天津地区餐饮业发展的人才需要。

改革开放以来，天津烹饪名师们迎来了事业发展的春天。他们纷纷总结经验，创新菜肴制作。为了让个人经验得到广泛的传播，天津市烹饪协会和天津市饮食服务公司等单位组织了行业名家和烹饪理论研究者共同编写出版了一系列菜谱。

图16-5 《天津菜谱》图书封面（天津第二商业学校图书馆提供）　　图16-6 《天津面点小吃》图书封面（天津第二商业学校图书馆提供）

　　1978年，天津包子铺（原狗不理包子）编写了《天津包子》。1980年，以经营烤鸭著称的烤鸭店编写了《天津烤鸭店菜品、主食操作方法简介》。天津市饮食服务学校和天津市饮食服务公司组织编写了《天津菜谱》（三册），于1977年1月出版。书中的1000多款菜肴绝大部分是对明清以来天津地区菜肴的总结，使人们重新认识到天津地区饮食文化的广博。1979年出版了天津市第二商业学校与天津市饮食服务公司共同编写的《天津面点小吃》。1986年出版了天津市烹饪协会编写的《烹饪技术教材》。1990年，天津市烹饪协会与津菜研究培训中心联合主办期刊《天津烹饪》，组织烹饪界名人、专家学者整理编写了《天津菜专辑》。国内贸易部饮食服务业管理司、中国烹饪协会与中国财政经济出版社联合编写了一套比较权威的《中国名菜谱》，1993年《中国名菜谱·天津风味》出版。1995年天津友谊宾馆编写了《天津友谊宾馆菜肴荟萃》。这些出版物系统地反映出天津餐饮业的状况。

第四节　快速发展的个性化时期

　　20世纪90年代，新中国成立以来的计划经济体制被市场经济体制取代。90年代中期以后，天津步入经济发展的快车道，成为环渤海地区的龙头城市、国际化大都市。第三产业发展迅速，饮食市场呈现了一派繁荣景象。

一、餐饮业快速发展

市场经济下的餐饮业，所用原料不再受计划经济体制下的供应限制，国营店也不再受各种指标限制。饮食行业在市场竞争中升级换代，在原料采购、菜肴制作、就餐环境、饮食服务、经营管理等方面开展了面向市场需求的改革。随着人们生活节奏的加快，餐饮业出现了快速发展的局面。

20世纪90年代主要表现为餐饮商家数量的快速增加，快餐市场快速发展。1998年全天津市餐饮业的零售额达到57.3亿元，比1978年增长了46倍。基本上形成了包括正餐、小吃、早点店等各种网点类型的合理布局。

1992年，京津快餐城、上海荣华鸡快餐厅等快餐公司先后开业。一些高档酒楼饭庄也开始经营快餐业务。鲁菜名店登瀛楼饭庄推出早茶快餐。当国际快餐巨头美国麦当劳落户滨江道后，其一系列先进的管理方式，引发了中式快餐发展的思考。

进入21世纪，天津地区饮食市场呈现了新的局面。饮食零售额快速增加，在服务业中所占比例越来越高。2005年零售额达到159.5亿元，占社会消费品零售总额的13.4%。2007年全市餐饮业年营业额为45.5亿元，比2006年增长了34.3%；这种增加速度是惊人的。

21世纪，民营餐饮企业崛起，它们经营模式多样，设备先进、环境好、服务优，使这些新型民营企业名声渐起。鸿起顺等私营企业采用了国际上流行的连锁经营模式。百饺园餐饮有限公司已发展成为全国性大型连锁餐饮公司，产生了国际影响。

有着百年历史的老字号朝着集团化发展。知名老字号利用品牌的无形资产不断创新，开拓了更为广阔的市场空间。"津门三绝"之一的狗不理集团、桂发祥集团朝着产业化方向发展。形成连锁、直营、加盟、快餐等多种经营业态。

中国加入WTO后，零售业对外资全面开放，外资连锁零售企业进入了天津地区餐饮市场。2007年外商投资企业比2006年增长38.9%。肯德基有限公司在天津地区的餐厅数量已突破50家。另外还有麦当劳、必胜客等外国快餐店，以独特的异国风味、严格的工艺标准受到儿童、青少年，甚至是中老年人的青睐。

随着消费者饮食需求的多元化，饮食市场形成了正餐店、中式快餐店、西式快餐店、专营店、中心厨房、机构食堂、便民店、咖啡店、酒吧、烧烤店、酒店餐饮等多种经营方式共同发展的格局。在新的经济形势下，天津地区的餐饮业正由传统的单店作坊经验型经营向产业化、标准化、现代化经营转变。

二、名菜创新与食风变革

20世纪80年代以来，天津地区的菜品创新持续高涨。其中的一部分已经成为天津名菜。市场需求和烹饪大赛是推动菜品创新的重要因素。

天津菜品创新，具有如下几个特点。

一是从菜品创新的整体状况而言，大多出自名店名厨之手，多数是在传承名菜的基础上改进而成，体现了创新功夫的历史积淀。如华夏酒楼名厨刘永源的"清汤鲍鱼群蟹"、天津烤鸭店名厨周辽的"金棒鱿鱼"等。

二是创新菜的原料仍然是以本地得天独厚的物产为主，特别是海河两鲜，例如"水宫两吃海鲜""余鸡茸鱼翅"等。

三是天津地区创新菜肴的命名注重文化韵味及寓意，如"荷包牡丹虾""明珠托翠""金秋带盘"等创新菜，带给人优美的遐想意境。

四是天津地区菜品创新呈现了市场化、常态化和大众化等新的时代特色。创新不仅限于菜品与服务，已经延伸到市场营销、饮食环境设计、品牌塑造等方面。

在现代文明的冲击下，产生于农耕社会时期的节日饮食风俗一部分被遗忘，一部分被强化，它不再是传统上家家户户自觉遵循的传承模式。咬春、引龙、乞巧、登高、结缘等饮食风俗也不再是人人参与的饮食活动。中秋、春节、清明被国家定为法定假日后，月饼、粽子等节日风俗食品被保留下来。但用月饼、粽子等节日食物寄托心理愿望的功能下降。传统自制的节日食品如今变为市场供应的商品，节日已经成为商家销售传统节日食品的商机。厨房变革让祭灶成为往事，过去家家户户吃糖瓜的节日食俗也随之消失。腊八粥成为仅在寺院可见的食品，寺院施粥变为新闻看点。

婚俗也在发生着变化。中国人表达爱情的方式是含蓄的，"红丝一缕系金鹣，对坐无言两情倾。待到夜来私语候，细言海誓与山盟。"近代婚礼上的合卺中还是羞于两情相诉，如今已经演化为酒店婚宴上亲友前的大声表白。现代的新婚夫妇大多不知"庙见后，拜舅姑及诸尊长，三日新妇下厨"的古老婚礼习俗。

饮食风俗的变革反映的是饮食观念的变革。新中国成立以来，天津地区的饮食观念经历了粗茶淡饭的朴素，富裕后大鱼大肉的美食享受，到今天追求绿色食物，讲求营养健康的变化历程。饮食观念不是凭空产生的，它受到社会生产、国家政策、社会文化、对外交流等多种因素的影响。

三、饮食文化著作及理论研究

改革开放以后，人们对美食的总结基本体现在菜谱上，随着对饮食文化认识的深化，人们已经不满足看菜谱、写菜谱，而是要多方位了解饮食文化的内涵，对饮食文化的研究也在不断深入。

1. 饮食文化著作

天津日报文艺部主任宋安娜组织编写了《九方食汇天津卫》，这是一本当代天津作家编写的记述天津地区美食的美文集，29位作家分别介绍了20种天津地区名菜名吃的前世今生。大大提升了天津美食的文化内涵。当代天津收藏家由国庆编著的《天津卫美食》则把名店名菜、饮食风俗、名人饮食与社会风情等融为一体，全面深刻地展示了天津地区的饮食文化。天津食文化研究会执行会长许先与天津市烹饪协会前会长郭立久编著的《津派二十八帮新说》介绍了津派帮菜的发展概况。

天津图书馆研究员高成鸢长期致力于中华尊老文化研究和饮食文化研究。季羡林先生称他的饮食文化成果可成一家之言。2008年出版了饮食文化专著《饮食之道：中国饮食文化的理路思考》，2011年出版了《食·味·道：华人的饮食歧路与文化异彩》。两书是高成鸢先生饮食文化研究成果的集中展示。

天津市第二商业局原副局长尹桂茂主编的《津门食萃》，是一本全面介绍天津地区饮食文化的书，该书不仅总结了天津地区传统名菜、面点小吃、美食文化，还为天津地区的厨师立传。厨师是菜肴文化创造和传承的主要力量，天津地区饮食文化的发展离不开历代厨师的艰辛苦劳。

随着饮食文化研究的深入开展，研究者们认为有必要成立饮食文化研究组织。2005年，天津市食文化研究会成立，其宗旨是发掘、整理、研究及弘扬、推广与交流饮食文化，是天津饮食文化研究的重要平台。

2. "五味调和"，调和"天地人"

饮食文化研究者们以"五味调和""医食同源"等饮食思想为指导，对天津地区的饮食进行了系统性的研究。研究发现天津地区的饮食无论是菜肴还是主食小吃，很少能找到单一原料烹饪而成的个例。天津地区菜点中，几乎每一道都是用两种或两种以上原料烹制而成。这种烹饪传统使得天津地区菜点制作方法多样，还创造出地方特色技法。原料的多样化和多种技法并用是受中国饮食文化"和"的思想影响而形成的传统。

原料的多样化并非任意的组合搭配，多种技法并用也并非只为把烹饪变得复杂，而是围绕色、香、味、形、器而设计的。这种设计，满足的是人们饮食审美心理的需要。"五味调和"是运用调味工艺与调味品使菜肴中的"酸甜苦辣咸"五种基本味道达到"致中和"的境界，人们在食用过程中能保持平和的心境。

"中和"是中国的哲学思想，饮食文化中的"和"不仅是味道的中和，也包括饮食环境的和谐，饮食过程中人们关系的和谐。清代的"八大成"，近代的清真"十二楼"和现代的餐饮集团都是重视饮食环境的设计，营造出独具特色的饮食文化氛围，就是让人们置身于和美的饮食氛围中。"礼之用，和为贵"，天津地区的饮食礼仪通过约定俗成的饮食程序来维护"尊卑有别、长幼有序"的社会伦理关系，维持"和合"的人际关系。天津祭祀盐姥、天后的美食和进献程序也是求得人神关系的"和合"。主食、饮品、菜肴绝大多数取自本地食材，保持着"应季而食"的传统，这是为了保持人与自然生态的和谐关系。

因此，"五味调和"受"阴阳五行"哲学学说的影响产生的中国饮食思想，"五味调和"由调和菜肴的味道延伸到饮食礼俗调和人际关系、调和人与自然的关系、调和人与天神的关系。因此可以说，"和"是中国饮食文化的一种重要思想。

四、饮食文化的发展与传承

当今时代，天津地区饮食文化持续发展，并且越来越受到餐饮企业的重视。各企业都在努力打造符合市场发展需求的特色企业饮食文化，充分发掘在菜肴制作、氛围营造、经营管理等方面的文化内涵，提高企业的文化竞争力。如，面茶、茶汤等风味小吃活跃在古文化街上，彰显市井文化的魅力。天津菜馆推出了

图16-7　1618清真公馆

"八大碗"等传统津菜，引出一段段历史的钩沉。天津会宾园酒店仿古菜点与餐饮环境再现了古代饮食文化。1618清真公馆、36号别墅酒店等特色餐厅展示了近代天津地区饮食风情。咱家大食堂、老知青烧麦（卖）馆等勾起了人们对特殊历史阶段饮食生活的回忆。

不仅餐饮企业重视饮食文化，而且天津社会各界也越来越关注天津饮食文化的传承与发展。"近代公馆菜"受到社会的重视。2011年5月，今晚报社和市商务委共同举办了"探寻美食传奇——天津公馆私家菜大型文化探寻之旅"活动，引起了天津社会各界的热烈反响。天津社会科学院研究员罗澍伟教授指出，"*该活动对于继承发展天津餐饮文化有着里程碑式的意义，将历史留给天津的公馆私家菜进行抢救、挖掘、整理和弘扬，对丰富天津非物质文化遗产也有非常重要的意义。*"①

总之，天津地区饮食文化是在几千年的历史发展过程中发展起来的地域饮食文化。20世纪中后期以来，天津地区饮食文化面临着如何在国内外竞争加剧的发展形势下继续保持生命力的问题。

首先是如何在同其他省市饮食文化竞争中保持优势，其次是怎样应对发达国家饮食文化的挑战。要保持生命力，不仅要保住国内市场的占有率，而且要主动参与国际市场的竞争。全球化进程正在加快，饮食文化也无法脱离这一发展进程。保持和加强地域特色与民族特色，成为天津地区饮食文化在国内外竞争中要解决的问题。

保持和加强地域特色，就要加强饮食文化的总结与传承，保护好宝贵的饮食文化遗产，传承饮食传统。创新是饮食文化发展的强大动力，但是创新需要在总结饮食文化发展的基础上进行，否则就是无源之水，盲目创新。保持和加强地域特色并非复古或者保守。历史证明，天津地区饮食文化具有包容性、开放性。要加强同国内外的交流，积极吸取外来先进元素，赋予饮食文化新的生命力。同样，保持民族特色就是在发展过程中不要盲目模仿国外，抛弃文化之根，要在竞争中学习先进，提升自己的特色。

---

① 吴薇、郑妍：《天津公馆私家菜复原展举行》，《今晚报》，2011年12月28日第7版。

参考文献※

北京部分

一、古籍文献

［1］刘昫. 旧唐书. 北京：中华书局，1975.

［2］脱脱，等. 金史. 北京：中华书局，1975.

［3］忽思慧. 饮膳正要. 北京：人民卫生出版社，1986.

［4］佚名. 居家必用事类全集. 北京：书目文献出版社，1988.

［5］熊梦祥. 析津志辑佚. 北京：北京古籍出版社，1983.

［6］马可·波罗. 马可·波罗行纪. 冯承钧，译. 上海：上海书店出版社，1999.

［7］刘若愚. 酌中志. 北京：中华书局，1985.

［8］沈榜. 宛署杂记. 北京：北京古籍出版社，1980.

［9］刘侗，于奕正. 帝京景物略. 北京：北京古籍出版社，1982.

［10］富察敦崇. 燕京岁时记. 北京：北京古籍出版社，1981.

［11］于敏中，等. 日下旧闻考. 北京：北京古籍出版社，1981.

［12］震钧. 天咫偶闻. 北京：北京古籍出版社，1982.

［13］李家瑞. 北平风俗类征. 上海：商务印书馆，1937.

二、现当代著作

［1］王灿炽. 北京史地风物书录. 北京：北京出版社，1985.

［2］胡朴安. 中华全国风俗志. 影印本. 上海：上海书店出版社，1986.

［3］林乃燊. 中国古代饮食文化. 北京：中共中央党校出版社，1991.

［4］鲁克才. 中华民族饮食风俗大观. 北京：世界知识出版社，1992.

［5］曹子西. 北京通史（十卷）. 北京：中华书局，1994.

［6］那木吉拉. 中国元代习俗史. 北京：人民出版社，1994.

※ 编者注：本书"参考文献"，主要参照中华人民共和国国家标准GB/T 7714-2005《文后参考文献著录规则》著录。

［7］李路阳. 中国清代习俗史. 北京：人民出版社，1994.

［8］张京华. 燕赵文化. 沈阳：辽宁教育出版社，1995.

［9］李桂芝. 辽金简史. 福州：福建人民出版社，1996.

［10］马芷庠. 老北京旅行指南. 北京：北京燕山出版社，1997.

［11］于德源. 北京农业经济史. 北京：京华出版社，1998.

［12］苑洪琪. 中国的宫廷饮食. 台北：台湾商务印书馆，1998.

［13］爱新觉罗·瀛生，等. 京城旧俗. 北京：北京燕山出版社，1998.

［14］赵荣光. 满汉全席源流考述. 北京：昆仑出版社，2003.

［15］王学泰. 中国饮食文化史. 桂林：广西师范大学出版社，2006.

［16］王茹芹. 京商论. 北京：中国经济出版社，2008.

［17］李宝臣. 北京风俗史. 北京：人民出版社，2008.

［18］柯小卫. 当代北京餐饮史话. 北京：当代中国出版社，2009.

［19］万建中. 中国饮食文化. 北京：中央编译出版社，2011.

天津部分

一、古籍文献

［1］周礼译注. 杨天宇，译注. 上海：上海古籍出版社，2004.

［2］礼记译注. 杨天宇，译注. 上海：上海古籍出版社，2004.

［3］仪礼译注. 杨天宇，译注. 上海：上海古籍出版社，2004.

［4］尚书今译今注. 杨任之，译注. 北京：北京广播学院出版社，1993.

［5］管子注译. 赵守正，注释. 南宁：广西人民出版社，1982.

［6］春秋左传注. 杨伯峻，注. 北京：中华书局，1995.

［7］不著撰人. 黄帝内经. 北京：中医古籍出版社，2007.

［8］班固. 汉书. 颜师古，注. 北京：中华书局，1962.

［9］史游. 急就篇注. 颜师古，注. 长沙：岳麓书社，1989.

［10］氾胜之. 氾胜之书校释. 万国鼎，校释. 北京：中华书局，1957.

［11］崔寔. 四民月令校释. 石声汉，校释. 北京：中华书局，1965.

［12］陈寿. 三国志. 北京：中华书局，1964.

［13］范晔. 后汉书. 北京：中华书局，1965.

［14］郦道元. 水经注全译. 陈桥驿，译注. 贵阳：贵州人民出版社，1996.

［15］贾思勰. 齐民要术校释. 石声汉，校释. 北京：中华书局，2009.

［16］杨衒之. 洛阳伽蓝记校释. 周祖谟，校释. 北京：中华书局，1963.

［17］崔鸿. 十六国春秋辑补. 汤球，缉补. 王鲁一，王立华，点校. 济南：齐鲁书社，2000.

［18］魏收. 魏书. 北京：中华书局，1974.

［19］魏徵，令狐德棻. 隋书. 北京：中华书局，1973.

［20］李延寿. 北史. 北京：中华书局，1975.

［21］李泰. 扩地志辑校. 贺次君，辑校. 北京：中华书局，1980.

［22］孙思邈. 千金方. 北京：华夏出版社，2001.

［23］孟诜. 食疗本草译注. 郑金生，张同君，译注. 上海：上海古籍出版社，1992.

［24］封演. 封氏见闻记校注. 赵贞信，校注. 北京：中华书局，1958.

［25］杜甫. 杜甫诗选. 邓魁英，聂石谯，选译. 海口：南海出版社，2005.

［26］王焘. 外台秘要. 北京：人民卫生出版社，1955.

［27］杜佑. 通典. 北京：中华书局，1988.

［28］咎殷. 食医心鉴. 上海：上海三联书店，1990.

［29］陶毂. 清异录注. 李益民，注释，北京：中国商业出版社，1985.

［30］刘昫. 旧唐书. 北京：中华书局，1975.

［31］欧阳修，宋祁. 新唐书. 北京：中华书局，1975.

［32］苏轼. 苏轼诗集. 王文浩，辑录. 北京：中华书局，1982.

［33］叶隆礼. 契丹国志. 贾敬颜，林荣贵，点校. 上海：上海古籍出版社，1985.

［34］徐梦莘. 三朝北盟会编. 上海：上海古籍出版社，1987.

［35］脱脱，等. 宋史. 北京：中华书局，1977.

［36］脱脱，等. 辽史. 北京：中华书局，1974.

［37］脱脱，等. 金史. 北京：中华书局，1975.

［38］王祯. 农书. 北京：中华书局，1956.

［39］无名氏. 居家必用事类全集. 邱庞同，译注. 北京：中国商业出版社，1986.

［40］宋濂. 元史. 北京：中华书局，1976.

［41］贾铭. 饮食须知. 北京：人民卫生出版社，1988.

［42］李时珍. 本草纲目. 齐豫生，夏于全，编. 长春：吉林摄影出版社，2002.

［43］兰陵笑笑生. 金瓶梅. 戴鸿森，校点. 北京：人民文学出版社，1985.

［44］徐光启. 农政全书. 石声汉，校注. 上海：上海古籍出版社，1979.

［45］顾祖禹. 读史方舆纪要. 贺次君，施和金，点校. 北京：中华书局，2005.

［46］张廷玉. 明史. 北京：中华书局，1974.

［47］薛柱斗. 新校天津卫志. 台北：台北成文出版社，1968.

［48］李卫. 畿辅通志. 石家庄：河北人民出版社，1985.

［49］朱奎杨，汪沆. 天津县志. 刻本. 1739（清乾隆四年）.

［50］程凤修，吴廷华. 天津府志. 刻本. 1739（清乾隆四年）.

［51］吴惠元. 续天津县志. 刻本. 1870（清同治九年）.

［52］华昕桥. 津门纪略. 影印本. 1898（清光绪二十四年）.

二、现当代著作

［1］英敛之. 英敛之先生日记遗稿. 方豪，编. 台北：文海出版社，1947.

［2］《天津概况》编辑委员会. 天津概况. 天津：天津人民出版社，1966.

［3］天津师范学院地理系. 天津农业地理. 天津：天津科学技术出版社，1981.

［4］天津文物管理处. 津门考古. 天津：天津人民出版社，1982.

［5］谭其骧. 中国历史地图集：第二册. 北京：中国地图出版社，1982.

［6］天津民间文艺研究会. 天津风物传说. 天津：百花文艺出版社，1984.

［7］谷书堂. 天津经济概况. 天津：天津人民出版社，1984.

［8］方放. 天津南市食品街. 天津：天津科学技术出版社，1985.

［9］天津人民出版社. 天津风物志. 天津：天津人民出版社，1985.

［10］缪志明. 天津风物诗选. 天津：天津文史研究馆，1985.

［11］中国航海史研究会《天津港史》编辑委员会. 天津港史. 北京：人民交通出版社，1986.

［12］天津饮食公司烹饪技术培训中心编写组. 津门小吃. 天津：天津科学技术出版社，1986.

［13］高振农. 中国佛教. 上海：上海社会科学院出版社，1986.

［14］张焘. 津门杂记. 天津：天津古籍出版社，1986.

［15］夏仁虎. 旧京琐记. 北京：北京古籍出版社，1987.

［16］宋德金. 金代的社会生活. 西安：陕西人民出版社，1988.

［17］丁世良，赵放. 中国地方志民俗资料汇编：华北卷. 北京：书目文献出版社，1989.

［18］中华传统食品大全编辑委员会. 中华传统食品大全：天津传统食品. 北京：中国食品出版社，1989.

［19］孙大千. 天津经济史话. 天津：天津社会科学院出版社，1989.

［20］郭蕴静. 天津古代城市发展史. 天津：天津古籍出版社，1989.

［21］李竞能. 天津人口史. 天津：南开大学出版社，1990.

［22］天津市地方志编纂委员会. 天津简志. 天津：天津人民出版社，1991.

［23］朱其华. 天津全书. 天津：天津人民出版社，1991.

［24］武清县地方史志编修委员会. 武清县志. 天津：天津社会科学院出版社，1991.

［25］天津市饮食公司. 中国名菜谱·天津风味. 北京：中国财政经济出版社，1993.

［26］罗澍伟. 近代天津城市史. 北京：中国社会科学出版社，1993.

［27］韩根东. 天津方言. 北京：北京燕山出版社，1993.

［28］天津市地方志编修委员会. 天津通志：商业志粮食卷. 天津：天津社会科学院出版社，1994.

［29］尹桂茂主编. 津门食萃. 天津：南开大学出版社，1995.

［30］宝坻县志编修委员会. 宝坻县志. 天津：天津社会科学院出版社，1995.

［31］赵永春. 奉使辽金行程录. 长春：吉林文史出版社，1995.

［32］静海县志编修委员会. 静海县志. 天津：天津社会科学院出版社，1995.

［33］沈家本，荣铨，徐宗亮，等. 天津府志. 上海：上海古籍出版社，1995.

［34］雷梦水，潘超，孙忠铨，等. 中华竹枝词. 北京：北京古籍出版社，1997.

［35］中国烹饪百科全书编委会. 中国烹饪百科全书. 北京：中国大百科全书出版社，1999.

［36］天津市津南区地方志编修委员会. 天津市津南区志. 天津：天津社会科学院出版社，1999.

［37］天津市政协文史资料委员会. 近代天津十大寓公. 天津：天津人民出版社，1999.

［38］张仲. 天津卫掌故. 天津：天津人民出版社，1999.

［39］蓟县志编修委员会. 蓟县志. 天津：南开大学出版社. 天津：天津社会科学院出版社，1999.

［40］康志杰. 基督教的礼仪节日. 北京：宗教文化出版社，2000.

［41］天津市政协文史资料委员会. 近代天津十二报人. 天津：天津人民出版社，2001年.

［42］林希，赵玫. 九方食汇天津卫. 北京：学苑出版社，2001.

［43］高艳林. 天津人口研究. 天津：天津人民出版社，2002.

［44］天津市和平区地方志编修委员会. 天津市和平区志. 北京：中华书局，2004.

［45］上海书店出版社. 中国地方志集成·天津府县志辑. 上海：上海书店出版社，2004.

［46］李正中，索玉华. 近代天津知名工商业. 天津：天津人民出版社，2004.

［47］周俊旗. 民国天津社会生活史. 天津：天津社会科学院出版社，2004.

［48］张建星. 城市细节与言行——天津600年. 天津：天津古籍出版社，2004.

［49］近代天津图志编辑委员会. 近代天津图志. 天津：天津古籍出版社，2004.

［50］天津市档案馆. 天津老戏园. 天津：天津人民出版社，2005.

［51］天津市地方志编修委员会，天津第二商业集团. 天津通志：二商志. 天津：天津社会科学院出版社，2005.

［52］天津市文史研究馆. 津沽旧事. 北京：中华书局，2005.

［53］天津市地方志编修委员会，天津市老城博物馆. 天津通志：民俗志. 天津：天津社会科学院出版社，2006.

［54］韩嘉谷. 天津古史寻绎. 天津：天津古籍出版社，2006.

［55］张国庆. 辽代社会史研究. 北京：中国社会科学出版社，2006.

［56］任云兰. 近代天津慈善与救济. 天津：天津人民出版社，2007.

［57］许先，郭立久. 津派二十八帮菜新说. 天津：天津科技翻译出版公司，2008.

［58］李正中，赵黎. 近代天津名人故居. 天津：天津人民出版社，2009.

［59］雷穆森. 天津租界史. 许逸凡，赵地，译. 天津：天津人民出版社，2009.

［60］由国庆. 天津卫美食. 天津：天津人民出版社，2011.

［61］尚洁主. 中国民俗大系·天津民俗. 兰州：甘肃人民出版社，2011.

三、期刊、报纸

［1］杨平. 从地名看天津史地特点. 天津师大学报，1982（5）：38-42.

［2］徐景星. 长芦盐务与天津盐商. 天津社会科学，1983（1）：52-58.

［3］刘幼铮. 春秋战国时期天津地区沿革考. 天津社会科学，1983（2）：64-68.

［4］刘致勤. 古代天津港的形成与变迁. 天津社会科学，1986（4）：94-96.

［5］阎承遵. 长芦盐场沿革概述. 盐业史研究，1991（3）：61-71.

［6］胡宗俊. 解放前天津商业发展概述. 天津商学院学报，1992（2）：60-65.

［7］杨益华. 正名天津菜. 食品与健康，1998（12）：6-7.

［8］王鸿业. 浅谈津菜起源. 服务科技，2000（2）：43.

［9］袁海滨. 三津福主 四海同光——天津天后宫的地域性传统文化内涵. 重庆建筑大学学报，2000（4）：43-48.

［10］白光. 从出土文物看山戎民族的审美观. 文物春秋，2001（3）：21-26.

［11］天津市历史博物馆考古部. 天津市武清县兰城遗址的钻探与试掘. 考古，2001（9）：35-50.

［12］德友，高健. 崩豆张今昔. 人民政协报，2002-08-29（B03）.

［13］王兆祥. 明清繁荣城市的形成. 天津经济，2003（3）：61-62.

［14］王培利. 话说明代天津卫. 天津经济，2003（4）：59-60.

［15］郭凤歧. 津沽历史最久的商业街——估衣街. 天津经济，2003（12）：58-59.

［16］谭汝为. 从地名解读天津地域文化. 辽东学院学报，2005（4）：13-19.

［17］郭凤歧. 从先有直沽酒到开坛万里香. 天津经济，2007（2）：59-16.

［18］夏广华. 广告中的清末社会习俗——以《大公报》为例. 湘潮，2007（2）：45-46.

［19］刘金明. 天津历史文化发展中的回族因素. 黑龙江民族丛刊，2007（3）：84-87.

［20］马晓巍. 天津餐饮业发展战略研究. 商业经济，2008（8）：98-100.

［21］张秀芹，洪再生. 近代天津城市空间形态的演变. 城市规划学刊，2009（6）：93-98.

［22］刘福燕. 金代茶俗与文人茶情. 中国国情国力，2009（10）：43-44.

［23］姚旸. 论皇会与清代天津民间社会的互动关系——以天津天后宫行会图为中心的研究. 民俗研究，2010（3）：168-181.

［24］苏莉鹏. 天津小洋楼：李赞臣旧居　天津卫“八大家”之一. 城市快报，2010-02-15（07）.

［25］张天懿，金彦平. 天津都市型现代农业发展研究. 农业经济，2011（2）：9-10.

［26］郭立珍. 近代天津居民饮食消费变动及影响研究——以英敛之日记为中心. 历史教学，2011（6）：20-26.

［27］吴薇，郑妍. 天津公馆私家菜复原展举行. 今晚报，2011-12-28（07）.

四、学位论文

［1］张毅. 明清天津盐业研究1368—1840. 天津：南开大学历史文化学院，2009.

［2］李俊丽. 天津漕运研究1368—1840. 天津：南开大学历史文化学院，2009.

索　引※

※　编者注：本书"索引"，主要参照中华人民共和国国家标准GB/T 22466-2008《索引编制规则（总则）》编制。

天津部分

为了心中的文化坚守

——记《中国饮食文化史》（十卷本）的出版

《中国饮食文化史》（十卷本）终于出版了。我们迎来了迟到的喜悦，为了这一天，我们整整守候了二十年！因此，这一份喜悦来得深沉，来得艰辛！

（一）

谈到这套丛书的缘起，应该说是缘于一次重大的历史机遇。

1991年，"首届中国饮食文化国际学术研讨会"在北京召开。挂帅的是北京市副市长张建民先生，大会的总组织者是北京市人民政府食品办公室主任李士靖先生。来自世界各地及国内的学者济济一堂，共叙"食"事。中国轻工业出版社的编辑马静有幸被大会组委会聘请为论文组的成员，负责审读、编辑来自世界各地的大会论文，也有机缘与来自国内外的专家学者见了面。

这是一次高规格、高水准的大型国际学术研讨会，自此拉开了中国食文化研究的热幕，成为一个具有里程碑意义的会议。这次盛大的学术会议激活了中国久已蕴藏的学术活力，点燃了中国饮食文化建立学科继而成为显学的希望。

在这次大会上，与会专家议论到了一个严肃的学术话题——泱泱中国，有着五千年灿烂的食文化，其丰厚与绚丽令世界瞩目——早在170万年前元谋（云南）人即已发现并利用了火，自此开始了具有划时代意义的熟食生活；古代先民早已普遍知晓三点决定一个平面的几何原理，制造出了鼎、鬲等饮食容器；先民发明了二十四节气的农历，在夏代就已初具雏形，由此创造了中华民族最早的农耕文明；中国是世界上最早栽培水稻的国家，也是世界上最早使用蒸汽烹饪的国家；中国有着令世界倾倒的美食；有着制作精美的最早的青铜器酒具，有着世界最早的茶学著作《茶经》……为世界饮食文化建起了一座又一座的丰碑。然而，不容回避的现实是，至今没有人来系统地彰显中华民族这些了不起的人类文明，因为我们至今都没有一部自己的饮食文化史，饮食文化研究的学术制高点始终掌握在国外学者的手里，这已成为中国学者心中的一个痛，一个郁郁待解的沉重心结。

这次盛大的学术集会激发了国内专家奋起直追的勇气，大家发出了共同的心声：全方位地占领该领域学术研究的制高点时不我待！作为共同参加这次大会的出版工作者，马静和与会专家有着共同的强烈心愿，立志要出版一部由国内专家学者撰写的中华民族饮食文化史。赵荣光先生是中国饮食文化研究领域建树颇丰的学者，此后由他担任主编，开始了作者队伍的组建，东西南北中，八方求贤，最终形成了一支覆盖全国各个地区的饮食文化专家队伍，可谓学界最强阵容。并商定由中国轻工业出版社承接这套学术著作的出版，由马静担任责任编辑。

此为这部书稿的发端，自此也踏上了二十年漫长的坎坷之路。

（二）

撰稿是极为艰辛的。这是一部填补学术空白与出版空白的大型学术著作，因此没有太多的资料可资借鉴，多年来，专家们像在沙里淘金，爬梳探微于浩瀚古籍间，又像春蚕吐丝，丝丝缕缕倾吐出历史长河的乾坤经纬。冬来暑往，饱尝运笔滞涩时之苦闷，也饱享柳暗花明时的愉悦。杀青之后，大家一心期待着本书的出版。

然而，现实是严酷的，这部严肃的学术著作面临着商品市场大潮的冲击，面临着生与死的博弈，一个绕不开的话题就是经费问题，没有经费将寸步难行！我们深感，在没有经济支撑的情况下，文化将没有任何尊严可言！这是苦苦困扰了我们多年的一个苦涩的原因。

一部学术著作如果不能靠市场赚得效益，那么，出还是不出？这是每个出版社都必须要权衡的问题，不是一个责任编辑想做就能做决定的事情。1999年本书责任编辑马静生病住院期间，有关领导出于多方面的考虑，探病期间明确表示，该工程必须下马。作为编辑部的一件未尽事宜，我们一方面八方求助资金以期救活这套书，另一方面也在以万分不舍的心情为其寻找一个"好人家""过继"出去。由于没有出版补贴，遂被多家出版社婉拒。在走投无路之时，马静求助于出版同仁、老朋友——上海人民出版社的李伟国总编辑。李总编学历史出身，深谙我们的窘境，慷慨出手相助，他希望能削减一些字数，并答应补贴10万元出版这套书，令我们万分感动！

但自"孩子过继"之后，我们心中出现的竟然是在感动之后的难过，是"过继"后的难以割舍，是"一步三回头"的牵挂！"我的孩子安在？"时时袭上心头，遂"长使英雄泪满襟"——它毕竟是我们已经看护了十来年的孩子。此时心中涌起的是对自己无钱而又无能的自责，是时时想"赎回"的强烈愿望！至今写到这里仍是眼睛湿润唏嘘不已……

经由责任编辑提议，由主编撰写了一封情辞恳切的"请愿信"，说明该套丛书出版的重大意义，以及出版经费无着的困窘，希冀得到饮食文化学界的一位重量级前辈——李士靖先生的帮助。这封信由马静自北京发出，一站一站地飞向了全国，意欲传到十卷丛书的每一位专家作者手中签名。于是这封信从东北飞至西北，从东南飞至西南，从黄河飞至长江……历时一个月，这封满载着全国专家学者殷切希望的滚烫的联名信件，最终传到了"北京中国饮食文化研究会"会长、北京市人民政府食品办公室主任李士靖先生手中。李士靖先生接此信后，如双肩荷石，沉吟许久，遂发出军令一般的誓言：我一定想办法帮助解决经费，否则，我就对不起全国的专家学者！在此之后，便有了知名企业家——北京稻香村食品有限责任公司董事长、总经理毕国才先生慷慨解囊、义举资助本套丛书经费的感人故事。毕老总出身书香门第，大学读的是医学专业，对中国饮食文化有着天然的情愫，他深知这套学术著作出版的重大价值。这笔资助，使得这套丛书得以复苏——此时，我们的深切体会是，只有饿了许久的人，才知道粮食的可贵！……

在我们获得了活命的口粮之后，就又从上海接回了自己的"孩子"。在这里我们要由衷感谢李伟国总编辑的大度，他心无半点芥蒂，无条件奉还书稿，至今令我们心存歉意！

有如感动了上苍，在我们一路跌跌撞撞泣血奔走之时，国赐良机从天而降——国家出版基金出台了！它旨在扶助具有重要出版价值的原创学术精品力作。经严格筛选审批，本书获得了国家出版基金的资助。此时就像大旱中之云霓，又像病困之人输进了新鲜血液，由此全面盘活了这套丛书。这笔资金使我们得以全面铺开精品图书制作的质量保障系统工程。后续四十多道工序的工艺流程有了可靠的资金保证，从此结束了我们捉襟见肘、寅吃卯粮的日子，从而使我们恢复了文化的自信，感受到了文化的尊严！

（三）

我们之所以做苦行僧般的坚守，二十年来不离不弃，是因为这套丛书所具有的出版价值——中国饮食文化是中华文明的核心元素之一，是中国五千年灿烂的农耕文化和畜牧渔猎文化的思想结晶，是世界先进文化和人类文明的重要组成部分，它反映了中国传统文化中的优秀思想精髓。作为出版人，弘扬民族优秀文化，使其走出国门走向世界，是我们义不容辞的责任，尽管文化坚守如此之艰难。

季羡林先生说，世界文化由四大文化体系组成，中国文化是其中的重要组成部分（其他三个文化体系是古印度文化、阿拉伯-波斯文化和欧洲古希腊-古罗马文化）。中国是世界上唯一没有中断文明史的国家。中国自古是农业大国，有着古老而璀璨的农业文明，它是中国饮食文化的根基所在，就连代表国家名字的专用词"社稷"，都是由"土神"和"谷神"组成。中国饮食文化反映了中华民族这不朽的农业文明。

中华民族自古以来就有着"五谷为养，五果为助，五畜为益，五菜为充"的优良饮食结构。这个观点自两千多年前的《黄帝内经》时就已提出，在两千多年后的今天来看，这种饮食结构仍是全世界推崇的科学饮食结构，也是当代中国大力倡导的健康饮食结构。这是来自中华民族先民的智慧和骄傲。

中华民族信守"天人合一"的理念，在年复一年的劳作中，先民们敬畏自然，尊重生命，守天时，重时令，拜天祭地，守护山河大海，守护森林草原。先民发明的农历二十四个节气，开启了四季的农时轮回，他们既重"春日"的生发，又重"秋日"的收获，他们颂春，爱春，喜秋，敬秋，创造出无数的民俗、农谚。"吃春饼""打春牛""庆丰登"……然而，他们节俭、自律，没有掠夺式的索取，他们深深懂得人和自然是休戚与共的一体，爱护自然就是爱护自己的生命，从不竭泽而渔。早在周代，君王就已经认识到生态环境安全与否关乎社稷的安危。在生态环境严重恶化的今天，在掠夺式开采资源的当代，对照先民们信守千年的优秀品质，不值得当代人反思吗？

中华民族笃信"医食同源"的功用，在现代西方医学传入中国以前，几千年来"医食同源"的思想护佑着中华民族的繁衍生息。中国的历史并非长久的风调雨顺、丰衣足食，而是灾荒不断，迫使人们不断寻找、扩大食物的来源。先民们既有"神农尝百草，日遇七十二毒"的艰险，又有"得茶而解"的收获，一代又一代先民，用生命的代价换来了既可果腹又可疗疾的食物。所以，在中华大地上，可用来作食物的资源特别多，它是中华先民数千年戮力开拓的丰硕成果，是先民们留下的宝贵财富；"医食同源"也是中国饮食文化最杰出的思想，至今食疗食养长盛不衰。

中华民族有着"尊老"的优良传统，在食俗中体现尤著。居家吃饭时第一碗饭要先奉给老人，最好吃的也要留给老人，这也是农耕文化使然。在古老的农耕时代，老人是农耕技术的传承者，是新一代劳动力的培养者，因此使老者具有了权威的地位。尊老，是农耕生产发展的需要，祖祖辈辈代代相传，形成了中华民族尊老的风习，至今视为美德。

中国饮食文化的一个核心思想是"尚和"，主张五味调和，而不是各味单一，强调"鼎中之变"而形成了各种复合口味，从而构成了中国烹饪丰富多彩的味型，构建了中国烹饪独立的文化体系，久而升华为一种哲学思想——尚和。《中庸》载"和也者，天下之达道"，这种"尚和"的思想体现到人文层面的各个角落。中华民族自古崇尚和谐、和睦、和平、和顺，世界上没有哪一个国家能把"饮食"的社会功能发挥到如此极致，人们以食求和体现在方方面面：以食尊师敬老，以食馈友待客，以宴贺婚、生子以及升迁高就，以食致歉求和，以食表达谢意致敬……"尚和"是中华民族一以贯之的饮食文化思想。

"一方水土养一方人"。这十卷本以地域为序，记述了在中国这片广袤的土地上有如万花筒一般绚丽多彩的饮食文化大千世界，记录着中华民族的伟大创造，也记述了各地专家学者的最新科研成果——旧石器时代的中晚期，长江下游地区的原始人类已经学会捕鱼，使人类的食源出现了革命性的扩大，从而完成了从蒙昧到文明的转折；早在商周之际，长江下游地区就已出现了原始瓷；春秋时期筷子已经出现；长江中游是世界上最早栽培稻类作物的地区。《吕氏春秋·本味》述于2300年前，是中国历史上最早的烹饪"理论"著作；中国最早的古代农业科技著作是北魏高阳（今山东寿光）太守贾思勰的《齐民要术》；明代科学家宋应星早在几百年前，就已经精辟论述了盐与人体生命的关系，可谓学界的最先声；新疆人民开凿修筑了坎儿井用于农业灌溉，是农业文化的一大创举；孔雀河出土的小麦标本，把小麦在新疆地区的栽培历史提早到了近四千年前；青海喇家面条的发现把我国食用面条最早记录的东汉时期前提了两千多年；豆腐的发明是中国人民对世界的重大贡献；有的卷本述及古代先民的"食育"理念；有的卷本还以大开大阖的笔力，勾勒了中国几万年不同时期的气候与人类生活兴衰的关系等等，真是处处珠玑，美不胜收！

这些宝贵的文化财富，有如一颗颗散落的珍珠，在没有串成美丽的项链之前，便彰显不出它的耀眼之处。如今我们完成了这一项工作，雕琢出了一串光彩夺目的珍珠，即将放射出耀眼的光芒！

（四）

编辑部全体工作人员视稿件质量为生命，不敢有些许懈怠，我们深知这是全国专家学者20年的心血，是一项极具开创性而又十分艰辛的工作。我们肩负着填补国家学术空白、出版空白的重托。这个大型文化工程，并非三朝两夕即可一蹴而就，必须长年倾心投入。因此多年来我们一直保持着饱满的工作激情与高度的工作张力。为了保证图书的精品质量并尽早付梓，我们无年无节、终年加班而无怨无悔，个人得失早已置之度外。

全体编辑从大处着眼，力求全稿观点精辟，原创鲜明。各位编辑极尽自身多年的专业积累，倾情奉献：修正书稿的框架结构，爬梳提炼学术观点，补充遗漏的一些重要史实，匡正学术观点的一些讹误之处，并诚恳与各卷专家作者切磋沟通，务求各卷写出学术亮点，其拳拳之心殷殷之情青天可鉴。编稿之时，为求证一个字、一句话，广查典籍，数度披阅增删。青黄灯下，蹙眉凝思，不觉经年久月，眉间"川"字如刻。我们常为书稿中的精辟之处而喜不自胜，更为瑕疵之笔而扼腕叹息！于是孜孜矻矻、秉笔躬耕，一句句、一字字吟安铺稳，力求语言圆通，精炼可读。尤其进入后期阶段，每天下班时，长安街上已是灯火阑珊，我们却刚刚送走一个紧张工作的夜晚，又在迎接着一个奋力拼搏的黎明。

为了不懈地追求精品书的品质，本套丛书每卷本要经过40多道工序。我们延请了国内顶级专家为本书的质量把脉，中华书局的古籍专家刘尚慈编审已是七旬高龄，她以古籍善本为据，为我们的每卷书稿逐字逐句地核对了古籍原文，帮我们纠正了数以千计的舛误，从她那里我们学到了非常多的古籍专业知识。有时已是晚九时，老人家还没吃饭在为我们核查书稿。看到原稿不尽如人意时，老人家会动情地对我们喊起来，此时，我们感动！我们折服！这是一位学者一种全身心地忘我投入！为了这套书，她甚至放下了自己的个人著述及其他重要邀请。

中国社会科学院历史研究所李世愉研究员，为我们审查了全部书稿的史学内容，匡正和完善了书稿中的许多漏误之处，使我们受益匪浅。在我们图片组稿遇到困难之时，李老师凭借深广的人脉，给了我们以莫大的帮助。他是我们的好师长。

本书中涉及各地区少数民族及宗教问题较多，是我们最担心出错的地方。为此我们把书稿报送了国家宗教局、国家民委、中国藏学研究中心等权威机构精心审查了书稿，并得到了他们的充分肯定，使我们大受鼓舞！

我们还要感谢北京观复博物馆、大连理工大学出版社帮我们提供了许多有价值的历史图片。

为了严把书稿质量，我们把做辞书时使用的有效方法用于这部学术精品专著，即对本书稿进行了二十项"专项检查"以及后期的五十三项专项检查，诸如，各卷中的人名、地名、国名、版图、疆域、公元纪年、谥号、庙号、少数民族名称、现当代港澳台地名的表述等，由专人做了逐项审核。为使高端学术著作科普化，我们对书稿中的生僻字加了注音或简释。

其间，国家新闻出版总署贯彻执行"学术著作规范化"，我们闻风而动，请各卷作者添加或补充了书后的参考文献、索引，并逐一完善了书稿中的注释，严格执行了总署的文件规定不走样。

我们还要感谢各卷的专家作者对编辑部非常"给力"的支持与配合，为了提高书稿质量，我们请作者做了多次修改及图片补充，不时地去"电话轰炸"各位专家，一头卡定时间，一头卡定质量，真是难为了他们！然而，无论是时处酷暑还是严冬，都基本得到了作者们的高度配合，特别是和我们一起"摽"了二十年的那些老作者，真是同呼吸共命运，他们对此书稿的感情溢于言表。这是一种无言的默契，是一种心灵的感应，这是一支二十年也打不散的队伍！凭着中国学者对传承优秀传统文化的责任感，靠着一份不懈的信念和期待，苦苦支撑了二十年。在此，我们向此书的全体作者深深地鞠上一躬！致以二十年来的由衷谢意与敬意！

由于本书命运多蹇迁延多年，作者中不可避免地发生了一些变化，主要是由于身体原因不能再把书稿撰写或修改工作坚持下去，由此形成了一些卷本的作者缺位。正是我们作者团队中的集体意识及合作精神此时彰显了威力——当一些卷本的作者缺位之时，便有其他卷本的专家伸出援助之手，像接力棒一样传下去，使全套丛书得以正常运行。华中师范大学的博士生导师姚伟钧教授便是其中最出力的一位。今天全书得以付梓而没有出现缺位现象，姚老师功不可没！

"西藏""新疆"原本是两个独立的部分，组稿之初，赵荣光先生殚精竭虑多方奔走物色作者，由于难度很大，终而未果，这已成为全书一个未了的心结。后期我们倾力进行了接续性的推动，在相关专家的不懈努力下，终至弥补了地区缺位的重大遗憾，并获得了有关审稿权威机构的好评。

最令我们难过的是本书"东南卷"作者、暨南大学硕士生导师、冼剑民教授没能见到本书的出版。当我们得知先生患重病时即赶赴探望，那时先生已骨瘦如柴，在酷热的广州夏季，却还身着毛衣及马甲，接受着第八次化疗。此情此景令人动容！后得知冼先生化疗期间还在坚持修改书稿，使我们感动不已。在得知冼先生病故时，我们数度哽咽！由此催发我们更加发愤加快工作的步伐。在本书出版之际，我们向冼剑民先生致以深深的哀悼！

在我们申报国家项目和有关基金之时，中国农大著名学者李里特教授为我们多次撰写审读推荐意见，如今他竟然英年早逝离我们而去，令我们万分悲痛！

在此期间，李汉昌先生也不幸遭遇重大车祸，严重影响了身心健康，在此我们致以由衷的慰问！

（五）

中国饮食文化学是一门新兴的综合学科，涉及历史学、民族学、民俗学、人类学、文化学、烹饪学、考古学、文献学、地理经济学、食品科技史、中国农业史、中国文化交流史、边疆史地、经济与商业史等诸多学科，现正处在学科建设的爬升期，目前已得到越来越多领域的关注，也有越来越多的有志学者投身到这个领域里来，应该说，现在已经进入了最好的时期，从发展趋势看，最终会成为显学。

早在1998年于大连召开的"世界华人饮食科技与文化国际学术研讨会"，即是以"建立中国饮食文化学"为中心议题的。这是继1991年之后又一次重大的国际学术会议，是1991年国际学术会议成果的继承与接续。建立"中国饮食文化学"这个新的学科，已是国内诸多专家学者的共识。在本丛书中，就有专家明确提出，中国饮食文化应该纳入"文化人类学"的学科，在其之下建立"饮食人类学"的分支学科。

为学科理论建设搭建了开创性的构架。

这套丛书的出版，是学科建设的重要组成部分，它完成了一个带有统领性的课题，它将成为中国饮食文化理论研究的扛鼎之作。本书的内容覆盖了全国的广大地区及广阔的历史空间，本书从史前开始，一直叙述到当代的21世纪，贯通时间百万年，从此结束了中国饮食文化无史和由外国人写中国饮食文化史的局面。这是一项具有里程碑意义的历史文化工程，是中国对世界文明的一种国际担当。

二十年的风风雨雨、坎坎坷坷我们终于走过来了。在拜金至上的浮躁喧嚣中，我们为心中的那份文化坚守经过了炼狱般的洗礼，我们坐了二十年的冷板凳但无怨无悔！因为由此换来的是一项重大学术空白、出版空白的填补，是中国五千年厚重文化积淀的梳理与总结，是中国优秀传统文化的彰显。我们完成了一项重大的历史使命，我们完成了老一辈学人对我们的重托和当代学人的夙愿。这二十年的泣血之作，字里行间流淌着中华文明的血脉，呈献给世人的是祖先留给我们的那份精神财富。

我们笃信，中国饮食文化学的崛起是历史的必然，它就像那冉冉升起的朝阳，将无比灿烂辉煌！

《中国饮食文化史》编辑部

二〇一三年九月